CG 设计案例课堂

Dreamweaver CC
网页创意设计案例课堂

刘　涛　李少勇　编著

清华大学出版社
北京

内 容 简 介

本书根据Dreamweaver CC图形绘制和平面设计的特点，精心设计了65个案例，由优秀平面设计教师编写，循序渐进地讲解使用Dreamweaver CC制作和设计专业网页作品的全部知识。

全书共分9章，分别讲解Dreamweaver CC的基本操作、娱乐休闲类网页设计、电脑网络类网页设计、商业经济类网页设计、教育培训类网站设计、艺术爱好类网站设计、旅游交通类网站设计、生活服务类网站设计、购物网站设计等内容，通过大量的案例精讲帮助读者掌握网页制作的方法和操作技巧。

本书采用案例教程的编写形式，兼具技术手册和应用专著的特点，附带的DVD教学光盘如教师亲自授课一样讲解，内容全面、结构合理、图文并茂、案例丰富、讲解清晰，不仅适合广大图像设计初、中级爱好者的使用，也可以作为大中专院校相关专业以及社会各类初、中级网页培训班的教学用书。

本书配套光盘内容为本书所有案例精讲的素材文件、效果文件以及案例精讲的视频教学文件。

图书在版编目(CIP)数据

Dreamweaver CC网页创意设计案例课堂/刘涛等编著. --北京：清华大学出版社，2015（2016.3重印）
（CG设计案例课堂）
ISBN 978-7-302-38612-4

Ⅰ．①D… Ⅱ．①刘… Ⅲ．①网页制作工具 Ⅳ．①TP393.092

中国版本图书馆CIP数据核字(2014)第276770号

责任编辑：张彦青
装帧设计：杨玉兰
责任校对：王　晖
责任印制：何　芊

出版发行：清华大学出版社
网　　　址：http://www.tup.com.cn，http://www.wqbook.com
地　　　址：北京清华大学学研大厦 A 座　　　邮　　编：100084
社 总 机：010-62770175　　　　　　　　　　邮　　购：010-62786544
投稿与读者服务：010-62776969，c-service@tup.tsinghua.edu.cn
质 量 反 馈：010-62772015，zhiliang@tup.tsinghua.edu.cn
课 件 下 载：http://www.tup.com.cn，010-62791865

印 刷 者：三河市君旺印务有限公司
装 订 者：三河市新茂装订有限公司
经　　销：全国新华书店
开　　本：190mm×260mm　　　　印　张：30.5　　　　字　数：712 千字
　　　　　（附 DVD1 张）
版　　次：2015 年 1 月第 1 版　　　　　　　　　印　次：2016 年 3 月第 2 次印刷
印　　数：3001～4500
定　　价：89.00 元

产品编号：061590-01

前言

随着网站技术的进一步发展，各个部门对网站开发技术的要求也日益提高。纵观人才市场，各企事业单位对网站开发工作人员的需求也大大增加。网站建设是一项综合性的技能，对很多计算机技术都有着较高的要求，而 Dreamweaver 是集创建网站和管理网站于一身的专业性网页编辑工具，因其界面友好、人性化和易于操作而被很多网页设计者所欣赏。

本书以 65 个精彩实例向读者详细介绍 Dreamweaver CC 强大的网页制作功能。本书注重理论与实践紧密结合，实用性和可操作性强。本书具有以下特色：

- 信息量大：65 个实例为每一位读者架起一座快速掌握 Dreamweaver CC 使用与操作的"桥梁"；65 种设计理念令每一个从事网页设计的专业人士在工作中灵感迸发；65 种艺术效果和制作方法使每一位初学者融会贯通、举一反三。

- 实用性强：65 个实例经过精心设计、选择，不仅效果精美，而且非常实用。

- 注重方法的讲解与技巧的总结：本书特别注重对各实例制作方法的讲解与技巧总结，在介绍具体实例制作的详细操作步骤的同时，对于一些重要而常用的实例的制作方法和操作技巧做了详细的总结。

- 操作步骤详细：本书中各实例的操作步骤介绍非常详细，即使是初级入门的读者，只需一步一步按照本书中介绍的步骤进行操作，一定能做出相同的效果。

- 适用广泛：本书实用性和可操作性强，适用于广大网页设计爱好者，也可以作为职业学校和计算机学校相关专业的教材。

本书主要由唐琳、李晓龙、韩宜波、刁海龙、李少勇、段晖、刘希望、赵锴、张波、郁陶、刘彬、徐慧、和张树涛编写，李鹏、刘进、刘斌录制多媒体教学视频，其他参与编写的还有杨月、张朋、刘志富、宫如峰，谢谢你们在书稿前期材料的组织、版式设计、校对、编排以及大量图片的处理等方面所做的工作。

本书总结了作者从事多年影视编辑的实践经验，目的是帮助想从事影视制作行业的广大读者迅速入门并提高学习和工作效率，同时对有一定视频编辑经验的朋友也有很好的参考作用。由于时间仓促，疏漏之处在所难免，恳请读者和专家指教。如果您对书中的某些技术问题持有不同的意见，欢迎与作者联系，E-mail：Tavili@tom.com。

作　者

目录
Contents

第1章 Dreamweaver CC 的基本操作

第2章 娱乐休闲类网页设计

第3章 电脑网络类网页设计

第4章 商业经济类网页设计

目录
Contents

目录
Contents

第 9 章　购物网站设计

第 1 章
Dreamweaver CC 的基本操作

本章重点

◆ Dreamweaver CC 的安装
◆ Dreamweaver CC 的启动与退出
◆ 站点的建立
◆ 站点的管理
◆ 页面属性设置
◆ 多媒体文件的添加
◆ E-mail 链接
◆ 下载链接
◆ 鼠标经过图像
◆ 弹出信息设置
◆ 设置空链接

Dreamweaver 与其他设计类软件的基本操作方法有所不同，对初学者来说，初次使用 Dreamweaver 会有许多困惑。为了方便后面章节的学习，在本章中将学习安装、卸载、启动 Dreamweaver CC，并学习对该软件的一些基本操作。

案例精讲 001　Dreamweaver CC 的安装

案例文件：无

视频文件：视频教学 \ Cha01 \ Dreamweaver CC 的安装 .avi

制作概述

本例将讲解如何安装 Dreamweaver CC。

学习目标

掌握 Dreamweaver CC 的安装方法。

操作步骤

(1) 将 Dreamweaver CC 的安装光盘放入光盘驱动器，系统会自动运行 Dreamweaver CC 的安装程序。首先屏幕中会弹出一个安装初始化，如图 1-1 所示，这个过程大约需要几分钟的时间。

(2) Dreamweaver CC 的安装程序会自动弹出一个欢迎安装界面，单击【安装】或【试用】按钮，如图 1-2 所示。

图 1-1　初始化程序　　　　　　　　　　　　图 1-2　欢迎安装界面

(3) 随后弹出 Dreamweaver CC 授权协议窗口，单击 Dreamweaver CC 授权协议窗口右下角的【接受】按钮，如图 1-3 所示。

(4) 在弹出的对话框中的序列号文本框中填入序列号进行安装，然后单击【下一步】按钮，如图 1-4 所示。

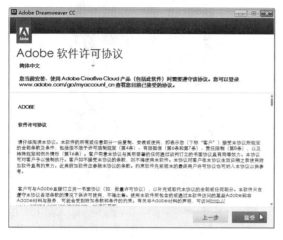

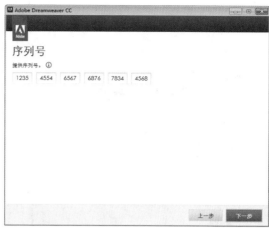

图 1-3 接受软件许可协议　　　　　　　　　　　　　　图 1-4 输入序列号

（5）此时会弹出 Dreamweaver CC 的安装路径，安装过程需要创建一个文件夹，用来存放 Dreamweaver CC 安装的全部内容。如果用户希望将 Dreamweaver CC 安装到默认的文件夹中，则直接单击【安装】按钮即可；如果想要更改安装路径，则可以单击安装位置右边的【更改】按钮，在磁盘列表中选择相应的磁盘，如图 1-5 所示。

（6）用户选择好安装的路径之后，单击【安装】按钮，开始安装 Dreamweaver CC 软件，如图 1-6 所示。

图 1-5 安装路径　　　　　　　　　　　　　　　　　　图 1-6 安装进程

（7）Dreamweaver CC 安装完成后，会显示一个安装完成窗口，如图 1-7 所示。

（8）单击【关闭】按钮，完成 Dreamweaver CC 的安装。软件安装结束后，Dreamweaver CC 会自动在 Windows 程序组中添加一个 Dreamweaver CC 的快捷方式，如图 1-8 所示。

案例课堂 ▶

图 1-7 安装完成界面　　　　　　　　　　图 1-8 Dreamweaver CC 快捷方式

案例精讲 002 Dreamweaver CC 的启动与退出

 案例文件：无

视频文件：视频教学 \ Cha01 \ Dreamweaver CC 的启动与退出 .avi

制作概述

本例介绍如何启动与退出 Dreamweaver CC。

学习目标

掌握启动与退出 Dreamweaver CC 的方法。

操作步骤

(1) 双击桌面上的 Dreamweaver CC 快捷方式，进入 Dreamweaver CC 的工作界面，如图 1-9 所示，程序就启动完成了。

(2) 退出程序可以单击 Dreamweaver CC 工作界面右上角的 ✖ 按钮关闭程序，也可以选择菜单栏中的【文件】|【退出】命令退出程序，如图 1-10 所示。

> 知识链接
>
> 　　Adobe Dreamweaver，简称 DW，中文名称为"梦想编织者"，是美国 Macromedia 公司开发的集网页制作和管理网站于一身的所见即所得网页编辑器。Adobe Dreamweaver 使用所见即所得的接口，亦有 HTML（标准通用标记语言下的一个应用）编辑的功能。DW 是第一套针对专业网页设计师的视觉化网页开发工具，利用它可以轻而易举地制作出跨越平台限制和浏览器限制的充满动感的网页。目前有 Mac 版本和 Windows 版本。

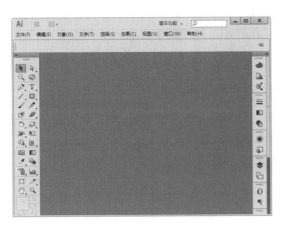

图 1-9　Dreamweaver CC 的工作界面

图 1-10　选择【退出】命令

案例精讲 003　站点的建立

案例文件：无

视频文件：视频教学 \ Cha01 \ 站点的建立 .avi

制作概述

在制作网页之前，需要建立站点。本例介绍如何使用 Dreamweaver CC 建立站点。

学习目标

学会如何建立站点。

操作步骤

(1) 启动 Dreamweaver CC 软件，选择【站点】|【新建站点】菜单命令，如图 1-11 所示。

(2) 弹出【站点设置对象】对话框，在【站点名称】文本框中输入"我爱我家"，如图 1-12 所示。

图 1-11　选择【新建站点】命令

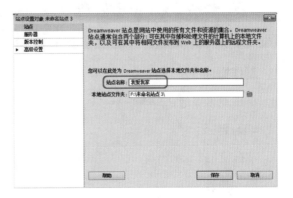

图 1-12　保存文件

(3) 在【本地站点文件夹】文本框中指定站点的位置，即计算机上用于存储站点文件的本地文件夹。可以单击该文本框右侧的文件夹图标以浏览相应的文件夹，如图 1-13 所示。

(4) 单击【保存】按钮，关闭【站点设置对象】对话框，在【文件】面板中的【本地文件】窗口中会显示该站点的根目录，如图 1-14 所示。

图 1-13　存储面板　　　　　　　　　　　　　　　　图 1-14　【文件】面板

知识链接

　　Dreamweaver 站点是一种管理网站中所有相关联文档的工具，通过站点可以实现将文件上传到网络服务器、自动跟踪和维护、管理文件以及共享文件等功能。严格地说，站点也是一种文档的组织形式，由文档和文档所在的文件夹组成，不同的文件夹保存不同的网页内容，如 images 文件夹用于存放图片，这样便于以后管理与更新。

　　Dreamweaver 中的站点包括本地站点、远程站点和测试站点 3 类。本地站点是用来存放整个网站框架的本地文件夹，是用户的工作目录，一般制作网页时只需建立本地站点。远程站点是存储于 Internet 服务器上的站点和相关文档。通常情况下，为了不连接 Internet 而对所建的站点进行测试，可以在本地计算机上创建远程站点，来模拟真实的 Web 服务器进行测试。

案例精讲 004　站点的管理

 案例文件：无

 视频文件：视频教学 \ Cha01 \ 站点的管理 .avi

制作概述

本例介绍如何在 Dreamweaver CC 中管理站点。

学习目标

掌握使用 Dreamweaver CC 管理站点的方法。

操作步骤

(1) 选择【站点】|【管理站点】菜单命令，如图 1-15 所示。

(2) 打开【管理站点】对话框，如图 1-16 所示。

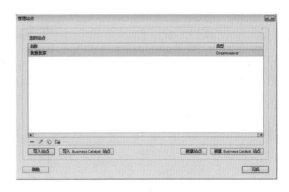

图 1-15　选择【管理站点】命令　　　　　　　　图 1-16　【管理站点】对话框

(3) 在【管理站点】对话框中选择要打开的站点，如选择【我爱我家】站点，单击【完成】按钮，即可将其打开，如图 1-17 所示。

知识链接

　　测试站点是 Dreamweaver 处理动态页面的文件夹，使用此文件夹生成动态内容并在工作时连接到数据库，用于对动态页面进行测试。

　　静态网页是标准的 HTML 文件，采用 HTML 编写，是通过 HTTP 在服务器端和客户端之间传输的纯文本文件，其扩展名是 htm 或 html。

　　动态网页以 .asp、jsp、php 等形式为后缀，以数据库技术为基础，含有程序代码，是可以实现如用户注册、在线调查、订单管理等功能的网页文件。动态网页能根据不同的时间、不同的来访者显示不同的内容，动态网站更新方便，一般在后台直接更新。

(4) 如果要对站点进行编辑，可在选择站点名称后单击【编辑当前选定的站点】按钮，如图 1-18 所示，完成上述操作后即可打开【站点设置对象】对话框。

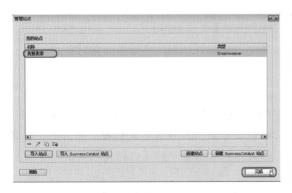

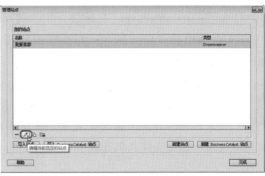

图 1-17　选择对象　　　　　　　　图 1-18　单击【编辑当前选定的站点】按钮

(5) 完成编辑后，单击【保存】按钮，返回【管理站点】对话框，单击【完成】按钮结束站点的编辑，如图 1-19 所示。

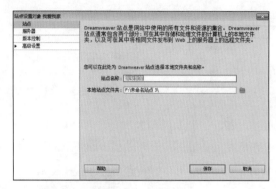

图 1-19　保存文件

知识链接

站点是一组具有共享属性(如相关主题、类似的设计或共同目的)的链接文档和资源。Dreamweaver是创建和管理站点的工具,使用它不仅可以创建单独的文档,还可以创建完整的Web站点。

案例精讲 005　页面属性设置

 案例文件: 无

视频文件: 视频教学 \ Cha01 \ 页面属性设置 .avi

制作概述

本例介绍 Dreamweaver CC 的页面属性设置。

学习目标

学会如何设置网页的页面属性。

操作步骤

(1) 运行 Dreamweaver CC 软件，单击【属性】栏中的【页面属性】按钮，如图 1-20 所示。

(2) 在弹出的【页面属性】对话框中的【分类】栏中进行选择，可对页面的背景颜色、位图和字体等进行设置，如图 1-21 所示。

 对于在 Dreamweaver 中创建的每个页面，都可以使用【页面属性】对话框指定布局和格式设置属性。在【页面属性】对话框可以指定页面的默认字体系列和字体大小、背景颜色、边距、链接样式及页面设计的其他许多方面。可以为创建的每个新页面指定新的页面属性，也可以修改现有页面的属性。在【页面属性】对话框中所进行的更改将应用于整个页面。

Dreamweaver 提供了两种修改页面属性的方法：CSS 或 HTML。Adobe 建议使用 CSS 设置背景和修改页面属性。

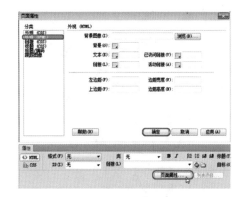

图 1-20　单击【页面属性】按钮　　　　　　　　　　图 1-21　设置参数

案例精讲 006　多媒体文件的添加

案例文件：无

视频文件：视频教学 \ Cha01 \ 多媒体文件的添加 .avi

制作概述

本例介绍如何在网页中添加多媒体文件。

学习目标

学会如何在网页中添加多媒体文件。

操作步骤

(1) 启动 Dreamweaver CC，在欢迎屏幕的【新建】栏中选择 HTML 选项，如图 1-22 所示。

(2) 选择菜单栏中的【插入】|【媒体】| flash SWF 命令，将随书附带光盘中的 CDROM \ 素材 \ Cha01\ 自行车 .swf 文件插入到当前文档，如图 1-23 所示。

图 1-22　选择 HTML 选项

图 1-23　选择对象

(3) 单击【确定】按钮后会弹出请求保存对话框，单击【是】按钮，如图 1-24 所示。

(4) 在【对象标签辅助功能属性】对话框中，标题随意即可，单击【确定】按钮即可，如图 1-25 所示。

图1-24　单击【是】按钮　　　　　　　　　　图1-25　【对象标签辅助功能属性】

(5) 完成上述操作，效果如图 1-26 所示。

(6) 完成后进行保存，按 F12 键可以在浏览器中预览效果，如图 1-27 所示。

图1-26　完成操作后的效果

图1-27　预览效果

知识链接

　　相比传统媒体，网页包含了更多的组成元素——除了文字、图像、音频、视频外，还有很多其他对象也可以加入网页中，比如 Java Applet 小程序、Flash 动画、QuickTime 电影等。

　　1. 文字

　　文字是网页的主体，是传达信息最重要的方式。因为它占用的存储空间非常小（一个汉字只占用两个字节），所以很多大型的网站提供纯文字的版面以缩短浏览者的下载时间。文字在网页上的主要形式有标题、正文、文本链接等。

　　2. 图像

　　采用图像可以减少纯文字给人的枯燥感，巧妙的图像组合可以带给用户美的享受。图像在网页中有很多用途，可以用来做图标、标题、背景等，甚至构成整个页面。

　　(1) 图标

　　网站的标志是风格和主题的集中体现，其中可以包含文字、符号、图案等元素。设计师就是用这些元素进行巧妙组合来达到表现公司、网站形象的目的。

　　(2) 标题

　　标题可以用文本，也可以用图像。但是使用图像标题要比文本标题的表现力更强，效果更加突出。有时页面中的标题需要使用特殊的字体，但可能很多浏览者的机器上没有安装这种字体，那么浏览者看到的效果和设计师看到的效果是不同的。此时最好的解决方法就是将标题文字制作成图片，这样可以保证所有人看到的效果是一样的。

（3）插图

通过照片和插图可以直观地表达效果和展现主题，但也有一些插图仅仅是为了装饰。广告条网络媒体和其他传统媒体一样，投放广告是获取商业利益的重要手段。网站中的广告通常有两种形式：一是文字链接广告；二是广告条。前者通过 HTML 语言即可实现，后者是把广告内容设计为吸引浏览者注意的图像或者动画，让浏览者通过单击来访问特定的宣传网页。

（4）背景

使用背景是网站整体设计风格的重要方法之一。背景可通过 HTML 语言定义为单色或背景图像，背景图像可以是 JPEG 和 GIF 两种格式。

（5）导航栏

导航栏用来帮助浏览者熟悉网站结构，让浏览者可以很方便地访问想要的页面。导航栏的风格需要和页面保持一致。

导航栏主要有文字导航和图形导航两种形式。文字式导航清楚易懂，下载迅速，适用于信息量大的网站。图形导航栏美观，表现力强，适用于一般商业网站或个人网站。

3. 音频

将多媒体引入网页，可以在很大程度上吸引浏览者的注意。利用多媒体文件可以制作出更有创造性、艺术性的作品，它的引入使网站成了一个有声有色、动静相宜的世界。

多媒体一般指音频、视频、动画等形式。网上常见的音频格式有 MIDI、WAV、MP3 等。

MIDI 音乐：每逢节日，我们都会到贺卡网站上收发电子贺卡。其中有些贺卡就有一种音色类似电子琴的背景音乐，这种背景音乐就是网上常见的一种多媒体格式——MIDI 音乐，它的文件以 .mid 为扩展名，特点是文件体积非常小，很快就可下载完毕，但音色很单调。

WAV 音频：我们每次打开计算机时听到的进入系统的音乐实际上就是 WAV 音频。该音频是以 .wav 为扩展名的声音文件，它的特点是表现力丰富，但文件体积很大。

【MP3 音乐】：MP3 是我们非常熟悉的文件格式，现在互联网上的音乐大多数都是 MP3格式的，它的特点是在尽可能保证音质的情况下减小文件体积，通常长度为 3min 左右的歌曲文件，大概在 3MB。

4. 视频

视频在网页上出现得不多，但它有着其他媒体不可替代的优势。视频传达的信息形象生动，能给人留下深刻的印象。

常见的网上视频文件有 AVI、RM 等。

AVI 视频：AVI 视频文件是由 Microsoft 开发的视频文件格式，其文件的扩展名为 .avi。它的特点是视频文件不失真，视觉效果很好，但缺点是文件体积太大，短短几分钟的视频文件需要耗费几百兆的硬盘空间。

RM 视频：喜欢在线看电影的朋友一定认识它，它是由 Real Networks 公司开发的音视频文件格式，主要用于网上的电影文件传输，扩展名为 .rm。它的特点是能一边下载一边播放，又称为流式媒体。

QuickTime 电影：QuickTime 电影是由美国苹果计算机公司开发的用于 Mac OS 的一种电影文件格式，在 PC 上也可以使用，但需要安装 QuickTime 的插件，这种媒体文件的扩展名是 .mov。

WMV 视频：这是微软公司开发的新一代视频文件格式，特点是文件体积小而且视频效果较好，能够支持边下载边播放，目前已经在网上电影市场中站稳了脚跟。

FLV 视频：FLV 是 Flash Video 的简称。FLV 串流媒体格式是一种新的网络视频格式，它的出现有效地解决了视频文件导入 Flash 后，使导出的 SWF 文件体积庞大，不能在网络上有效使用等缺点。随着网络视频网站的丰富，该格式已经非常普及。

　　5. 动画

　　动画是网页中最吸引眼球的地方，好的动画能够使页面显得活泼生动，达到动静相宜的效果。特别是 Flash 动画产生以来，动画成了网页设计中最热门的话题。

　　常见的动画格式：GIF 动画是多媒体网页动画最早的动画格式，优点是文件体积小，但没有交互性，主要用于网站图标和广告条。

　　Flash 动画：Flash 动画是基于矢量图形的交互性流式动画文件格式，可以用 Adobe 开发的 Flash CS3 进行制作。使用其内置的 ActionScript 语言还可以创建出各种复杂的应用程序，甚至是各种游戏。

　　Java Applet：在网页中可以调用 Java Applet 来实现一些动画效果。

　　6. 链接和路径

　　当用鼠标单击网页上的一段文本（或一张图片）时，此时会出现小手的形状，如果可以打开网络上一个新的地址，就代表该文本（或图片）上有链接。

案例精讲 007　E-mail 链接

 案例文件：无

 视频文件：视频教学 \ Cha01 \ E-mail 链接 .avi

制作概述

本例介绍如何在网页中添加 E-mail 链接。

学习目标

学会如何在网页中添加 E-mail 链接。

操作步骤

　　(1) 运行 Dreamweaver CC，在欢迎屏幕的【新建】栏中选择 HTML 选项，然后输入"有空联系，可以给我发邮件"文本，如图 1-28 所示。

　　(2) 选中其中的【邮件】文本，如图 1-29 所示。

图 1-28　新建文件

图 1-29　选中文本

（3）选择菜单栏中的【插入】|【电子邮件链接】命令，在弹出的【电子邮件链接】对话框中的【电子邮件】文本框中输入电子邮件地址 dlwcno111@163.com，然后单击【确定】按钮，即可为选择的文本添加电子邮件链接，如图 1-30 所示。

（4）电子邮件链接完成后，保存文件。按 F12 键可以在浏览器中预览效果，如图 1-31 所示。

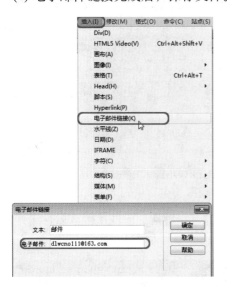

图 1-30　添加电子邮件链接　　　　　　　　图 1-31　预览效果

知识链接

　　电子邮件（标志：@，也被大家昵称为"伊妹儿"），是一种用电子手段提供信息交换的通信方式，是互联网应用最广的服务。通过网络的电子邮件系统，用户可以以非常低廉的价格（不管发送到哪里，都只需负担网费）、非常快速的方式（几秒之内可以发送到世界上任何指定的目的地），与世界上任何一个角落的网络用户联系。

　　电子邮件可以是文字、图像、声音等多种形式。同时，用户可以得到大量免费的新闻、专题邮件，并实现轻松的信息搜索。电子邮件的存在极大地方便了人与人之间的沟通与交流，促进了社会的发展。

　　超级链接是网页中最重要、最基本的元素之一。每个网站实际上都是由很多网页组成的，这些网页都是通过超级链接的形式关联在一起的。超级链接的作用是在因特网上建立一个位置到另一个位置的链接。超级链接由源地址文件和目标地址文件构成，当访问者单击超级链接时，浏览器会自动从相应的目的网址检索网页并显示在浏览器中。如果目标地址不是在网页而是其他类型的文件，浏览器会自动调用本机上的相关程序打开所要访问的文件。

　　在网页中的链接按照链接路径的不同可分为 3 种形式：绝对路径、相对路径和根目录路径。这些路径都是网页中的统一资源定位，只不过后两种路径将 URL 的通信协议和主机名省略了，但必须有参照物，一种是以文档为参照物，另一种是以站点的根目录为参照物，而第一种就不需要有参照物，它是最完整的路径，也是标准的 URL。

案例精讲 008　下载链接

📝 案例文件：无

💿 视频文件：视频教学 \ Cha01\ 下载链接 .avi

制作概述

本例介绍如何在网页中添加下载链接。

学习目标

学会如何在网页中添加下载链接。

操作步骤

(1) 运行 Dreamweaver CC，打开随书附带光盘中的 CDROM\ 素材 \Cha01\ 会议室 .html 网页文件，选择网页中的【会议室】文本，如图 1-32 所示。

(2) 在【属性】面板中单击【链接】后的【浏览文件】按钮📁，在打开的【选择文件】对话框中选择"会议室 .zip"文件，单击【确定】按钮，如图 1-33 所示。

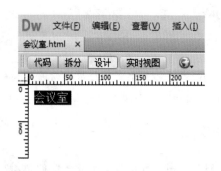

图 1-32　打开文件　　　　　　　　　　　　图 1-33　【选择文件】对话框

(3) 指定路径完成后，在【属性】面板中可查看到所选择的链接文件，如图 1-34 所示。

(4) 下载文件链接完成后，保存文件。按 F12 键可以在浏览器中预览效果，如图 1-35 所示。

图 1-34　【属性】面板　　　　　　　　　　图 1-35　预览效果

案例精讲 009　鼠标经过图像

 案例文件：无

 视频文件：视频教学 \ Cha01 \ 鼠标经过图像 .avi

制作概述

本例介绍如何在网页中添加鼠标经过图像的效果。

学习目标

学会如何在网页中添加鼠标经过图像的效果。

操作步骤

(1) 启动 Dreamweaver CC，在欢迎屏幕中的【新建】栏中选择 HTML 选项，如图 1-36 所示。

(2) 选择菜单栏中的【插入】|【图像】|【鼠标经过图像】命令，如图 1-37 所示。

图 1-36　新建文件

图 1-37　选择【鼠标经过图像】命令

(3) 弹出【鼠标经过图像】对话框，单击【原始图像】文本框右侧的【浏览】按钮，在弹出的【原始图像】对话框中选择鼠标经过前的图像文件"匣释者 .jpg"，如图 1-38 所示。

(4) 单击【鼠标经过图像】文本框右侧的【浏览】按钮，在弹出的原始图像对话框中选择鼠标经过时的图像文件"萨菲罗斯 .jpg"，如图 1-39 所示。

图 1-38　选择经过前的图像

图 1-39　选择经过时的图像

(5) 完成后单击【确定】按钮，然后单击菜单栏中的【实时视图】按钮，预览效果，最后保存，如图 1-40 所示。

图 1-40　单击【确定】按钮

在【实时视图】中可以查看网页的效果。

案例精讲 010　弹出信息设置

案例文件：无

视频文件：视频教学 \ Cha01 \ 弹出信息设置 .avi

制作概述

本例介绍如何在【行为】面板中为网页添加弹出信息。

学习目标

学会如何在网页中设置弹出信息。

操作步骤

(1) 启动 Dreamweaver CC，在欢迎屏幕的【新建】栏中选择 HTML 选项，如图 1-41 所示。

(2) 选择菜单栏中的【插入】|【图像】|【图像】命令，在弹出的【选择图像源文件】对话框中，选择随书附带光盘中的 CDROM \ 素材 \ Cha01\ 通向远方 .jpg 素材图片，如图 1-42 所示。将其插入到当前文档。

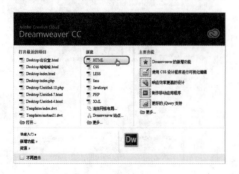

图 1-41　新建文件

图 1-42　选择素材图片

(3) 选择菜单栏中的【窗口】|【行为】命令，如图 1-43 所示。

(4) 在【弹出信息】对话框中输入要显示的信息内容，单击【确定】按钮，在【行为】面板中便显示了添加行为，如图 1-44 所示。

图 1-43　选择【行为】命令

图 1-44　输入信息内容

(5) 保存添加行为后的网页，按 F12 键可以在浏览器中预览效果，将指针移至图像上，单击图像即可弹出信息提示，如图 1-45 所示。

图 1-45　在浏览器中预览效果

知识链接

　　【行为】：行为是由对象、事件和动作构成的。对象是产生行为的主体。在网页制作中，图片、文字和多媒体文件等都可以成为对象，对象也是基于成对出现的标签的，在创建时应首先选中对象的标签。此外，在某个特定的情况下，网页本身也可以作为对象。Dreamweaver 中的行为是由一系列 JavaScript 程序组合而成的，使用行为可以在不使用编程的基础上实现程序动作。行为是用来动态响应用户操作，改变当前页面效果或是执行特定任务的一种方法。使用行为可以使网页制作人员不用编程即可实现一些程序动作，如验证表单、打开浏览器窗口等。

案例课堂 ➡

案例精讲 011　设置空链接

 案例文件：无

 视频文件：视频教学＼Cha01＼设置空链接.avi

制作概述

本例介绍如何在网页中设置空链接。

学习目标

学会如何在网页中设置空链接。

(1) 运行 Dreamweaver CC，在欢迎屏幕的【新建】栏中选择 HTML 选项，如图 1-46 所示。

(2) 输入文本并将其选中，如图 1-47 所示。

图 1-46　选择 HTML 选项

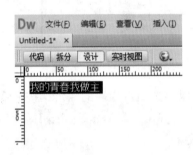

图 1-47　输入并选中文本

(3) 在【属性】面板的【链接】文本框中输入"#"，如图 1-48 所示。

(4) 脚本链接完成后，保存文件。按 F12 键可以在浏览器中预览效果，如图 1-49 所示。

图 1-48　输入 #

图 1-49　在浏览器中预览效果

知识链接

　　空链接是一种没有链接目标地址的链接。为文字或图片设置空链接后，链接指向文字或图片本身。

第 2 章
娱乐休闲类
网页设计

本章重点

- ◆ 金属音乐网页设计
- ◆ 速播电影网页设计
- ◆ 嘟嘟交友网页设计
- ◆ 媚图吧网页设计
- ◆ 网络游戏网页设计
- ◆ 篮球体育网页设计
- ◆ 下载吧网页设计

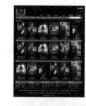

娱乐休闲类网页是比较受欢迎的一类网页，此类网页种类繁多，涉及音乐、电影、体育、游戏等众多领域。本章将通过几个网页设计案例来介绍此类网页的设计方法，使用户对此类网页的布局结构有所了解。

案例精讲 012　金属音乐网页设计

 案例文件：CDROM \ 场景 \ Cha02 \ 金属音乐网页设计 .html

 视频文件：视频教学 \ Cha02 \ 金属音乐网页设计 .avi

制作概述

本例将介绍如何制作关于音乐方面的网页。本例以黑色为主背景，文字以白色和灰色为主，在制作网页过程中，主要应用了表格工具和文字、图片的创建。完成后的效果如图 2-1 所示。

学习目标

学会如何创建表格。

掌握网页的制作技巧及位图的插入。

操作步骤

(1) 启动软件后，按 Ctrl+N 组合键，弹出【新建文档】对话框，选择【空白页】| HTML |【无】选项，单击【创建】按钮，如图 2-2 所示。

图 2-1　金属音乐网页

(2) 新建文档后，在文档底部的属性面板中选择 CSS，然后单击【页面属性】按钮，弹出【页面属性】对话框，在【分类】组中选择【外观 (CSS)】，将【左边距】、【右边距】、【上边距】、【下边距】都设为 50px，设置完成后单击【确定】按钮，如图 2-3 所示。

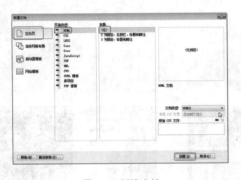

图 2-2　新建文档

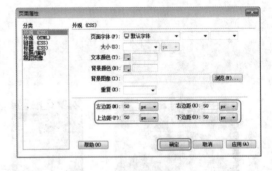

图 2-3　设置参数

(3) 在文档底部单击【桌面电脑大小】图标█，按 Ctrl+Alt+T 组合键，弹出【表格】对话框，将【行数】设为 1，将【列】设为 5，将【表格宽度】设为 900px，将【边框粗细】、【单元格边距】、【单元格间距】设为 0，单击【确定】按钮，如图 2-4 所示。

(4) 选择上一步创建的所有表格，设置 CSS 属性，将【水平】设为【居中对齐】，将【高】设为 100，如图 2-5 所示。

图 2-4　创建表格

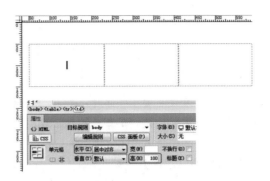

图 2-5　设置 CSS 属性

知识链接

　　表格是网页中非常重要的元素，它可以控制文本和图形在页面上出现的位置。HTML 本身没有提供更多的排版手段，为了实现网页的精细排版，经常使用表格来实现。在页面创建表格之后，可以为其添加内容、修改单元格和列 / 行属性，以及复制和粘贴多个单元格等。

　　在网页制作过程中，表格更多地用于网页内容排版。例如，要将文字放在页面的某个位置，就可以插入表格，然后设置表格属性，文字放在表格的某个单元格里就行了。

　　在 Dreamweaver 中可以使用表格清晰地显示列表数据。在 Dreamweaver 中也可以利用表格将各种数据排成行和列，从而更容易阅读信息。

　　如果创建的表格不能满足需要，可以重新设置表格的属性。比如：表格的行数、列数、高度、宽度等。修改表格属性一般在【属性】面板中进行。

---

　　(5) 选择第 1 列表格，将其宽度设为 316，列设为 146，将光标置于第 1 列单元格中，按 Ctrl+Alt+I 组合键弹出【选择图像源文件】对话框，选择随书附带光盘中的 CDROM \ 素材 \ Cha02 \ 金属音乐 \ 05.png 文件，单击【确定】按钮，如图 2-6 所示。

　　(6) 插入图片后的效果如图 2-7 所示。

图 2-6　选择图片素材

图 2-7　插入图片素材

　　(7) 选择第 2 列单元格，输入【首页】文本，将【字体】设为【微软雅黑】，将【字体大小】设为 24pt，将【字体颜色】设为 #999，如图 2-8 所示。

　　(8) 使用同样的方法，在其他表格中输入文字，完成后的效果如图 2-9 所示。

图 2-8　输入文字

图 2-9　输入其他文字

提示　　在设置文字字体时，如果在属性列表中没有需要的文字，可以单击 CSS 属性栏中的【字体】后面的下三角按钮，在弹出的下拉菜单中选择【管理字体】选项，如图 2-10 所示。此时会弹出【管理字体】对话框，切换到【自定义字体堆栈】选项卡，在【可用字体】列表中选择【微软雅黑】字体，然后单击 << 按钮，添加完成后单击【完成】按钮，如图 2-11 所示。

图 2-10　选择【管理字体】选项

图 2-11　添加字体

(9) 在大的表格下面单击，在菜单栏中选择【插入】|【水平线】命令，选择插入的水平线，在属性栏中将【宽】设为 900px，如图 2-12 所示。

(10) 水平线插入完成后，在水平线下的空白区域单击，按 Ctrl+Alt+T 组合键，弹出【表格】对话框，将【行数】和【列】都设为 1，将【表格宽度】设为 900px，将【边框粗细】、【单元格边距】、【单元格间距】都设为 0，如图 2-13 所示。

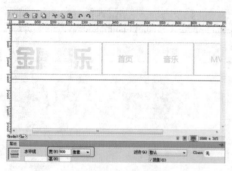

图 2-12　插入水平线

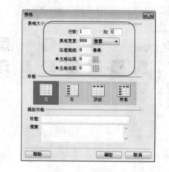

图 2-13　设置表格

(11) 将光标置于上一步创建的表格中，按 Ctrl+Alt+I 组合键，在弹出的【选择图像源文件】对话框中选择随书附带光盘中的 CDROM \ 素材 \ Cha02 \ 金属音乐 \ 01.jpg 文件，单击【确定】按钮，效果如图 2-14 所示。

(12) 将光标置于插入图片表格的下方，按 Ctrl+Alt+T 组合键，弹出【表格】对话框，将【行数】和【列】分别设为 1 和 3，将【表格宽度】设为 900px，将【边框粗细】、【单元格边距】、【单元格间距】都设为 0，效果如图 2-15 所示。

图 2-14 插入素材图片

图 2-15 插入表格

(13) 选择上一步插入的表格，在【CSS 属性栏】中将【宽】设为 300，将【水平】设为【居中对齐】，如图 2-16 所示。

(14) 使用前面讲过的方法，分别在表格中插入素材图片，如图 2-17 所示。

图 2-16 设置表格属性

图 2-17 插入素材图片

知识链接

单元格的属性如下。

【水平】：指定单元格、行或列内容的水平对齐方式。可以将内容对齐到单元格的左侧、右侧或使之居中对齐，也可以指示浏览器使用其默认的对齐方式（通常常规单元格为左对齐，标题单元格为居中对齐）。

【垂直】：指定单元格、行或列内容的垂直对齐方式。可以将内容对齐到单元格的顶端、中间、底部或基线，或者指示浏览器使用其默认的对齐方式（通常是中间）。

【宽】和【高】：所选单元格的宽度和高度，以像素为单位或按整个表格宽度或高度的百分比指定。若要指定百分比，要在值后面使用百分比符号 (%)。若要让浏览器根据单元格的内容以及其他列和行的宽度和高度确定适当的宽度或高度，将此域留空（默认设置）。

(15) 在上一步插入图片表格的下方空白区域单击，按 Ctrl+Alt+T 组合键，弹出【表格】对话框，将【行数】和【列】分别设为 1 和 6，将【表格宽度】设为 900px，将【边框粗细】、【单元格边距】、【单元格间距】都设为 0，选择创建所有表格，将其【宽】设为 150，如图 2-18 所示。

(16) 将光标置于上一步创建的表格第 1 列中，输入"热歌榜"，将【字体】设为【微软雅黑】，将【大小】设为 24px，将【字体颜色】设为 #CCC，如图 2-19 所示。

图2-18　插入表格

图2-19　输入文字

(17) 使用同样的方法在第3、5列中分别输入【新歌榜】和【经典老歌】，如图2-20所示。

(18) 对于剩余的列表格分别插入素材04.png文件，效果如图2-21所示。

图2-20　输入文字

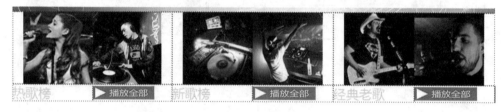

图2-21　插入素材

(19) 在空白区域单击，按Ctrl+Alt+T组合键，弹出【表格】对话框，将【行数】和【列】分别设为1和3，将【表格宽度】设为900px，将【边框粗细】、【单元格边距】、【单元格间距】都设为0，选择所有单元格，将其宽度设为300，如图2-22所示。

图2-22　插入表格

(20) 将光标置于第1列单元格中，按Ctrl+Alt+T组合键，弹出【表格】对话框，将【行数】和【列】分别设为10、4，将【表格宽度】设为100百分比，将【边框粗细】、【单元格边距】、【单元格间距】都设为0，如图2-23所示。

(21) 在场景中选择第1、3、5、7、9行，将其背景色设为#333333，效果如图2-24所示。

提示　　默认情况下，浏览器选择行高和列宽的依据是能够在列中容纳最宽的图像或最长的行。这就是为什么当将内容添加到某个列时，该列有时变得比表格中其他列宽得多的原因。

图 2-23　插入表格

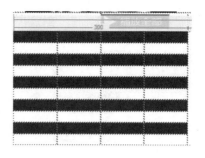

图 2-24　设置背景色

(22) 使用前面讲过的方法，在上一步创建的表格内输入文字并插入素材图片。为了便于观察，先对白色表格填充黑色，完成后的效果如图 2-25 所示。观察完成后，将填充黑色的表格背景设为无。

(23) 选择上一步制作的歌单表格，按 Ctrl+C 组合键进行复制，将光标分别置于另外两个单元格中，按 Ctrl+V 组合键进行粘贴，如图 2-26 所示。

图 2-25　输入文字并插入素材

图 2-26　复制表格后的效果

(24) 按 Ctrl+Alt+T 组合键，弹出【表格】对话框，将【行数】和【列】分别设为 1 和 3，将【表格宽度】设为 900px，将【边框粗细】、【单元格边距】、【单元格间距】都设为 0，并将其【宽度】都设为 300，如图 2-27 所示。

图 2-27　创建表格

(25) 选择上一步创建的 3 个单元格，并在每个单元格中输入"完整榜单＞＞"，将【字体】设为【微软雅黑】，将【字体大小】设为 16px，将【字体颜色】设为 #CCC，配合空格键进行设置，效果如图 2-28 所示。

图 2-28　输入文字

(26) 再次插入 1 行 1 列的单元格，【表格宽度】设为 900px，并在单元格中输入文字"爱听音乐区"，将【字体】设为【微软雅黑】，将【字体大小】设为 24px，将【字体颜色】设为 #999，如图 2-29 所示。

图 2-29　创建表格并输入文字

(27) 将光标置于文字的后面，在菜单栏中选择【插入】|【水平线】命令，这样就可以插入水平线，单击【实时视图】按钮，预览效果如图 2-30 所示。

图 2-30　插入水平线

(28) 在文档线空白处单击，并插入 1 行 4 列、【表格宽度】为 900px 的表格，选择创建的 4 个表格，在 CSS 属性栏中将【水平】设为【居中对齐】，将【宽】设为 225，并在每个表格中插入相应的素材图片，如图 2-31 所示。

图 2-31　创建表格并插入素材图片

(29) 将光标置于文档的最下端，按 Ctrl+Alt+T 组合键，插入 2 行 4 列的表格，将【表格宽度】设为 900px，选择所有的表格，在属性栏中将【水平】设为【居中对齐】，将【宽度】设为 225，如图 2-32 所示。

图 2-32　创建表格

(30) 在第 1 行单元格中输入相应的文字，将【字体】设为【微软雅黑】，将【字体大小】设为 18px，将【字体颜色】设为 #F0F，完成后的效果如图 2-33 所示。

图 2-33　输入文字

知识链接

　　微软雅黑是美国微软公司委托中国北大方正电子有限公司设计的一款全面支持 ClearType 技术的字体。Monotype 公司负责字体 Hinting 工作。它属于 OpenType 类型，文件名是 MSYH. TTF，字体设计属于无衬线字体和黑体。该字体簇还包括"微软雅黑 Bold"（粗体），文件名为 MSYHBD.TTF。这个粗体不是单纯地将普通字符加粗，而是在具体笔画上分别进行处理，因此是独立的一种字体。微软雅黑随简体中文版 Windows Vista 一起发布，是 Windows Vista 默认字体。另外，Microsoft Office 2007 简体中文版也附带该字体。

　　(31) 在第 2 行配合空格键输入文字，将【字体】设为【微软雅黑】，将【字体大小】设为 12px，将【字体颜色】设为 #FFF，为了便于观察，先将表格的背景设为黑色，效果如图 2-34 所示。

图 2-34　输入文字

　　(32) 将光标置于文档的最底层，插入一个 1 行 1 列表格，【表格宽度】设为 900px，选择插入的表格，在 CSS 属性栏中将【水平】设为【居中对齐】，将【高】设为 20，如图 2-35 所示。

图 2-35　创建表格

　　(33) 将光标置于表格中，按住 Shift 键后按 Enter 键将光标向下移动一个字符，然后输入文字，将【字体】设为【微软雅黑】，将【字体大小】设为 174px，将【字体颜色】设为 #999，如图 2-36 所示。

　　(34) 在 CSS 属性栏中单击【页面属性】按钮，在弹出的【页面属性】对话框中，选择【分类】下的【外观 (CSS)】，将【背景颜色】设为黑色，单击【确定】按钮，完成后的效果如图 2-37 所示。

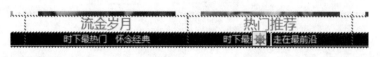

图 2-36　输入文字

图 2-37　最终效果

案例精讲 013　速播电影网页设计

案例文件：CDROM \ 场景 \ Cha02 \ 速播电影网页设计 .html

视频文件：视频教学 \ Cha02 \ 网页设计 .avi

制作概述

本例介绍如何制作电影网页，其中主要应用了表格、鼠标经过图像和水平线。完成后的效果如图 2-38 所示。

学习目标

掌握网页的制作技巧及鼠标经过图像的设置。

操作步骤

(1) 启动软件后，新建一个 HTML 文档，然后在属性栏中单击【页面属性】按钮，弹出【页面属性】对话框，将【背景颜色】设为黑色，将【左边距】、【右边距】、【上边距】、【下边距】都设为 30px，如图 2-39 所示。

图 2-38　速播电影网页

(2) 在文档底部单击【桌面电脑大小】图标，按 Ctrl+Alt+T 组合键，弹出【表格】对话框，将【行数】和【列】都设为 1，将【表格宽度】设为 100%，将【边框粗细】、【单元格边距】、【单元格间距】都设为 0，单击【确定】按钮，如图 2-40 所示。

> 知识链接
>
> 　　电影是一种表演艺术、视觉艺术及听觉艺术，利用胶卷、录像带或数字媒体将影像和声音捕捉，再加上后期的编辑工作而成。电影艺术诞生于 1895 年 12 月 28 日。电影于 1896 年 8 月传入中国上海，当时称为"西洋影戏"、"电光影戏"等，简称"影戏"。

图 2-39　设置页面属性　　　　　　　　　　　　　　　　图 2-40　创建表格

(3) 在场景中选择上一步创建的单元格，在文档底部的 CSS 属性栏中将【水平】设为【右对齐】，如图 2-41 所示。

(4) 将光标置于创建的单元格中，按 Ctrl+Alt+I 组合键，弹出【选择图像源文件】对话框，选择随书附带光盘中的 CDROM \ 素材 \ Cha02 \ 速播电影网 \ S01.gif 文件，效果如图 2-42 所示。

图 2-41　设置水平对齐

图 2-42　选择素材图片

(5) 单击【确定】按钮，查看导入的效果，如图 2-43 所示。

(6) 将光标置于单元格的右侧，按 Ctrl+Alt+T 组合键，弹出【表格】对话框，将【行数】和【列】分别设为 1 和 7，将【表格宽度】设为 940px，将【边框粗细】、【单元格边距】、【单元格间距】都设为 0，单击【确定】按钮，插入表格，如图 2-44 所示。

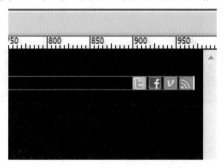

图 2-43　插入图片后的效果

图 2-44　创建表格

(7) 将光标置于第 1 列单元格中，在 CSS 属性栏中将【宽】设为 303，将【高】设为 100，然后选择其他单元格，在属性栏中将【宽】设为 106，如图 2-45 所示。

图 2-45 设置表格属性

(8) 将光标置于第 1 列表格中，按 Ctrl+Alt+I 组合键，选择 S16.png 素材文件，单击【确定】按钮，完成后的效果如图 2-46 所示。

(9) 在场景中选择其他列的单元格，在 CSS 属性栏中将【水平】设为【居中对齐】，将【垂直】设为【底部】，并在表格中输入文字，将【字体】设为【华文细黑】，将【字体大小】设为 24px，将【字体颜色】设为白色，完成后的效果如图 2-47 所示。

图 2-46 插入素材图片

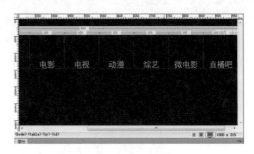

图 2-47 输入文字

(10) 将光标置于文档的底端，按 Ctrl+Alt+T 组合键，弹出【表格】对话框，将【行数】和【列】分别设为 1 和 9，将【表格宽度】设为 940px，将【边框粗细】、【单元格边距】、【单元格间距】都设为 0，单击【确定】按钮，如图 2-48 所示。

(11) 将光标置于第 1 列单元格中，在属性栏中将【宽度】设为 140，将【水平】设为【居中对齐】，然后将光标置于最后一列单元格中，将【宽度】设为 250，将【水平】设为【居中对齐】，效果如图 2-49 所示。

图 2-48 创建表格

图 2-49 设置表格属性

(12) 将光标置于第 1 列单元格中，输入【电影】，将【字体】设为【华文细黑】，将【字体大小】设为 24px，将【文字颜色】设为白色，如图 2-50 所示。

(13) 将光标置于最后一列单元格中，在菜单栏中选择【插入】|【表单】|【搜索】命令，这样就可以插入一个搜索表单，将表单前面的文字修改为"搜索："，将【字体颜色】设为白色，如图 2-51 所示。

图 2-50 输入文字

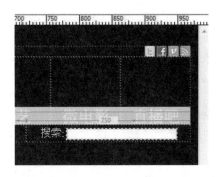

图 2-51 添加表单

(14) 在场景中选择所有单元格，在属性栏中将背景颜色设为 #FF0000，并选择第 2 列到第 8 列单元格将其【宽度】设为 78，并在单元格中输入文字，将【字体】设为【华文细黑】，将【字体】设为 16px，将【字体颜色】设为白色，完成后的效果如图 2-52 所示。

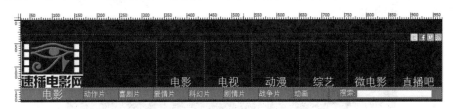

图 2-52 设置表格属性并输入文字

(15) 将光标置于表格的外侧，在菜单栏选择【插入】|【水平线】命令，即可插入水平线，按 F12 键查看效果，如图 2-53 所示。

图 2-53 插入水平线

水平线在网页制作过程中是最常用的，通过添加水平线可以将网页之间的不同内容分开，使网页更有条理。

(16) 在水平线的下方单击。插入 2 行 1 列的表格，将【表格宽度】设为 940px，间距都设为 0，插入表格后的效果如图 2-54 所示。

图 2-54 插入表格

(17) 将光标置于第 1 行单元格中，按 Ctrl+Alt+S 组合键，弹出【拆分单元格】对话框，把单元格拆分设为列，【列数】设为 2，单击【确定】按钮，如图 2-55 所示。

(18) 分别对上一步拆分的单元格进行属性设置，将第 1 列单元格的【水平】设为【左对齐】，将第 2 列单元格的【水平】设为【右对齐】，并在单元格中输入相应的文字，将【字体】设为【微软雅黑】，将【字体大小】设为 18px，将【字体颜色】设为白色，完成后的效果如图 2-56 所示。

图 2-55 【拆分单元格】对话框

图 2-56 输入文字

(19) 将光标置于第 2 行单元格中，按 Ctrl+Alt+S 组合键，弹出【拆分单元格】对话框，将其拆分为 6 列，选择拆分的所有单元格，在 CSS 属性栏中将【宽度】设为 156，将【水平】设为【居中对齐】，如图 2-57 所示。

图 2-57 设置单元格属性

(20) 将光标置于第 1 列单元格中，在菜单栏执行【插入】|【图像】|【鼠标经过图像】命令，此时会弹出【插入鼠标经过图像】对话框，在该对话框中，单击【原始图像】后面的【浏览】按钮，弹出【原始图像】对话框，选择素材文件夹中的 S02.jpg，单击【确定】按钮，如图 2-58 所示。

(21) 返回到【插入鼠标经过图像】对话框，将【鼠标经过图像】设为 S03.png 素材文件，单击【确定】按钮，如图 2-59 所示。

图 2-58 选择原始图像

图 2-59 设置鼠标经过图像

(22) 使用同样的方法，在其他表格中插入鼠标经过图像，完成后的效果如图 2-60 所示。

(23) 按 Ctrl+Alt+T 组合键，弹出【表格】对话框，将【行数】和【列】分别设为 2 和 6，将【表格宽度】设为 940px，将【边框粗细】、【单元格边距】、【单元格间距】都设为 0，单击【确定】按钮，选择所有的单元格，在属性栏中将【宽】设为 156，将【水平】设为【居中对齐】，如图 2-61 所示。

图 2-60　插入鼠标经过图形后的效果

图 2-61　插入表格

(24) 在第 1 行单元格中输入电影的名称，将【字体】设为【华文细黑】，将【字体大小】设为 14px，将【字体颜色】设为白色，效果如图 2-62 所示。

图 2-62　输入文字

(25) 选择星形素材，分别添加到第 2 行表格中，如图 2-63 所示。

图 2-63　插入素材图片

　　在添加星形素材时，可以使用 Ctrl+C 组合键进行复制，按 Ctrl+V 组合键进行粘贴，不必逐个导入每个素材文件。

(26) 使用同样的方法制作出其他类型的电影标题，完成后的效果如图 2-64 所示。

图 2-64　完成后的效果

(27) 将光标置于最下侧水平线的下方，插入 2 行 5 列、【表格宽度】为 940px，【表格间距】为 0 的表格，并选择所有的表格，在 CSS 属性栏中将【水平】设为【左对齐】，将【宽度】设为 188，并将其第 1 行表格的背景颜色设为 #FF0000，如图 2-65 所示。

图 2-65　设置表格属性

(28) 在第 1 行表格中输入文字，将【字体】设为【华文细黑】，将【字体大小】设为 24px，将【字体颜色】设为白色，完成后的效果如图 2-66 所示。

图 2-66　输入文字

(29) 在第 2 行表格中输入文字，将【字体】设为【华文细黑】，将【字体大小】设为 14px，将【字体颜色】设为白色，完成后的效果如图 2-67 所示。

图 2-67　输入文字

(30) 将光标置于表格的右侧，在菜单栏中执行【插入】|【水平线】命令，插入水平线，完成后的效果如图 2-68 所示。

图 2-68　插入水平线

(31) 在上一步创建的表格下方，插入 1 行 1 列的表格，将【表格宽度】设为 940px，将【间距】设为 0，在 CSS 属性栏中将【水平】设为【居中对齐】，并在其内输入文字，将【字体】设为【华文细黑】，将【字体大小】设为 14px，将【字体颜色】设为白色，如图 2-69 所示。

图 2-69　输入文字

案例精讲 014　嘟嘟交友网页设计

制作概述

本例将介绍交友网站主页设计，在制作过程中主要应用了表格、Div 以及一些背景的设置。完成的效果如图 2-70 所示。

学习目标

学会交友网站的设计方法。

掌握 Div 的设置。

操作步骤

(1) 启动软件后，新建一个 HTML 文档，新建文档后，在属性栏中单击【页面属性】按钮，弹出【页面属性】对话框，选择【外观 (CSS)】，单击【背景图像】后面的【浏览】按钮，弹出 02.jpg 文件，单击【确定】按钮，如图 2-71 所示。

(2) 返回到【页面属性】对话框，将【左边距】、【右边距】、【下边距】都设为 0，将【上边距】设为 70，设置完成后单击【确定】按钮，如图 2-72 所示。

图 2-70　嘟嘟交友网页

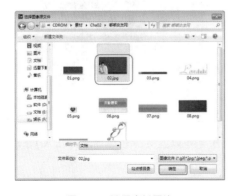

图 2-71　选择素材图片

图 2-72　设置页面属性

　　(3) 在文档底部单击【桌面电脑大小】图标按钮▣，按 Ctrl+Alt+T 组合键，弹出【表格】对话框，将【行数】和【列】分别设为1和5，将【表格宽度】设为1000px，将【边框粗细】设为0px，将【单元格边距】设为10，将【单元格间距】设为0，完成后单击【确定】按钮，如图 2-73 所示。

　　(4) 将光标置于第 1 列单元格中，在 CSS 属性栏中将【宽】设为 390。使用同样的方法，将第 2 列到第 5 列单元格的【宽】分别设为 195、195、110、110，并将它们的【水平】都设为【居中对齐】，效果如图 2-74 所示。

图 2-73　创建单元格

图 2-74　创建表格

　　(5) 将光标置于第 1 列单元格中，按 Ctrl+Alt+I 组合键，弹出【选择图像源文件】对话框，选择随书附带光盘中的 CDROM＼素材＼Cha02＼嘟嘟交友网＼04.png 文件，效果如图 2-75 所示。

　　(6) 单击【确定】按钮，插入素材图片后的效果如图 2-76 所示。

图 2-75　选择素材图片

图 2-76　插入素材图片

　　对初学者来说，快捷键有时会记不住，插入图片可以在菜单栏中选择【插入】|【图像】|【图像】命令。

　　(7) 将光标置于第 2 列单元格中，在菜单栏中执行【插入】|【表单】|【文本】命令，这样

就可以插入一个搜索表单，选择表单前面的文字，对其进行修改，将其修改为【用户名】，将【字体】设为【宋体】，将【字体大小】设为14px，将【字体颜色】设为白色，如图2-77所示。

(8) 继续对表单进行编辑，选择上一步创建的表单，在属性栏中将Size设为15，完成后的效果如图2-78所示。

图2-77　插入文本表单

图2-78　设置表单的大小

知识链接

使用表单可以收集来自用户的信息，它是网站管理者与浏览者之间沟通的桥梁。收集、分析用户的反馈意见，然后科学、合理地决策，是网站成功的重要因素。

有了表单，网站不仅是信息提供者，也是信息收集者，可由被动提供转变为主动出击。表单通常用来做调查表、订单和搜索界面等。

表单有两个重要的组成部分：一是描述表单的HTML源代码；二是用于处理用户在表单域中输入的服务器端应用程序客户端脚本，如ASP和CGI。

通过表单收集到的用户反馈信息通常是一些用分隔符（如逗号、分号等）分隔的文字资料，这些资料可以导入到数据库或电子表格中进行统计、分析，成为具有重要参考价值的信息。

使用Dreamweaver创建表单，可以向表单中添加对象，还可以通过使用行为来验证用户信息的正确性。

(9) 将光标置于第3列单元格中，在菜单栏中执行【插入】|【表单】|【密码】命令，将对表单文字更改为【密码】，并对密码表单设置与上一步文本表单相同的属性，效果如图2-79所示。

(10) 将光标置入第4列中，在菜单栏中执行【插入】|【表单】|【"提交"按钮】命令，在场景中选择插入的提交按钮，在属性栏中将Value设为"登入"，最终效果如图2-80所示。

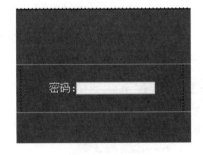

图2-79　插入表单

图2-80　设置提交按钮

(11) 选择上一步创建的【登入】按钮，将其复制到第 5 列中，将 Value 设为"注册"，完成后的效果如图 2-81 所示。

(12) 在表格的下方单击，在菜单栏中执行【插入】| Div 命令，此时会弹出【插入 Div】对话框，将【插入】设为【在插入点】，将 ID 设为 Div1，单击【新建 CSS 规则】按钮，如图 2-82 所示。

图 2-81　修改属性

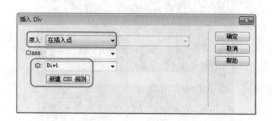

图 2-82　插入 Div

(13) 弹出【新建 CSS 规则】对话框，将【选择器名称】设为系统的默认名称，单击【确定】按钮，如图 2-83 所示。

(14) 弹出【#Div1 的 CSS 规则定义】对话框，选择【定位】选项，将 Position 设为 absolute，单击【确定】按钮，返回到【插入 Div】对话框，单击【确定】按钮，如图 2-84 所示。

图 2-83　【新建 CSS 规则】对话框

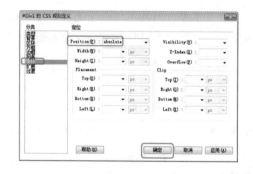

图 2-84　定义 CSS

知识链接

在 Dreamweaver CC 中，创建 AP Div 的功能被取消了。因为所谓的 AP Div 其实是个伪概念，它只是一个加入了绝对定位的普通 Div 而已，是为了方便网页初学者快速创建页面而诞生的。

(15) 此时插入的 Div 处于活动状态，选择创建的 Div，在属性栏中将【左】设为 163px，将【上】设为 134px，将【宽】和【高】分别设为 726px 和 46px，如图 2-85 所示。

图 2-85　调整位置

(16) 将 Div 内的文字删除，将光标置于 Div 中，插入 1 行 1 列的表格，将【表格宽度】设为 100%，将间距设为 0，如图 2-86 所示。

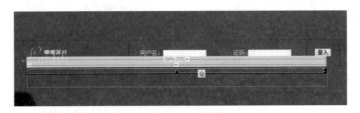

图 2-86　插入表格

(17) 将光标置于插入的表格中，单击工具栏中的【拆分】按钮，在代码中确定光标的位置，然后将光标位置移动到 td 后面，如图 2-87 所示。按 Enter 键，在弹出的下拉菜单中选择 background 命令并双击该命令，再次单击【浏览】按钮，弹出【选择文件】对话框，选择素材 03.png，如图 2-88 所示。

图 2-87　设置代码

图 2-88　选择素材图片

(18) 确认光标处于单元格内，在 CSS 属性栏中将【高】设为 42，在单元格内配合空格键输入文字，将【字体】设为【华文细黑】，将【字体大小】设为 18px，将【字体颜色】设为白色，如图 2-89 所示。

图 2-89　输入文字

(19) 在表格的下方单击，在菜单栏中执行【插入】| Div 命令，此时会弹出【插入 Div】对话框，将【插入】设为【在插入点】，将 ID 设为 Div2，单击【新建 CSS 规则】按钮，如图 2-90 所示。

(20) 弹出【新建 CSS 规则】对话框，将【选择器名称】设为系统默认名称，单击【确定】按钮，如图 2-91 所示。

图 2-90　插入 Div　　　　　　　　图 2-91　新建 CSS 规则

知识链接

　　CSS(Cascading Style Sheet) 可译为层叠样式表或级联样式表, 它定义如何显示 HTML 元素,
用于控制 Web 页面的外观。对设计者来说, CSS 是一个非常灵活的工具, 不必把繁杂的样式
定义编写在文档结构中, 而是将所有有关文档的样式指定内容全部脱离出来, 在行内定义, 在
标题中定义, 甚至作为外部样式文件供 HTML 调用。

　　在【定位】选项中具体参数如下。

　　Position: 确定浏览器应如何来定位 Div, 包括以下 4 个选项。

　　　　absolute: 使用【定位】框中输入的坐标 (相对于页面左上角) 来放置 Div。

　　　　fixed: 将 Div 放置在固定的位置。

　　　　relative: 使用【定位】框中输入的坐标来放置 Div。

　　　　static: 将 Div 放在它在文本中的位置。

　　Visibility: 确定 Div 的初始显示条件。如果不指定可见性属性, 则默认情况下大多数浏览
器都继承父级的值, 如下:

　　inherit: 继承 Div 父级的可见性属性。如果 Div 没有父级, 则它将是可见的。

　　visible: 显示该 Div 的内容, 而不管父级的值是什么。

　　hidden: 隐藏这些 Div 的内容, 而不管父级的值是什么。

　　Z-index: 确定 Div 的堆叠顺序。编号较高的 Div 显示在编号较低的 Div 的上面。

　　Overflow(仅限于 CSS Div): 确定在 Div 的内容超出它的大小时将发生的情况。这些属性
控制如何处理此扩展, 包括以下 4 个选项。

　　visible: 增加 Div 的大小, 使它的所有内容均可见。Div 向右下方扩展。

　　hidden: 保持 Div 的大小并剪辑任何超出的内容。不提供任何滚动条。

　　scroll: 在 Div 中添加滚动条, 不论内容是否超出 Div 的大小。专门提供滚动条可避免滚动
条在动态环境中出现和消失所引起的混乱。

　　auto: 使滚动条仅在 Div 的内容超出它的边界时才出现。

　　Placement: 指定 Div 的位置和大小。如果 Div 的内容超出指定的大小, 则大小值被覆盖。

　　Clip: 定义 Div 的可见部分。如果指定了剪辑区域, 则可以通过脚本语言访问它, 并操作
属性以创建像擦除这样的特殊效果。通过使用【改变属性】行为可以设置这些擦除效果。

　　(21) 弹出【#Div2 的 CSS 规则定义】对话框, 选择【定位】, 将 Position 设为 absolute, 单击【确
定】按钮, 返回到【插入 Div】对话框, 单击【确定】按钮, 如图 2-92 所示。

(22) 此时插入的 Div 处于活动状态，选择创建的 Div，在属性栏中将【左】设为 352px，将【上】设为 193px，将【宽】和【高】分别设为 267px 和 200px，如图 2-93 所示。

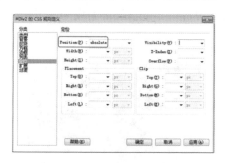

图 2-92 设置定位属性

图 2-93 设置 Div 属性

(23) 将光标置于创建的 Div 中，将其中的文字删除，并在其内插入 5 行 1 列的单元格，将【表格宽度】设为 100%，将单元格间距设为 0，如图 2-94 所示。

(24) 将光标置于第 1 行单元格中，在 CSS 属性栏中将【水平】设为【居中对齐】，将【高】设为 28，在工具栏中单击【拆分】按钮，在代码位置找到光标位置，然后将其移动到前面的代码 td 后面，如图 2-95 所示。

图 2-94 插入表格

图 2-95 设置代码

(25) 按 Enter 键，在弹出的下拉菜单中选择 background 命令，并双击该命令，然后再次单击【浏览】按钮，在弹出的对话框中选择素材文件夹中的 07.png 文件，完成后的效果如图 2-96 所示。

(26) 确认光标处于第 1 行单元格中，插入素材图片，并输入文字"搜寻我们的真爱"，将【字体】设为【微软雅黑】，将【字体大小】设为 16px，将【字体颜色】设为白色，完成后的效果如图 2-97 所示。

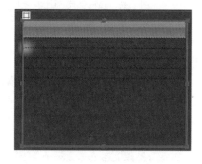

图 2-96 添加背景后的效果

图 2-97 插入素材图片并输入文字

(27) 在场景中选择第 2、3、4 行单元格，在 CSS 属性栏中将【水平】设为【左对齐】，将【垂直】设为【居中对齐】，将【高】设为 40，将【背景颜色】设为 #990000，效果如图 2-98 所示。

(28) 将光标置于第 2 行单元格中，输入文字"我要寻找："，将【字体】设为【华文细黑】，将【字体大小】设为 16px，将【字体颜色】设为白色，完成后的效果如图 2-99 所示。

图 2-98　设置表格属性

图 2-99　输入文字

(29) 在菜单栏中执行【插入】|【表单】|【单选按钮】命令，这样就可以插入一个单选按钮，将后面的文字修改为"男士"，然后对插入的单选按钮进行复制，修改文字为"女士"，配合空格键进行调整，完成后的效果如图 2-100 所示。

(30) 将光标置于第 3 行单元格中，并在其中输入文字"年龄"，设置与第 2 行单元格相同的属性，在菜单栏中执行【插入】|【表单】|【选择】按钮，将其前面的文字删除，如图 2-101 所示。

图 2-100　设置单选按钮

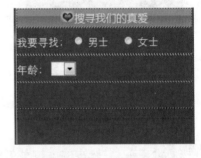
图 2-101　插入选择菜单

(31) 选择上一步创建的选择菜单，在属性栏中单击【列表值】按钮，在弹出的【列表值】对话框中单击 ，在下面的文本框中输入 20，利用同样的方法，继续添加 30、40、50、60、70，单击【确定】按钮，如图 2-102 所示。

(32) 在上一步创建的选择表单后面输入破折号，并对表单进行复制，效果如图 2-103 所示。

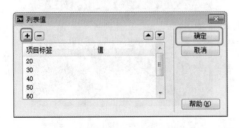
图 2-102　设置列表值

图 2-103　复制表单

(33) 使用同样的方法在第 4 行中制作关于城市的选择表单，完成后的效果如图 2-104 所示。

(34) 将光标置于最后一行单元格中，在属性栏中将【水平】设为【居中对齐】，将【高】设为 40，将【背景颜色】设为 #990000，并在其内插入 06.png 文件，完成后的效果如图 2-105 所示。

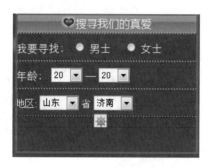

图 2-104　设置表单

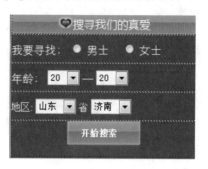

图 2-105　插入素材图片

(35) 使用前面讲过的方法，插入一个可移动 ID 为 Div3 的 Div，选择创建的 Div，在属性栏中将【左】设为 644px，将【上】设为 194px，将【宽】和【高】分别设为 304px 和 183px，如图 2-106 所示。

(36) 在上一步创建的 Div 中，插入 2 行 1 列、表格宽度为 100%、表格间距为 0 的表格，如图 2-107 所示。

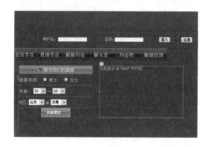

图 2-106　插入 Div

图 2-107　插入表格

(37) 将光标置于第 1 行单元格中，在 CSS 属性栏中，将其【高】设为 28，使用前面讲过的方法对其应用 07.png 背景图片，效果如图 2-108 所示。

(38) 在第 1 行单元格中结合 Space 键输入文字，将【字体】设为【微软雅黑】，将【字体大小】设为 16px，将【字体颜色】设为白色，完成后的效果如图 2-109 所示。

图 2-108　设置背景

图 2-109　输入文字

(39) 将光标置于第 2 行单元格中，在 CSS 属性栏中将【高】设为 150，并对其应用 09.png 背景，如图 2-110 所示。

(40) 确认光标在第 2 行单元格中，插入 6 行 2 列的单元格，并在属性栏中将所有单元格的【高】设为 25，效果如图 2-111 所示。

图 2-110 设置背景色

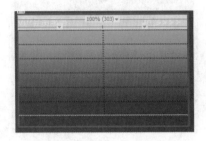

图 2-111 插入表格

(41) 选择第 2 列的所有单元格，按 Ctrl+Alt+M 组合键，对其合并单元格，将光标置于合并的单元格中，插入素材文件夹中的 010.png 素材文件，对单元格进行调整，如图 2-112 所示。

(42) 在第 1 列单元格中输入文字，将【字体】设为【微软雅黑】，将【字体大小】设为 12px，将【字体颜色】设为白色，完成后的效果如图 2-113 所示。

图 2-112 插入素材文件

图 2-113 输入文字

(43) 使用前面的方法制作一个可移动的 Div，并将其 ID 设为 Div4，选择创建的 Div，在属性栏中将【左】设为 352px，将【上】设为 396px，将【宽】和【高】分别设为 267px 和 153px，如图 2-114 所示。

(44) 将光标置于上一步创建的 Div 中，插入 6 行 1 列、表格宽度 100%、表格间距为 0 的单元格，如图 2-115 所示。

图 2-114 插入 Div

图 2-115 插入表格

(45) 将光标置于第 1 行单元格中，在属性栏中将【高】设为 28，并将其背景设为用素材 07.png，效果如图 2-116 所示。

(46) 在第 1 行表格中输入文字，将【字体】设为【微软雅黑】，将【字体大小】设为 16px，将【字体颜色】设为白色，完成后的效果如图 2-117 所示。

图 2-116　设置表格属性和背景

图 2-117　输入文字

(47) 选择其他行单元格，在 CSS 属性栏中将【高】设为 25，将【背景颜色】设为 #990000，并在其内输入文字，将【字体】设为【华文细黑】，将【字体大小】设为 14px，将【字体颜色】设为白色，完成后的效果如图 2-118 所示。

(48) 结合前面讲过的方法，制作"每日之星"栏目，完成后的效果如图 2-119 所示。

图 2-118　输入文字

图 2-119　完成后的效果

(49) 在背景人物的脸部单击，然后插入 1 行 1 列、表格宽度为 100%、间距为 0 的表格，在 CSS 属性栏中将【水平】设为【右对齐】，将【垂直】设为【底部】，将【高】设为 448，并在其内输入文字，将【字体】设为【默认字体】，将【字体大小】设为 14px，将【字体颜色】设为白色，完成后的效果如图 2-120 所示。

图 2-120　输入文字

案例精讲 015　媚图吧网页设计

案例文件：CDROM \ 场景 \ Cha02 \ 媚图吧网页设计 .html

视频文件：视频教学 \ Cha02 \ 媚图吧网页设计 .avi

制作概述

本例将介绍媚图吧网页的制作过程。本例主要讲解Div的应用，其中还介绍了如何设置单元格背景。完成后的效果如图2-121所示。

学习目标

学会如何设计媚图吧网站。

掌握 Div 和背景的设置。

操作步骤

(1) 启动软件后，新建一个 HTML 文档，然后在属性栏中单击【页面属性】按钮，弹出【页面属性】对话框，选择【外观 (CSS)】，将【背景颜色】设为黑色，将【左边距】和【右边距】均设为53，将【上边距】和【下边距】均设为 0，单击【确定】按钮，如图2-122 所示。

图 2-121　媚图吧网页

(2) 在文档的底部单击【桌面电脑大小】图标，按 Ctrl+Alt+T 组合键，弹出【表格】对话框，将【行数】和【列】都设为1，将【表格宽度】设为100%，将【边框粗细】、【单元格边距】和【单元格间距】都设为 0，如图2-123 所示。

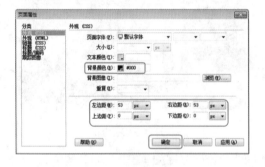

图 2-122　设置页面属性

图 2-123　创建表格

(3) 将光标置于单元格内，按 Ctrl+Alt+I 组合键，弹出【选择图像源文件】对话框，选择随书附带光盘中的 CDROM＼素材＼Cha02＼媚图吧＼01.jpg 素材文件，如图2-124 所示。

(4) 在菜单栏中执行【插入】| Div 命令，弹出【插入 Div】对话框，将【插入】设为【在插入点】，将 ID 设为 Div1，单击【新建 CSS 规则】按钮，如图2-125 所示。

图 2-124　选择素材图片

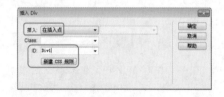

图 2-125　插入 Div

注意

在插入 Div 对话框中，默认的【在插入点】是指在光标放置的地方。

(5) 弹出【新建 CSS 规则】对话框，在该对话框保持默认值，单击【确定】按钮，如图 2-126 所示。

(6) 弹出【#Div1 的 CSS 规则定义】对话框，选择【定位】，将 Position 设为 absolute，单击【确定】按钮，如图 2-127 所示。

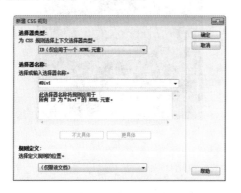

图 2-126　新建 CSS 规则

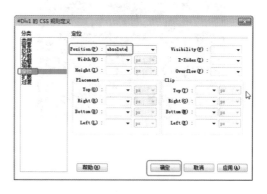

图 2-127　设置规则定义

(7) 返回到【插入 Div】对话框，单击【确定】按钮，在场景中选择制作 Div，在属性栏中将【左】设为 304px，将【上】设为 177px，将【宽】设为 406px，将【高】设为 29px，如图 2-128 所示。

图 2-128　调整属性

(8) 选择创建的 Div，打开【CSS 设计器】面板，在选择器列表中选择 #Div1，在【布局】选项组中将 padding 的【顶部填充】设为 3px，如图 2-129 所示。

(9) 将光标置于 Div 中并结合 Space 键，输入文字，将【字体】设为【微软雅黑】，将【字体大小】设为 16px，将【字体颜色】设为白色，完成后的效果如图 2-130 所示。

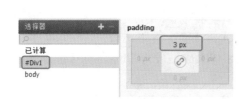

图 2-129　设置【顶部填充】

图 2-130　输入文字

(10) 使用前面讲过的方法，再次插入一个 ID 为 Div2 的活动 Div，选择创建的 Div，在属性栏中将【左】设为 53px，将【上】设为 230px，将【宽】和【高】分别设为 227px 和 230px，如图 2-131 所示。

(11) 将光标置于上一步创建的 Div 中，插入一个 2 行 1 列的表格，将【表格宽度】设为 100%，如图 2-132 所示。

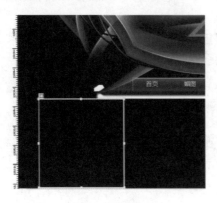

图 2-131　插入 Div

图 2-132　插入单元格

(12) 选择第 1 行单元格并将其合并，然后在 CSS 属性面板中将【高】设为 30，单击【拆分】按钮，在代码面板中，确认光标的位置，将光标移动到 td 的后面，如图 2-133 所示。

(13) 按 Enter 键，在弹出的快捷菜单中选择 background 命令，并双击，弹出【浏览】按钮，单击该按钮，弹出【选择文件】对话框，选择素材文件夹中的 03.jpg 文件，单击【确定】按钮，如图 2-134 所示。

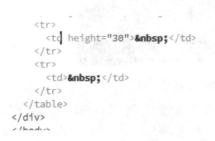

图 2-133　设置代码

图 2-134　选择素材图片

对于代码不是很熟悉的用户可以使用上面第 12、13 步骤进行添加背景。

(14) 单击【设计】按钮，返回到操作区域，确认光标在第 1 行单元格中，输入文字"媚图 Top10"，将【字体】设为【方正宋黑简体】，将【字体大小】设为 18px，将【字体颜色】设为 #621，完成后的效果如图 2-135 所示。

(15) 将光标置于第 2 行单元格中，并插入 10 行 2 列、表格宽度为 100% 的表格，如图 2-136 所示。

图 2-135 输入文字

图 2-136 插入表格

(16) 选择左侧一列的单元格，在 CSS 属性面板中将【宽】设为 27，【高】设为 20，【水平】设为【居中对齐】，如图 2-137 所示。

(17) 使用前面讲过的方法，在第 1 列单元格中设置相应的背景，并输入文字，如图 2-138 所示。

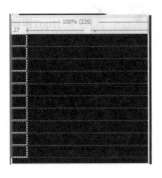

图 2-137 设置表格属性

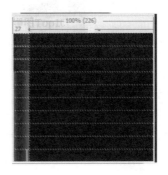

图 2-138 添加文字

(18) 对第 2 列单元格进行编辑，将第 2、4、6、8、10 单元格的背景色设为 #1E1E1E，然后选择第二列的所有单元格，将【水平】设为【居中对齐】，如图 2-139 所示。

(19) 在第 3 列单元格输入文字，将【字体】设为【微软雅黑】，将【字体大小】设为 16px，将【字体颜色】设为 #621，完成后的效果如图 2-140 所示。

图 2-139 设置表格属性

图 2-140 输入文字

(20) 使用前面讲过的方法插入一个 ID 为 Div3 的活动 Div，选择创建的 Div，在属性面板中将【左】设为 281px，将【上】设为 233px，将【宽】和【高】分别设为 440px 和 230px，如图 2-141 所示。

(21) 将光标置于上一步创建的 Div 中，将多余的文字删除，按 Ctrl+Alt+I 组合键，插入素材文件夹中 02.jpg 文件，效果如图 2-142 所示。

图 2-141　插入 Div

图 2-142　插入素材文件

(22) 使用同样的方法做出右侧"摄影 Top10"，完成后的效果如图 2-143 所示。

图 2-143　完成后的效果

(23) 使用前面讲过的方法插入一个 ID 为 Div5 的活动 Div，选择创建的 Div，在属性面板中将【左】设为 53px，将【上】设为 483px，将【宽】和【高】分别设为 894px 和 20px，并在其内插入一个水平线，效果如图 2-144 所示。

图 2-144　插入水平线

(24) 使用前面讲过的方法插入一个 ID 为 Div6 的活动 Div，将其放置在上一步创建的 Div5 的下方，将【宽】和【高】分别设为 276px 和 37px，如图 2-145 所示。

(25) 将光标置于创建的 Div6 的内侧，将多余的文字删除，在其内插入素材文件夹中的 ps.png 文件，如图 2-146 所示。

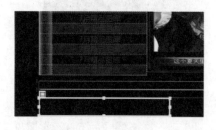

图 2-145　插入 Div

图 2-146　插入素材文件

(26) 使用同样的方法在 Div6 的下方创建 Div7，将其【宽】和【高】分别设为 397px 和 210px，如图 2-147 所示。

(27) 选择创建的 Div，在属性面板中单击【背景图像】后面的【浏览文件】按钮，在弹出的对话框中选择素材文件中的 user-box.png，单击【确定】按钮，完成后的效果如图 2-148 所示。

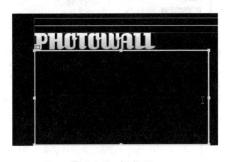

图 2-147　插入 Div

图 2-148　设置背景

(28) 将光标置于 Div 中，在其内插入一个 3 行 2 列、【表格宽度】为 100% 的单元格，如图 2-149 所示。

(29) 选择第 1 列单元格，按 Ctrl+Alt+M 组合键将其合并，并将其【宽度】设为 127，将【水平】设为【居中对齐】，如图 2-150 所示。

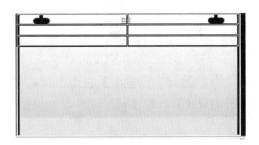

图 2-149　插入表格

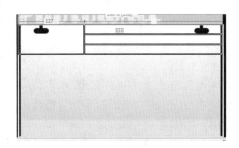

图 2-150　设置单元格属性

(30) 将光标置于合并的单元格中，按 Ctrl+Alt+I 组合键，插入素材文件中的人物 .jpg 文件，效果如图 2-151 所示。

(31) 将光标置于第 2 列的第 1 行单元格内，在属性面板中将【高】设为 36，【水平】设为【居中对齐】，并将其背景设为 nav-btn.gif 素材文件，并在其内输入文字，将【字体】设为【微软雅黑】，将【字体大小】设为 16px，将【字体颜色】设为黑色，完成后的效果如图 2-152 所示。

图 2-151　插入素材文件

图 2-152　输入文字

(32) 将光标置于第 2 列的第 2 行单元格，在属性面板中将【高】设为 90，并在其内输入文字，将【字体】设为【微软雅黑】，将【字体大小】设为 12px，将【字体颜色】设为黑色，完成后的效果如图 2-153 所示。

第 2 章　娱乐休闲类网页设计

(33) 将光标置于第 3 行单元格内,插入素材文件 ico-social.gif,完成后的效果如图 2-154 所示。

图 2-153　输入文字

图 2-154　插入素材图片

(34) 再次插入名为 Div8 的 Div,将其【宽】和【高】分别设为 447px 和 210px,将其放置到 Div7 的右侧,适当调整距离,并将其背景设为 image-box.png 的素材图片的背景,效果如图 2-155 所示。

图 2-155　添加 Div

(35) 将光标置于 Div 中,插入 1 行 2 列的单元格,并将其【表格宽度】设为 100%,选择插入的所有单元格,在属性面板中将【水平】设为【居中对齐】,将【宽】设为 223,将【高】设为 210,如图 2-156 所示。

(36) 将光标置于单元格内,并插入相应的素材图片,效果如图 2-157 所示。

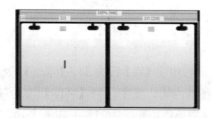
图 2-156　设置表格

图 2-157　插入素材图片

(37) 使用同样的方法制作其他的网页部分,完成后的效果如图 2-158 所示。

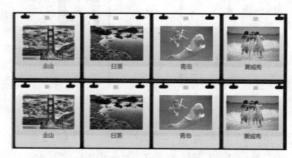
图 2-158　完成后的效果

(38) 再次插入一个 Div，并将其放置到文档的最下侧，在属性面板中将【宽】设为864px，将【高】设为20px，并在其内插入一个水平线，完成后的效果如图 2-159 所示。

图 2-159　插入水平线

(39) 再次创建一个 Div，将其放置到文档的最底端，在其内输入文字，将【字体】设为【微软雅黑】，将【字体大小】设为 16px，将【字体颜色】设为白色，输入完成后对 Div 的大小进行调整，使其在文档的中央位置，效果如图 2-160 所示。

图 2-160　完成后的效果

案例精讲 016　网络游戏网页设计

案例文件：CDROM \ 场景 \ Cha02 \ 网络游戏网页设计 .html

视频文件：视频教学 \ Cha02 \ 网络游戏网页设计 .avi

制作概述

本例将介绍网络游戏网页的制作过程。本例主要讲述表格和 Div 的应用，其中还介绍了如何设置单元格背景和 CSS 样式。完成后的效果如图 2-161 所示。

图 2-161　网络游戏网页设计

学习目标

学会网络游戏网页的设计方法。
掌握 Div 和背景的设置。

操作步骤

(1) 启动软件后，新建一个 HTML 文档，然后在文档的底部单击【桌面电脑大小】图标，按 Ctrl+Alt+T 组合键，弹出【表格】对话框，将【行数】设置为 2、【列】设置为 1，将【表格宽度】设置为 100%，将【边框粗细】、【单元格边距】和【单元格间距】都设置为 0，然后单击【确定】按钮，如图 2-162 所示。

(2) 将光标放置在第 1 行单元格中, 在【属性】面板中, 将单元格的【高】设置为 450, 如图 2-163 所示。

图 2-162　插入表格

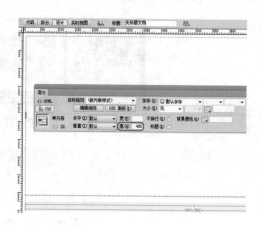

图 2-163　设置单元格的高

知识链接

　　网络游戏: 英文名称为 Online Game, 又称"在线游戏", 简称"网游"。指以互联网为传输媒介, 以游戏运营商服务器和用户计算机为处理终端, 以游戏客户端软件为信息交互窗口的, 旨在实现娱乐、休闲、交流和取得虚拟感受的, 具有可持续性的个体性多人在线游戏。

(3) 单击【拆分】按钮, 在 <td> 标签中输入代码, 添加随书附带光盘中的 CDROM \ 素材 \ Cha02 \ 网络游戏网页设计 \ 游戏 .jpg 背景图片, 如图 2-164 所示。

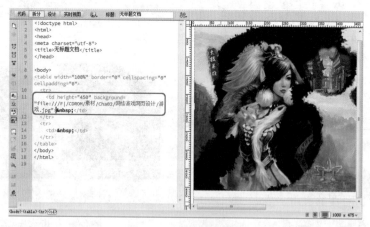

图 2-164　添加背景图片

(4) 单击【设计】按钮, 在菜单栏中执行【插入】| Div 命令, 在弹出的【插入 Div】对话框中, 将 ID 设置为 div01, 如图 2-165 所示。

(5) 单击【新建 CSS 规则】按钮, 在弹出的【新建 CSS 规则】对话框中, 使用默认参数, 单击【确定】按钮, 如图 2-166 所示。

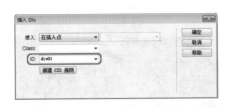

图 2-165 【插入 Div】对话框

图 2-166 【新建 CSS 规则】对话框

(6) 在弹出的对话框中，将【分类】选择为【定位】，将 Position 设置为 absolute，Width 设置为 990px，Height 设置为 117px，将 Placement 组中的 Top 设置为 130px，单击【确定】按钮，如图 2-167 所示。

(7) 返回到【插入 Div】对话框，单击【确定】按钮，在表格的第 1 行中插入 Div，如图 2-168 所示。

图 2-167 设置【定位】

图 2-168 插入 Div

(8) 将 div01 中的文字删除，然后执行【插入】|【表格】菜单命令，弹出【表格】对话框，将【行数】设置为 1、【列】设置为 2，将【表格宽度】设为 100%，单击【确定】按钮，如图 2-169 所示。

(9) 将新插入表格的第 1 列的【宽】设置为 510，将光标插入到第 2 列中，按 Ctrl+Alt+I 组合键，弹出【选择图像源文件】对话框，选择随书附带光盘中的 CDROM \ 素材 \ Cha02\ 网络游戏网页设计 \04.png 素材图片，单击【确定】按钮，插入素材图片，如图 2-170 所示。

图 2-169 插入表格

图 2-170 插入素材图片

（10）使用相同的方法插入 Div，将其 ID 设置为 div02，将【分类】选择为【定位】，将 Position 设置为 absolute，Width 设置为 990px，Height 设置为 195px，将 Placement 组中的 Top 设置为 255px，如图 2-171 所示。插入 Div 后的效果如图 2-172 所示。

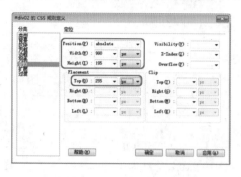

图 2-171　设置【定位】

图 2-172　插入 Div

（11）插入一个 1 行 4 列的表格，在【属性】面板中，将各个单元格的【宽】分别设置为 354、318、14、304，如图 2-173 所示。

（12）将光标插入到第 2 列表格中，单击【拆分】按钮，在 <td> 标签中输入代码，添加随书附带光盘中的 CDROM \ 素材 \ Cha02 \ 网络游戏网页设计 \ 01.png 背景图片。然后在【属性】面板中，将【高】设置为 196，【水平】设置为【左对齐】，【垂直】设置为【顶端】，如图 2-174 所示。

图 2-173　插入表格

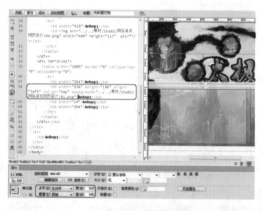

图 2-174　插入素材图片并设置单元格

技巧　除了上述输入代码的方法外，用户还可以将光标置于 td 的后面按 Enter 键，在弹出的快捷菜单中选择 background 并双击，在弹出的菜单中选择【浏览】按钮，在弹出对话框中选择相应的素材文件。

（13）单击【设计】按钮，按 Ctrl+Alt+T 组合键，插入一个 7 行 1 列的表格，如图 2-175 所示。

（14）将第 1 行拆分为两列，并将第 1 行第 1 列的单元格设置为 68×48，然后插入随书附带光盘中的 CDROM \ 素材 \ Cha02 \ 网络游戏网页设计 \ 02.png 素材图片，如图 2-176 所示。

（15）在第 1 行第 2 列单元格中输入文本，选中输入的文本，在【属性】面板中，将【垂直】设置为【居中】，单击 CSS 按钮，将【字体】设置为【方正隶书简体】，将【大小】设置为

24，将【字体颜色】设置为黑色，如图 2-177 所示。

(16) 选中输入的文本并右击，在弹出的快捷菜单中选择【样式】|【下划线】命令，如图 2-178
所示。

图 2-175　插入表格

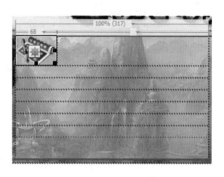

图 2-176　插入图片

图 2-177　输入文本

图 2-178　设置下划线

(17) 选中剩余的 6 行单元格，将【水平】设置为【居中对齐】，然后输入文本，如图 2-179
所示。

(18) 在文档中右击，在弹出的快捷菜单中选择【CSS 样式】|【新建】命令，在弹出的【新
建 CSS 规则】对话框中，将其【选择器名称】设置为 text1，单击【确定】按钮，如图 2-180 所示。

图 2-179　输入文本

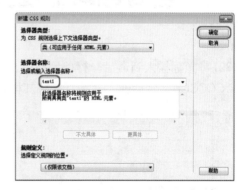

图 2-180　【新建 CSS 规则】对话框

(19) 在弹出对话框中的【类型】中，将 Font-family 设置为【宋体】，Font-size 设置为
12px，Color 设置为 #FFF，单击【确定】按钮，如图 2-181 所示。

(20) 选中输入的文本，在【属性】面板中，将【目标规则】设置为 text1，将单元格的【高】

设置为 20，如图 2-182 所示。

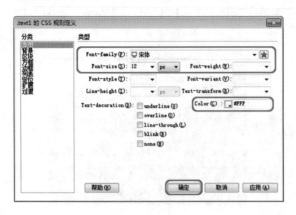

图 2-181　设置类型

图 2-182　设置文本样式

 提示　　若单元格的宽度有变化，可以手动拖曳单元格进行调整。

(21) 使用相同的方法，插入单元格并输入文本，如图 2-183 所示。

图 2-183　插入单元格并输入文本

(22) 将光标插入到最后一行单元格中，将【水平】设置为【居中对齐】，【背景颜色】设置为 #CCCCCC，然后输入文字，并将其样式应用于 text1，如图 2-184 所示。

图 2-184　输入文本

案例精讲 017　篮球体育网页设计

案例文件：CDROM \ 场景 \ Cha02 \ 篮球体育网页设计 .html

视频文件：视频教学 \ Cha02 \ 篮球体育网页设计 .avi

制作概述

本例介绍篮球体育网页设计的制作过程。本例主要讲解表格和 Div 的应用，其中还介绍了如何设置单元格背景和插入表单。完成后的效果如图 2-185 所示。

学习目标

掌握篮球体育网页的设计方法。

操作步骤

(1) 启动软件后，新建一个 HTML 文档，新建文档后，单击【页面属性】按钮，在弹出的【页面属性】对话框中，将【左边距】、【右边距】、【上边距】和【下边距】都设置为 0，单击【确定】按钮，如图 2-186 所示。

图 2-185　篮球体育网页

(2) 按 Ctrl+Alt+T 组合键，弹出【表格】对话框，将【行数】和【列】均设置为 1，将【表格宽度】设为 1000px，单击【确定】按钮，如图 2-187 所示。

图 2-186　【页面属性】对话框

图 2-187　【表格】对话框

(3) 将第 1 行单元格的【高】设置为 96，将【背景颜色】设置为 #212529，如图 2-188 所示。

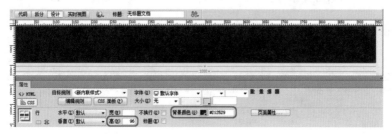

图 2-188　设置单元格属性

（4）将光标插入到第 1 行单元格中，按 Ctrl+Alt+I 组合键，弹出【选择图像源文件】对话框，选择随书附带光盘中的 CDROM＼素材＼Cha02＼篮球体育网页设计＼03.png 素材图片，单击【确定】按钮，插入素材图片，如图 2-189 所示。插入图片后的效果如图 2-190 所示。

图 2-189　选择素材图片　　　　　　　　　　　　图 2-190　插入图片

（5）继续插入一个 1 行 10 列的表格，将【宽】设置为 1000px，如图 2-191 所示。

图 2-191　插入表格

（6）选中前 9 列单元格，在【属性】面板中，将【宽】设置为 72，【高】设置为 37，如图 2-192 所示。

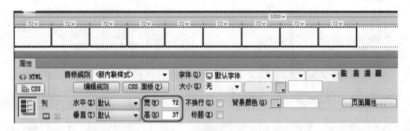

图 2-192　设置单元格

（7）然后将所有单元格的【水平】设置为【居中对齐】、【背景颜色】设置为 #2587d4，如图 2-193 所示。

图 2-193　设置单元格

(8) 在单元格中输入并设置文字，如图 2-194 所示。

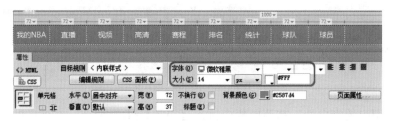

图 2-194　输入并设置文字

(9) 将光标插入到第 10 列单元格中，在菜单栏中选择【插入】|【表单】|【表单】命令，如图 2-195 所示。在单元格中插入表单后的效果如图 2-196 所示。

图 2-195　选择【表单】命令

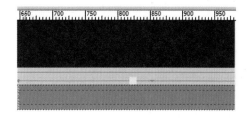

图 2-196　插入表单

(10) 将光标插入到表单中，执行【插入】|【表单】|【搜索】命令，将插入的【搜索】控件的英文文字删除，选中文本框，在【属性】面板中，将 Value 设置为 "请输入关键字"，如图 2-197 所示。

(11) 将光标插入到文本框的右侧，执行【插入】|【表单】|【按钮】命令，将【按钮】控件的 Value 设置为【查询】，如图 2-198 所示。

图 2-197　插入【搜索】控件

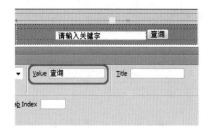

图 2-198　插入【按钮】控件

(12) 参照前面的操作方法，插入一个 1 行 1 列的表格，将单元格的【高】设置为 23，【背景颜色】设置为 #c7c7c7。输入文字，将【字体】设置为【微软雅黑】，【大小】设置为 18，【字体颜色】设置为白色，如图 2-199 所示。

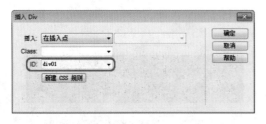

图 2-199　插入单元格并输入文字

(13) 单击页面中的空白处，在菜单栏中执行【插入】| Div 命令，在弹出的【插入 Div】对话框中，将 ID 设置为 div01，如图 2-200 所示。

(14) 单击【新建 CSS 规则】按钮，在弹出的【新建 CSS 规则】对话框中，使用默认参数，单击【确定】按钮，如图 2-201 所示。

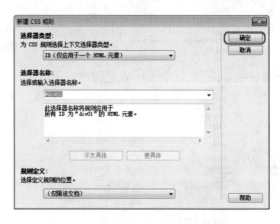

图 2-200　【插入 Div】对话框

图 2-201　【新建 CSS 规则】对话框

(15) 在弹出的对话框中，将【分类】选择为【定位】，将 Position 设置为 absolute，Width 设置为 300px，Height 设置为 27px，将 Placement 组中的 Top 设置为 8px，Left 设置为 609px，单击【确定】按钮，如图 2-202 所示。

(16) 返回到【插入 Div】对话框，单击【确定】按钮，插入 div01，如图 2-203 所示。

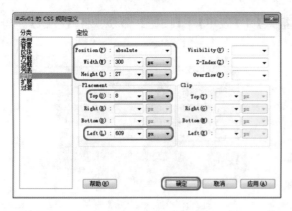

图 2-202　设置【定位】

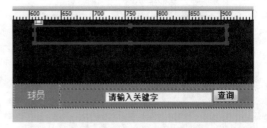

图 2-203　插入 div01

Position：确定浏览器如何定位选定的元素，介绍如下。

absolute：使用定位框中输入的，相对于最近的绝对或相对定位上级元素的坐标（如果不存在绝对或相对定位的上级元素，则为相对于页面左上角的坐标）来放置内容。

fixed：使用定位框中输入的，相对于区块在文档文本流中的位置的坐标来放置内容区块。例如，若为元素指定一个相对位置，并且其上坐标和左坐标均为 20px，则将元素从其在文本流中的正常位置向右和向下移动 20px。也可以在使用（或不使用）上坐标、左坐标、右坐标或下坐标的情况下对元素进行相对定位，以便为绝对定位的子元素创建一个上下文。

relative：使用定位框中输入的坐标（相对于浏览器的左上角）来放置内容。当用户滚动页面时，内容将在此位置保持固定。

static：将内容放在其在文本流中的位置。这是所有可定位的 HTML 元素的默认位置。

(17) 将div03中的文字删除，插入一个1行4列的表格，【表格宽度】为100%，将单元格的【水平】设置为【居中对齐】，【宽】设置为75，【高】设置为28，如图 2-204 所示。

(18) 输入文字，将【字体】设置为【微软雅黑】，将【大小】设置为14，将字体颜色设置为#b3b3b3，如图 2-205 所示。

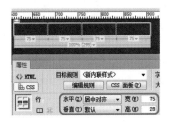

图 2-204　设置单元格　　　　　　　　　　　图 2-205　输入并设置文字

(19) 使用相同的方法插入新的 Div，将其命名为div02，将【宽】设置为600px，【高】设置为437px，【上】设置为156px，如图 2-206 所示。

(20) 将div02中的文字删除，然后插入一个2行1列的表格，将【宽】设置为100%，如图 2-207所示。

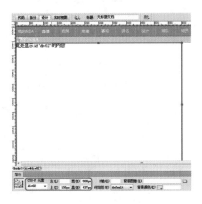

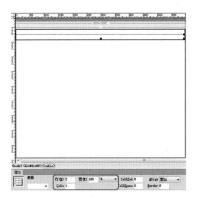

图 2-206　插入 div02　　　　　　　　　　　图 2-207　插入表格

(21) 在第 1 行单元格中插入随书附带光盘中的 CDROM \ 素材 \ Cha02 \ 篮球体育网页设计 \ 04.png 素材图片，如图 2-208 所示。

(22) 将光标插入到第 2 行单元格，将【水平】设置为【居中对齐】，将【背景颜色】设为 #212529，将【高】设置为 63。然后输入文字，将【字体】设置为【微软雅黑】，【大小】设置为 30，字体颜色设置为白色，如图 2-209 所示。

图 2-208　插入素材图片　　　　　　　　　　图 2-209　设置单元格并输入文字

(23) 使用相同的方法插入新的 Div，将其命名为 div03，【宽】设置为 370px，【高】设置为 421px，【左】设置为 631px，【上】设置为 160px，如图 2-210 所示。

(24) 将 div02 中的文字删除，然后插入一个 2 行 1 列的表格，将【宽】设置为 100%，如图 2-211 所示。

(25) 将第 1 行单元格拆分成 4 列，并选中第 1 行的 4 列单元格，将单元格的【水平】设置为【居中对齐】，【宽】设置为 25%，【高】设置为 31，如图 2-212 所示。

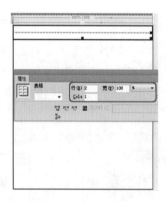

图 2-210　插入 div03　　　　　　图 2-211　插入表格　　　　　图 2-212　拆分单元格并进行设置

(26) 在单元格中输入文字，将【字体】设置为【微软雅黑】、【大小】设置为 14，如图 2-213 所示。

(27) 在下一行单元格中，插入一个 5 行 1 列的表格，如图 2-214 所示。

(28) 选中第 1 行单元格，将单元格的【水平】设置为【居中对齐】，【高】设置为 36。【背景颜色】设为黑色，然后输入文字，将【字体】设置为【微软雅黑】，【大小】设置为 24，字体颜色设置为 #c8103d，如图 2-215 所示。

图 2-213　输入并设置文字　　　　　图 2-214　插入表格　　　　　图 2-215　设置单元格并输入文字

(29) 将下一行单元格拆分成 6 行 2 列，选中第 1 列单元格，将【水平】设置为【居中对齐】，【宽】设置为 11%，【高】设置为 21，如图 2-216 所示。

(30) 然后在单元格中分别插入素材图片并输入文字，将【字体】设置为【华文细黑】，【大小】设置为 14，并将所有单元格的【背景颜色】都设为 #CCCCCC，如图 2-217 所示。

(31) 使用相同的方法拆分其他单元格并编辑单元格的内容，如图 2-218 所示。

图 2-216　拆分单元格　　　　　图 2-217　插入图片并输入文字　　　　　图 2-218　编辑其他单元格的内容

(32) 使用相同的方法插入新的 Div，将其命名为 div04，【宽】设置为 1000px，【高】设置为 28px，【左】设置为 0px，【上】设置为 596px，将【背景颜色】设置为 #C7C7C7，如图 2-219 所示。

(33) 将 div04 中的文字删除，然后输入文字，将【字体】设置为【微软雅黑】，【大小】设置为 18，字体颜色设置为白色，如图 2-220 所示。

图 2-219　插入 div04　　　　　　　　图 2-220　输入并设置文字

(34) 使用相同的方法插入新的 Div，将其命名为 div05，【宽】设置为 1000px，【高】设置为 360px，【上】设置为 624px，如图 2-221 所示。

(35) 将 div05 中的文字删除，按 Ctrl+Alt+T 组合键，弹出【表格】对话框，将【行数】设置为 1，【列】设为 2，将【表格宽度】设为 1000px，单击【确定】按钮，如图 2-222 所示。

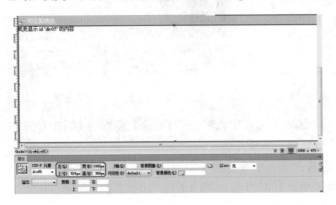

图 2-221　插入 div05　　　　　　　　　　图 2-222　【表格】对话框

(36) 将第 1 列单元格的【宽】设置为 604，如图 2-223 所示。

(37) 参照前面的操作步骤，在单元格中插入素材图片，如图 2-224 所示。

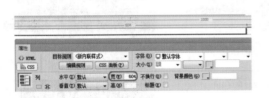

图 2-223　设置单元格的【宽】　　　　　　图 2-224　插入素材图片

(38) 使用相同的方法插入新的 Div，将其命名为 div06，【宽】设置为 1000px，【高】设置为 28px，【上】设置为 990px，将【背景颜色】设置为 #C7C7C7，然后输入文字，将【字体】设置为【微软雅黑】，【大小】设置为 18，字体颜色设置为白色，如图 2-225 所示。

图 2-225　插入 div06 并输入文字

(39) 使用相同的方法插入新的 Div，将其命名为 div07，【宽】设置为 1000px，【高】设置为 274px，【上】设置为 1018px。将 div07 中的文字删除，然后插入一个 3 行 10 列的表格，如图 2-226 所示。

(40) 选中所有单元格，将【水平】设置为【居中对齐】，【高】设置为 91，然后在各个单元格中插入素材图片，如图 2-227 所示。

图 2-226　插入 div07 和表格

图 2-227　插入素材图片

(41) 使用相同的方法插入新的 Div，将其命名为 div08，【宽】设置为 1000px，【高】设置为 90px，【上】设置为 1293px，将【背景颜色】设置为 #CCCCCC，然后输入文字，将【字体】设为【微软雅黑】，将【大小】设为 16px，如图 2-228 所示。

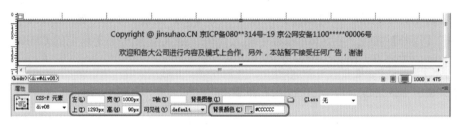

图 2-228　插入 div08 并输入文字

案例精讲 018　下载吧网页设计

制作概述

本例介绍下载吧网页的制作过程。本例主要讲解表格和 Div 的应用，其中还介绍了如何设置 Div 的背景图像和插入图片的方法。完成后的效果如图 2-229 所示。

学习目标

学会如何设计下载吧网页。
掌握 Div 背景图像的设置方法。

操作步骤

(1) 启动软件后，新建一个 HTML 文档，单击【页面属性】按钮，在弹出的【页面属性】对话框中，将【文本颜色】设置为 #FFFF00，【左边距】和【右边距】都设置为 13，【上边距】和【下边距】都设置为 0，单击【确定】按钮，如图 2-230 所示。

(2) 按 Ctrl+Alt+T 组合键，弹出【表格】对话框，将【行数】设置为 8，【列】设为 1，将【表格宽度】设为 1000 像素，单击【确定】按钮，如图 2-231 所示。

图 2-229　下载吧网页

图 2-230　【页面属性】对话框　　　　　　　　图 2-231　【表格】对话框

(3) 选中第 1 行单元格，在【属性】面板中，将【高】设置为 148，如图 2-232 所示。

(4) 单击【拆分】按钮，在 <td> 标签中输入代码，插入随书附带光盘中的 CDROM \ 素材 \ Cha02 \ 下载吧网页设计 \ 10.png 素材文件，如图 2-233 所示。

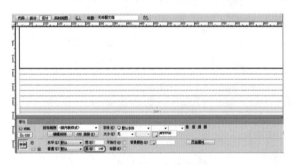

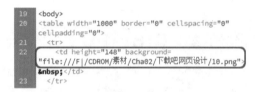

图 2-232　设置单元格的高　　　　　　　　　　图 2-233　输入代码

(5) 单击【设计】按钮，将光标插入到第 1 行单元格中，按 Ctrl+Alt+I 组合键，弹出【选择图像源文件】对话框，选择随书附带光盘中的 CDROM \ 素材 \ Cha02 \ 下载吧网页设计 \ 11.png 素材文件，单击【确定】按钮，如图 2-234 所示。插入图片后的效果如图 2-235 所示。

图 2-234　选择素材图片　　　　　　　　　　　图 2-235　插入素材图片

(6) 将第 2 行单元格拆分为 3 列，将第 1 列和第 3 列的【宽】都设置为 25，将第 2 列的【宽】设置为 950、【高】设置为 62，如图 2-236 所示。

图 2-236　设置单元格

(7) 单击【拆分】按钮，在 <td> 标签中输入代码，插入随书附带光盘中的 CDROM \ 素材 \ Cha02 \ 下载吧网页设计 \ 12.png 素材文件，如图 2-237 所示。

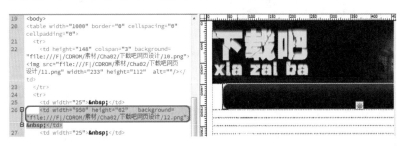

图 2-237　插入素材文件

(8) 单击【设计】按钮，将第 2 列单元格的【垂直】设置为【居中】，然后输入文字，将【字体】设置为【微软雅黑】，【大小】设置为 14，如图 2-238 所示。

图 2-238　输入文字

(9) 将光标插入到第 3 行单元格中，将【高】设置为 200，如图 2-239 所示。

(10) 将光标插入到第 3 行单元格中，在菜单栏中执行【插入】| Div 命令，在弹出的【插入 Div】对话框中，将 ID 设置为 div01，如图 2-240 所示。

(11) 单击【新建 CSS 规则】按钮，在弹出的【新建 CSS 规则】对话框中，使用默认参数，然后单击【确定】按钮，如图 2-241 所示。

注意

在【插入 Div】对话框中，【在插入点】表示光标所在的位置。

(12) 在弹出的对话框中，将【分类】选择为【定位】，将 Position 设置为 absolute，Width 设置为 258px，Height 设置为 195px，将 Placement 组中的 Top 设置为 215px，Left 设置为 13px，单击确定按钮，如图 2-242 所示。

图 2-239　设置单元格的【高】

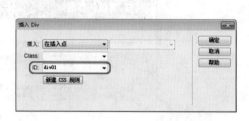

图 2-240　【插入 Div】对话框

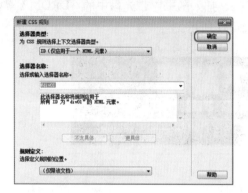

图 2-241　【新建 CSS 规则】对话框

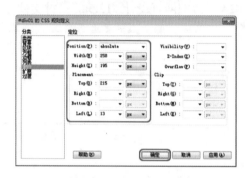

图 2-242　设置【定位】

知识链接

　　Placement：指定内容块的位置和大小。浏览器如何解释位置取决于【类型】设置。如果内容块的内容超出指定的大小，则将改写大小值。位置和大小的默认单位是像素。还可以指定以下单位：pc（皮卡）、pt（点）、in（英寸）、mm（毫米）、cm（厘米）、em（全方）、(ex) 或 %（父级值的百分比）。缩写必须紧跟在值之后，中间不留空格。例如，3mm。

---

　　(13) 返回到【插入 Div】对话框，单击【确定】按钮，在页面中插入 Div。选中插入的div01，在【属性】面板中，单击【浏览文件】按钮 🖿，弹出【选择图像源文件】对话框，选择随书附带光盘中的 CDROM ＼素材＼ Cha02 ＼下载吧网页设计＼13.png 素材文件，将其设置为div01 的背景图像，如图 2-243 所示。

　　(14) 将 div01 中的文字删除，然后插入一个 2 行 1 列的表格，将【宽】设置为 100%，如图 2-244所示。

　　(15) 选中插入的两行单元格，将【水平】设置为【居中对齐】，将第 1 行单元格的【高】设置为 25，第 2 行单元格的【高】设置为 150，如图 2-245 所示。

　　(16) 在第 1 行单元格中输入文字，将【字体】设置为【微软雅黑】，【大小】设置为 18，如图 2-246 所示。

　　(17) 在第 2 行单元格中输入文字，将【字体】设置为【微软雅黑】，【大小】设置为 16，如图 2-247 所示。

图 2-243　设置【背景图像】　　　　　　　　　图 2-244　插入表格

图 2-245　设置单元格　　　　　图 2-246　输入文字　　　　　图 2-247　输入文字

(18) 使用相同的方法插入新的 Div，将其命名为 div02，【宽】设置为 686px，【高】设置为 195px，【左】设置为 285px，【上】设置为 215px，如图 2-248 所示。

图 2-248　插入 div02

(19) 单击【浏览文件】按钮，弹出【选择图像源文件】对话框，选择随书附带光盘中的 CDROM＼素材＼Cha02＼下载吧网页设计＼14.png 素材文件，将其设置为 div02 的背景图像，如图 2-249 所示。

(20) 将 div02 中的文字删除，然后在其内插入一个 1 行 1 列的单元格，将【水平】设置为【居中对齐】，【垂直】设置为【居中】。按 Ctrl+Alt+I 组合键，弹出【选择图像源文件】对话框，选择随书附带光盘中的 CDROM＼素材＼Cha02＼下载吧网页设计＼15.png 素材文件，单击【确定】按钮，插入素材图片，如图 2-250 所示。

图 2-249　设置【背景图像】

图 2-250　插入素材图片

(21) 将光标插入到下一行单元格中，将【高】设置为 22。单击【拆分】按钮，在 <td> 标签中输入代码，插入随书附带光盘中的 CDROM \ 素材 \ Cha02 \ 下载吧网页设计 \ 16.png 素材文件，如图 2-251 所示。

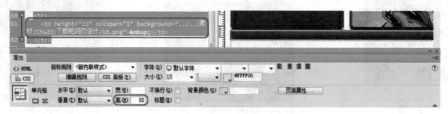

图 2-251　设置单元格背景图片

(22) 单击【设计】按钮，在单元格中输入文字，将【字体】设置为【微软雅黑】，【大小】设置为 18，如图 2-252 所示。

图 2-252　输入并设置文字

(23) 将光标插入到下一行单元格中，将【高】设置为 270，如图 2-253 所示。

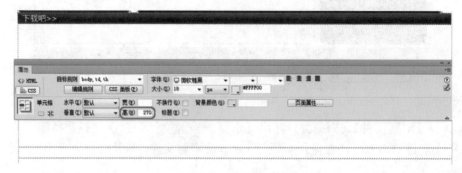

图 2-253　设置单元格

(24) 使用相同的方法插入新的 Div，将其命名为 div03，【宽】设置为 471px，【高】设置为 268px，【左】设置为 13px，【上】设置为 435px，如图 2-254 所示。

(25) 将 div03 中的文字删除，然后插入一个 3 行 4 列的表格，将【宽】设置为 100%，如图 2-255 所示。

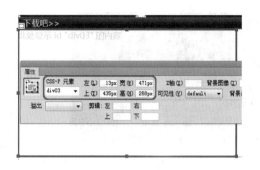

图 2-254　插入 div03

图 2-255　插入表格

（26）选中所有单元格，将其【宽】设置为 117，【高】设置为 89，【水平】设置为【居中对齐】，【垂直】设置为【居中】，如图 2-256 所示。

（27）参照前面的操作方法插入素材图片并输入文字，如图 2-257 所示。

图 2-256　设置单元格

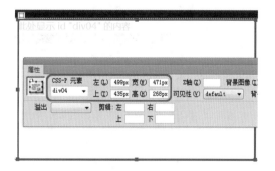

图 2-257　插入素材图片并输入文字

（28）选中 div03，将其【背景图像】设置为随书附带光盘中的 CDROM \ 素材 \ Cha02 \ 下载吧网页设计 \ 17.png 素材文件，如图 2-258 所示。

（29）使用相同的方法插入新的 Div，将其命名为 div04，【宽】设置为 471px，【高】设置为 268px，【左】设置为 499px，【上】设置为 435px，如图 2-259 所示。

图 2-258　设置背景图像

图 2-259　插入 div04

（30）参照前面的操作步骤，编辑 div04 中的内容，如图 2-260 所示。

图 2-260　编辑 div04 中的内容

(31) 参照前面的操作步骤，设置下一行单元格的背景并输入文字，如图 2-261 所示。

图 2-261　设置单元格背景并输入文字

(32) 将光标插入到下一行单元格中，将其【高】设置为 308，如图 2-262 所示。

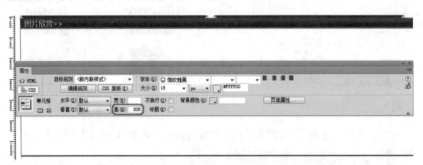

图 2-262　设置单元格的高

(33) 使用相同的方法插入新的 Div，将其命名为 div05，【宽】设置为 955px，【高】设置为 308px，【左】设置为 13px，【上】设置为 725px，如图 2-263 所示。

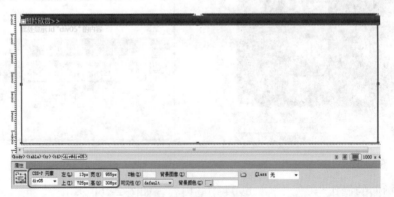

图 2-263　插入 Div05

(34) 删除 div05 中的文字，在 div05 中插入一个 2 行 4 列的表格，将其【宽】设置为100%，如图 2-264 所示。

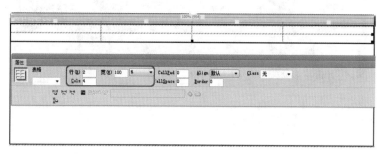

图 2-264　插入表格

(35) 选中所有单元格，在【属性】面板中，将【水平】设置为【居中对齐】，【垂直】设置为【居中】，【宽】设置为 238，【高】设置为 154，如图 2-265 所示。

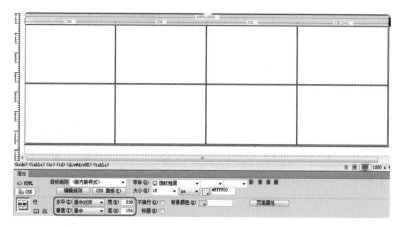

图 2-265　设置单元格

(36) 参照前面的操作步骤，插入素材图片，如图 2-266 所示。

图 2-266　插入素材图片

(37) 选中 div05，将其【背景图像】设置为随书附带光盘中的 CDROM＼素材＼Cha02＼下载吧网页设计＼18.png 素材文件，如图 2-267 所示。

(38) 在最后一行单元格中插入一个 1 行 1 列的表格，将其【水平】设置为【居中对齐】，【垂直】设置为【居中】，【高】设置为 80，【背景颜色】设置为 #000000，如图 2-268 所示。

图 2-267　设置【背景图像】

图 2-268　插入表格

(39) 参照前面的操作步骤，在单元格中输入并设置文字，将【字体】设为【微软雅黑】，将【大小】设为 14px，【字体颜色】设为 #999999，如图 2-269 所示。

(40) 在【属性】面板中单击【页面属性】按钮，在弹出的【页面属性】对话框中，将【背景图像】设置为随书附带光盘中的 CDROM＼素材＼Cha02＼下载吧网页设计＼01.jpg 素材文件，然后单击【确定】按钮，如图 2-270 所示。

图 2-269　输入并设置文字

图 2-270　设置背景图像

第 3 章
电脑网络类
网页设计

本章重点

- ◆ IT 信息网站
- ◆ 技术网站
- ◆ 个人博客网站
- ◆ 设计网站
- ◆ 绿色软件网站
- ◆ 人民信息港
- ◆ 速腾科技网页设计

互联网的迅猛发展不仅带动了相关产业的发展，也促使了各种电脑网络类网页的出现。在浏览网页时，我们经常会登录一些信息类网站、博客类网站和软件类网站。本章将介绍电脑网络类网页的设计方法。

案例精讲 019　IT 信息网站

 案例文件：CDROM \ 场景 \ Cha03 \ IT 信息网站 .html

 视频文件：视频教学 \ Cha03 \ IT 信息网站 .avi

制作概述

本例将介绍 IT 信息网站的制作过程。本例主要讲了使用表格布局网站结构，其中还介绍了如何插入图片、设置单元格背景、设置字体样式以及插入 Flash。完成后的效果如图 3-1 所示。

学习目标

学会如何设计 IT 网站。

掌握使用表格布局网页的方法。

操作步骤

图 3-1　IT 信息网站

(1) 启动软件后，新建一个 HTML 文档。新建文档后，按 Ctrl+Alt+T 组合键，弹出【表格】对话框，将【行数】设置为 4，【列】设为 1，将【表格宽度】设为 900 像素，将【边框粗细】、【单元格边距】和【单元格间距】设为 0，然后单击【确定】按钮，如图 3-2 所示。

(2) 选中插入的表格，在【属性】面板中，将 Align 设置为【居中对齐】，如图 3-3 所示。

图 3-2　【表格】对话框

图 3-3　设置表格对齐

(3) 将光标插入到第一行单元格中，在【属性】面板中，将【水平】设置为【居中对齐】，然后按 Ctrl+Alt+I 组合键，弹出【选择图像源文件】对话框，选择随书附带光盘中的 CDROM \ 素材 \ Cha03 \ IT 网站 \ IT.jpg 素材图片，单击【确定】按钮，插入素材图片，将图片设置为 679px × 306px，如图 3-4 所示。

知识链接

　　IT 的英文是 Information Technology，即信息科技和产业的意思。IT 业划分为 IT 生产业和 IT 使用业。IT 生产业包括计算机硬件业、通信设备业、软件、计算机及通信服务业。至于 IT 使用业几乎涉及所有的行业，其中服务业使用 IT 的比例更大。由此可见，IT 行业不仅仅指通信业，还包括硬件和软件业，不仅仅包括制造业，还包括相关的服务业，因此通信制造业只是 IT 业的组成部分，而不是 IT 业的全部。

　　(4) 在第二行单元格中插入一个 1 行 3 列的表格，然后将 CellSpace 设置为 1，如图 3-5 所示。

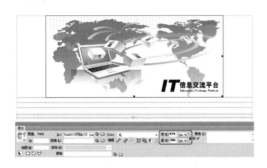

图 3-4　插入图片

图 3-5　插入表格

　　(5) 在【属性】面板中，将左右两个单元格设置为 30×30，【背景颜色】都设置为 #006699，如图 3-6 所示。

　　(6) 将光标插入到第二行中间的单元格中，按 Ctrl+Alt+T 组合键，弹出【表格】对话框，将【行数】设置为 1，【列】设为 7，将【表格宽度】设为 100 百分比，将【边框粗细】、【单元格边距】和【单元格间距】设为 0，然后单击【确定】按钮，如图 3-7 所示。

图 3-6　设置单元格

图 3-7　【表格】对话框

　　(7) 选中插入的表格，然后将 CellSpace 设置为 1。然后选中表格中的所有单元格，在【属性】面板中，将【水平】设置为【居中对齐】，【宽】设置为 14%，【高】设置为 30，如图 3-8 所示。

　　(8) 在单元格中分别输入文字，然后将【字体】设置为【经典粗黑简】，【大小】设置为 18px，字体颜色设置为白色，【背景颜色】设置为 #006699，如图 3-9 所示。

图 3-8　设置单元格　　　　　　　　　　　　　　图 3-9　输入文字并设置文字

（9）在第 3 行单元格中，插入一个 1 行 2 列的表格，将表格的 CellSpace 设置为 1。然后将第一列单元格的【宽】设置 319，第二列单元格的【宽】设置为 578，如图 3-10 所示。

提示　　CellSpace 的中文意思是单元格之间的空间，与【表格】对话框中的【单元格边距】选项相同。

（10）将光标插入到第一列单元格中，按 Ctrl+Alt+T 组合键，弹出【表格】对话框，将【行数】设置为 7，【列】设为 1，将【表格宽度】设为 300 像素，如图 3-11 所示。

图 3-10　插入并设置单元格　　　　　　　　　　　图 3-11　【表格】对话框

（11）将新表格的 CellSpace 设置为 1。然后在第一行中输入文字，将【字体】设置为【华文中宋】，【大小】设置为 24，字体颜色设置为 #006699，如图 3-12 所示。

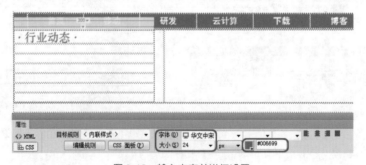

图 3-12　输入文字并进行设置

（12）将光标定位在文字的后面，按 Shift+Enter 组合键，进行换行。然后执行【插入】|【水

平线】菜单命令，插入水平线。选中插入的水平线，将【宽】设置为 300 像素，【高】设置为 3，如图 3-13 所示。

(13) 选中水平线，并单击【拆分】按钮。在 <hr> 标签中，添加代码 "color="#006699""，为水平线设置颜色，如图 3-14 所示。

图 3-13　插入水平线

图 3-14　设置水平线颜色

(14) 然后单击【设计】按钮。选中剩余的 6 行单元格，将【高】设置为 67，【背景颜色】设置为 #006699，如图 3-15 所示。

(15) 在单元格中输入文字，将【字体】设置为【华文中宋】，【大小】设置为 18，字体颜色设置为白色，如图 3-16 所示。

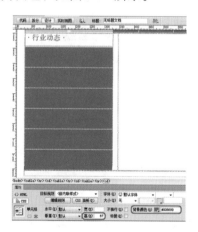

图 3-15　设置单元格

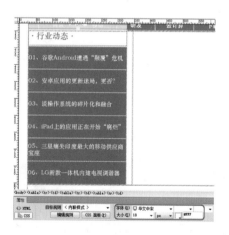

图 3-16　输入并设置文字

(16) 在第 2 列单元格中插入一个 7 行 1 列的表格，【宽】设置为 578 像素，CellSpace 设置为 1，如图 3-17 所示。

(17) 将光标插入到第一行单元格中，执行【插入】|【媒体】| Flash SWF 菜单命令，选择随书附带光盘中的 CDROM ＼素材＼Cha03＼IT 网站＼IT 信息资讯 .swf 文件，然后单击【确定】按钮。在弹出的对话框中单击【确定】按钮，将其【宽】设置为 578，【高】设置为 328，如图 3-18 所示。

提示

因为 Flash 原大小超过了单元格的宽，单元格的宽度会变化。将 Flash 的大小进行调整后，然后对单元格的宽进行调整。

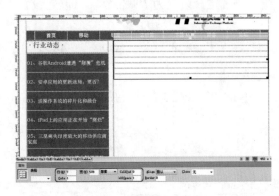

图 3-17　插入表格

图 3-18　插入 Flash

(18) 将剩余的 6 行单元格都拆分为两列，并将第一列的【宽】设置为 50%，如图 3-19 所示。

(19) 在单元格中输入文字，将【字体】设置为【华文中宋】，【大小】设置为 16，字体颜色设置为 #006699，如图 3-20 所示。

图 3-19　拆分单元格

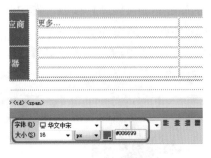

图 3-20　输入并设置文本

(20) 参照前面的操作步骤，插入并设置水平线，如图 3-21 所示。

(21) 然后输入文字，【字体】为默认字体，【大小】为 16，如图 3-22 所示。

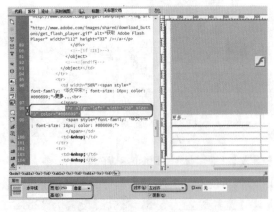

图 3-21　插入并设置水平线

图 3-22　输入并设置文字

(22) 使用相同的方法输入并设置另外 6 行文字，如图 3-23 所示。

(23) 将光标插入到最后一行单元格中，将【水平】设置为【居中对齐】，【高】设置为 50，【背景颜色】设置为 #006699。然后输入文字并将文字颜色设置为白色，如图 3-24 所示。

更多...	更多...
LG手机KF755详细评测	最商务机型 黑莓全键盘旗舰9780
双核手机LG Star谍报汇总	HTC Desire HD美图欣赏
黑色HTC Legend今日到货	智能手机忠诚度iPhone最高
C网最超值Android手机	Android击败WP7的十原因
三星S5520评测	团购陷阱需谨慎

图 3-23　输入并设置另外 6 行文字

图 3-24　设置单元格并输入文字

案例精讲 020　技术网站

📝 案例文件：CDROM \ 场景 \ Cha03 \ 技术网站 .html

🎬 视频文件：视频教学 \ Cha03 \ 技术网站 .avi

制作概述

本例将介绍技术网站的制作过程。本例主要讲了使用表格布局网站结构，首先插入主体表格，然后分别设置网站标题、网站主体信息和网站底部信息。其中，还介绍了如何插入图片和设置单元格背景。完成后的效果如图 3-25 所示。

学习目标

掌握技术网站的设计方法。

掌握单元格的设置方法。

操作步骤

图 3-25　技术网站

(1) 启动软件后，新建一个 HTML 文档。新建文档后，按 Ctrl+Alt+T 组合键，弹出【表格】对话框，将【行数】设置为 3，【列】设为 1，将【表格宽度】设为 900px，将【边框粗细】、【单元格边距】和【单元格间距】都设为 0，然后单击【确定】按钮，如图 3-26 所示。

(2) 选中插入的表格，在【属性】面板中，将 Align 设置为【居中对齐】，如图 3-27 所示。

(3) 将光标插入到第一行单元格中，然后按 Ctrl+Alt+I 组合键，弹出【选择图像源文件】对话框，选择随书附带光盘中的 CDROM \ 素材 \ Cha03 \ 技术网站 \ 技术网站 _01.gif 素材图片，单击【确定】按钮，插入素材图片，然后在【属性】面板中，将图片的【宽】设置为 900px，【高】设置为 77px，如图 3-28 所示。

Dreamweaver CC 网页创意设计

案例课堂 ▶

图 3-26 【表格】对话框

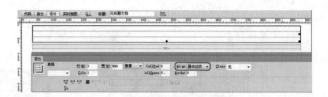

图 3-27 设置表格对齐

知识链接

　　GIF 分为静态 GIF 和动画 GIF 两种，扩展名为 .gif，是一种压缩位图格式，支持透明背景图像，适用于多种操作系统，体型很小，网上很多小动画都是 GIF 格式。其实 GIF 是将多幅图像保存为一个图像文件，从而形成动画，最常见的就是通过一帧帧的动画串联起来的搞笑 gif 图，所以归根到底 GIF 仍然是图片文件格式。但 GIF 只能显示 256 色。和 jpg 格式一样，这是一种在网络上非常流行的图形文件格式。

　　(4) 将光标插入到第二行单元格，将其拆分成两列，将第一列和第二列单元格的【宽】分别设置为 700、200，如图 3-29 所示。

图 3-28 插入素材图片

图 3-29 设置单元格的宽

　　(5) 将光标插入到第一列单元格中，按 Ctrl+Alt+T 组合键，弹出【表格】对话框，将【行数】设置为 2，【列】设为 1，将【表格宽度】设为 700 像素，将【单元格边距】设为 5，然后单击【确定】按钮，如图 3-30 所示。

　　(6) 将光标插入到新插入表格的第一行中，然后按 Ctrl+Alt+I 组合键，弹出【选择图像源文件】对话框，选择随书附带光盘中的 CDROM \ 素材 \ Cha03 \ 技术网站 \ 切换图片 .jpg 素材图片，单击【确定】按钮，插入素材图片，如图 3-31 所示。

　　(7) 在第二行单元格中，继续插入一个 5 行 1 列的表格，将其宽度设置为 690 像素，如图 3-32 所示。

　　(8) 将光标插入到新插入表格的第一行中，将【水平】设置为【左对齐】，然后按 Ctrl+Alt+I 组合键，弹出【选择图像源文件】对话框，选择随书附带光盘中的 CDROM \ 素材 \ Cha03 \ 技术网站 \ 资讯 .png 素材图片，单击【确定】按钮，插入素材图片，如图 3-33 所示。

图 3-30 【表格】对话框

图 3-31 插入图片

图 3-32 插入表格

图 3-33 插入素材图片

(9) 按 Shift+Enter 组合键进行换行，然后执行【插入】|【水平线】命令，选中插入的水平线，在【属性】面板中，将【宽】设置为 500 像素，【高】设置为 5，【对齐】设置为【左对齐】。然后单击【拆分】按钮，在 <hr> 标签中输入 "color="#000000""，为其设置颜色，如图 3-34 所示。

知识链接

【宽】和【高】：所选单元格的宽度和高度，以像素为单位或按整个表格宽度或高度的百分比指定。若要指定百分比，请在值后面使用百分比符号 (%)。若要让浏览器根据单元格的内容以及其他列和行的宽度和高度确定适当的宽度或高度，请将此域留空 (默认设置)。

(10) 然后单击【设计】按钮，在下一行单元格中，插入一个 4 行 2 列的表格，将其宽度设置为 690 像素，如图 3-35 所示。

图 3-34 插入水平线

图 3-35 插入表格

(11) 选中第一列中的单元格，将其【宽】都设置为 260，如图 3-36 所示。

(12) 在第一行第一列单元格中输入文字，将【字体】设置为【经典粗黑简】，【大小】设置为 18px，字体颜色设置为黑色，如图 3-37 所示。

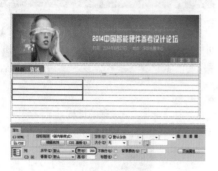

图 3-36　设置列宽

图 3-37　输入并设置文字

(13) 将第一列中的 2、3 行单元格进行合并，然后插入随书附带光盘中的 CDROM \ 素材 \ Cha03 \ 技术网站 \ 01.jpg 素材图片，将其设置为 250×168，如图 3-38 所示。

(14) 在单元格中输入文字并设置文字，并将第 2 列、第 2 行单元格的【宽】设置为 430，【高】设置为 100，如图 3-39 所示。

图 3-38　插入素材图片

图 3-39　输入文字

(15) 将光标插入到第 2 列、第 3 行单元格中，然后将【水平】设置为【右对齐】，【垂直】设置为【底部】。然后插入随书附带光盘中的 CDROM \ 素材 \ Cha03 \ 技术网站 \ 阅读全文 .jpg 素材图片，如图 3-40 所示。

提示　　【水平】选项用于指定单元格、行或列内容的水平对齐方式。可以将内容对齐到单元格的左侧、右侧或使之居中对齐，也可以指示浏览器使用其默认的对齐方式（通常常规单元格为左对齐，标题单元格为居中对齐）。

(16) 将最后一行的单元格合并，然后将【背景颜色】设置为 #CCCCCC，如图 3-41 所示。

(17) 使用相同的方法插入表格并设置单元格中的内容，如图 3-42 所示。

(18) 将光标插入到最右侧单元格中，将【水平】设置为【左对齐】，【垂直】设置为【顶端】，【背景颜色】设置为黑色，如图 3-43 所示。

图 3-40　插入素材图片

图 3-41　设置单元格的【背景颜色】

图 3-42　设置其他单元格内容

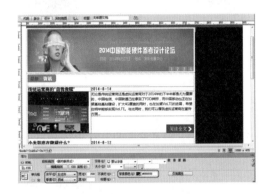

图 3-43　设置单元格

(19) 然后插入一个 3 行 1 列的表格，表格【宽】设置为 200 像素，如图 3-44 所示。

(20) 在第一行单元格中，插入随书附带光盘中的 CDROM \ 素材 \ Cha03 \ 技术网站 \ 快速入口 .png 素材图片，然后输入文字并将文字颜色设置为白色，如图 3-45 所示。

图 3-44　插入表格

图 3-45　插入图片并输入文字

提示　　　　使用 Shift+Enter 组合键进行换行。

(21) 使用相同的方法设置剩余两行单元格的内容，如图 3-46 所示。

(22) 将光标插入最后一行单元格中，将【水平】设置为【居中对齐】，【高】设置为80，【背景颜色】设置为#474747。然后输入文字，将【字体】设置为【微软雅黑】，字体颜色设置为白色，如图 3-47 所示。

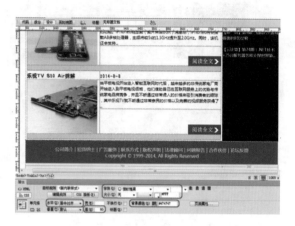

图 3-46　设置剩余两行单元格的内容　　　　　　图 3-47　设置单元格并输入文字

案例精讲 021　个人博客网站

　案例文件：CDROM \ 场景 \ Cha03 \ 个人博客网站 .html

　视频文件：视频教学 \ Cha03 \ 个人博客网站 .avi

制作概述

本例将介绍个人博客网站的制作过程。本例主要讲解了使用表格布局网站结构，首先对网站的整体结构布局进行设置，插入主题图片和各个标题，然后分别设置网站导航栏、网站主体信息和网站底部信息。最后，还介绍了如何插入 Div 和表单。完成后的效果如图 3-48 所示。

图 3-48　个人博客网站

学习目标

掌握个人博客网站的设计方法。

操作步骤

(1) 启动软件后，新建一个 HTML 文档。新建文档后，按 Ctrl+Alt+T 组合键，弹出【表格】对话框，将【行数】设置为6，【列】设为1，将【表格宽度】设为900像素，将【边框粗细】、【单元格边距】和【单元格间距】都设为0，如图 3-49 所示。

(2) 单击【确定】按钮，选中插入的表格，在【属性】面板中，将 Align 设置为【居中对齐】，如图 3-50 所示。

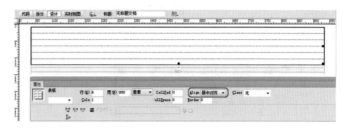

图 3-49　【表格】对话框　　　　　　　　　　　图 3-50　设置表格对齐

(3) 将光标插入到第一行单元格中，在【属性】面板中，单击【拆分单元格为行或列】按钮，将其拆分为两列，并将第一列的【宽】设置为 738，如图 3-51 所示。

(4) 将光标插入到第一行、第一列单元格中，按 Ctrl+Alt+T 组合键，弹出【表格】对话框，将【行数】设置为 1，【列】设为 4，将【表格宽度】设为 60 百分比，将【单元格间距】设为 5，如图 3-52 所示。

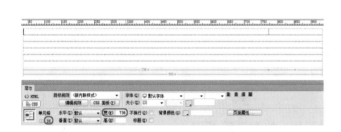

图 3-51　拆分单元格　　　　　　　　　　　图 3-52　【表格】对话框

(5) 单击【确定】按钮，选中新插入的各个单元格，将【宽】设置为 25%，【高】设置为 25，如图 3-53 所示。

(6) 将第一个单元格的【背景颜色】设置为 #99CCFF，如图 3-54 所示。

图 3-53　设置单元格的宽和高　　　　　　　　图 3-54　设置单元格的背景颜色

(7) 在主体表格的第一行第二列单元格中，插入一个 1 行 5 列的表格，将其【宽】设置为

100%，CellSpace(单元格间距) 设置为 2，如图 3-55 所示。

(8) 选中新插入的各个单元格，将【宽】设置为 20%，如图 3-56 所示。

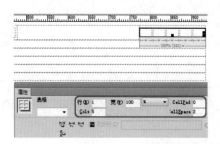

图 3-55　插入表格　　　　　　　　　　　　图 3-56　设置单元格的宽

(9) 将光标插入到第一列单元格中，然后按 Ctrl+Alt+I 组合键，弹出【选择图像源文件】对话框，选择随书附带光盘中的 CDROM＼素材＼Cha03＼个人博客网站＼delicious.png 素材图片，单击【确定】按钮，如图 3-57 所示。

(10) 选中插入的素材图片，将其尺寸设置为 30×30，如图 3-58 所示。

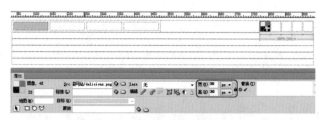

图 3-57　选择素材图片　　　　　　　　　　图 3-58　设置素材图片的尺寸

(11) 使用相同的方法插入其他图标素材图片，如图 3-59 所示。

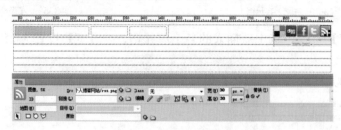

图 3-59　插入其他图标素材图片

(12) 在第二行单元格中，插入一个 2 行 2 列的表格，将其【宽】设置为 100%，CellSpace 设置为 3，如图 3-60 所示。

(13) 选择第一行的两列单元格，单击【合并所选单元格，使用跨度】按钮 ，将其合并。然后选中新插入的所有单元格，将【背景颜色】设置为 #0099FF，如图 3-61 所示。

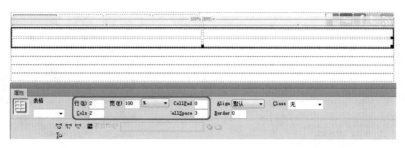

图 3-60　插入单元格

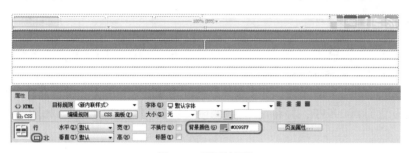

图 3-61　设置单元格

(14) 将光标插入到第一行单元格中，然后按 Ctrl+Alt+I 组合键，弹出【选择图像源文件】对话框，选择随书附带光盘中的 CDROM \ 素材 \ Cha03 \ 个人博客网站 \ MY BLOG.png 素材图片，如图 3-62 所示。

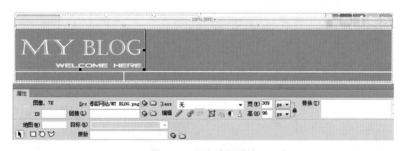

图 3-62　插入素材图片

(15) 将光标插入到第二行第一列单元格中，将【宽】设置为 324，【高】设置为 50，【垂直】设置为【底部】，按 Ctrl+Alt+I 组合键，弹出【选择图像源文件】对话框，选择随书附带光盘中的 CDROM \ 素材 \ Cha03 \ 个人博客网站 \ 个人资料 .jpg 素材图片，如图 3-63 所示。

(16) 将第二行第二列单元格的【垂直】设置为【底部】，使用相同的方法插入随书附带光盘中的 CDROM \ 素材 \ Cha03 \ 个人博客网站 \ 图片·相册 .jpg 素材图片，如图 3-64 所示。

知识链接

　　【垂直】：指定单元格、行或列内容的垂直对齐方式。可以将内容对齐到单元格的顶端、中间、底部或基线，或者指示浏览器使用其默认的对齐方式 (通常是中间)。

图 3-63　插入素材图片　　　　　　　　　　图 3-64　插入素材图片

　　(17) 在下一行单元格中，插入一个 1 行 2 列的表格，将其【宽】设置为 900 像素，CellPad(单元格边距) 和 CellSpace 都设置为 3，如图 3-65 所示。

　　(18) 选中第 2 行的两个单元格，将【水平】设置为【居中对齐】，【垂直】设置为【居中】，【背景颜色】设置为 #0099FF，并将第 1 列单元格的【宽】设置为 318，如图 3-66 所示。

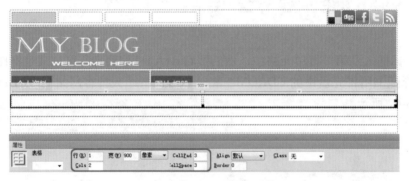

图 3-65　插入表格

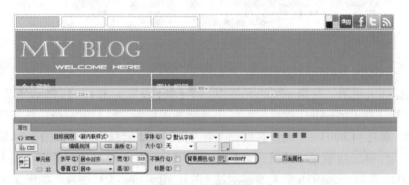

图 3-66　设置单元格

　　(19) 将光标插入到下一行单元格中，参照前面的操作步骤，设置单元格并插入素材图片，如图 3-67 所示。

　　(20) 将光标插入到下一行单元格中，按 Ctrl+Alt+T 组合键，弹出【表格】对话框，将【行数】设置为 2，【列】设为 4，将【表格宽度】设为 100 百分比，将【单元格边距】设为 5，将【单元格间距】设为 3，如图 3-68 所示。

图 3-67　设置单元格并插入素材图片　　　　　　　　图 3-68　【表格】对话框

(21) 选中新插入的单元格，将其【宽】设置为 25%，然后将【背景颜色】分别设置为 #0099FF 和 #99CCFF，如图 3-69 所示。

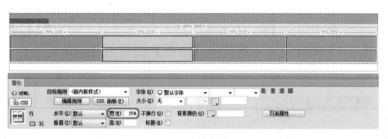

图 3-69　设置单元格

(22) 在【属性】面板中，单击【页面属性】按钮，在弹出的对话框中，将【背景颜色】设置为 #0066FF，然后单击【确定】按钮，如图 3-70 所示。

(23) 在如图 3-71 所示的表格中输入文字，将【字体】设置为【华文中宋】，【大小】设置为 18px，字体颜色设置为白色，并将【水平】设置为【居中对齐】。

图 3-70　设置背景颜色　　　　　　　　　　图 3-71　输入文字

(24) 在如图 3-72 所示的单元格中，插入素材图片然后输入文字，将【字体】设置为【微软雅黑】，【大小】设置为 16px，字体颜色设置为白色，如图 3-72 所示。

(25) 将光标插入到另一列单元格中，在菜单栏中执行【插入】|【媒体】|Flash SWF 命令，选择随书附带光盘中的 CDROM \ 素材 \ Cha03 \ 个人博客网站 \ 切换图片 .swf 文件，然后单击【确定】按钮，如图 3-73 所示。

图 3-72　插入素材图片并输入文字　　　　　　　图 3-73　选择素材 Flash

 提示　　　在输入文字时，使用 Enter 键进行换行。

(26) 在弹出的对话框中单击【确定】按钮，插入 Flash 素材，如图 3-74 所示。

(27) 选中如图 3-75 所示的单元格，将【水平】设置为【居中对齐】，【垂直】设置为【居中】。

图 3-74　插入 Flash 素材　　　　　　　　　　图 3-75　设置单元格

(28) 参照前面的操作方法设置其他 3 列单元格，然后插入图片并输入文字，如图 3-76 所示。

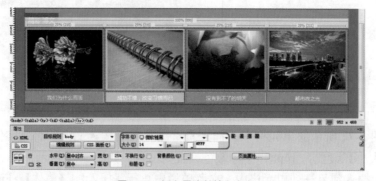

图 3-76　插入图片并输入文字

(29) 将光标插入到在最后一行单元格中，将【水平】设置为【居中对齐】。然后输入文字，将字体颜色设置为白色，如图 3-77 所示。

图 3-77　输入文字

(30) 在菜单栏中执行【插入】| Div 命令，在弹出的【插入 Div】对话框中，将 ID 设置为 div01，如图 3-78 所示。

(31) 然后单击【新建 CSS 规则】按钮，在弹出的【新建 CSS 规则】对话框中，使用默认参数，然后单击【确定】按钮，如图 3-79 所示。

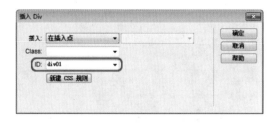

图 3-78　【插入 Div】对话框

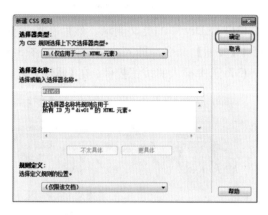

图 3-79　【新建 CSS 规则】对话框

(32) 在弹出的对话框中，将【分类】选择为【定位】，然后将 Position 设置为 absolute，然后单击【确定】按钮，如图 3-80 所示。

(33) 返回到【插入 Div】对话框，然后单击【确定】按钮。选中插入的 Div，在【属性】面板中，将【左】设置为 660px，【上】设置为 120px，【宽】设置为 240px，如图 3-81 所示。

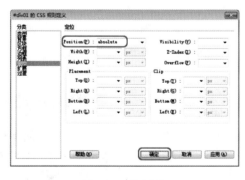

图 3-80　设置定位

图 3-81　设置 Div

(34) 将 Div 中的文字删除，然后在菜单栏中执行【插入】|【表单】|【表单】命令，插入表单，如图 3-82 所示。

(35) 在菜单栏中执行【插入】|【表单】|【搜索】命令，插入搜索控件，如图 3-83 所示。

Dreamweaver CC 网页创意设计

案例课堂

图 3-82　选择【表单】命令

图 3-83　插入搜索控件

(36) 将 Div 中的英文删除，然后在搜索框的右侧插入光标，在菜单栏中执行【插入】|【表单】|【按钮】命令，插入按钮控件，如图 3-84 所示。

(37) 选中插入的按钮控件，在【属性】面板中，将 Value 设置为【站内搜索】，如图 3-85 所示。

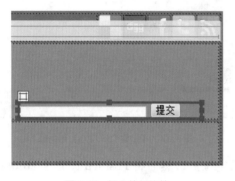

图 3-84　插入按钮控件

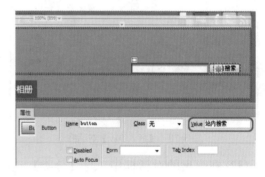

图 3-85　设置 Value

案例精讲 022　设计网站

案例文件：CDROM \ 场景 \ Cha03 \ 设计网站 .html

视频文件：视频教学 \ Cha03 \ 设计网站 .avi

制作概述

本例将讲解如何制作设计类的网站，其中主要使用插图表格和 Div，以及图像素材的方法进行制作。完成后的效果如图 3-86 所示。

学习目标

掌握设计类的网站的制作方法。

操作步骤

(1) 启动软件后，按 Ctrl+N 组合键打开【新建文档】对话框，选择【空白页】|HTML|【无】选项，单击【创建】按钮，如图 3-87 所示。

图 3-86　设计网站

(2) 进入工作界面后，在菜单栏中选择【插入】| Div 命令，打开【插入 Div】对话框，在 ID 文本框中输入 Div1，如图 3-88 所示。

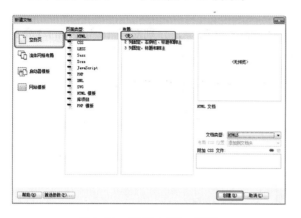

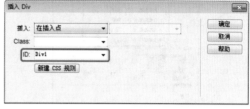

图 3-87　【新建文档】对话框　　　　　　　　　图 3-88　【插入 Div】对话框

(3) 然后单击【新建 CSS 规则】按钮，在打开的对话框中单击【确定】按钮，如图 3-89 所示。

(4) 在再次打开的对话框中，选择【分类】中的【定位】，在右侧将 Position 设置为 absolute，设置完成后单击【确定】按钮，如图 3-90 所示。

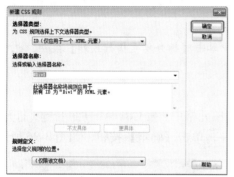

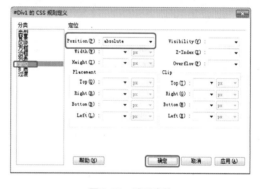

图 3-89　【新建 CSS 规则】对话框　　　　　　　　图 3-90　设置定位

(5) 返回到【插入 Div】对话框，单击【确定】按钮，即可在文档中插入一个 Div，如图 3-91 所示。

(6) 在文档中选中插入的 Div，在【属性】面板中将【宽度】设置为 1000 px，如图 3-92 所示。

图 3-91　插入 Div 后的效果　　　　　　　　　图 3-92　设置 Div 的宽度

(7) 将 Div 表单中的文字删除，按 Ctrl+Alt+T 组合键，打开【表格】对话框，将【行数】设置为 3，【列】设置为 1，将【表格宽度】设置为 1000 像素，其他参数均设置为 0，单击【确定】按钮，如图 3-93 所示。

(8) 将光标从上到下分别插入到单元格中，在【属性】面板中，分别对各个单元格的【高】进行设置，分别为 80、409、50，效果如图 3-94 所示。

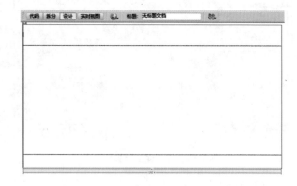

图 3-93　【表格】对话框　　　　　　　　　　图 3-94　设置单元格后的效果

(9) 将光标插入到第 1 行的单元格中，在【属性】面板中单击【拆分单元格或列】按钮，即可弹出【拆分单元格】对话框，选中【列】单选按钮，将【列数】设置为 2，单击【确定】按钮，如图 3-95 所示。

在拆分单元格时，可以在【属性】面板中单击【拆分单元格行或列】按钮，也可以使用快捷键 Ctrl+Alt+S 组合键。

(10) 将光标插入到上一步拆分单元格得到的左侧单元格中，按 Ctrl+Alt+I 组合键，打开【选择图像源文件】对话框，选择素材网站标题 .png 文件，单击【确定】按钮，如图 3-96 所示。

图 3-95　【拆分单元格】对话框　　　　　　　图 3-96　选择素材

(11) 返回到文档中选中插入的素材，在【属性】面板中，将【宽】设置为 200、【高】设置为 43，如图 3-97 所示。

(12) 将光标插入至上一步带有素材的单元格中，在【属性】面板中将【宽】设置为 520、【背景颜色】设置为 #333333，如图 3-98 所示。

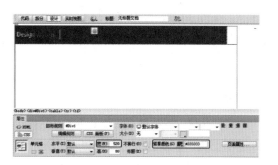

图 3-97　设置按钮属性　　　　　　　　　　　　图 3-98　设置单元格

(13) 选中右侧的单元格，使用前面介绍的方法插入一个 1 行 4 列、表格宽度设置为 497 的表格，并输入文字，在【属性】面板中设置单元格颜色，将文字的【大小】设置为 18，颜色设置为白色，【水平】设置为【居中对齐】，效果如图 3-99 所示。

(14) 使用前面介绍的方法插入单元格，拆分单元格，设置单元格的宽和高，并输入文字，制作出其他效果，最终效果如图 3-100 所示。

图 3-99　插入并设置表格　　　　　　　　　　图 3-100　制作出其他效果

案例精讲 023　绿色软件网站

案例文件：CDROM \ 场景 \ Cha03 \ 绿色软件网站 .html

视频文件：视频教学 \ Cha03 \ 绿色软件网站 .avi

制作概述

本例将介绍如何制作绿色软件网站，主要使用 Div 布局网站结构，通过表格对网站的结构进行细化调整。完成后的效果如图 3-101 所示。

学习目标

掌握绿色软件网站的设计方法。

操作步骤

(1) 启动软件后，新建一个 HTML 文档。新建文档后，按

图 3-101　绿色软件网站

Ctrl+Alt+T 组合键，弹出【表格】对话框，将【行数】设置为 1，【列】设为 1，将【表格宽度】设为 100 百分比，将【边框粗细】、【单元格边距】和【单元格间距】都设为 0，如图 3-102 所示。

知识链接

绿色软件，或称便携软件（英文为 Portable Application、Portable Software 或 Green Software），指一类小型软件，多数为免费软件，最大特点是软件不恶意捆绑软件，软件无广告，可存放于可移除式存储媒体中（因此称为便携软体），移除后也不会将任何记录（注册表信息等）留在本机电脑上。

---

(2) 单击【确定】按钮，将光标插入到表格中，在【属性】面板中，将【高】设置为 78，如图 3-103 所示。

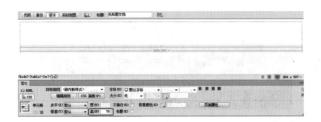

图 3-102 【表格】对话框　　　　　　　　　　　图 3-103 设置表格

(3) 将光标插入到表格中，单击【拆分】按钮，切换至【拆分】视图中，在打开的界面中，找到代码中光标所在的段落，将光标插入到 "<td" 的右侧，如图 3-104 所示。

(4) 然后按空格键，在弹出的选项中选择 background 并双击，如图 3-105 所示。

图 3-104 定位光标　　　　　　　　　　　图 3-105 选择 background 选项

(5) 执行上一步操作后，即可弹出【浏览】选项，单击该选项，打开【选择图像源文件】对话框，选择素材 01.png 文件，单击【确定】按钮，返回到文档中，单击【设计】按钮，切换至【设计】视图中，效果如图 3-106 所示。

(6) 按 Ctrl+Alt+I 组合键，打开【选择图像源文件】对话框，选择素材 02.png 文件，单击【确定】按钮，效果如图 3-107 所示。

图 3-106　【设计】视图　　　　　　　　　　　图 3-107　【表格】对话框

(7) 然后在表格的右侧外插入光标，按 Shift+Enter 组合键，另起新行，根据前面介绍的方法插入单元格，并将单元格的【高】设置为 39，如图 3-108 所示。

(8) 将光标插入到表格下方的空白处，在菜单栏中选择【插入】| Div 命令，打开【插入 Div】对话框，在 ID 文本框中输入名称，如图 3-109 所示。

图 3-108　插入并设置表格　　　　　　　　　　图 3-109　【插入 Div】对话框

(9) 然后单击【新建 CSS 规则】按钮，在打开的对话框中单击【确定】按钮，将再次弹出一个对话框，选择【分类】下的【定位】，在右侧将 Position 设置为 absolute，设置完成后单击【确定】按钮，如图 3-110 所示。

(10) 返回至【插入 Div】对话框中，单击【确定】按钮，选中插入的 Div，在【属性】面板中将【宽】设置为 177 px，【高】设置为 662 px，【左】设置为 8 px，【上】设置为 132 px，【背景颜色】设置为 #f0f2f3，如图 3-111 所示。

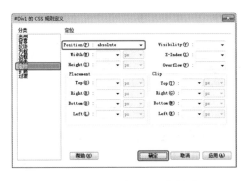

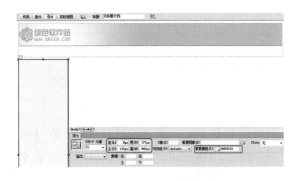

图 3-110　设置新建 Div 的规则　　　　　　　　图 3-111　设置 Div 属性

(11) 将光标插入至 Div 中，将文字删除，按 Ctrl+Alt+T 组合键，弹出【表格】对话框，将【行数】设置为 14，【列】设为 1，将【表格宽度】设为 100 百分比，将【边框粗细】、【单元格边距】和【单元格间距】都设为 0，单击【确定】按钮，如图 3-112 所示。

　　　　　　如果没有明确指定【边框粗细】或【单元格间距】和【单元格边距】的值，则大多数浏览器都按边框粗细和单元格边距设置为 1、单元格间距设置为 2 来显示表格。若要确保浏览器显示表格时不显示边距或间距，请将【单元格边距】和【单元格间距】设置为 0。

(12) 在各个单元格中输入文字，选中文字，在【属性】面板中将【字体】设置为【微软雅黑】，将第一行单元格的文字【大小】设置为 16 px，其他单元格中的文字【大小】设置为 14 px，将数字与括号的颜色设置为 #999999，并将【水平】设置为【居中对齐】，如图 3-113 所示。

图 3-112　【表格】对话框

图 3-113　输入并设置文字

(13) 然后在文档中空白处，单击，使用同样方法插入一个新的 Div，选中插入的 Div，在【属性】面板中将【宽】设置为 218 px，【高】设置为 283 px，【左】设置为 775 px，【上】设置为 132 px，【背景颜色】设置为 #f0f2f3，如图 3-114 所示。

(14) 将光标插入 Div 中，使用前面介绍的方法插入 5 行 1 列、表格宽度为 100 百分比的表格，分别调整单元格的高，输入文字，并选中输入的文字，将【字体】设置为【微软雅黑】，【大小】设置为 18 px，颜色设置为 #24b8fd，如图 3-115 所示。

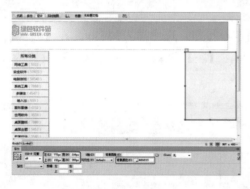

图 3-114　插入并设置 Div

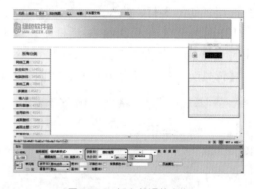

图 3-115　插入并调整表格

(15) 将光标插入到第二行单元格中，在【属性】面板中单击【拆分单元格为行或列】按钮，在弹出的【拆分单元格】对话框中，选中【列】单选按钮，将【列数】设置为 2，单击【确定】按钮，如图 3-116 所示。

(16) 然后将光标分别插入到拆分的两个单元格中，在【属性】面板中将【宽】分别设置为 44%、56%，效果如图 3-117 所示。

(17) 设置完成后，根据前面介绍的方法，在单元格中插入图片素材，并输入文字，设置单元格的居中对齐，效果如图 3-118 所示。

(18) 然后在文档中空白处单击，使用同样方法插入一个新的 Div，选中插入的 Div，在【属性】面板中将【宽】设置为 218 px，【高】设置为 382 px，【左】设置为 775 px，【上】设置为 410 px，【背景颜色】设置为 #f0f2f3，如图 3-119 所示。

图 3-116　【拆分单元格】对话框

图 3-117　设置拆分后的单元格

图 3-118　插入并调整素材

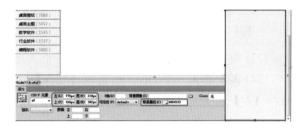

图 3-119　插入并设置 Div

(19) 将光标插入至 Div 中，使用前面介绍的方法插入 11 行 3 列，表格宽度为 100 百分比的表格，选中插入的第一行单元格，在【属性】面板中单击【合并所选单元格，使用跨度】按钮口，合并所选单元格，然后分别设置 3 列单元格的宽度，效果如图 3-120 所示。

(20) 将光标插入到第一行的单元格中，输入文字，在【属性】面板中将【字体】设置为【微软雅黑】，【大小】设置为 18 px，颜色设置为白色，【水平】设置为【居中对齐】，【垂直】设置为【居中】，【背景颜色】设置为 #24B8FD，如图 3-121 所示。

图 3-120　设置表格属性

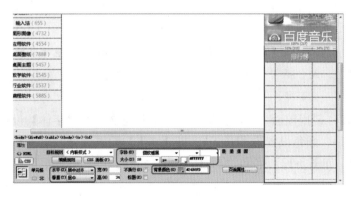

图 3-121　输入并设置文字和表格属性

(21) 使用相同的方法，在该表格中输入其他文字，设置背景颜色，并插入图片素材，效果如图 3-122 所示。

(22) 然后在文档中空白处单击，使用同样方法插入一个新的 Div，选中插入的 Div，在【属性】面板中将【宽】设置为 570 px，【高】设置为 240 px，【左】设置为 196 px，【上】设置为 131 px，【背景颜色】设置为 #f0f2f3，如图 3-123 所示。

图 3-122　在其他单元格中输入文字并设置

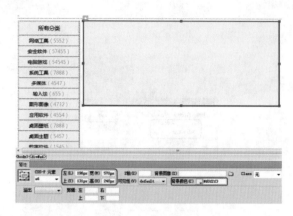

图 3-123　插入并设置 Div

(23) 根据前面介绍的方法，在 Div 中插入图像素材，如图 3-124 所示。

(24) 再次插入一个 Div，然后在【属性】面板中将【宽】设置为 570 px，【高】设置为 39 px，【左】设置为 196 px，【上】设置为 375 px，如图 3-125 所示。

图 3-124　插入素材

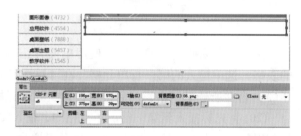

图 3-125　再次插入并设置 Div

(25) 根据前面介绍的方法向 Div 中插入 1 行 2 列，表格宽度为 100 百分比的表格，并将左侧单元格的【宽】设置为 79%，【高】设置为 39，如图 3-126 所示。

 提示　在【属性】面板中，设置表格、Div 或其他对象的【宽】或【高】时，在其参数末尾处，添加或不添加 % 号，结果是不一样的。

(26) 使用前面介绍的方法输入文字并将文字的【字体】设置为【微软雅黑】，【大小】设置为 14，颜色设置为 #1f6491，将【水平】设置为【右对齐】，并在右侧的单元格中插入图片素材，如图 3-127 所示，设置图片为左对齐。

图 3-126　插入并设置表格

图 3-127　输入文字并插入素材

(27) 继续插入一个 Div，在【属性】面板中将【宽】设置为 570 px，【高】设置为 380 px，【左】设置为 196 px，【上】设置为 415 px，【背景颜色】设置为 #f0f2f3，如图 3-128 所示。

(28) 根据前面介绍的方法向 Div 中插入 6 行 5 列，表格宽度为 100 百分比的表格，并对单元格的【宽】和【高】进行设置，效果如图 3-129 所示。

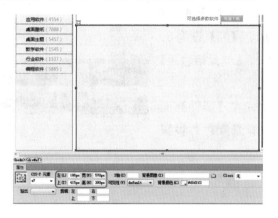

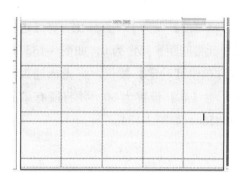

图 3-128　插入并设置 Div　　　　　　　　　图 3-129　向 Div 中插入表格

(29) 根据前面介绍的方法，在各个表格中插入图像素材和输入文字，并进行相应的设置，效果如图 3-130 所示。

(30) 综合前面介绍的方法插入 Div 和表格，并设置背景颜色，输入文字并进行相应的设置，效果如图 3-131 所示。

图 3-130　插入素材并输入文字　　　　　　　图 3-131　制作其他效果

案例精讲 024　人民信息港

案例文件：CDROM \ 场景 \ Cha03 \ 人民信息港 .html

视频文件：视频教学 \ Cha03 \ 人民信息港 .avi

制作概述

本例将介绍如何制作人民信息港，其中主要使用 Div 布局网站结构，通过表格对网站的结构进行细化调整。完成后的效果如图 3-132 所示。

学习目标

掌握信息港类网站的设计方法。

操作步骤

(1) 启动软件后，新建一个 HTML 文档。然后，按 Ctrl+Alt+T 组合键，弹出【表格】对话框，将【行数】设置为 1，【列】设为 8，将【表格宽度】设为 100 百分比，将【边框粗细】、【单元格边距】和【单元格间距】都设为 0，如图 3-133 所示。

(2) 单击【确定】按钮，将光标插入到表格中，在【属性】面板中，将【高】设置为 30，并将所有单元格的【背景颜色】设置为 #19456a，如图 3-134 所示。

图 3-132 人民信息港

图 3-133 【表格】对话框

图 3-134 设置表格

(3) 然后在部分单元格中输入文字，选中文字，在【属性】面板中将【字体】设置为【微软雅黑】，【大小】设置为 16 px，颜色设置为白色，【水平】设置为【居中对齐】，如图 3-135 所示。

(4) 在第 5 列单元格中插入光标，在菜单栏中选择【插入】|【表单】|【文本】命令，即可插入文本表单，选中表单，在【属性】面板中将 Size 设置为 10，如图 3-136 所示，并更改随表单同时插入的文字。

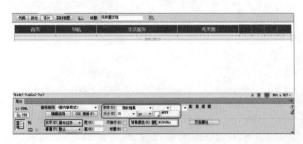

图 3-135 输入并设置文字

图 3-136 设置表单

(5) 将光标插入到该单元格中，在【属性】面板中将【水平】设置为【右对齐】，并将单元格的【宽】设置为 346，如图 3-137 所示。

(6) 然后在第 6 列单元格中插入光标，在菜单栏中选择【插入】|【表单】|【密码】命令，

即可插入密码表单，选中表单，在【属性】面板中将 Size 设置为 10，如图 3-138 所示，并更改随表单同时插入的文字。

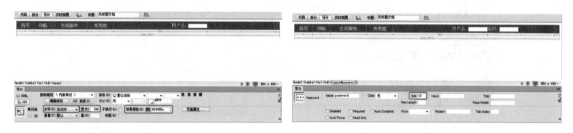

图 3-137　设置单元格　　　　　　　　　　图 3-138　再次设置表单

(7) 将光标插入到该单元格中，在【属性】面板中将单元格的【宽】设置为 156，如图 3-139 所示。

(8) 将光标插入到第 7 列单元格中，按 Ctrl+Alt+I 组合键，打开【选择图像源文件】对话框，选择素材图标 1.jpg 文件，单击【确定】按钮，效果如图 3-140 所示。

图 3-139　设置单元格宽度　　　　　　　　图 3-140　插入素材后的效果

(9) 使用同样的方法在右侧的单元格中插入素材，然后选中这两个单元格，在【属性】面板中将【垂直】设置为【底部】，如图 3-141 所示。

(10) 将光标插入到单元格的右侧外，按 Shift+Enter 组合键另起新行，并使用同样的方法插入 1 行 1 列的表格，将表格的【高】设置为 85，将【背景颜色】设置为 #edeeee，如图 3-142 所示。

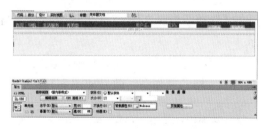

图 3-141　设置单元格　　　　　　　　　　图 3-142　插入并设置表格

提示

　　设置颜色时可以直接在文本框中输入颜色的十六进制代码，也可以单击色块，在展开的面板中选择颜色。

(11) 按 Ctrl+Alt+I 组合键，打开【选择图像源文件】对话框，选择素材 01.png 文件，单击【确定】按钮，效果如图 3-143 所示。

(12) 使用同样的方法插入另一个素材，在下方的空白处单击，在菜单栏中选择【插入】|Div 命令，打开【插入 Div】对话框，在 ID 右侧的文本框中输入名称，如图 3-144 所示。

图 3-143　插入素材　　　　　　　　　　　　　　图 3-144　【插入 Div】对话框

(13) 然后单击【新建 CSS 规则】按钮，在打开的对话框中单击【确定】按钮，在再次弹出的对话框中，选择【分类】下的【定位】，在右侧将 Position 设置为 absolute，单击【确定】按钮，如图 3-145 所示。

(14) 返回到【插入 Div】对话框，单击【确定】按钮，即可插入 Div，选中 Div，在【属性】面板中将【宽】设置为 1000 px，【高】设置为 41 px，如图 3-146 所示。

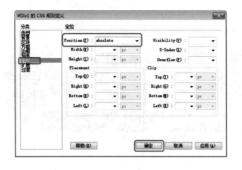

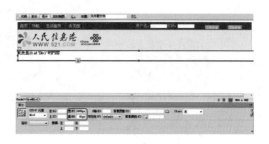

图 3-145　设置 Div 规则　　　　　　　　　　　　图 3-146　设置 Div 属性

提示　　Div 的位置可以根据自己的需要进行调整。

(15) 选中插入的 Div，在【属性】面板中单击【背景图像】右侧的【浏览文件】按钮 📁，在打开的【选择图像源文件】对话框中，选择素材 03.png 文件，单击【确定】按钮，效果如图 3-147 所示。

(16) 继续将光标插入到 Div 中，使用前面介绍的方法插入 1 行 6 列的表格，并根据背景图像调整单元格的宽和高，效果如图 3-148 所示。

图 3-147　设置背景图像　　　　　　　　　　　　图 3-148　插入并设置表格

(17) 将光标插入到单元格中，在各个单元格中输入文字，在【属性】面板中将【字体】设置为【微软雅黑】，【大小】设置为 18 px，颜色设置为 #FFF，将【水平】设置为【居中对齐】，如图 3-149 所示。

(18) 根据前面介绍的方法，插入 Div，选中插入的 Div，在【属性】面板中将【宽】设置为 1000 px，【高】设置为 60 px，【上】设置为 156 px，【背景颜色】设置为 #CCCCCC，如图 3-150 所示。

图 3-149 输入并设置文字 | 图 3-150 插入并设置 Div

(19) 将光标插入 Div 中，使用前面介绍的方法插入 2 行 11 列的表格，并将所有单元格的【宽】和【高】均设置为 90、30，如图 3-151 所示。

(20) 然后在各个单元格中输入文字，在【属性】面板中将【字体】设置为【华文细黑】，【大小】设置为 14 px，将【水平】设置为【居中对齐】，如图 3-152 所示。

图 3-151 插入并设置表格 | 图 3-152 输入并设置文字

(21) 根据前面介绍的方法，插入 Div，选中插入的 Div，在【属性】面板中将【宽】设置为 351 px，【高】设置为 288 px，【上】设置为 221 px，如图 3-153 所示。

(22) 选中插入的 Div，在【属性】面板中单击【背景图像】右侧的【浏览文件】按钮，在打开的【选择图像源文件】对话框中，选择素材 04.png 文件，单击【确定】按钮，效果如图 3-154所示。

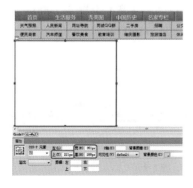

图 3-153 插入并设置 Div | 图 3-154 插入素材

(23) 将光标插入 Div 中，使用前面介绍的方法插入 13 行 1 列的表格，并将第 1 行单元格的【高】设置为 28，其他单元格的【高】均设置为 21，效果如图 3-155 所示。

(24) 然后在各个单元格中输入文字，首行单元格中的文字使用默认设置，其他单元格中的文字【字体】设置为【微软雅黑】，【大小】设置为 14 px，颜色设置为 #00F，如图 3-156 所示。

图 3-155　插入表格效果　　　　　　　　　　　　　图 3-156　输入并设置文字

(25) 使用同样方法插入 Div，插入表格并输入文字，制作出其他效果，如图 3-157 所示。

(26) 再次插入一个 Div，选中插入的 Div，在【属性】面板中将【宽】设置为 1000 px，【高】设置为 23 px，【左】设置为 9px，【上】设置为 801 px，如图 3-158 所示。

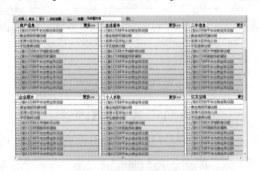

图 3-157　制作出其他效果　　　　　　　　　　　　图 3-158　插入并设置 Div

(27) 将光标插入 Div 中，将其中的文字删除，在菜单栏中选择【插入】|【水平线】命令，效果如图 3-159 所示。

(28) 再次插入一个 Div，选中插入的 Div，在【属性】面板中将【宽】设置为 1000 px，【高】设置为 84 px，【左】设置为 9px，【上】设置为 829 px，如图 3-160 所示。

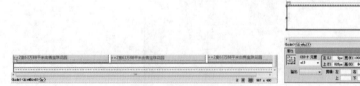

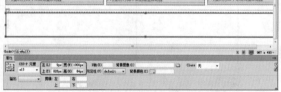

图 3-159　插入水平线　　　　　　　　　　　　　　图 3-160　插入并设置 Div

(29) 将光标插入 Div 中，使用前面介绍的方法插入 2 行 7 列的表格，并将第 1 行单元格的

【宽】均设置为 142，【高】设置为 49，如图 3-161 所示。

(30) 将第 2 行单元格的【高】设置为 35，【背景颜色】均设置为 #fa6116，如图 3-162 所示。

图 3-161　设置第 1 行单元格　　　　　　　　图 3-162　设置第 2 行单元格

(31) 将光标插入到第 1 行左侧的单元格，按 Ctrl+Alt+I 组合键，打开【选择图像源文件】对话框，选择素材 05.png 文件，效果如图 3-163 所示。

(32) 继续将光标插入到第 1 行左侧的单元格中，输入文字，选中输入的文字，在【属性】面板中，将【字体】设置为【华文细黑】，【大小】设置为 24 px，【水平】设置为【居中对齐】，【垂直】设置为【顶端】，如图 3-164 所示。

图 3-163　插入素材效果　　　　　　　　图 3-164　输入并设置文字

(33) 在第 2 行的单元格中输入文字，在【属性】面板中，将【字体】设置为【微软雅黑】，【大小】设置为 18 px，颜色设置为 #FFF，【水平】设置为【居中对齐】，如图 3-165 所示。

(34) 再次插入一个 Div，选中插入的 Div，在【属性】面板中将【宽】设置为 1000 px，【高】设置为 350 px，【左】设置为 9 px，【上】设置为 914 px，如图 3-166 所示。

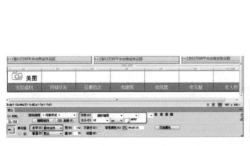
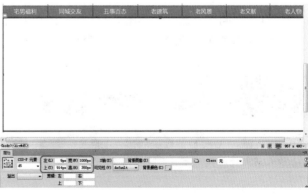

图 3-165　再次输入并设置文字　　　　　　　　图 3-166　插入并设置 Div

(35) 将光标插入 Div 中，使用前面介绍的方法插入 4 行 5 列的表格，并将第 1 行与第 3 行的单元格【宽】均设置为 200，【高】均设置为 145，如图 3-167 所示。

(36) 将第 2 行与第 4 行单元格的【高】均设置为 30，将光标插入到第 1 行第 1 列的单元格中，按 Ctrl+Alt+I 组合键，打开【选择图像源文件】对话框，选择素材建筑 (1).jpg 文件，效果如图 3-168 所示。

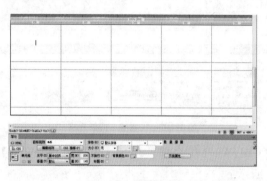

图 3-167　设置表格　　　　　　　　　　　　　　　图 3-168　插入素材

(37) 使用同样的方法，向如图 3-169 所示的单元格中插入素材图像，并将图像在表格中的【水平】设置为【居中对齐】。

(38) 将光标插入到第 2 行第 1 列的单元格中，输入文字，并选中输入的文字，在【属性】面板中，将【水平】设置为【居中对齐】，如图 3-170 所示。

图 3-169　插入其他素材效果　　　　　　　　　　　图 3-170　输入文字并设置

(39) 使用同样方法，向如图 3-171 所示的单元格中输入文字。

(40) 使用前面介绍的方法，插入 Div，并在 Div 中插入水平线，效果如图 3-172 所示。

图 3-171　输入其他文字的效果　　　　　　　　　　图 3-172　插入 Div 和水平线

(41) 再次插入一个 Div，选中插入的 Div，在【属性】面板中将【宽】设置为 1000 px，【高】设置为 111 px，【左】设置为 9 px，【上】设置为 1299 px，如图 3-173 所示。

(42) 将光标插入 Div 中，使用前面介绍的方法插入 4 行 1 列的表格，并将第 1 行至第 3 行的单元格【高】均设置为 25，如图 3-174 所示。

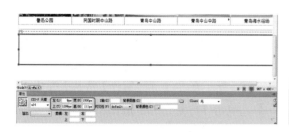

图 3-173　插入并设置 Div　　　　　　　　　图 3-174　插入并设置表格

(43) 将光标插入到第 1 行的单元格中，输入文字，并选中输入的文字，在【属性】面板中，将颜色设置为 #999，【水平】设置为【居中对齐】，如图 3-175 所示。

(44) 继续在该单元格中输入文字，选中输入的文字，在【属性】面板中，将【大小】设置为 14 px，颜色设置为 #00F，如图 3-176 所示。

图 3-175　输入并设置文字　　　　　　　　　图 3-176　再次输入并设置文字

(45) 使用前面介绍的方法，在其他单元格中输入其他文字，效果如图 3-177 所示。

图 3-177　输入其他文字的效果

(46) 至此本例就制作完成，对场景进行保存即可。

案例精讲 025　速腾科技网页设计

　案例文件：CDROM\场景\Cha03\速腾科技网页设计 .html

　视频文件：视频教学\Cha03\速腾科技网页设计 .avi

制作概述

本例将介绍如何制作速腾科技公司的网页。本例以一个电脑科技的图片为网页的主背景，通过利用 Div 在网页中不同的布局，营造一种高科技的氛围，与公司所从事的行业很符合。完成后的效果如图 3-178 所示。

学习目标

掌握科技网页的制作方法。

图 3-178　速腾科技网页

操作步骤

(1) 启动软件后，按 Ctrl+N 组合键，弹出【新建文档】对话框，选择【空白页】| HTML |【无】，单击【创建】按钮，如图 3-179 所示。

(2) 新建文档后，在文档底部的属性面板中选择 CSS，然后单击【页面属性】按钮，弹出【页面属性】对话框，在【分类】组中选择【外观(CSS)】，单击【背景图像】后面的【浏览】按钮，如图 3-180 所示。

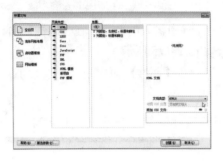

图 3-179 新建文档

图 3-180 设置页面属性

知识链接

【背景图像】：用于设置背景图像。单击【浏览】按钮，然后浏览到图像并将其选中。或者，可以在【背景图像】文本框中输入背景图像的路径。与浏览器一样，如果图像不能填满整个窗口，Dreamweaver 会平铺(重复)背景图像。

(3) 弹出【选择图像源文件】对话框，选择随书附带光盘中的 CDROM \ 素材 \ Cha03 \ 速腾科技网页设计 \ 01.png 素材文件，单击【确定】按钮，如图 3-181 所示。

(4) 返回到【页面属性】对话框中，将【左边距】、【右边距】、【上边距】、【下边距】都设为 0px，设置完成后单击【确定】按钮，如图 3-182 所示。

图 3-181 选择素材图像

图 3-182 设置边距

知识链接

【左边距】和【右边距】：指定页面左边距和右边距的大小。

【上边距】和【下边距】：指定页面上边距和下边距的大小。

(5) 返回到场景中，按 Ctrl+Alt+T 组合键，弹出【表格】对话框，在该对话框中将【行数】设为 1，将【列】设为 7，将【表格宽度】设为 100 百分比，将【边框粗细】、【单元格边距】和【单元格间距】都设为 0，如图 3-183 所示。

(6) 设置完成后单击【确定】按钮，将光标置于第一列表格中，在【属性】面板中，将【水平】设为【居中对齐】，将【垂直】设为【底部】，将【宽】和【高】分别设为 250、90，如图 3-184 所示。

图 3-183 设置表格

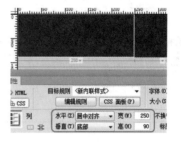

图 3-184 设置表格属性

(7) 确认光标置于第一列单元格中，按 Ctrl+Alt+I 组合键，弹出【选择图像源文件】对话框，选择随书附带光盘中的 CDROM\素材\Cha03\速腾科技网页设计\03.png 素材文件，如图 3-185 所示。

(8) 单击【确定】按钮，查看效果如图 3-186 所示。

图 3-185 选择素材图像

图 3-186 添加素材文件

(9) 然后选择其他列的单元格，在【属性】面板中，将【水平】设为【居中对齐】，将【垂直】设为【底部】，将【宽】设为 130，如图 3-187 所示。

图 3-187 设置表格属性

(10) 在上一步创建的表格中输入文字，将【字体】设为【微软雅黑】，将【大小】设为 18px，将【字体颜色】设为白色，完成后的效果如图 3-188 所示。

图 3-188 输入文字

(11) 在菜单栏中执行【插入】| Div 命令，弹出【插入 Div】对话框，在该对话框中，将【插入点】设为【在标签开始之后】|<body>，将 ID 设为 A1，然后单击【新建 CSS 规则】按钮，如图 3-189 所示。

(12) 弹出【新建 CSS 规则】对话框，在该对话框中保持默认值，单击【确定】按钮，如图 3-190 所示。

图 3-189　【插入 Div】对话框　　　　　　　　图 3-190　【新建 CSS 规则】对话框

(13) 弹出【#A1 的 CSS 规则定义】对话框，选择【定位】选项，在右侧的设置栏中将 Position 设为 absolute，设置完成后单击【确定】按钮，如图 3-191 所示。

(14) 返回到【插入 Div】对话框，单击【确定】按钮，选择插入的 Div，在【属性】面板中，将【左】、【上】、【宽】和【高】分别设为 664px、4px、334px、28px，如图 3-192 所示。

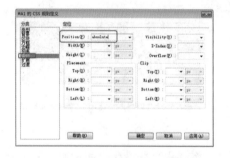

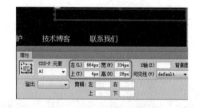

图 3-191　设置 CSS 属性　　　　　　　　　　图 3-192　设置 Div 属性

(15) 将光标置于上一步创建 Div 中，将多余的文字删除，并在其内插入一个 1 行 1 列的单元格，将其【表格宽度】设为 100%，并在【属性】面板中将【高】设为 28，如图 3-193 所示。

(16) 将光标置于上一步创建表格中，在菜单栏中执行【插入】|【表单】|【单选按钮】命令，这样就可以插入单选按钮，然后对文字进行修改，将其修改为【站内】，在【属性】面板中，将【字体】设为【微软雅黑】，将【字体大小】设为 14pt，将【字体颜色】设为 #CCC，完成后的效果如图 3-194 所示。

图 3-193　添加表格　　　　　　　　　　　　图 3-194　设置边距

单选按钮的作用在于只能选中一个列出的选项，单选按钮通常被成组地使用。一个组中的所有单选按钮必须具有相同的名称，而且必须包含不同的选定值。

(17) 将上一步添加的单选按钮和文字进行复制，并将文字修改为"站内"，完成后的效果如图 3-195 所示。

(18) 继续在菜单栏中执行【插入】|【表单】|【搜索】命令，插入【搜索】表单，并将其前面的文字删除，选择插入的表单，在【属性】面板中将 Size 设为 15，完成后的效果如图 3-196 所示。

图 3-195　进行复制

图 3-196　插入【搜索】表单

(19) 将光标置于上一步创建的表单后面，在菜单栏中执行【插入】|【表单】|【"提交"按钮】命令，选择插入的提交按钮，在【属性】面板中，将 Value 设为"搜索"，完成后的效果如图 3-197 所示。

(20) 使用前面讲过的方法插入一个活动的 Div，选择插入的 Div，在【属性】面板中，将【左】、【上】、【宽】和【高】分别 336px、91px、416px、30px，如图 3-198 所示。

图 3-197　设置提交按钮

图 3-198　插入 Div

(21) 选择上一步创建的表格，在【属性】面板中，单击【背景图像】后面的【浏览】按钮，选择素材文件夹中的 04.png 文件，效果如图 3-199 所示。

(22) 将光标置于上一步创建的 Div 中，插入一个 1 行 5 列的单元格，【表格宽度】设为100 百分比，选择所有的表格，在【属性】面板中将【水平】设为【居中对齐】，将【宽】和【高】分别设为 83、30，如图 3-200 所示。

图 3-199　插入素材

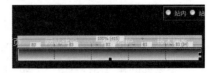

图 3-200　插入表格

(23) 在上一步创建的表格内输入文字，将【字体】设为【微软雅黑】，将【大小】设为12px，将【字体颜色】设为白色，完成后的效果如图 3-201 所示。

(24) 再次插入一个活动的 Div，选择插入的 Div，在【属性】面板中，将【左】、【上】、【宽】和【高】分别 337px、187px、366px、78px，如图 3-202 所示。

图 3-201　输入文字

图 3-202　创建 Div

(25) 将光标置于上一步创建的 Div 中，将多余的文字删除，并在其内插入一个 2 行 1 列的单元格，将【表格宽度】设为 100%，如图 3-203 所示。

(26) 将光标置于第一行单元格中，在【属性】面板中，将【高】设为 28，并在其内插入 05.png 素材文件，完成后的效果如图 3-204 所示。

图 3-203　插入表格

图 3-204　添加素材文件

(27) 将光标置于第二行单元格中，在【属性】面板中，将【高】设为 50，并在其内插入 06.png 文件，完成后的效果如图 3-205 所示。

(28) 再次插入一个活动的 Div，选择插入的 Div，在【属性】面板中，将【左】、【上】、【宽】和【高】分别设为 727px、324px、255px、116px，如图 3-206 所示。

图 3-205　添加素材图片

图 3-206　插入 Div

(29) 将光标置于上一步创建的 Div 中，将多余的文字删除，并在其内插入 4 行 1 列、【表格宽度】为 100% 的单元格，如图 3-207 所示。

(30) 将光标置于第一行单元格中，在【属性】面板中，将【高】设为 28，并在其内插入素材 07.png，完成后的效果如图 3-208 所示。

(31) 选择其他行的单元格，在【属性】面板中，将【高】设为 28，【垂直】设为【底部】，将光标置于第二行单元格中，单击【拆分】按钮，在代码区域找到鼠标光标的位置，然后将其移动到 td 后面，如图 3-209 所示。

图 3-207 插入表格

图 3-208 插入素材

(32) 按 Enter 键,在弹出的下拉菜单中双击 background 选项,弹出【浏览】按钮,在弹出的对话框中选择素材 08.png 文件,单击【确定】按钮,完成后的效果如图 3-210 所示。

```
    </tr>
    <tr>
      <td height="28" valign="bottom">
 </td>
    </tr>
```

图 3-209 选择插入光标的位置

图 3-210 插入背景素材

(33) 在上一步设置的表格内输入文字,将【字体】设为【微软雅黑】,将【大小】设为 12,将【字体颜色】设为 #999,效果如图 3-211 所示。

(34) 使用同样的方法对其他的单元格设置背景并输入文字,完成后的效果如图 3-212 所示。

图 3-211 输入文字

图 3-212 设置背景和输入文字

(35) 再次插入一个可活动的 Div,选择插入的 Div,在【属性】面板中,将【左】、【上】、【宽】和【高】分别设为 727px、465px、255px、258px,如图 3-213 所示。

(36) 将光标置于上一步创建的 Div 中,插入一个 3 行 1 列、【表格宽度】为 100% 的单元格,如图 3-214 所示。

图 3-213 创建 Div

图 3-214 插入表格

(37) 将光标置于第 1 行单元格中,并在其内插入 09.png 素材文件,效果如图 3-215 所示。

(38) 将光标置于第 2 行单元格中,在【属性】面板中将【高】设为 170,然后按 Ctrl+Alt+S 组合键,弹出【拆分单元格】对话框,将【把单元格拆分】设为【列】,并将【列数】设为 2,设置完成后单击【确定】按钮,如图 3-216 所示。

知识链接

拆分单元格只是对单个单元格进行拆分，如果需要对整个表格添加行或列，可以执行下列操作。

在菜单栏中选择【修改】|【表格】|【插入行】或【插入列】命令，即可在插入点的上面出现一行或在插入点的左侧出现一列。

在菜单栏中选择【修改】|【表格】|【插入行或列】命令，弹出【插入行或列】对话框，在该对话框中可以对插入的行数或列数，以及新插入行或列的位置进行设置。

(39) 将光标置于上一步拆分的第一列单元格中，在【属性】面板中，将【水平】设为【居中对齐】，将【宽】设为 55%，并在其内插入 010.png 素材文件，完成后的效果 3-217 所示。

图 3-215　插入素材文件　　　　　图 3-216　拆分为列　　　　　图 3-217　插入素材文件

(40) 将光标置于第 2 列单元格中，在属性栏中输入文字，将【字体】设为【微软雅黑】，将【大小】设为 16px，将【字体颜色】设为 #CCC，完成后的效果如图 3-218 所示。

(41) 将光标置于第 3 行单元格，并在其内插入 011.png 素材文件，完成后的效果如图 3-219 所示。

(42) 再次插入一个活动的 Div，选择插入的 Div，在【属性】面板中，将【左】、【上】、【宽】和【高】分别设为 82px、716px、597px、21px，如图 3-220 所示。

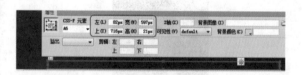

图 3-218　输入文字　　　图 3-219　插入素材图片　　　　　图 3-220　插入 Div

(43) 在上一步创建的 Div 中输入文字，将【字体】设为【微软雅黑】，将【大小】设为 14px，将【字体颜色】设为 #CCC，完成后的效果如图 3-221 所示。

图 3-221　输入文字

第 4 章
商业经济类
网页设计

本章重点

◆ 宏达物流网页
◆ 洁雅卫浴网页
◆ 宏泰投资网页
◆ 凯莱顿酒店网页
◆ 尼罗河汽车网页
◆ 莱特易购网
◆ 美食网

互联网作为信息上相互交流和通讯的工具，已经成为商家青睐的传播媒介，被称为第五种媒体——数字媒体。企业通过网站可以展示单位风采、传播文化、树立形象，通过网站可以利用电子信箱经济而又快捷地与外界进行各种信息沟通，亦可以通过网站寻求合资与合作。本章将通过 7 个案例来讲解如何制作商业经济类网站。通过本章的学习可以使读者在设计网站时有更加清晰的思路，更明确的目标，设计更好的网页。

案例精讲 026 宏达物流网页

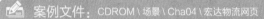

✎ 案例文件：CDROM \ 场景 \ Cha04 \ 宏达物流网页

🖌 视频文件：视频教学 \ Cha04 \ 宏达物流网页 .avi

制作概述

本例将介绍如何制作宏达物流网页，主要利用插入表格为网页进行排版，然后在插入的表格内输入文字、插入图片和表单。完成后的效果如图 4-1 所示。

学习目标

掌握物流网页的制作方法。

操作步骤

(1) 启动软件后，在打开的界面中单击【新建】列表下的 HTML 选项，在【属性】面板中单击【页面属性】按钮，在弹出的对话框中选择【外观 (HTML)】选项，将【左边距】、【上边距】都设置为 0，如图 4-2 所示。

图 4-1　宏达物流网页

(2) 按 Ctrl+Alt+T 组合键打开【表格】对话框，将【行数】、【列】、【表格宽度】分别设置为 3、3、900，将【边框粗细】、【单元格边距】、【单元格间距】都设置为 0，如图 4-3 所示。

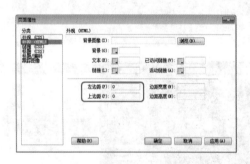

图 4-2　【页面属性】对话框

图 4-3　【表格】对话框

(3) 选择插入的表格，在【属性】面板中将 Align 设置为【居中对齐】。选择所有单元格，在【属性】面板中将【背景颜色】设置为 #373c64，完成后的效果如图 4-4 所示。

图 4-4 设置表格的【背景颜色】

(4) 选择第 1 列单元格，将【宽】设置为 250，将第 2 列单元格【宽】设置为 630，将第 3 列单元格【宽】设置为 20，将第 1 行、第 2 行单元格的【高】设置为 40，将第 3 行单元格【高】设置为 45，选择第 1 列的第 2 行和第 3 行单元格，按 Ctrl+Alt+M 组合键进行合并，完成后的效果如图 4-5 所示。

图 4-5 设置单元格

(5) 将光标置入合并后的单元格内，按 Ctrl+Alt+I 组合键打开【选择图像源文件】对话框，在该对话框中选择随书附带光盘中的 CDROM \ 素材 \ Cha04 \ 宏达物流 \ L1.png 素材图片，如图 4-6 所示。

(6) 单击【确定】按钮即可将图片置入合并的单元格内，完成后的效果如图 4-7 所示。

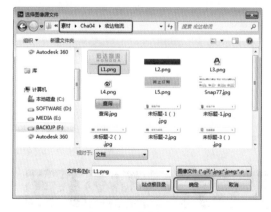

图 4-6 选择素材图片

图 4-7 插入图片后的效果

(7) 将光标置入第 1 行第 2 列单元格内，将【水平】、【垂直】分别设置为【右对齐】、【居中】，在单元格内输入文字，单击鼠标右键，在弹出的快捷菜单中选择【CSS 样式】|【新建】命令，在弹出的对话框中将【选择器名称】设置为 w1，如图 4-8 所示。

(8) 单击【确定】按钮，在弹出的对话框中将 Font-size 设置为 13，将 Color 设置为 #FFF，如图 4-9 所示。

图 4-8 【新建 CSS 规则】对话框

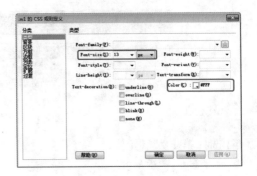

图 4-9 设置规则

(9) 单击【确定】按钮，选择刚刚输入的文字，在【属性】面板中将【目标规则】设置为w1，完成后的效果如图 4-10 所示。

图 4-10 为文字设置目标规则后的效果

(10) 在第 2 行第 2 列单元格内输入文字，单击鼠标右键，在弹出的快捷菜单中选择【CSS样式】|【新建】命令，在弹出的对话框中将【选择器名称】设置为 w2，单击【确定】按钮。在弹出的对话框中将 Font-size 设置为 12，将 Color 设置为 #faaf19，如图 4-11 所示。

(11) 单击【确定】按钮，选择刚刚输入的文字，在【属性】面板中将【目标规则】设置为w2，将【水平】设置为【右对齐】，完成后的效果如图 4-12 所示。

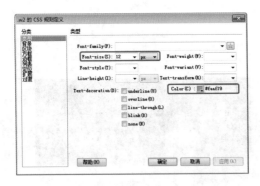

图 4-11 设置规则

图 4-12 设置完成后的效果

知识链接

在【类型】选项中具体参数介绍如下。

Font-family：用户可以在下拉菜单中选择需要的字体。

Font-size：用于调整文本的大小。用户可以在列表中选择字号，也可以直接输入数字，然后在后面的列表中选择单位。

Font-style：提供了 normal(正常)、Italic(斜体)、oblique(偏斜体) 和 inherit(继承) 3 种字

体样式，默认为 normal。

  Line-height：设置文本所在行的高度。该设置传统上称为【前导】。选择【正常】选项将自动计算字体大小的行高，也可以输入一个确切的值并选择一种度量单位。

  Text-decoration：向文本中添加下划线、上划线、删除线，或使文本闪烁。正常文本的默认设置是【无】。链接的默认设置是【下划线】。将链接设置为【无】时，可以通过定义一个特殊的类删除链接中的下划线。

  Font-weight：对字体应用特定或相对的粗细量。【正常】等于 400；【粗体】等于 700。

  Font-variant：设置文本的小型大写字母变体。Dreamweaver 不在文档窗口中显示该属性。

  Text-transform：将选定内容中的每个单词的首字母大写或将文本设置为全部大写或小写。

  Color：设置文本颜色。

  (12) 将光标置入第 3 行第 2 列单元格中，将【水平】、【垂直】设置为【居中对齐】。按 Ctrl+Alt+T 组合键打开【表格】对话框，在该对话框中将【行】、【列】设置为 1、7，将【表格宽度】设置为 630 像素，如图 4-13 所示。

  (13) 选择插入表格的所有单元格，将【宽】、【高】分别设置为 90、30，将【水平】、【垂直】设置为【居中对齐】、【居中】，然后在单元格内输入文字，新建一个【选择器名称】为 w3 的 CSS 样式，将 Font-size 设置为 18、将 Color 设置为 #faaf19，如图 4-14 所示。

图 4-13 【表格】对话框

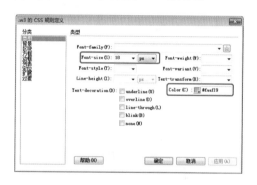
图 4-14 设置规则

  (14) 选择除【首页】文字外的其余的文字，将【目标规则】设置为 w3，选择【首页】文字，在【属性】面板中将【大小】设置为 18，将字体颜色设置为 #FFF，完成后的效果如图 4-15 所示。

图 4-15 设置完成后的效果

  (15) 将光标置入大表格的右侧，按 Ctrl+Alt+T 组合键打开【表格】对话框，在该对话框中将【行数】、【列】都设置为 2，将【表格宽度】设置为 900 像素，其他保持默认设置，如图 4-16 所示。

  (16) 单击【确定】按钮，即可插入表格。选择插入的表格，在【属性】面板中将 Align 设置为【居中对齐】，将第一行单元格【高】设置为 10，选择第 2 行的第 1 列单元格，将【宽】

Dreamweaver CC 网页创意设计
案例课堂

设置为 320，将光标置入该单元格内，将【水平】、【垂直】分别设置为【居中对齐】、【居中】。按 Ctrl+Alt+T 组合键，在弹出的对话框中将【行数】、【列】分别设置为 13、1，将【表格宽度】设置为 300，将【单元格间距】设置为 5，其他保持默认设置，完成后的效果如图 4-17 所示。

图 4-16 【表格】对话框

图 4-17 插入表格后的效果

 提示

Align 的中文意思是对齐。

(17) 选择第 1 行、第 8 行、第 9 行单元格，将其单元格的高设置为 45，选择第 2~7 行单元格，将其单元格的高设置为 30，选择第 10~13 行单元格，将其高设置为 35。将光标置入第 1 行单元格内，单击【拆分】按钮，在命令行 "<td height="45">" 中的 td 后按空格键，在弹出的下拉列表中双击 background，然后单击【浏览】按钮，弹出【选择文件】对话框，在该对话框中选择随书附带光盘中的 CDROM\素材\Cha04\宏达物流\L2.png 素材文件，如图 4-18 所示。

(18) 单击【确定】按钮，然后单击【设计】按钮。使用同样的方法为第 9 行单元格设置同样的背景，完成后的效果如图 4-19 所示。

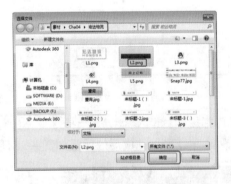

图 4-18 【选择文件】对话框

图 4-19 设置背景后的效果

(19) 在设置背景的单元格内输入文字，新建选择器名称为 W4 的 CSS 样式，将 Font-size 设置为 20，将 Color 设置为 #FFF，然后为输入的文字应用该样式，完成后的效果如图 4-20 所示。

(20) 选择第 2 行至第 8 行单元格，将【水平】、【垂直】分别设置为【居中对齐】、【居中】。将光标置入第 2 行单元格内，选择【插入】|【表单】|【文本】命令。在单元格内将文字删除，然后在【属性】面板中将 Size 设置为 35，将 Value 设置为 "用户名/手机/E-mail"，效果如图 4-21 所示。

(21) 使用同样的方法插入其他文本表单，效果如图 4-22 所示。

图 4-20 为输入的文字应用样式

图 4-21 插入文本表单

图 4-22 继续插入表单

(22) 将光标置入第 4 行单元格内，选择【插入】|【表单】|【复选框】命令，将文字更改为"记住用户名"，然后在该文字右侧输入文字"忘记密码"，效果如图 4-23 所示。

(23) 使用同样的方法插入其他表单，完成后的效果如图 4-24 所示。

(24) 将光标置入第 10 行单元格内，选择【插入】|【图像】|【鼠标经过图像】命令，弹出【插入鼠标经过图像】对话框，在该对话框中单击【原始图像】右侧的【浏览】按钮，弹出【原始图像】对话框，在该对话框中选择 L6.jpg 素材图片，如图 4-25 所示。

图 4-23 插入表单并输入文字　　　图 4-24 插入其他表单

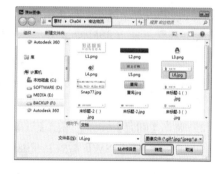

图 4-25 【原始图像】对话框

(25) 单击【确定】按钮，返回到【插入鼠标经过图像】对话框，在该对话框中单击【鼠标经过图像】右侧的按钮，在弹出的对话框中选择 L7.jpg 素材图片，单击【确定】按钮。返回到【插入鼠标经过图像】对话框中，效果如图 4-26 所示。

(26) 使用同样的方法插入剩余的鼠标经过图像，完成后的效果如图 4-27 所示。

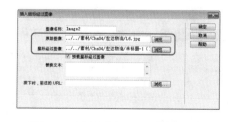

图 4-26 【插入鼠标经过图像】对话框

图 4-27 插入鼠标经过图像

(27) 将光标置入大表格的右侧单元格中，将【水平】、【垂直】分别设置为【居中对齐】、【居中】。按 Ctrl+Alt+T 组合键，打开【表格】对话框，在该对话框中将【行数】、【列】分别设置为 3、1，将【表格宽度】设置为 580 像素，将【表格间距】设置为 0，其他保持默认设置，如图 4-28 所示。

(28) 单击【确定】按钮，即可插入表格，将表格的第 1 行单元格的【宽】、【高】分别设置为 580、200。选择【插入】|【媒体】| Flash SWF 命令，弹出【选择 SWF】对话框，在该对话框中选择 L14.SWF 素材文件，如图 4-29 所示。

图 4-28　【表格】对话框　　　　　　　　图 4-29　【选择 SWF】对话框

知识链接

swf(shock wave flash) 是 Macromedia(现已被 ADOBE 公司收购) 公司的动画设计软件 Flash 的专用格式，是一种支持矢量和点阵图形的动画文件格式，被广泛应用于网页设计，动画制作等领域，swf 文件通常也被称为 Flash 文件。swf 普及程度很高，现在超过 99% 的网络使用者都可以读取 swf 档案。这个档案格式由 FutureWave 创建，后来伴随着一个主要的目标受到 Macromedia 支援：创作小档案以播放动画。计划理念是可以在任何操作系统和浏览器中进行，并让网络较慢的人也能顺利浏览。swf 可以用 Adobe Flash Player 打开，浏览器必须安装 Adobe Flash Player 插件。

---

(29) 单击【确定】按钮，弹出【对象标签辅助功能属性】对话框，在该对话框中直接单击【确定】按钮，即可插入 SWF 对象，完成后的效果如图 4-30 所示。

(30) 选择第 3 行单元格，将【宽】、【高】分别设置为 580、168，将【水平】、【垂直】分别设置为【居中对齐】、【居中】。按 Ctrl+Alt+I 组合键打开【选择图像源文件】对话框，在该对话框中选择 L15.jpg 素材图片，单击【确定】按钮，然后调整图片的大小，将【宽】、【高】进行锁定，将【宽】设置为 580，完成后的效果如图 4-31 所示。

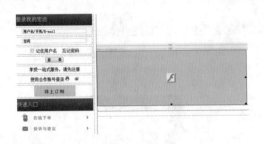
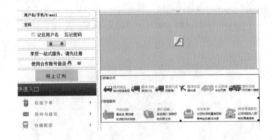

图 4-30　插入 SWF 后的效果　　　　　　图 4-31　插入图片后的效果

(31) 选择第 2 行单元格，将【水平】、【垂直】设置为【居中对齐】、【居中】。按 Ctrl+Alt+T 组合键，将【行数】、【列】分别设置为 1、3，将【表格宽度】设置为 580，将【单元格间距】设置为 5，其他设置保持默认设置，完成后的效果如图 4-32 所示。

(32) 单击【确定】按钮，即可插入表格。将表格置入第一列单元格内，插入 4 行 1 列、【表格宽度】为 186 像素、单元格间距为 0 的表格，选择刚刚插入表格的所有单元格，将【背景颜色】设置为 #EDEDED，完成后的效果如图 4-33 所示。

图 4-32　【表格】对话框

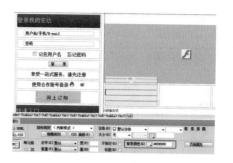

图 4-33　设置表格

(33) 选择 4 行单元格，将【宽】、【高】分别设置为 186、38。使用同样的方法为剩余的单元格插入相同的表格。并对单元格进行相应的设置，完成后的效果如图 4-34 所示。

(34) 将光标置入大表格的右侧，按 Ctrl+Alt+T 组合键打开【表格】对话框，将【行数】、【列】分别设置为 2、1，【表格宽度】设置为 900 像素，选择插入的表格，将 Align 设置为【居中对齐】，将表格的【高度】设置为 35，为表格设置填充背景颜色并在表格内输入文字，完成后的效果如图 4-35 所示。

图 4-34　设置剩余的单元格

图 4-35　设置完成后的效果

案例精讲 027　洁雅卫浴网页

 案例文件：CDROM \ 场景 \ Cha04 \ 洁雅卫浴网页

 视频文件：视频教学 \ Cha04 \ 洁雅卫浴网页 .avi

制作概述

本例将介绍如何制作洁雅卫浴网页，主要利用表格对网页进行布局，然后通过插入图像、鼠标经过图像、输入文字和插入表单来完成网页的填充内容，完成后的效果如图 4-36 所示。

学习目标

掌握卫浴网页的制作方法。

图 4-36　洁雅卫浴网页

操作步骤

(1) 启动软件后，在打开的界面中选择【新建】列表下的 HTML 选项，即可新建一个空白文档。单击【页面属性】按钮，在弹出的对话框中选择【外观 (HTML)】选项，将【背景】设置为 #ece4d7，将【左边距】、【上边距】都设置为 0，如图 4-37 所示。

(2) 按 Ctrl+Alt+T 组合键打开【表格】对话框，在该对话框中将【行数】、【列】设置为 2、4，将【表格宽度】设置为 900 像素，其他均设置为 0，如图 4-38 所示。

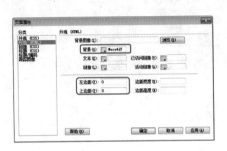

图 4-37　【页面属性】对话框

图 4-38　【表格】对话框

(3) 单击【确定】按钮，在【属性】面板中将 Align 设置为【居中对齐】，将第 1 列所有单元选中，在【属性】面板中单击【合并所选单元格，使用跨度】按钮。将合并后的单元格的【宽】、【高】分别设置为 240、60，将第 2 列单元格【宽】设置为 150，将第 2 列第 1 行、第 2 行【高】分别设置为 25、35，将第 3 列单元格【宽】设置为 500，完成后的效果如图 4-39 所示。

图 4-39　对插入的表格进行设置

(4) 将光标置入合并的单元格内，按 Ctrl+Alt+I 组合键打开【选择图像源文件】对话框，在该对话框中选择随书附带光盘中的 CDROM \ 素材 \ Cha04 \ 标题 .png 素材图片，如图 4-40 所示。

(5) 单击【确定】按钮即可插入图像。在第 3 列第 1 行单元格内输入文字，单击鼠标右键，在弹出的快捷菜单中选择【CSS 样式】|【新建】命令，弹出【新建 CSS 规则】对话框，在该对话框中将【选择器名称】设置为 WZ1，单击【确定】按钮，如图 4-41 所示。

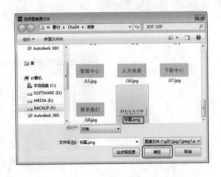

图 4-40　【选择图像源文件】对话框

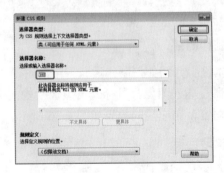

图 4-41　【新建 CSS 规则】对话框

(6) 将 Color 设置为 #82543a，将 Font-size 设置为 13px，选择刚刚输入的文字，在【属性】面板中将【目标规则】设置为 WZ1，将【水平】设置为【右对齐】，效果如图 4-42 所示。

图 4-42　设置完成后的效果

(7) 将光标置入第 3 列第 2 行单元格内，在菜单栏中选择【插入】|【表单】|【选择】命令，即可插入表单，将文字更改为【产品搜索】，在【属性】面板中将字体大小设置为 14。然后选择右侧的表单，在【属性】面板中单击【列表值】按钮，弹出【列表值】对话框，在该对话框中输入相应的列表值，效果如图 4-43 所示。

(8) 单击【确定】按钮，然后在其右侧插入【文本】表单和【按钮】表单。选择【文本】表单，将文字删除，在【属性】面板中将 Value 设置为"搜一搜"。选择按钮，将 Value 设置为【搜索】，将此单元格的【水平】设置为【右对齐】，效果如图 4-44 所示。

图 4-43　【列表值】对话框

图 4-44　插入表单后的效果

(9) 将光标置入表格的右侧，按 Ctrl+Alt+T 组合键，弹出【表格】对话框，将【行数】、【列】分别设置为 1、9，其他保持默认设置，如图 4-45 所示。

提示　　在【表格】对话框中提供有【标题】选项，最好使用标题以方便使用屏幕阅读器的 Web 站点访问者。屏幕阅读器读取表格标题并且帮助屏幕阅读器用户跟踪表格信息。

(10) 单击【确定】按钮即可插入表格，选择插入的表格，将 Align 设置为【居中对齐】，将光标置入第 1 列单元格内，在菜单栏中选择【插入】|【图像】|【鼠标经过图像】命令，如图 4-46 所示。

图 4-45　【表格】对话框

图 4-46　选择【鼠标经过图像】命令

(11) 弹出【插入鼠标经过图像】对话框，在该对话框中单击【原始图像】右侧的【浏览】

按钮，在弹出的对话框中选择随书附带光盘中的 CDROM \ 素材 \ Cha04 \ 洁雅 \ J1.jpg 素材图片，如图 4-47 所示。

(12) 单击【确定】按钮，返回到【插入鼠标经过图像】对话框。单击【鼠标经过图像】右侧的【浏览】按钮，在弹出的对话框中选择 J10.jpg 素材图片，单击【确定】按钮，返回到【插入鼠标经过图像】对话框，如图 4-48 所示。

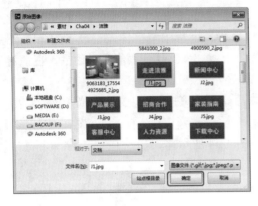

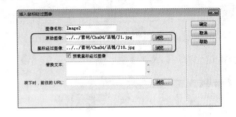

图 4-47　选择图片　　　　　　　　　　　图 4-48　【插入鼠标经过图像】对话框

(13) 单击【确定】按钮即可插入鼠标经过图像，使用同样的方法插入其他鼠标经过图像，完成后的效果如图 4-49 所示。

图 4-49　插入鼠标经过图像后的效果

(14) 将光标移至表格的右侧，插入一行一列、【表格宽度】为 900 的表格。选择插入的表格，在【属性】面板中将 Align 设置为【居中对齐】，将光标置入单元格内，在菜单栏中选择【插入】|【媒体】| Flash SWF 命令，弹出【选择 SWF】对话框，在该对话框中选择随书附带光盘中的 CDROM \ 素材 \ Cha04 \ 雅洁 \ Flash 动画 .swf 文件，如图 4-50 所示。

(15) 单击【确定】按钮，在弹出的对话框中保持默认设置，单击【确定】按钮，如图 4-51 所示。

图 4-50　选择素材　　　　　　　　　　　图 4-51　【对象标签辅助功能属性】对话框

(16) 将光标置入表格右侧，按 Ctrl+Alt+T 组合键，在打开的对话框中将【行数】、【列】分别设置为 3、2，其他保持默认设置，单击【确定】按钮。在【属性】面板中将 Align 设置为【居中对齐】，完成后的效果如图 4-52 所示。

(17) 将第一列单元格的【宽】设置为 250，将光标置入第一列第二行单元格内，将【水平】、【垂直】分别设置为【居中对齐】、【居中】。在该单元格内插入一个 6 行 1 列、【表格宽度】为 230 像素的表格，选择插入表格的所有单元格，将【水平】设置为【居中对齐】，将【高】设置为 30，将【背景颜色】设置为 #82543a，效果如图 4-53 所示。

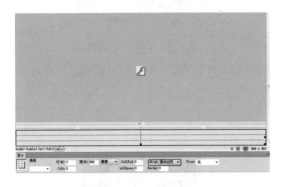

图 4-52　插入表格

图 4-53　插入表格并进行设置

(18) 在表格内输入文字，单击鼠标右键，在弹出的快捷菜单中选择【CSS 样式】|【新建】命令，弹出【新建 CSS 规则】对话框，在该对话框中将【选择器名称】设置为 WZ2，单击【确定】按钮，在弹出的对话框中单击 Font-family 右侧的下三角按钮，在弹出的下拉菜单中选择【管理字体】命令，如图 4-54 所示。

(19) 弹出【管理字体】对话框，在该对话框中选择【自定义字体堆栈】选项卡，在【可用字体】列表框中选择【微软雅黑】字体，然后单击其 << 按钮，将其添加至【选择的字体】列表框中，如图 4-55 所示。

图 4-54　选择【管理字体】命令

图 4-55　选择字体

(20) 单击【完成】按钮，然后将 Font-family 设置为【微软雅黑】，将 Color 设置为 #FFF，单击【确定】按钮，如图 4-56 所示。

(21) 选择输入的文字，将【目标规则】设置为 WZ2，完成后的效果如图 4-57 所示。

(22) 继续新建 CSS 样式，将【选择器名称】设置为 TD1，在【TD1 的 CSS 规则定义】对话框中选择【分类】列表框中的【边框】选项，取消选中 Style 选项下的【全部相同】复选框。将

Bottom 设置为 Solid，将 Width 设置为 thin，将 Color 设置为 #999，如图 4-58 所示。

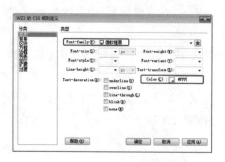

图 4-56　设置 CSS 规则

图 4-57　为文字应用规则

(23) 选择第 1 行单元格，将该单元格的【目标规则】定义为 TD1，使用同样的方法为单元格设置目标规则。单击【实时视图】按钮观看效果，如图 4-59 所示。

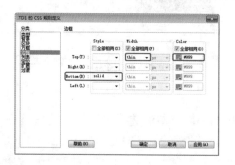

图 4-58　设置 CSS 规则

图 4-59　观看效果

知识链接

在【边框】选项中具体参数介绍如下。

Style：用于设置边框的样式外观，样式的显示方式取决于浏览器。Dreamweaver 在文档窗口中将所有样式呈现为实线。其中的【全部相同】复选框表示将相同的边框样式属性设置为应用于元素的【上】、【右】、【下】和【左】侧。

Width：用于设置元素边框的粗细。其中的【全部相同】复选框表示将相同的边框宽度设置为应用于元素的【上】、【右】、【下】和【左】侧。

Color：用于设置边框对应位置的颜色。可以分别设置每条边框的颜色，但其显示效果取决于浏览器。其中的【全部相同】复选框表示将相同的边框颜色设置为应用于元素的【上】、【右】、【下】和【左】侧。

---

(24) 再次单击【实时视图】按钮，将光标置入大表格中的第 1 列第 3 行单元格内，将【高】设置为 160，将【水平】设置为【居中对齐】。在此单元格内插入 7 行 1 列单元格，将【表格宽度】设置为 230 像素，选择插入的表格，将第 1、2 行单元格的【高】设置为 40。将第 3~7 行单元格的【高】设置为 20，完成后的效果如图 4-60 所示。

(25) 将光标置入第 1 行单元格内，单击【拆分单元格为行或列】按钮，弹出【拆分单元格】对话框，在该对话框中选中【列】单选按钮，将【列数】设置为 2，效果如图 4-61 所示。

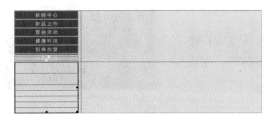

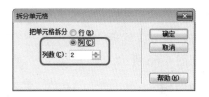

图 4-60　插入表格并进行设置　　　　　　　　图 4-61　【拆分单元格】对话框

(26) 将光标置入拆分单元格中的第 2 列单元格中，再次进行拆分，将【行数】设置为 2。将光标置入拆分单元格的第 1 行单元格内，将【高】设置为 10，单击【拆分】按钮，将命令行中的 " " 删除，效果如图 4-62 所示。

(27) 将光标置入第 2 行单元格内，将【高】设置为 30，完成后的效果如图 4-63 所示。

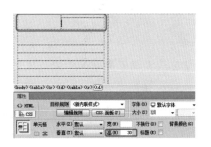

图 4-62　删除多余的命令　　　　　　　　　　图 4-63　设置完成后的效果

(28) 在表格内输入文字，将"联系我们"字体设置为【黑体】，将字体大小设置为 20，将字体颜色设置为 #82543a。将 Content us 字体设置为【黑体】，将字体大小设置为 13，将字体颜色设置为 #82543a，将【水平】设置为【居中对齐】，完成后的效果如图 4-64 所示。

(29) 使用前面介绍的方法制作网页剩余的内容，按 F12 键观看剩余部分效果，如图 4-65 所示。

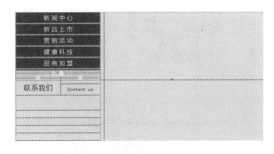

图 4-64　输入文字并进行设置　　　　　　　　图 4-65　完成后的效果

案例精讲 028　　宏泰投资网页

　案例文件：CDROM \ 场景 \ Cha04 \ 宏泰投资网页

　视频文件：视频教学 \ Cha04 \ 宏泰投资网页 .avi

制作概述

本例将介绍如何制作宏泰投资网页。首先利用【表格】命令对网页进行规划，然后在表格中各个单元格内制作内容，完成后的效果如图 4-66 所示。

学习目标

掌握投资网页的制作方法。

图 4-66　宏泰投资网页

操作步骤

(1) 启动软件后，在开的界面中选择【新建】列表中的 HTML 选项，在【属性】面板中单击【页面属性】按钮，弹出【页面属性】对话框，在该对话框中单击【外观 (HTML)】选项，将【背景】设置为 #e7dbcb，将【左边距】、【上边距】、【边距高度】均设置为 0，如图 4-67 所示。

知识链接

投资公司是指汇集众多资金并依据投资目标进行合理组合的一种企业组织。广义的投资公司，既包括信托投资公司、财务公司、投资银行、基金公司、商业银行和保险公司的投资部门等金融机构，也包括涉足产权投资和证券投资的各类企业。狭义的投资公司，则专指公司型投资基金的主体，这是依法组成的以营利为目的的股份有限公司，投资者经由购买公司股份成为股东，由股东大会选定某一投资管理公司来管理该公司的资产。

---

(2) 打击【确定】按钮，按 Ctrl+Alt+T 组合键打开【表格】对话框，在该对话框中将【行数】、【列】分别设置为 3、1，将【表格宽度】设置为 900，其他均设置为 0，如图 4-68 所示。

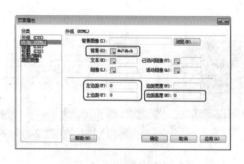

图 4-67　【页面属性】对话框

图 4-68　【表格】对话框

(3) 选择插入的表格，在属性栏中将 Align 设置为【居中对齐】。将光标置入第 1 行单元格内，在【属性】面板中将【背景颜色】设置为 #7b542b，将【高】设置为 25，效果如图 4-69 所示。

(4) 将【水平】设置为【居中对齐】，按 Ctrl+Alt+T 组合键打开【表格】对话框，在该对话框中将【行数】、【列】均设置为 1，将【表格宽度】设置为 850，其他保持默认设置，如图 4-70 所示。

图 4-69　设置单元格属性

图 4-70　【表格】对话框

（5）在插入的单元格内输入文字"登录|注册"，单击鼠标右键，在弹出的快捷菜单中选择【CSS 样式】|【新建】命令，如图 4-71 所示。

（6）弹出【新建 CSS 规则】对话框，在该对话框中将【选择器名称】设置为 DBWZ，将【选择器类型】设置为【类 (可应用于任何 HTML 元素)】，将【规则定义】为设置为【(仅限该文档)】，如图 4-72 所示。

图 4-71　选择【新建】命令

图 4-72　【新建 CSS 规则】对话框

（7）单击【确定】按钮，进入【.DBWZ 的 CSS 规则定义】对话框，在该对话框中将 Font-size 设置为 14，将 Color 设置为 #FFCC33，如图 4-73 所示。

（8）单击【确定】按钮，选择输入的文字，在【属性】面板中将【目标规则】设置为 DBWZ，将【水平】设置为【右对齐】，完成后的效果如图 4-74 所示。

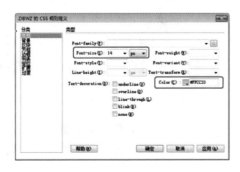

图 4-73　设置规则

图 4-74　为选择的文字设置目标规则

(9) 将光标置入第 2 行单元格内，将【高】设置为 464，单击【拆分】按钮，在命令行中的 td 后按空格键，在弹出的快捷菜单中双击 background 选项，如图 4-75 所示。

(10) 然后单击【浏览】按钮，弹出【选择文件】对话框，在该对话框中选择随书附带光盘中的 CDROM \ 素材 \ Cha04 \ 宏泰投资 \ H1.jpg 素材图片，如图 4-76 所示。

图 4-75　选择命令　　　　　　　　　　　　　图 4-76　【选择文件】对话框

(11) 单击【确定】按钮即可为单元格设置背景图像，单击【设计】按钮，然后单击【实时视图】按钮观看效果，如图 4-77 所示。

知识链接

在 Dreamweaver 中可以选择下列任意一种视图。

设计视图：在菜单栏中选择【查看】|【设计】命令，或者在文档栏中单击【设计】按钮，即可切换到设计视图，Dreamweaver 中默认的视图显示方式就是设计视图。设计视图用于可视化页面布局、可视化编辑和快速应用程序开发的设计环境。在此视图中，Dreamweaver 显示文档的完全可编辑的可视化表示形式，类似于在浏览器中查看页面时看到的内容。

代码视图：在菜单栏中选择【查看】|【代码】命令，或者在文档栏中单击【代码】按钮，即可切换到代码视图，该视图用于编写和编辑 HTML、JavaScript 和其他任何类型代码的手动编码环境。

拆分代码视图：在菜单栏中选择【查看】|【拆分代码】命令，即可切换到拆分代码视图，该视图是代码视图的拆分版本，可以同时对文档的不同部分进行操作。

代码和设计视图：在菜单栏中选择【查看】|【代码和设计】命令，或者在文档栏中单击【拆分】按钮，即可切换到代码和设计视图，可以在单一窗口中同时查看同一文档的代码视图和设计视图。

实时视图：在菜单栏中选择【查看】|【实时视图】命令，或者在文档栏中单击【实时视图】按钮，即可切换到实时视图，该视图与设计视图类似，实时视图更逼真地显示文档在浏览器中的表示形式，并且可以像在浏览器中那样与文档交互。还可以在实时视图中直接编辑 HTML 元素并在同一视图中即时预览更改。

---

(12) 再次单击【实时视图】按钮，将光标置入第 2 行单元格内，按 Ctrl+Alt+T 组合键打开【表格】对话框，在该对话框中将【行数】、【列】分别设置为 9、1，将【表格宽度】设置为 135 像素，如图 4-78 所示。

图 4-77 观看效果

图 4-78 【表格】对话框

(13) 单击【确定】按钮即可插入表格，选择插入表格的所有单元格，将【水平】、【垂直】分别设置为【居中对齐】、【居中】，将【背景颜色】设置为#cc7e3c，将【高】设置为40，如图 4-79 所示。

(14) 在表格内输入文字，将字体颜色置为 #FF0，选择输入的文字，按 Ctrl+B 组合键对文字进行加粗，完成后的效果如图 4-80 所示。

图 4-79 设置单元格

图 4-80 在单元格内输入文字

(15) 单击鼠标右键，在弹出的快捷菜单中选择【CSS 样式】|【新建】命令，弹出【新建CSS 规则】对话框，在该对话框中将【选择器名称】设置为 biankuang，如图 4-81 所示。

(16) 单击【确定】按钮，在打开的对话框中选择【边框】选项，取消选中 Style 选项下的【全部相同】复选框，将 Bottom 设置为 Solid，将 Width 设置为 thin，将 Color 设置为 #FF0，如图 4-82 所示。

图 4-81 【新建 CSS 规则】对话框

图 4-82 设置规则

(17) 单击【确定】按钮，然后将第 1~8 行单元格目标规则设置为 biankuang，单击【实时视图】按钮观看效果，如图 4-83 所示。

(18) 将光标置入大表格的第 3 行单元格内，选择【插入】|【表格】命令，弹出【表格】对话框，在该对话框中将【行数】、【列】分别设置为 2、5，将【表格宽度】设置为 900 像素，其他保持默认设置，如图 4-84 所示。

图 4-83　设置完成后的效果

图 4-84　【表格】对话框

(19) 单击【确定】按钮，选择插入表格的第 1 行所有单元格，然后按 Ctrl+Shift+M 组合键合并单元格，将【高】设置为 15，单击【拆分】按钮，将命令行中的 " " 删除，如图 4-85 所示。

(20) 将第 1 列、第 3 列、第 5 列单元格的【宽】设置为 280，将【高】设置为 130，将第 2 列、第 4 列单元格的【宽】设置为 30，完成后的效果如图 4-86 所示。

图 4-85　删除命令

图 4-86　设置单元格

(21) 将光标置入第 2 行第 1 列单元格内，在第 69 命令行 td 后按空格键，在弹出的快捷菜单中双击 background 选项，然后单击【浏览】按钮，弹出【选择文件】对话框，在该对话框中选择随书附带光盘中的 CDROM \ 素材 \Cha04 \ 宏泰投资 \ 背景 .jpg 素材文件，如图 4-87 所示。

(22) 将光标置入第 2 行第 1 列单元格内，按 Ctrl+Alt+T 组合键打开【表格】对话框，在该对话框中将【行数】、【列】分别设置为 2、1，将【表格宽度】设置为 280，其他保持默认设置。使用前面介绍的方法为第 1 行单元格设置背景图片，将单元格的【高】设置为 40，效果如图 4-88 所示。

知识链接

在 Dreamweaver 中，可以调整整个表格或每个行或列的大小。当调整整个表格的大小时，表格中的所有单元格按比例更改大小。如果表格的单元格指定了明确的宽度或高度，则调整表格大小将更改文档窗口中单元格的可视大小，但不更改这些单元格的指定宽度和高度。

可以通过拖动表格的一个选择柄来调整表格的大小。当选中了表格或插入点位于表格中时，Dreamweaver 将在该表格的顶部或底部显示表格宽度和表格标题菜单。

图 4-87　【选择文件】对话框

图 4-88　设置背景图片

(23) 将光标置入第 2 行单元格内将【高】设置为 90，在第 1、2 行单元格内输入文字。单击鼠标右键，在弹出的快捷菜单中选择【CSS 样式】|【新建】命令，在弹出的对话框中将【选择器名称】设置为 biaotiwenzi，如图 4-89 所示。

(24) 单击【确定】按钮，在打开的对话框中将 Font-family 设置为【微软雅黑】，将 Font-weight 设置为 bold，将 Font-style 设置为 italic，将 Color 设置为 #ad5106，如图 4-90 所示。

图 4-89　【新建 CSS 规则】对话框

图 4-90　设置规则

(25) 单击【确定】按钮，然后选择【本周焦点】，在【属性】面板中将【目标规则】设置为 biaotiwenzi。选择第 2 行单元格中的文字，将【字体】设置为【微软雅黑】，将【大小】设置为 13，完成后的效果如图 4-91 所示。

(26) 使用同样的方法设置其他单元格，并对单元格进行相应的设置，完成后的效果如图 4-92 所示。

图 4-91　设置完成后的效果

图 4-92　设置其他单元格

(27) 将光标置入大表格的右侧，按 Ctrl+Alt+T 组合键打开【表格】对话框，在该对话框中将【行数】、【列】设置为 2、1，将【表格宽度】设置为 900，单击【确定】按钮，如图 4-93 所示。

(28) 选择插入的表格，在【属性】栏中将 Align 设置为【居中对齐】。将第 1 行单元格的【高】

设置为15。将光标置入第1行单元格内，在菜单栏中选择【插入】|【水平线】命令。将光标置入第2行单元格内，在单元格内输入文字，并对单元格和文字进行相应的设置。单击【实时视图】按钮观看效果，如图4-94所示。

图 4-93 【表格】对话框　　　　　　　图 4-94 设置完成后的效果

(29) 至此，宏泰投资网页就制作完成了，将场景文件进行保存，然后按F12键预览效果即可。

案例精讲 029 　凯莱顿酒店网页

制作概述

本例将介绍通过制作鼠标经过图像和在单元格内插入表单等操作来制作凯莱顿酒店网页，完成后的效果如图4-95所示。

学习目标

掌握酒店网页的制作方法。

操作步骤

(1) 新建一个空白的场景文件，单击【页面属性】按钮，弹出【页面属性】对话框，在该对话框中选择【外观 (HTML)】选项，将【背景】设置为 #e1dac8，将【上边距】、【左边距】、【边距高度】都设置为0，如图4-96所示。

图 4-95 凯莱顿酒店网页

(2) 单击【确定】按钮，按 Ctrl+Alt+T 组合键打开【表格】对话框，在该对话框中将【行数】、【列】都设置为2，将【表格宽度】设置为900像素，如图4-97所示。

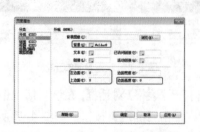

图 4-96 【页面属性】对话框　　　　　　图 4-97 【表格】对话框

(3) 单击【确定】按钮，即可插入表格，将 Align 设置为【居中对齐】，将第 1 列单元格的宽设置为 200，将第 1 行、第 2 行单元格的高设置为 45、35，将第 1 列单元格合并，完成后的效果如图 4-98 所示。

图 4-98 对单元格进行设置

(4) 将光标置入合并后的单元格内，按 Ctrl+Alt+I 组合键，在打开的对话框中选择随书附带光盘中的 CDROM \ 素材 \ Cha04 \ 凯莱顿酒店 \ logo.png 素材图片，如图 4-99 所示。

(5) 在第 2 列单元格内输入文字，将单元格的【水平】设置为【右对齐】，单击鼠标右键，在弹出的快捷菜单中选择【CSS 样式】|【新建】命令，如图 4-100 所示。

图 4-99 选择素材

图 4-100 选择【新建】命令

(6) 弹出【新建 CSS 规则】对话框，在该对话框中将【选择器名称】设置为 DDWZ，将【选择器类型】设置为【类 (可应用于任何 HTML)】，将【规则定义】设置为【(仅限该文档)】，如图 4-101 所示。

(7) 单击【确定】按钮，在弹出的对话框中将 Font-family 设置为【微软雅黑】，将 Font-size 设置为 16，将 Color 设置为 #77392a，如图 4-102 所示。

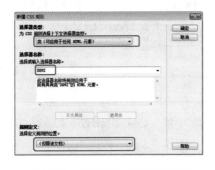

图 4-101 【新建 CSS 规则】对话框

图 4-102 设置规则

(8) 单击【确定】按钮，选择输入的文字，在【属性】面板中将目标规则设置为 DDWZ，完成后的效果如图 4-103 所示。

图 4-103 设置文字

(9) 将光标置入表格的右侧，按 Ctrl+Alt+T 组合键打开【表格】对话框，在该对话框中将【行数】、【列】分别设置为 1、2，将【表格宽度】设置为 900 像素，如图 4-104 所示。

(10) 将 Align 设置为【居中对齐】，将第 1 列、第 2 列单元格的【宽】分别设置为 200、700，将光标置入第 1 列单元格内，按 Ctrl+Alt+T 组合键打开【表格】对话框，在该对话框中将【行数】、【列】分别设置为 11、1，将【表格宽度】设置为 200 像素，其他保持默认设置，如图 4-105 所示。

图 4-104 【表格】对话框

图 4-105 【表格】对话框

(11) 单击【确定】按钮，将光标置入第 1 行单元格内，在菜单栏中选择【插入】|【图像】|【鼠标经过图像】命令，弹出【插入鼠标经过图像】对话框，单击【原始图像】右侧的【浏览】按钮，弹出【原始图像】对话框，在该对话框中选择随书附带光盘中的 CDROM\素材\Cha04\凯莱顿酒店\首页 1.jpg 素材图片，如图 4-106 所示。

(12) 单击【确定】按钮，单击【鼠标经过图像】右侧的【浏览】按钮，在弹出的对话框中选择【首页 2.jpg】素材图片，单击【确定】按钮，返回到【插入鼠标经过图像】对话框，如图 4-107 所示。

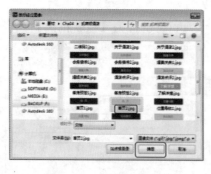

图 4-106 选择素材图片

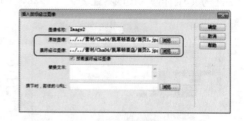

图 4-107 【插入鼠标经过图像】对话框

(13) 使用同样的方法插入剩余的鼠标经过图像，插入完成后单击【实时视图】按钮，观看效果，如图 4-108 所示。

(14) 单击【拆分】按钮，将第 1、2、3 命令行中的命令删除，然后单击【设计】按钮。将光标置入第 2 列单元格内，按 Ctrl+Alt+I 组合键打开【选择图像源文件】对话框，在该对话框中选择随书附带光盘中的 CDROM\素材\Cha04\凯莱顿酒店\大图 .jpg 素材文件，如图 4-109 所示。

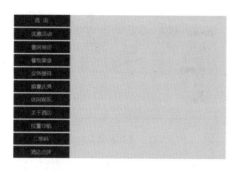

图 4-108 插入鼠标经过图像后的效果

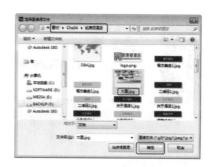

图 4-109 选择素材图片

(15) 将光标置入表格的右侧，按 Ctrl+Alt+T 组合键打开【表格】对话框，在该对话框中将【行数】、【列】分别设置为 2、4，将【表格宽度】设置为 900 像素，其他保持默认设置，如图 4-110 所示。

(16) 单击【确定】按钮，选择插入的表格，在【属性】面板中将 Align 设置为【居中对齐】。将第 1 行、第 2 行【高】设置为 50，将第 1 列、第 2 列、第 3 列、第 4 列单元格的【宽】分别设置为 350、160、160、230，将单元格的背景颜色设置为 #77392a，如图 4-111 所示。

图 4-110 【表格】对话框

图 4-111 设置表格

知识链接

当在【设计】视图中对表格进行格式设置时，可以设置整个表格或表格中所选行、列或单元格的属性。如果将整个表格的某个属性（例如背景颜色或对齐）设置为一个值，而将单个单元格的属性设置为另一个值，则单元格格式设置优先于行格式设置，行格式设置又优先于表格格式设置。

(17) 将光标置入第 1 列、第 1 行单元格内，将【水平】设置为【右对齐】，在该单元格内输入文字，将【大小】设置为 23，将字体颜色设置为白色，完成后的效果如图 4-112 所示。

(18) 将光标置入第 1 行、第 2 列单元格内，选择【插入】|【表单】|【选择】命令，将文字删除。选择插入的表单，在【属性】面板中单击【列表值】按钮，弹出【列表值】对话框，在该对话框中单击 ➕ 按钮，然后在文本框内输入文字，完成后的效果如图 4-113 所示。

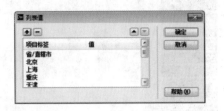

图 4-112　输入文字　　　　　　　　　　　　图 4-113　【列表值】对话框

（19）单击【确定】按钮，单击鼠标右键，在弹出的快捷菜单中选择【CSS 样式】|【新建】命令，弹出【新建 CSS 样式】对话框，在该对话框中将【选择器名称】设置为 biaodan，单击【确定】按钮，如图 4-114 所示。

（20）在打开的对话框中选择【方框】选项，将 Width 设置为 150，将 Height 设置为 25，如图 4-115 所示。

图 4-114　【新建 CSS 规则】对话框　　　　　图 4-115　设置规则

知识链接

在【方框】选项中具体参数介绍如下。

Width 与 Height：用于设置元素的宽度和高度。

Float：用于设置文字等对象的指环绕效果。选择【右对齐】，对象居右，文字等内容从另一侧环绕对象；选择【左对齐】，对象居左，文字等内容从另一侧环绕；选择【无】则取消环绕效果。

Clear：定义不允许 Div 的边。如果清除边上出现 Div，则带清除设置的元素移到该 Div 的下方。

Padding：指定元素内容与元素边框（如果没有边框，则为边距）之间的间距。取消选中【全部相同】复选框可设置元素各个边的填充；选中【全部相同】复选框可将相同的填充属性设置为应用于元素的【上】、【右】、【下】和【左】侧。

Margin：指定一个元素的边框（如果没有边框，则为填充）与另一个元素之间的间距。仅当应用于块级元素（段落、标题、列表等）时，Dreamweaver 才在文档窗口中显示该属性。取消选中【全部相同】复选框可设置元素各个边的边距；选中【全部相同】复选框可将相同的边距属性设置为应用于元素的【上】、【右】、【下】和【左】侧。

（21）单击【确定】按钮，选择插入的表单，在【属性】面板中将 Class 设置为 biaodan，单

击【实时视图】按钮观看效果，如图 4-116 所示。

(22) 再次单击【实时视图】按钮，选择插入的表单，将其复制到第 1 行第 3 列单元格内，在实时视图中观看效果，如图 4-117 所示。

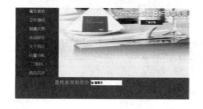 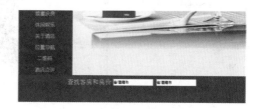

图 4-116　观看效果　　　　　　　　　　　　　　图 4-117　复制表单

(23) 选择复制的表单，单击【列表值】按钮，弹出【列表值】对话框，在该对话框中将原有的文字删除，然后输入其他文字，如图 4-118 所示。

(24) 将光标置入第 4 列单元格内，选择【插入】|【表单】|【按钮】命令，插入按钮，在【属性】面板中将 Value 设置为【搜　索】，效果如图 4-119 所示。

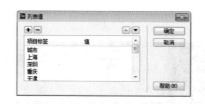 

图 4-118　【列表值】对话框　　　　　　　　　　图 4-119　插入按钮

(25) 将光标置入第 2 行第 2 列单元格中，在菜单栏中选择【插入】|【表单】|【文本】命令，将文字删除，然后输入文字"入住"，将字体颜色设置为白色，选择插入的表单，在【属性】面板中 Value 右侧的文本框中输入文字"　年　月　日"，完成后的效果如图 4-120 所示。

(26) 对插入的表单进行复制，将其粘贴到第 3 列单元格内，将"入住"文字更改为"退房"，效果如图 4-121 所示。

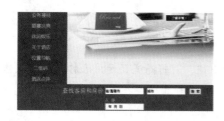 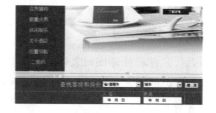

图 4-120　插入表单　　　　　　　　　　图 4-121　复制表单并对其进行更改

(27) 将光标置入大表格的右侧，按 Ctrl+Alt+T 组合键打开【表格】对话框，在该对话框中将【行数】、【列】分别设置为 1、8，将【表格宽度】设置为 900 像素，如图 4-122 所示。

(28) 选择插入的表格，在【属性】面板中将 Algin 设置为【居中对齐】，将单元格的高设置为 111，将第 1、3、5、7 单元格的宽设置为 121，将第 2、4、6、8 单元格的宽设置为 104，完成后的效果如图 4-123 所示。

图 4-122　【表格】对话框

图 4-123　设置单元格

(29) 将光标置入第 1 列单元格内，按 Ctrl+Alt+I 组合键打开【选择图像源文件】对话框，在该对话框中选择随书附带光盘中的 CDROM \ 素材 \ Cha04 \ 凯莱顿酒店 \ DB1.jpg 素材文件，如图 4-124 所示。

(30) 单击【确定】按钮，使用同样的方法插入其他图片，如图 4-125 所示。

图 4-124　选择素材图片

图 4-125　插入图片

(31) 将光标置入第 2 列单元格内，按 Ctrl+Alt+T 组合键打开【表格】对话框，在该对话框中将【行数】、【列】分别设置为 2、1，将【表格宽度】设置为 104 像素，其他保持默认设置，如图 4-126 所示。

知识链接

　　如果将鼠标指针定位到表格边框上，然后按住 Ctrl 键，则将高亮显示该表格的整个表格结构（即表格中的所有单元格）。当表格中有嵌套并且希望查看其中一个表格的结构时，这一技巧非常有用。

(32) 单击【确定】按钮，将第 1 行单元格的高设置为 92，将第 2 行单元格的高设置为 19。在第 1 行内输入文字。单击鼠标右键，在弹出的快捷菜单中选择【CSS 样式】|【新建】命令，弹出【新建 CSS 规则】对话框，在该对话框中将【选择器名称】设置为 wz，单击【确定】按钮，如图 4-127 所示。

图 4-126　【表格】对话框

图 4-127　【新建 CSS 规则】对话框

(33) 单击【确定】按钮，在弹出的对话框中将 Font-size 设置为 13，单击【确定】按钮，然后选择输入的文字，在【属性】面板中将【目标规则】设置为 wz，完成后的效果如图 4-128 所示。

(34) 将【垂直】设置为【顶端】，将光标置入第 2 行单元格内，选择【插入】|【表单】|【图像按钮】命令，弹出【选择图像源文件】对话框，在该对话框中选择随书附带光盘中的 CDROM\素材\Cha04\凯莱顿酒店\了解详情 .jpg 素材图片，如图 4-129 所示。

图 4-128　设置目标规则后的效果

图 4-129　选择素材

(35) 单击【确定】按钮，即可插入图像按钮，将该单元格的【水平】设置为【居中对齐】，完成后的效果如图 4-130 所示。

(36) 使用同样的方法为第 4、6、8 单元格插入表格，并对表格进行相应的设置，完成后的效果如图 4-131 所示。

图 4-130　插入图像按钮后的效果

图 4-131　设置完成后的效果

(37) 将光标置入表格的右侧，按 Ctrl+Alt+T 组合键打开【表格】对话框，在该对话框中将【行数】、【列】分别设置为 2、1，将【表格宽度】设置为 900 像素。单击【确定】按钮，选择插入的表格，在【属性】面板中将 Align 设置为【居中对齐】，将单元格的高设置为 35，将光标置入第 1 行单元格内，选择【插入】|【水平线】命令，完成后的效果如图 4-132 所示。

(38) 单击鼠标右键，在弹出的快捷菜单中选择【CSS 样式】|【新建】命令，弹出【新建 CSS 规则】对话框，在该对话框中将【选择器名称】设置为 sp，如图 4-133 所示。

图 4-132　插入水平线

图 4-133　【新建 CSS 规则】对话框

(39) 单击【确定】按钮，在弹出的对话框中选择【边框】选项，取消选中 Style 下的【全部相同】复选框，将 Top 设置为 solid，将 Width 设置为 thin，将 Color 设置为 #77392a，如图 4-134 所示。

(40) 单击【确定】按钮，选择插入的水平线，在【属性】面板中将 Class 设置为 sp，然后在该单元格内输入文字，并对文字进行相应的设置。使用同样方法为剩余的单元格添加内容，完成后的效果如图 4-135 所示。

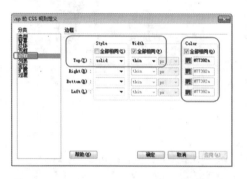

图 4-134　【新建 CSS 规则】对话框

图 4-135　设置完成后的效果

(41) 至此酒店网页就制作完成了，将场景保存后按 F12 键预览效果。

案例精讲 030　尼罗河汽车网页

案例文件：CDROM \ 场景 \ Cha04 \ 尼罗河汽车网页

视频文件：视频教学 \ Cha04 \ 尼罗河汽车网页 .avi

制作概述

本例首先通过【页面属性】对话框设置网页页面的属性，然后利用表格对网页进行布局，向单元格内输入文字、插入图片、插入表单等操作，完成后的效果如图 4-136 所示。

学习目标

掌握汽车网页的制作方法。

图 4-136　尼罗河汽车网页

操作步骤

(1) 在打开的界面中选择【新建】列表中的 HTML 选项，即可新建空白文档。单击【属性】面板中的【页面属性】按钮，在弹出的对话框中选择【外观 (HTML)】选项。将【背景】设置为黑色，将【左边距】、【上边距】、【边距高度】均设置为 0，效果如图 4-137 所示。

(2) 单击【确定】按钮，按 Ctrl+Alt+T 组合键打开【表格】对话框，在该对话框中将【行数】、【列】分别设置为 1、2，将【表格宽度】设置为 900 像素，其他均设置为 0，如图 4-138 所示。

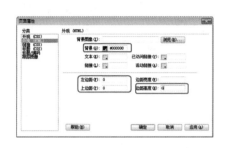

图 4-137　【页面属性】对话框　　　　　　　　　图 4-138　【表格】对话框

(3) 在第 1 列单元格内输入文字，选择除"汽车网"以外的所有文字，在【属性】面板中将【大小】设置为 13，将【颜色】设置为 #97b539。选择"汽车网"将大小设置为 15，将颜色设置为白色。在第 2 列单元格内输入文字，将【水平】设置为【右对齐】，将【大小】设置为 13，将【颜色】设置为 #97b539，完成后的效果如图 4-139 所示。

图 4-139　输入文字

(4) 将光标置入表格的右侧，按 Ctrl+Alt+T 组合键打开【表格】对话框，在该对话框中将【行数】、【列】分别设置为 2、6，将【表格宽度】设置为 900 像素，如图 4-140 所示。

(5) 将光标置入第 1 行第 1 列单元格内，在菜单栏中选择【插入】|【图像】|【鼠标经过图像】命令，弹出【插入鼠标经过图像】对话框，在该对话框中单击【原始图像】右侧的【浏览】按钮，在弹出的对话框中选择随书附带光盘中的 CDROM \ 素材 \ Cha04 \ 汽车 \ 首页 1.jpg 素材图片，如图 4-141 所示。

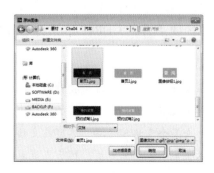

图 4-140　【表格】对话框　　　　　　　　　图 4-141　【原始图像】对话框

Dreamweaver CC 网页创意设计
案例课堂 ➡

(6) 单击【确定】按钮，返回到【插入鼠标经过图像】对话框，单击【鼠标经过图像】右侧的【浏览】按钮，在弹出的对话框中选择随书附带光盘中的 CDROM \ 素材 \ Cha04 \ 汽车 \ 首页 2.jpg 素材图片，如图 4-142 所示。

(7) 单击【确定】按钮，返回到【插入鼠标经过图像】对话框，在该对话框中单击【确定】按钮，如图 4-143 所示。

图 4-142　选择素材图片　　　　　　　图 4-143　【插入鼠标经过图像】对话框

(8) 使用同样的方法插入剩余的鼠标经过图像，完成后的效果如图 4-144 所示。

图 4-144　插入鼠标经过图像后的效果

(9) 选择第 2 行所有单元格，在【属性】面板中将【高】设置为 10，将【背景颜色】设置为 #97b539，单击【拆分】按钮，将 " " 删除，完成后的效果如图 4-145 所示。

图 4-145　设置完成后的效果

(10) 将光标置入表格的右侧，按 Ctrl+Alt+T 组合键打开【表格】对话框，在该对话框中将【行数】、【列】都设置为 1，将【表格宽度】设置为 900 像素，其他保持默认设置，如图 4-146 所示。

(11) 单击【确定】按钮，选择插入的表格，在【属性】面板中将 Align 设置为【居中对齐】，将光标置入单元格内，按 Ctrl+Alt+I 组合键打开【选择图像源文件】对话框，在该对话框中选择随书附带光盘中的 CDROM \ 素材 \ Cha04 \ 汽车 \ car.jpg 素材图片，如图 4-147 所示。

知识链接

在 Dreamweaver 中可以使用以下方法来选择整个表格。

单击表格的左上角、表格的顶部边缘或底部边缘的任何位置或者行或列的边框。

单击某个表格单元格，然后在文档窗口左下角的标签选择器中选择 <table> 标签。

单击某个表格单元格，然后在菜单栏中选择【修改】|【表格】|【选择表格】命令。

单击某个表格单元格，然后单击表格标题菜单，在弹出的下拉菜单中选择【选择表格】命令。

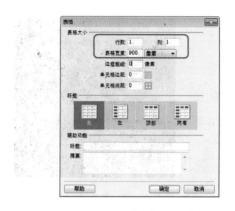

图 4-146 【表格】对话框

图 4-147 选择素材图片

(12) 单击【确定】按钮即可插入图片，单击【实时视图】按钮观看效果，完成后的效果如图 4-148 所示。

(13) 单击【拆分】按钮，在第 1、2、3 命令行中将命令删除。单击【拆分】按钮，将光标置入表格的右侧，按 Ctrl+Alt+T 组合键打开【表格】对话框，在该对话框中将【行数】、【列】分别设置为 1、5，将【表格宽度】设置为 900 像素，其他保持默认设置，如图 4-149 所示。

图 4-148 插入图片后的效果

图 4-149 【表格】对话框

(14) 在【属性】面板中将 Align 设置为【居中对齐】，将第 1、3、5 列单元格的【宽】设置为 280，将第 2、4 列单元格的【宽】设置为 30.将【光标】置入第 1 列单元格内，按 Ctrl+Alt+T 组合键打开【表格】对话框，在该对话框中将【行数】、【列】分别设置为 14、1，将【表格宽度】设置为 280 像素，其他保持默认设置，如图 4-150 所示。

提示

还可以使用【代码】视图直接在 HTML 代码中更改单元格的宽度和高度值。

(15) 将第 1、8 行单元格的【高】设置为 10，选择这两个单元格，单击【拆分】按钮，将第 61 命令行和第 82 命令行中的 " " 删除，如图 4-151 所示。

(16) 将第 2、9 行单元格中的【高】设置为 30，将【背景颜色】设置为 #373737，将剩余的单元格的【高】设置为 25，效果如图 4-152 所示。

图 4-150　【表格】对话框　　　　图 4-151　设置命令　　　　图 4-152　设置完成后的效果

(17) 单击鼠标右键，在弹出的快捷菜单中选择【CSS 样式】|【新建】命令，弹出【新建 CSS 样式】对话框，在该对话框中将【选择器名称】设置为 biaotiwenzi，其他为默认设置，如图 4-153 所示。

(18) 单击【确定】按钮，在弹出的对话框中将 Font-family 设置为【微软雅黑】，将 Color 设置为 #97b539，如图 4-154 所示。

图 4-153　【新建 CSS 规则】对话框　　　　图 4-154　设置规则

(19) 单击【确定】按钮，返回到场景中，单击鼠标右键，在弹出的快捷菜单中选择【CSS 样式】|【新建】命令，在弹出的对话框中将【选择器名称】设置为 zwwz，单击【确定】按钮，将【选择器类型】设置为【类(可应用于任何 HTML 元素)】，将【规则定义】设置为【(仅限该文档)】，如图 4-155 所示。

(20) 单击【确定】按钮，在弹出的对话框中将 Font-family 设置为【微软雅黑】，将 Font-size 设置为 12，将 Color 设置为 #FFF，如图 4-156 所示。

图 4-155　【新建 CSS 规则】对话框　　　　图 4-156　设置规则

(21) 单击【确定】按钮，在表格内输入文字，对标题文件应用 biaotiwenzi CSS 样式，对剩余的文字应用 zwwz CSS 样式，完成后的效果如图 4-157 所示。

(22) 使用同样的方法插入其他表格、输入文字，并对输入的文字应用样式，效果如图 4-158 所示。

图 4-157　为输入的文字应用样式

图 4-158　制作剩余的部分

(23) 将光标置入第 5 列单元格内，按 Ctrl+Alt+T 组合键打开【表格】对话框，在该对话框中将【行数】、【列】分别设置为 7、1，将【表格宽度】设置为 280 像素，其他保持默认设置，如图 4-159 所示。

(24) 将第 1 行单元格的【高】设置为 10，选择 1 行单元格，单击【拆分】按钮，将选中命令中的 " " 删除，删除后的效果如图 4-160 所示。

(25) 将第 7 行单元格的【高】设置为 165，将剩余的单元格的【高】都设置为 30，完成后的效果如图 4-161 所示。

图 4-159　【表格】对话框

图 4-160　删除命令

图 4-161　设置单元格

(26) 将光标置入第 7 行单元格内，按 Ctrl+Alt+I 组合键打开【选择图像源文件】对话框，在该对话框中选择随书附带光盘中的 CDROM \ 素材 \ Cha04 \ 汽车 \ jiaodian.jpg 素材图片，如图 4-162 所示。

(27) 单击【确定】按钮即可导入图片，在第 2 行内输入文字，选择输入的文字，将【字体】设置为【微软雅黑】，将 Color 设置为 #FC9401，效果如图 4-163 所示。

(28) 将光标置入第 3 行单元格内，选择【插入】|【表单】|【选择】命令，将文字删除，选择插入的【表单】，在【属性】面板中单击【列表值】按钮，弹出【列表值】对话框，在该对话框中输入文字，如图 4-164 所示。

(29) 单击【确定】按钮，单击鼠标右键，在弹出的对话框中选择【CSS 样式】|【新建】命令，在弹出的对话框中将【选择器名称】设置为 BD，其他保持默认设置，单击【确定】按钮，

在弹出的对话框中选择【方框】选项，将 Width 设置为 200px，将 Height 设置为 20px，其他为默认设置，如图 4-165 所示。

图 4-162　选择素材图片

图 4-163　输入文字

图 4-164　【列表值】对话框

图 4-165　设置规则

(30) 单击【确定】按钮，选择刚刚插入的表单，将其 CSS 样式设置为 BD，使用同样的方法插入其他表单，并对表单进行设置，如图 4-166 所示。

(31) 将光标置入第 6 行单元格内，选择【插入】|【表单】|【图像按钮】命令，在弹出的对话框中选择随书附带光盘中的 CDROM\素材\Cha04\汽车\查找.jpg 素材图片，如图 4-167 所示。

图 4-166　插入剩余的表单

图 4-167　选择素材文件

(32) 将光标置入表格的右侧，按 Ctrl+Alt+T 组合键打开【表格】对话框，在该对话框中将【行数】、【列】分别设置为 2、1，将【表格宽度】设置为 900 像素，其他保持默认设置，如图 4-168 所示。

(33) 将表格的对齐方式设置为【居中对齐】，将光标置入第 1 行单元格内，将【高】设置为 30，在该单元格内输入文字，选中输入的文字，将【目标规则】设置为 biaotiwenzi，单击【实时视图】按钮观看效果，如图 4-169 所示。

图 4-168　【表格】对话框

图 4-169　观看效果

(34) 再次单击【实时视图】按钮，返回到场景中，将光标置入文字的右侧，在菜单栏中选择【插入】|【水平线】命令，然后选择插入的水平线，将【高】设置为 1，单击【拆分】按钮，在 hr 后按空格键，在弹出的快捷菜单中双击 Color 选项，如图 4-170 所示。

(35) 然后将 Color 设置为 #97b539，单击【设计】按钮，返回到场景中。将光标置入第 2 行单元格内，按 Ctrl+Alt+T 组合键打开【表格】对话框，在该对话框中将【行数】、【列】分别设置为 2、7，将【表格宽度】设置为 900 像素，如图 4-171 所示。

图 4-170　双击 Color 选项

图 4-171　【表格】对话框

(36) 将第 1、3、5、7 单元格的【宽】设置为 210，然后在第 1 行单元格内输入文字，选择输入的文字，将【字体】设置为【微软雅黑】，将【大小】设置为 16，将 Color 设置为 #FFF，将【水平】设置为【居中对齐】，效果如图 4-172 所示。

(37) 将光标置入第 2 行第 1 列单元格内，按 Ctrl+Alt+I 组合键打开【选择图像源文件】对话框，在该对话框中选择随书附带光盘中的 CDROM\素材\Cha04\汽车\Car2.jpg 素材图片，如图 4-173 所示。

图 4-172　输入文字

图 4-173　选择素材图片

(38) 单击【确定】按钮即可插入素材图片，使用同样的方法输入其他图片，单击【实时视图】按钮观看效果，如图 4-174 所示。

(39) 再次单击【实时视图】按钮返回到场景中，将光标置入表格的右侧，按 Ctrl+Alt+T 组合键打开【表格】对话框，在该对话框中将【行数】设置为 2，将【列】设置为 1，将【表格宽度】设置为 900 像素，如图 4-175 所示。

图 4-174　插入图片后的效果　　　　　　　　　　图 4-175　【表格】对话框

(40) 将表格的对齐方式设置为【居中对齐】，根据前面介绍的方法将第 1 行的行高设置为 10，在该单元格内插入水平线并对水平线进行设置，然后在第 2 行单元格内输入文字，将【大小】设置为 12，将 Color 设置为 #97b539，将【水平】设置为【居中对齐】，效果如图 4-176 所示。

图 4-176　输入文字并进行设置

案例精讲 031　莱特易购网

✎ 案例文件：CDROM \ 场景 \ Cha04 \ 莱特易购网

🖌 视频文件：视频教学 \ Cha04 \ 莱特易购网 .avi

制作概述

本例将介绍如何制作莱特易购网页。首先制作网页顶部，将导航栏设计成鼠标经过图像，然后在插入表格的单元格内输入文字和插入图片，完成后的效果如图 4-177 所示。

学习目标

学会如何制作莱特易购网。

图 4-177　莱特易购网

操作步骤

(1) 启动软件后，在打开的界面中选择【HTML】选项，单击【属性】面板中的【页面属性】按钮，在弹出的对话框中选择【外观(HTML)】选项，将【上边距】、【左边距】、【边距高度】都设置为0，如图4-178所示。

(2) 按Ctrl+Alt+T组合键打开【表格】对话框，在该对话框中将【行数】、【列】都设置为2，将【表格宽度】设置为900像素，如图4-179所示。

图4-178 【页面属性】对话框

图4-179 【表格】对话框

(3) 单击【确定】按钮，在【属性】面板中将Align设置为【居中对齐】，在第1行单元格内输入文字，单击鼠标右键，在弹出的快捷菜单中选择【CSS样式】|【新建】命令，弹出【新建CSS规则】对话框，在该对话框中将【选择器名称】设置为wz1，如图4-180所示。

(4) 单击【确定】按钮，再在打开的对话框中将Font-size设置为13，将Color设置为#666666，其他保持默认设置，如图4-181所示。

图4-180 【新建CSS规则】对话框

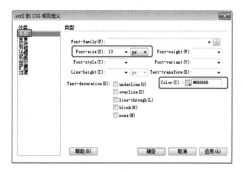

图4-181 设置规则

(5) 单击【确定】按钮，然后选择输入的文字，在【属性】面板中将【目标规则】设置为wz1，将第1行第2列单元格【水平】设置为【右对齐】，然后将第2行单元格进行合并，按Ctrl+Alt+I组合键，打开【选择图像源文件】对话框，在该对话框中选择随书附带光盘中的CDROM \ 素材 \ Cha04 \ 莱特易购 \ Y1.jpg素材图片，如图4-182所示。

(6) 单击【确定】按钮即可导入图片，完成后的效果如图4-183所示。

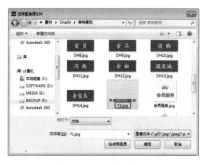

图4-182 选择素材图片

图 4-183　插入图片后的效果

(7) 按 Ctrl+Alt+T 组合键打开【表格】对话框，在该对话框中将【行数】、【列】分别设置为 2、8，将【表格宽度】设置为 900 像素，其他保持默认设置，如图 4-184 所示。

(8) 单击【确定】按钮，选择插入的表格，在【属性】面板中将 Align 设置为【居中对齐】，将第 1 列单元格的【宽】设置为 200，其他单元格的【宽】设置为 100，将第 1 行单元格合并，将其【高】设置为 10，选中该单元格，单击【拆分】按钮，将选中代码中的 " " 删除，如图 4-185 所示。

图 4-184　【表格】对话框　　　　　　　　　　图 4-185　删除代码

(9) 单击【设计】按钮，将光标置入第 2 行第 1 列单元格内，按 Ctrl+Alt+I 组合键打开【选择图像源文件】对话框，在该对话框中选择随书附带光盘中的 CDROM＼素材＼Cha04＼莱特易购＼全部商品 1.jpg 素材图片，如图 4-186 所示。

(10) 使用同样的方法插入其他图片，完成后的效果如图 4-187 所示。

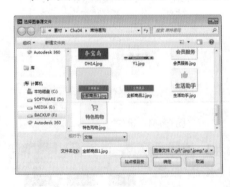

图 4-186　选择素材图片　　　　　　　　　　　图 4-187　插入图片

(11) 选择【全部商品】图片，在【属性】面板中将 ID 设置为 T1。打开【行为】面板，在该面板中单击【添加行为】按钮，在弹出的快捷菜单中选择【交换图像】命令，弹出【交换图像】对话框，在该对话框中单击【浏览】按钮，如图 4-188 所示。

(12) 弹出【选择图像源文件】对话框，在该对话框中选择随书附带光盘中的 CDROM＼素材＼Cha04＼莱特易购＼全部商品 2.jpg 素材图片，如图 4-189 所示。

图 4-188 【交换图像】对话框

图 4-189 【选择图像源文件】对话框

(13) 单击【确定】按钮，返回到【交换图像】对话框中，直接单击【确定】按钮，如图 4-190 所示。

(14) 使用同样的方法为其添加交换图像。将光标置入表格的右侧，按 Ctrl+Alt+T 组合键打开【表格】对话框，在该对话框中将【行数】、【列】分别设置为 1、2，将【表格宽度】设置为 900 像素，其他保持默认设置，如图 4-191 所示。

图 4-190 单击【确定】按钮

图 4-191 【表格】对话框

(15) 单击【确定】按钮，在【属性】面板中将 Align 设置为【居中对齐】。将光标置入的第 1 列单元格内，将【宽】设置为 200，单击鼠标右键，在弹出的快捷菜单中选择【CSS 样式】|【新建】命令，在弹出的对话框中将【选择器名称】设置为 biaoge，如图 4-192 所示。

(16) 单击【确定】按钮，在弹出的对话框中选择【边框】选项，将 Top 设置为 solid，将 Width 设置为 thin，将 Color 设置为 #E43A3D，如图 4-193 所示。

图 4-192 【新建 CSS 规则】对话框

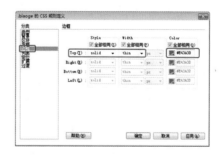

图 4-193 设置规则

(17) 单击【确定】按钮，将光标置入第 1 列单元格中，在【属性】面板中将【目标规则】设置为 biaoge。按 Ctrl+Alt+T 组合键打开【表格】对话框，在该对话框中将【行数】、【列】

分别设置为 14、1，将【表格宽度】设置为 200 像素，如图 4-194 所示。

(18) 单击【确定】按钮即可插入表格，单击【拆分】按钮，将第 1、2、3 命令行中的代码删除，单击【设计】按钮，返回到场景中。选择插入表格的所有单元格，将【高】设置为 25，在单元格内输入文字，将【大小】设置为 15，完成后的效果如图 4-195 所示。

图 4-194　【表格】对话框　　　　　　　　　图 4-195　在单元格内输入文字后的效果

知识链接

在 Dreamweaver 中可以使用以下方法选择单个单元格。

单击单元格，然后在文档窗口左下角的标签选择器中选择 <td> 标签。

按住 Ctrl 键单击单元格。

单击单元格，然后在菜单栏中选择【编辑】|【全选】命令。选择了一个单元格后再次选择【编辑】|【全选】命令可以选择整个表格。

(19) 将光标置入第 2 列单元格内，在菜单栏中选择【插入】|【媒体】| Flash SWF 命令，弹出【选择 SWF】对话框，在该对话框中选择 Flash1.swf 素材文件，如图 4-196 所示。

(20) 单击【确定】按钮，再在弹出的对话框中保持默认设置，单击【确定】按钮，如图 4-197 所示。

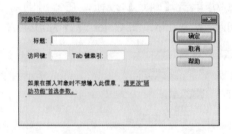

图 4-196　选择素材文件　　　　　　　　　图 4-197　【对象标签辅助功能属性】对话框

(21) 单击【确定】按钮，即可插入 SWF 媒体。将光标置入表格的右侧，按 Ctrl+Alt+T 组合键打开【表格】对话框，在该对话框中将【行数】、【列】分别设置为 1、3，将【表格宽度】设置为 900 像素，其他保持默认设置，如图 4-198 所示。

(22) 单击【确定】按钮即可插入表格，选择插入的表格，在【属性】面板中将 Align 设置为【居中对齐】。将单元格的【宽】都设置为 300，将光标置入第 1 列单元格内，在该单元格内插入 2 行 2 列单元格，将【表格宽度】设置为 300 像素，将插入表格的第 1 列单元格的宽设置为 80，将第 1 行、第 2 行单元格的【高】分别设置为 30、35，将第 1 列单元格合并，完成后的效果如图 4-199 所示。

图 4-198 【表格】对话框

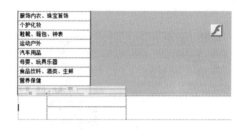

图 4-199 设置完成后的效果

(23) 将光标移至合并后的单元格内，按 Ctrl+Alt+I 组合键打开【选择图像源文件】对话框，在该对话框中选择随书附带光盘中的 CDROM \ 素材 \ Cha04 \ 莱特易购 \ 特色购物 .jpg 素材图片，如图 4-200 所示。

(24) 单击【确定】按钮，然后在第 2 列单元格内输入文字，选择输入的文字，将【大小】设置为 15，完成后的效果如图 4-201 所示。

图 4-200 选择素材图片

图 4-201 输入文字并进行设置

(25) 在其他单元格内插入表格并进行相应的设置，完成后的效果如图 4-202 所示。

(26) 将光标置入表格的右侧，按 Ctrl+Alt+T 组合键打开【表格】对话框，在该对话框中将【行数】、【列】分别设置为 1、4，将【表格宽度】设置为 900 像素，如图 4-203 所示。

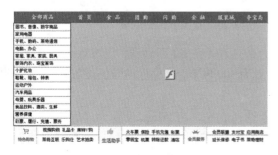

图 4-202 设置剩余的单元格

图 4-203 【表格】对话框

(27) 单击【确定】按钮，使用前面介绍的方法向表格内插入图片，单击【实时视图】按钮.观看效果，如图 4-204 所示。

(28) 按 Ctrl+Alt+T 组合键打开【表格】对话框，在该对话框中将【行数】、【列】都设置为1，将【表格宽度】设置为 900 像素。单击【确定】按钮，确定插入的表格处于选择状态，将 Align 设置为【居中对齐】。将光标置入单元格内，将【高】设置为 10，在菜单栏中选择【插入】|【水平线】命令，如图 4-205 所示。

图 4-204　插入图片后的效果　　　　　　　　　图 4-205　选择【水平线】命令

(29) 将光标置入表格的右侧，按 Ctrl+Alt+T 组合键打开【表格】对话框，在该对话框中将【行数】、【列】分别设置为 2、7，将【表格宽度】设置为 900 像素，其他保持默认设置，如图 4-206 所示。

(30) 单击【确定】按钮，选择插入的表格，将 Align 设置为【居中对齐】，将单元格的【背景颜色】设置为 #e7e6e5，将【水平】设置为【居中对齐】。将第 1 行单元格的高设置为 25，将【水平】设置为【居中对齐】，然后在第 1 行、第 2 行单元格内输入文字，将文字的颜色设置为 #666666，将第 2 行的文字应用 wz1，完成后的效果如图 4-207 所示。

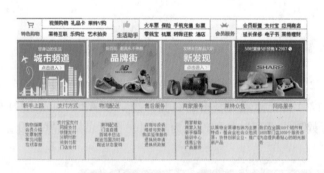

图 4-206　【表格】对话框　　　　　　　　　　图 4-207　输入文字后的效果

(31) 将光标置入表格的右侧，按 Ctrl+Alt+T 组合键打开【表格】对话框，在该对话框中将【行数】设置为 2，将【列】设置为 1，将【表格宽度】设置为 900 像素，其他保持默认设置，如图 4-208 所示。

(32) 单击【确定】按钮，确定插入的表格处于选择状态，将 Align 设置为【居中对齐】，选择单元格，将【水平】设置为【居中对齐】，将第 1 行单元格的【垂直】设置为【底部】，然后在单元格内输入文字，然后为输入的文字应用 wz1 样式，完成后的效果如图 4-209 所示。

图 4-208 插入表格

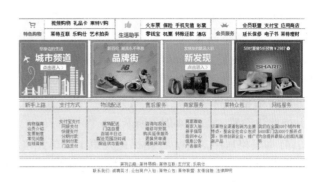

图 4-209 输入文字并进行设置

(33) 至此莱特易购网就制作完成了，将场景保存后按 F12 键进行预览。

案例精讲 032 美食网

案例文件：CDROM \ 场景 \ Cha04 \ 美食网

视频文件：视频教学 \ Cha04 \ 美食网 .avi

制作概述

本例利用表格和鼠标经过图像来制作网页的导航栏部分，然后利用表格制作网页的主体部分，在插入的表格内插入图片和输入文字，完成后的效果如图 4-210 所示。

学习目标

学会如何制作美食网页。

(1) 启动软件后选择 HTML 选项，单击【属性】面板中的【页面属性】按钮，在弹出的对话框中选择【外观 (HTML)】选项，将【左边距】、【右边距】、【边距高度】都设置为 0，如图 4-211 所示。

图 4-210 美食网

(2) 单击【确定】按钮，按 Ctrl+Alt+T 组合键打开【表格】对话框，在该对话框中将【行数】、【列】都设置为 1，将【表格宽度】设置为 900 像素，其他参数均设置为 0，如图 4-212 所示。

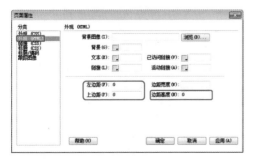

图 4-211 【页面属性】对话框

图 4-212 插入表格

(3) 单击【确定】按钮，选择插入的表格，将 Align 设置为【居中对齐】，将【高】设置为 30。在表格内输入文字，然后选择除【手机版】以外的其他文字，将【大小】设置为 13，将 Color 设置为 #666666，选择【手机版】文字，将【大小】设置为 15，将 Color 设置为 #FF9900，按 Ctrl+B 组合键为文字进行加粗。将光标置入表格的右侧，按 Ctrl+Alt+T 组合键在弹出的对话框中将【行数】、【列】分别设置为 1、9，将【表格宽度】设置为 900 像素，其他保持默认设置，如图 4-213 所示。

(4) 将表格居中对齐，将光标置入第 1 列单元格内，在菜单栏中选择【插入】|【图像】|【鼠标经过图像】命令，弹出【插入鼠标经过图像】对话框，在该对话框中单击【原始图像】右侧的【浏览】按钮，如图 4-214 所示。

图 4-213　【表格】对话框

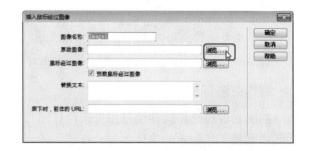

图 4-214　【插入鼠标经过图像】对话框

(5) 弹出【原始图像】对话框，在该对话框中选择随书附带光盘中的 CDROM \ 素材 \ Cha04 \ 美食 \ DH1.jpg 素材图片，如图 4-215 所示。

(6) 单击【确定】按钮，返回到【插入鼠标经过图像】对话框，在该对话框中单击【鼠标经过图像】右侧的【浏览】按钮，在弹出的对话框中选择随书附带光盘中的 CDROM \ 素材 \ Cha04 \ 美食 \ DH10.jpg 素材图片，单击【确定】按钮，返回到【插入鼠标经过图像】对话框，如图 4-216 所示。

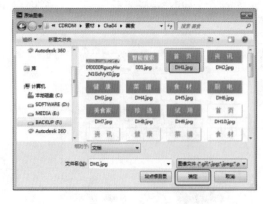

图 4-215　【原始图像】对话框

图 4-216　【插入鼠标经过图像】对话框

美食，顾名思义就是美味的食物，贵的有山珍海味，便宜的有街边小吃。但是不是所有人对美食的标准都是一样的，其实美食是不分贵贱的，只要是自己喜欢的，就可以称之为美食。美食还体现人类的文明与进步。

美食不仅仅只是餐桌上的食物，休闲零食，各种饼干、糕点、糖类制品，众口难调，各有各的风味，从味觉到视觉的享受，都称之为美食！

(7) 使用同样的方法插入其他鼠标经过图像，完成后的效果如图4-217所示。

手机版|菜谱大全|排行榜|美食厨房|精选上千道家常菜

| 首 页 | 资 讯 | 健 康 | 菜 谱 | 食 材 | 厨 电 | 美 食 家 | 珍 选 | 试 用 |

图 4-217 插入鼠标经过图像

(8) 将光标置入表格的右侧，按Ctrl+Alt+T组合键打开【表格】对话框，在该对话框中将【行数】、【列】分别设置为2、3，将【表格宽度】设置为900像素，其他保持默认设置，如图4-218所示。

(9) 将第1行单元格合并，将【高】设置为10，选择合并后的表格，单击【拆分】按钮，将选中命令中的" "进行删除，如图4-219所示。

(10) 将单元格的【宽】均设置为300，将光标置入第2行第1列单元格内，按Ctrl+Alt+T组合键打开【表格】对话框，在该对话框中将【行数】、【列】分别设置为11、1，将【表格宽度】设置为300像素，其他保持默认设置，如图4-220所示。

图 4-218 【表格】对话框　　　　图 4-219 删除命令后的效果　　　　图 4-220 【表格】对话框

(11) 将第1行的【高】设置为30，第2、3行单元格的【高】分别设置为25、75，选择第1行单元格，单击【拆分】按钮，弹出【拆分单元格】对话框，在该对话框中选中【列】单选按钮，将【列数】设置为2，单击【确定】按钮即可拆分单元格，如图4-221所示。使用同样的方法，拆分第2行和第3行单元格。

 在菜单栏中选择【修改】|【表格】|【拆分单元格】命令，也可以弹出【拆分单元格】对话框。

(12) 将第1列单元格的【宽】设置为100，然后在第1行单元格内输入文字，将【今日热门】大小设置为17，按Ctrl+B组合键进行加粗，选择剩余的文字，将【大小】设置为12，将

Color 设置为 #666666，完成后的效果如图 4-222 所示。

图 4-221 【拆分单元格】对话框

图 4-222 输入文字后的效果

(13) 将第 1 列中第 2 行、第 3 行单元格进行合并，按 Ctrl+Alt+I 组合键打开【选择图像源文件】对话框，在该对话框中选择随书附带光盘中的 CDROM \ 素材 \ Cha04 \ T1.jpg 素材图片，如图 4-223 所示。

(14) 单击【确定】按钮，选择插入的图片，在【属性】面板中将【宽】设置为 100，完成后的效果如图 4-224 所示。

图 4-223 选择素材图片

图 4-224 调整图片

(15) 在第 2 列单元格内输入文字，选择"蘑菇家族时尚秀"文字，按 Ctrl+B 组合键进行加粗。将 Color 设置为 #ff3300，将剩余的文字【大小】设置为 15，将 Color 设置为 #666666，完成后的效果如图 4-225 所示。

(16) 将第 4 行单元格的【高】设置为 25，然后使用同样的方法为剩余的单元格插入图片和输入文字，并对输入的文字进行设置，完成后的效果如图 4-226 所示。

(17) 使用同样的方法在单元格内输入文字和插入图片，完成后的效果如图 4-227 所示。

图 4-225 输入文字

图 4-226 设置其他图片和文字

图 4-227 设置完成后的效果

(18) 将光标置入表格的右侧，按 Ctrl+Alt+T 组合键打开【表格】对话框，在该对话框中将【行数】、【列】都设置为 2，将【表格宽度】设置为 900 像素，其他保持默认设置，如图 4-228 所示。

(19) 单击【确定】按钮，确定插入的表格处于选择状态，在【属性】面板中将 Align 设置为【居中对齐】，将第 1 行单元格进行合并，使用前面介绍的方法将【高】设置为 10。将光标置入第 1 列第 2 行单元格内，将【宽】设置为 600 像素。按 Ctrl+Alt+T 组合键打开【表格】对话框，在该对话框中将【行数】、【列】都设置为 8，将【表格宽度】设置为 600 像素，其他保持默认设置，如图 4-229 所示。

(20) 将第 2、4、6、8 单元格的【宽】设置为 120，将第 1 列单元格【宽】设置为 15，将剩余单元格的【宽】设置为 35，然后将光标置入第 2 列第 3 行单元格内，按 Ctrl+Alt+I 组合键，在打开的对话框中选择随书附带光盘中的 CDROM \ 素材 \ Cha04 \ 美食 \ 水煎包 .jpg 素材图片，如图 4-230 所示。

图 4-228　【表格】对话框

图 4-229　设置表格参数

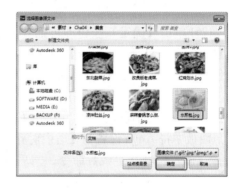
图 4-230　选择素材图片

(21) 单击【确定】按钮，即可插入图片，然后在【属性】面板中将【宽】、【高】进行锁定，将【宽】设置为 120，在第 2 列第 4 行单元格内输入文字，将【大小】设置为 13，完成后的效果如图 4-231 所示。

(22) 将除插入图片单元格外其他单元格的行高均设置为 20，使用同样的方法插入其他图片和输入文字，完成后的效果如图 4-232 所示。

图 4-231　插入图片和输入文字

图 4-232　插入其他图片并输入文字

(23) 将第 1 行第 1~3 列单元格进行合并，将第 4~8 列单元格进行合并，然后在单元格内输入文字，完成后的效果如图 4-233 所示。

(24) 将光标置入大表格的第 2 列单元格内，按 Ctrl+Alt+T 组合键打开【表格】对话框，在该对话框中将【行数】、【列】分别设置为 11、1，将【表格宽度】设置为 300，其他均设置为 0，如图 4-234 所示。

图 4-233　在单元格内输入文字　　　　　　　图 4-234　【表格】对话框

(25) 单击【确定】按钮即可插入表格，将第 1 行单元格的高设置为 40，将其余单元格的高设置为 30，然后在单元格内输入文字，并对文字进行相应的设置，完成后单击【实时视图】按钮观看效果，如图 4-235 所示。

(26) 将光标置入表格的右侧，按 Ctrl+Alt+T 组合键打开【表格】对话框，在该对话框中将【行数】、【列】分别设置为 2、1，将【表格宽度】设置为 900 像素，单击【确定】按钮。在【属性】面板中将 Align 设置为【居中对齐】，将第 1 行的行高设置为 10，将光标置入该单元格中，选择【插入】|【水平线】命令，然后在第 2 行单元格内输入文字，将【大小】设置为 13，将 Color 设置为 #666666，完成后单击【实时视图】按钮观看效果，如图 4-236 所示。

图 4-235　设置单元格并输入文字　　　　　　　图 4-236　观看效果

(27) 至此，美食网页就制作完成了，将场景进行保存后按 F12 键进行预览。

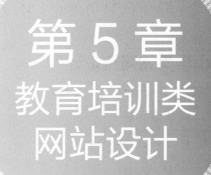

第 5 章
教育培训类
网站设计

教育培训是近年来逐渐兴起的一种将知识教育资源信息化的机构或在线学习系统，是以提供教育资源和培训信息为主要内容的专门性网站或培训机构。本章就来介绍一下教育培训类网站的设计。

案例精讲 033　小学网站网页设计

案例文件：CDROM \ 场景 \ Cha05 \ 小学网站网页设计 .html

视频文件：视频教学 \ Cha05 \ 小学网站网页设计 .avi

制作概述

本例将介绍小学网站网页的制作过程。本例主要讲了使用表格和Div的布局网页，其中还介绍了如何设置Div的背景图像和插入图片的方法。完成后的效果如图5-1所示。

学习目标

学会如何设计小学网站网页。

操作步骤

图 5-1　小学网站网页

(1) 启动软件后，新建一个HTML文档，然后单击【页面属性】按钮，在弹出的【页面属性】对话框中，将【左边距】、【右边距】、【上边距】和【下边距】都设置为0，然后单击【确定】按钮，如图5-2所示。

(2) 在菜单栏中选择【插入】| Div 命令，在弹出的【插入Div】对话框中，将ID设置为div01，如图5-3所示。

图 5-2　【页面属性】对话框

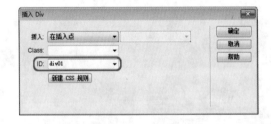

图 5-3　【插入 Div】对话框

(3) 然后单击【新建CSS规则】按钮，在弹出的【新建CSS规则】对话框中，使用默认参数，然后单击【确定】按钮，如图5-4所示。

(4) 在弹出的对话框中，将【分类】选择为【定位】，然后将Position设置为absolute，然后单击【确定】按钮，如图5-5所示。

(5) 返回到【插入Div】对话框，然后单击【确定】按钮，在页面中插入Div。选中插入的div01，在【属性】面板中，将【宽】设置为1000px，【高】设置为257px，如图5-6所示。

图 5-4 【新建 CSS 规则】对话框

图 5-5 设置定位

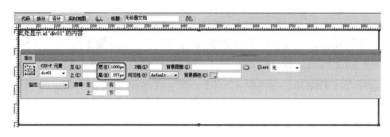

图 5-6 设置 div01

 提示

在创建完 Div 后,为了丰富 Div,用户可以在 Div 中插入图像、文本以及表单等。

(6) 将 div01 中的文字删除,然后按 Ctrl+Alt+T 组合键,弹出【表格】对话框,将【行数】设置为 2,【列】设为 1,将【表格宽度】设为 1000 像素,然后单击【确定】按钮,如图 5-7 所示。

(7) 将光标插入到第一行单元格中,在【属性】面板中,单击 按钮,在弹出的【拆分单元格】对话框中,将【把单元格拆分】设置为【列】,【列数】设置为 4,然后单击【确定】按钮,如图 5-8 所示。

图 5-7 【表格】对话框

图 5-8 【拆分单元格】对话框

 提示

除此之外,用户还可以通过在要拆分的表格中右击,在弹出的快捷菜单中选择【表格】|【拆分单元格】命令,或按 Ctrl+Alt+S 组合键,在弹出的对话框中设置拆分参数即可。

(8) 将第一行单元格的【背景颜色】设置为 #e7e7e7，然后将第一个单元格的【宽】设置为550，【高】设置为37，如图5-9所示。

(9) 在第一个单元格中输入文字，将【字体】设置为【宋体】，【大小】设置14，如图5-10所示。

图5-9　设置单元格

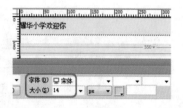

图5-10　输入并设置文字

(10) 选中后3列单元格，将【水平】设置为【居中对齐】，【宽】设置为150，如图5-11所示。

(11) 将光标插入第2列单元格中，然后按Ctrl+Alt+I组合键，弹出【选择图像源文件】对话框，选择随书附带光盘中的 CDROM \ 素材 \ Cha05 \ 小学网站网页设计 \ 01.png 素材文件，单击【确定】按钮，如图5-12所示。

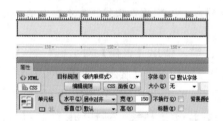

图5-11　设置单元格

图5-12　选择素材图片

(12) 在图片右侧继续输入文字，将【字体】设置为【宋体】，【大小】设置为14，如图5-13所示。

(13) 使用相同的方法编辑其他单元格的内容，如图5-14所示。

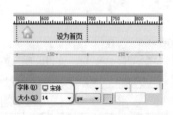

图5-13　输入并设置文字

图5-14　编辑其他单元格的内容

提示　图片与文字之间使用空格将其隔开。

在 Dreamweaver 中可以使用以下方法来敲空格:

直接按 Space 键只可以敲一个空格,如果需要敲多个连续空格,可以在菜单栏中选择【编辑】|【首选项】命令,在弹出的【首选项】对话框中,选择【分类】列表框中的【常规】选项,然后在【编辑选项】组中选中【允许多个连续的空格】复选框即可。

按 Shift+Space 组合键将输入法的半角切换为全角,然后连续按 Space 键即可敲出多个连续的空格。

按 Shift+Ctrl+Space 组合键。

(14) 将光标插入到下一行单元格中,按 Ctrl+Alt+I 组合键,弹出【选择图像源文件】对话框,选择随书附带光盘中的 CDROM\素材\Cha05\小学网站网页设计\04.png 素材文件,单击【确定】按钮,插入素材图片,如图 5-15 所示。

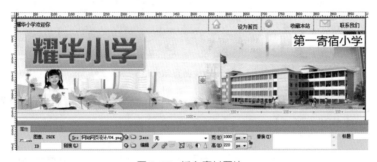

图 5-15　插入素材图片

(15) 使用相同的方法插入新的 Div,将其命名为 div02,将【宽】设置为 1000px、【高】设置为 36px、【上】设置为 257px,如图 5-16 所示。

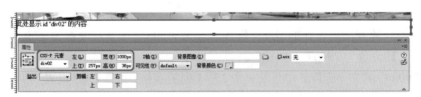

图 5-16　插入 div02

(16) 选中插入的 div01,在【属性】面板中,单击【浏览文件】按钮 📁,弹出【选择图像源文件】对话框,选择随书附带光盘中的 CDROM\素材\Cha05\小学网站网页设计\05.png 素材图片,将其设置为 div02 的背景图像,如图 5-17 所示。

图 5-17　设置背景图像

除了单击【浏览文件】按钮可以添加图像外,用户在【背景图像】右侧的文本框中输入图像文件所在的路径,同样也可以添加背景图像。

(17) 将div02中的文字删除，插入一个1行10列的表格，将【宽】设置为1000像素，如图5-18所示。

图 5-18　插入表格

(18) 选中所有单元格，将【水平】设置为【居中对齐】，【高】设置为36，然后调整单元格的线框，将其与背景图片中的竖线对齐，如图5-19所示。

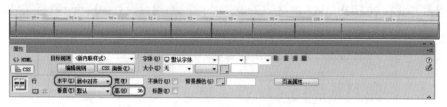

图 5-19　调整单元格

(19) 在单元格中输入文字，将【字体】设置为【微软雅黑】，【大小】设置为14，字体颜色设置为白色，如图5-20所示。

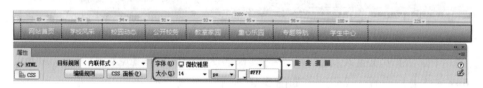

图 5-20　输入并设置文字

(20) 使用相同的方法插入新的 Div，将其命名为 div03，【宽】设置为 273px，【高】设置为 207px，【上】设置为 294px，如图 5-21 所示。

(21) 将div03中的文字删除，并插入一个2行1列的表格，将其【宽】设置为100%，如图5-22所示。

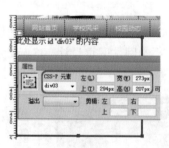

图 5-21　插入 div03

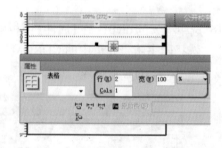

图 5-22　插入表格

(22) 在第一行单元格中插入随书附带光盘中的 CDROM＼素材＼Cha05＼小学网站网页设计＼06.png 素材图片，如图 5-23 所示。

(23) 将光标插入到第 2 行单元格中，将【水平】设置为【居中对齐】，【高】设置为 30，【背景颜色】设置为#999999。然后输入文字，将【字体】设置为【微软雅黑】，【大小】设置为18，如图5-24所示。

图5-23　插入素材图片

图5-24　设置单元格并输入文字

(24) 使用相同的方法插入新的Div，将其命名为div04，【宽】设置为395px，【高】设置为207px，【左】设置为288px，【上】设置为294px，【背景图像】设置为随书附带光盘中的CDROM\素材\Cha05\小学网站网页设计\07.png素材图片，如图5-25所示。

 在为Div添加背景图像时，需要将背景图像的大小设置与Div的大小相同，如果图像过大或者过小，将会出现图像显示不全或平铺整个Div。

(25) 将div04中的文字删除，然后插入一个7行1列的表格，将【宽】设置为100%，如图5-26所示。

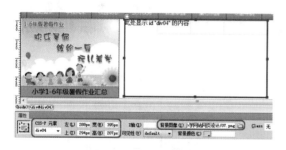

图5-25　插入div04

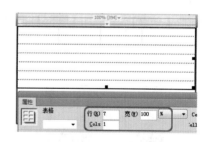

图5-26　插入表格

(26) 将第一行单元格拆分成4列，将【水平】设置为【居中对齐】，【高】设置为40。然后调整单元格的线框，将其与背景图片中的竖线对齐，如图5-27所示。

(27) 在单元格中输入文字，将【字体】设置为【微软雅黑】，【大小】设置16，如图5-28所示。

图5-27　拆分单元格

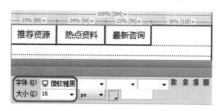

图5-28　输入并设置文字

(28) 使用相同的方法，设置其他单元格并输入文字，如图5-29所示。

(29) 使用相同的方法插入新的 Div，将其命名为 div05，【宽】设置为 303px，【高】设置为 207px，【左】设置为 696px，【上】设置为 294px，如图 5-30 所示。

图 5-29　输入文字

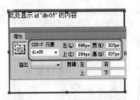

图 5-30　插入 div05

(30) 将【背景图像】设置为随书附带光盘中的 CDROM＼素材＼Cha05＼小学网站网页设计＼08.png 素材图片，如图 5-31 所示。

(31) 使用相同的方法插入新的 Div，将其命名为 div06，【宽】设置为 290px，【高】设置为 170px，【左】设置为 703px，【上】设置为 333px，如图 5-32 所示。

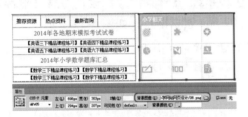

图 5-31　设置【背景图像】

图 5-32　插入 div06

(32) 将 div06 中的文字删除，然后插入一个 3 行 3 列的表格，将单元格的【水平】设置为【居中对齐】，【垂直】设置为【底部】，【宽】设置为 96，【高】设置为 56，如图 5-33 所示。

(33) 在表格中输入文字并进行设置，如图 5-34 所示。

图 5-33　插入表格

图 5-34　输入并设置文字

(34) 使用相同的方法插入新的 Div，将其命名为 div07，【宽】设置为 745px，【高】设置为 112px，【上】设置为 505px，将【背景图像】设置为随书附带光盘中的 CDROM＼素材＼Cha05＼小学网站网页设计＼09.png 素材图片，如图 5-35 所示。

图 5-35　插入 div07

(35) 使用相同的方法插入新的 Div，将其命名为 div08，【宽】设置为 363px，【高】设置为 218px，【上】设置为 617px，将【背景图像】设置为随书附带光盘中的 CDROM \ 素材 \ Cha05 \ 小学网站网页设计 \ 010.png 素材图片，如图 5-36 所示。

知识链接

PNG，图像文件存储格式，其目的是试图替代 GIF 和 TIFF 文件格式，同时增加一些 GIF 文件格式所不具备的特性。PNG 用来存储灰度图像时，灰度图像的深度可多到 16 位，存储彩色图像时，彩色图像的深度可多到 48 位，并且还可存储多到 16 位的 α 通道数据。PNG 使用从 LZ77 派生的无损数据压缩算法。一般应用于 JAVA 程序、网页或 S60 程序中，是因为它压缩比高，生成文件容量小。

PNG 格式图片因其高保真性、透明性及文件体积较小等特性，被广泛应用于网页设计、平面设计中。网络通信中因受带宽制约，在保证图片清晰、逼真的前提下，网页中不可能大范围的使用文件较大的 bmp、jpg 格式文件，gif 格式文件虽然文件较小，但其颜色失色严重，不尽如人意，所以 PNG 格式文件自诞生之日起就大行其道。

(36) 将 div08 中的文字删除，然后参照前面的操作方法插入表格并输入文字，如图 5-37 所示。

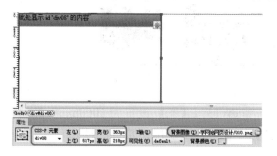

图 5-36　插入 div08

图 5-37　插入表格并输入文字

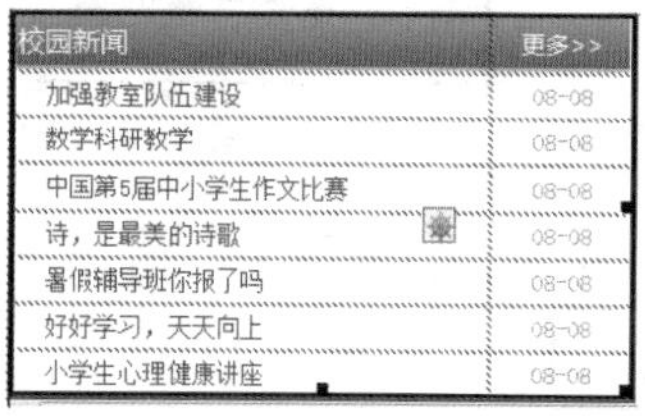

(37) 参照前面的操作步骤，分别插入 div09、div10 和 div11，然后在 Div 中插入表格并输入文字，如图 5-38 所示。

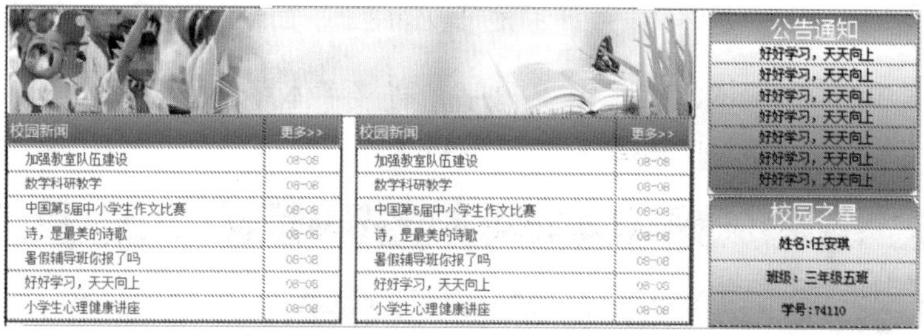

图 5-38　插入 Div

(38) 使用相同的方法插入新的 Div，将其命名为 div12，【宽】设置为 1000px，【高】设置为 182px，【上】设置为 837px，将【背景颜色】设置为 #f1f1f1，如图 5-39 所示。

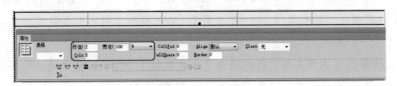

图 5-39 插入 div12

(39) 将 div12 中的文字删除，然后插入一个 2 行 5 列的表格，将【宽】设置为 100%，如图 5-40 所示。

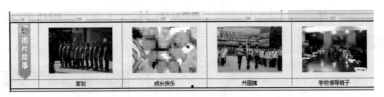

图 5-40 插入表格

(40) 参照前面的操作步骤，设置单元格的【水平】、【高】和【宽】，然后插入图片并输入文字，如图 5-41 所示。

图 5-41 插入图片并输入文字

(41) 使用相同的方法插入新的 Div，将其命名为 div13，【宽】设置为 1000px，【高】设置为 43px，【上】设置为 1020px，将【背景颜色】设置为 #CF4F10，如图 5-42 所示。

图 5-42 插入 div13

(42) 将 div13 中的文字删除，然后输入文字，将【字体】设置为【宋体】，【大小】设置为 14，然后单击【居中对齐】按钮，如图 5-43 所示。

图 5-43 输入并设置文字

将单元格的水平对齐方式设置为【居中对齐】，同样也可以产生文字居中对齐效果。

案例精讲 034　天使宝贝 (一)

案例文件：CDROM \ 场景 \ Cha05 \ 天使宝贝 (一).html

视频文件：视频教学 \ Cha05 \ 天使宝贝 (一).avi

制作概述

天使宝贝网站是一个关于亲子教育的网站。本例先来介绍一下天使宝贝 (一) 网页的制作，该网页是网站的首页，难点在于为不同的单元格设置不同的样式。完成后的效果如图 5-44 所示。

学习目标

学会如何制作天使宝贝 (一) 网页。

掌握设置不同 CSS 样式的方法。

图 5-44　天使宝贝 (一)

操作步骤

(1) 首先制作天使宝贝网站的首页，按 Ctrl+N 组合键，在弹出的【新建文档】对话框中单击【空白页】按钮，将【页面类型】设置为 HTML，将【布局】设置为无，将【文档类型】设置为 HTML5，单击【创建】按钮，如图 5-45 所示。

(2) 按 Ctrl+Alt+T 组合键弹出【表格】对话框，将【行数】设置为 3，将【列】设置为 1，将【表格宽度】设置为 800 像素，将【边框粗细】、【单元格边距】、【单元格间距】都设置为 0，单击【确定】按钮，如图 5-46 所示。

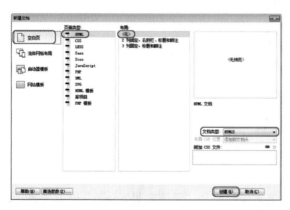

图 5-45　新建文档

图 5-46　【表格】对话框

知识链接

在访问一个网站时，首先看到的网页一般称为该网站的首页。有些网站的首页具有欢迎访问者的作用。首页只是网站的开场页，单击页面上的文字或图片，即可打开网站的主页，而首页也随之关闭。

> 网站主页与首页的区别在于：主页设有网站的导航栏，是所有网页的链接中心。但多数网站的首页与主页通常合为一体，即省略了首页而直接显示主页，这种情况下，它们指的是同一个页面，本例就是将网站的首页与主页合为一体。

(3) 即可插入表格，在【属性】面板中将 Align 设置为【居中对齐】，如图 5-47 所示。

(4) 将光标置入第一行单元格中，在【属性】面板中将【垂直】设置为【底部】，将【高】设置为 87，如图 5-48 所示。

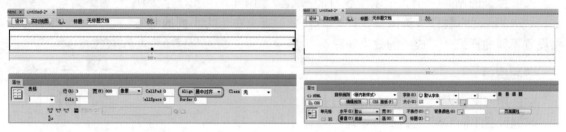

图 5-47　设置表格对齐方式　　　　　　　　　　　图 5-48　设置单元格属性

(5) 单击【拆分】按钮，将光标置入如图 5-49 所示的位置，按下 Space 键，在弹出的下拉列表框中双击 background 选项。

(6) 然后单击【浏览】按钮，如图 5-50 所示。

图 5-49　双击 background 选项　　　　　　　　　　图 5-50　单击【浏览】按钮

(7) 弹出【选择文件】对话框，在该对话框中选择素材图片"天使宝贝 .jpg"，单击【确定】按钮，如图 5-51 所示。

(8) 即可在光标所在的单元格中插入背景图片，如图 5-52 所示。

 　除了该方法之外，用户还可以在相应的位置输入"background=file:///F|/CDROM/ 素材 /Cha05/ 文件名称"，从而添加背景图像。

(9) 单击【设计】按钮，切换到【设计】视图，确认光标位于插入背景图片的单元格中，然后按 Ctrl+Alt+T 组合键弹出【表格】对话框，将【行数】设置为 1，将【列】设置为 3，将【表格宽度】设置为 225 像素，单击【确定】按钮，即可插入表格，并在【属性】面板中将 Align 设置为【右对齐】，如图 5-53 所示。

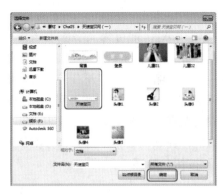

图 5-51　选择素材图片

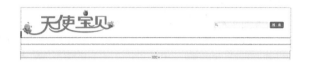

图 5-52　插入的背景图片

(10) 将第 1 个和第 2 个单元格的【宽】设置为 60，将第三个单元格的【宽】设置为 105，然后选择所有的单元格，在【属性】面板中将【高】设置为 30，如图 5-54 所示。

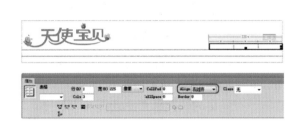

图 5-53　插入表格

图 5-54　设置单元格属性

(11) 然后在第 1 个单元格中输入文字"营养食谱"，选择输入的文字并右击，在弹出的快捷菜单中选择【CSS 样式】|【新建】命令，弹出【新建 CSS 规则】对话框，在该对话框中将【选择器类型】设置为类，将【选择器名称】设置为 A1，将【规则定义】设置为【(仅限该文档)】，单击【确定】按钮，如图 5-55 所示。

(12) 弹出【.A1 的 CSS 规则定义】对话框，在该对话框中选择【分类】列表下的【类型】选项，将 Font-size 设置为 13，将 Color 设置为 #FF5F89，单击【确定】按钮，如图 5-56 所示。

图 5-55　新建 CSS 样式

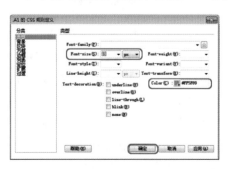

图 5-56　设置样式

类名称必须以句点开头，并且可以包含任何字母和数字组合（例如，.myhead1）。如果没有输入开头的句点，则 Dreamweaver 将自动为其输入句点。

(13) 再次选择文字，在【目标规则】列表框中选择样式 A1，即可为文字应用该样式，效果如图 5-57 所示。

(14) 然后在第 2 个单元格中输入文字"早教知识"，选择输入的文字并右击，在弹出的快捷菜单中选择【CSS 样式】|【新建】命令，弹出【新建 CSS 规则】对话框，在该对话框中将【选择器类型】设置为类，将【选择器名称】设置为 A2，将【规则定义】设置为【仅限该文档】，单击【确定】按钮，弹出【.A2 的 CSS 规则定义】对话框，在该对话框中选择【分类】列表下的【类型】选项，将 Font-size 设置为 13，单击【确定】按钮，如图 5-58 所示。

图 5-57 应用样式

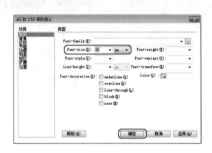

图 5-58 设置【类型】

(15) 再次选择文字，在【目标规则】列表框中选择样式 A2，即可为文字应用该样式，使用同样的方法，在第 3 个单元格中输入文字并应用样式，如图 5-59 所示。

(16) 将光标置入大表格的第 2 行单元格中，右击，在弹出的快捷菜单中选择【CSS 样式】|【新建】命令，如图 5-60 所示。

图 5-59 输入文字并应用样式

图 5-60 选择【新建】命令

(17) 弹出【新建 CSS 规则】对话框，在该对话框中将【选择器类型】设置为类，将【选择器名称】设置为 ge1，将【规则定义】设置为【(仅限该文档)】，单击【确定】按钮，弹出【.ge1 的 CSS 规则定义】对话框，在该对话框中选择【分类】列表下的【边框】选项，然后对边框参数进行设置，设置完成后单击【确定】按钮即可，如图 5-61 所示。

 【(仅限该文档)】是指只在当前文档中嵌入样式，如果要创建外部样式表，可以在【规则定义】下拉列表中选择【新建样式表文件】命令。

(18) 再次将光标置入第 2 行单元格中，在【属性】面板中的【目标规则】列表框中选择样式 ge1，即可为单元格应用该样式，并单击【拆分单元格为行或列】按钮，弹出【拆分单元格】对话框，选中【列】单选按钮，将【列数】设置为 8，单击【确定】按钮，如图 5-62 所示。

图 5-61　新建样式

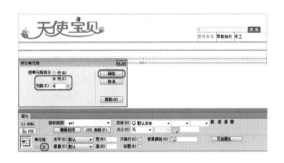

图 5-62　拆分单元格

(19) 然后选择拆分后的所有单元格，在【属性】面板中将【水平】设置为【居中对齐】，将【宽】设置为 100，将【高】设置为 28，如图 5-63 所示。

(20) 将光标置入拆分后的第 1 个单元格中，在【属性】面板中将【背景颜色】设置为 #C4E766，然后在第 1 个单元格中输入文字【首页】，选择输入的文字并右击，在弹出的快捷菜单中选择【CSS 样式】|【新建】命令，如图 5-64 所示。

图 5-63　设置单元格属性

图 5-64　选择【新建】命令

(21) 弹出【新建 CSS 规则】对话框，在该对话框中将【选择器类型】设置为类，将【选择器名称】设置为 A3，将【规则定义】设置为【(仅限该文档)】，单击【确定】按钮，弹出【.A3 的 CSS 规则定义】对话框，在该对话框中选择【分类】列表下的【类型】选项，将 Font-size 设置为 14，将 Font-weight 设置为 bold，将 Color 设置为 #FFF，单击【确定】按钮，如图 5-65 所示。

(22) 再次选择文字，在【目标规则】列表框中选择样式 A3，即可为文字应用该样式，然后在拆分后的第 2 个单元格中输入文字【早教知识】，选择输入的文字并右击，在弹出的快捷菜单中选择【CSS 样式】|【新建】命令，弹出【新建 CSS 规则】对话框，在该对话框中将【选择器类型】设置为类，将【选择器名称】设置为 A4，将【规则定义】设置为【(仅限该文档)】，单击【确定】按钮，弹出【.A4 的 CSS 规则定义】对话框，在该对话框中选择【分类】列表下的【类型】选项，将 Font-size 设置为 14，将 Font-weight 设置为 bold，将 Color 设置为 #c4e766，单击【确定】按钮，如图 5-66 所示。

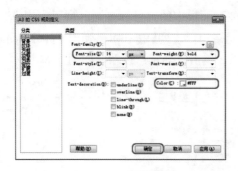

图 5-65　设置 CSS 样式

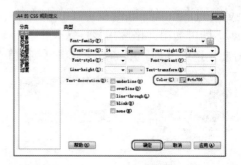

图 5-66　应用样式并新建样式

(23) 再次选择文字，在【目标规则】列表框中选择样式 A4，即可为文字应用该样式，使用同样的方法，在其他单元格中输入文字并应用样式，效果如图 5-67 所示。

(24) 将光标置入大表格的第 3 行单元格中，然后在该单元格中插入素材图片"背景 .jpg"，效果如图 5-68 所示。

图 5-67　输入文字并应用样式

图 5-68　插入素材图片

(25) 将光标置入大表格的右侧，按 Ctrl+Alt+T 组合键弹出【表格】对话框，将【行数】设置为 1，将【列】设置为 2，将【表格宽度】设置为 800 像素，单击【确定】按钮，即可插入表格，并在【属性】面板中将 Align 设置为【居中对齐】，如图 5-69 所示。

提示　　　Align 可以设置整个表格的对齐方式，例如左对齐、居中对齐、右对齐等。

(26) 然后将光标置入第一个单元格中，将【宽】设置为 539，并按 Ctrl+Alt+T 组合键弹出【表格】对话框，将【行数】设置为 9，将【列】设置为 2，将【表格宽度】设置为 520 像素，单击【确定】按钮，即可插入表格，如图 5-70 所示。

图 5-69　插入表格

图 5-70　设置单元格宽度并插入表格

(27) 将光标置入新插入表格的第 1 个单元格中, 在【属性】面板中将【宽】设置为 270, 将【高】设置为 30, 并右击, 在弹出的快捷菜单中选择【CSS 样式】|【新建】命令, 如图 5-71 所示。

(28) 弹出【新建 CSS 规则】对话框, 在该对话框中将【选择器类型】设置为类, 将【选择器名称】设置为 ge2, 将【规则定义】设置为【(仅限该文档)】, 单击【确定】按钮, 弹出【.ge2 的 CSS 规则定义】对话框, 在该对话框中选择【分类】列表下的【边框】选项, 然后对边框参数进行设置, 设置完成后单击【确定】按钮即可, 如图 5-72 所示。

图 5-71　设置单元格属性并选择【新建】命令

图 5-72　设置 CSS 样式

知识链接

在 CSS 规则定义对话框中选择【分类】列表框中的【边框】选项, 在该类别中主要用于设置元素周围的边框, 其中各个选项的功能介绍如下。

Style: 用于设置边框的样式外观。样式的显示方式取决于浏览器。取消选中【全部相同】复选框可设置元素各个边的边框样式。

Width: 用于设置元素边框的粗细。取消选中【全部相同】复选框可设置元素各个边的边框宽度。

Color: 用于设置边框的颜色。可以分别设置每条边的颜色, 但显示方式取决于浏览器。取消选中【全部相同】复选框可设置元素各个边的边框颜色。

(29) 再次将光标置入新插入表格的第 1 个单元格中, 在【属性】面板中的【目标规则】列表框中选择样式 ge2, 即可为单元格应用该样式, 然后为第 1 行的第 2 个单元格应用该样式, 效果如图 5-73 所示。

(30) 在第 1 个单元格中输入文字“育儿小知识”, 选择输入的文字并右击, 在弹出的快捷菜单中选择【CSS 样式】|【新建】命令, 如图 5-74 所示。

(31) 弹出【新建 CSS 规则】对话框, 在该对话框中将【选择器类型】设置为类, 将【选择器名称】设置为 A5, 将【规则定义】设置为【(仅限该文档)】, 单击【确定】按钮, 弹出【.A5 的 CSS 规则定义】对话框, 在该对话框中选择【分类】列表下的【类型】选项, 将 Font-size 设置为 14, 将 Font-weight 设置为 bold, 单击【确定】按钮, 如图 5-75 所示。

(32) 再次选择文字, 在【目标规则】列表框中选择样式 A5, 即可为文字应用该样式, 然后将光标置入第一行的第二个单元格中, 在【属性】面板中将【水平】设置为【右对齐】, 在该单元格中输入文字“更多 >>”, 选择输入的文字并右击, 在弹出的快捷菜单中选择【CSS 样式】|【新建】命令, 如图 5-76 所示。

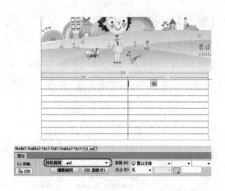

图 5-73　为单元格应用样式

图 5-74　选择【新建】命令

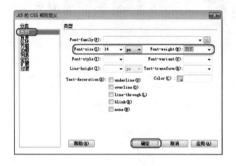

图 5-75　设置 CSS 样式

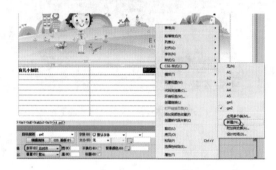

图 5-76　输入文字并选择【新建】命令

(33) 弹出【新建 CSS 规则】对话框，在该对话框中将【选择器类型】设置为类，将【选择器名称】设置为 A6，将【规则定义】设置为【(仅限该文档)】，单击【确定】按钮，弹出【.A6 的 CSS 规则定义】对话框，在该对话框中选择【分类】列表下的【类型】选项，将 Font-size 设置为 13，将 Color 设置为 #c4e766，单击【确定】按钮，如图 5-77 所示。

(34) 再次选择文字，在【目标规则】列表框中选择样式 A6，即可为文字应用该样式，效果如图 5-78 所示。

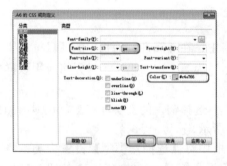

图 5-77　设置 CSS 样式

图 5-78　应用样式

(35) 然后选择如图 5-79 所示的单元格，在【属性】面板中单击【合并所选单元格，使用跨度】按钮。

提示　　通过单击【合并所选单元格，使用跨度】按钮可以实现表格中一列跨越多行或一行跨多列效果。

(36) 即可将选择的单元格合并，然后在合并后的单元格中插入素材图片"儿童 01.jpg"，如图 5-80 所示。

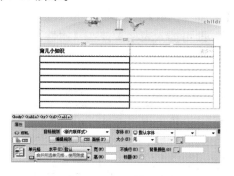

图 5-79　选择单元格

图 5-80　插入素材图片

(37) 在文档中选择如图 5-81 所示的单元格，在【属性】面板中将【宽】设置为 250，将【高】设置为 28。

(38) 然后在单元格中输入文字，并为输入的文字应用样式 A2，效果如图 5-82 所示。

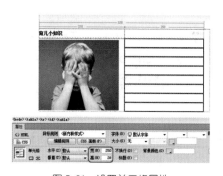

图 5-81　设置单元格属性

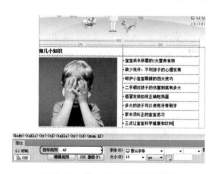

图 5-82　输入文字并应用样式

(39) 将光标置入大表格的第 2 个单元格中并右击，在弹出的快捷菜单中选择【CSS 样式】|【新建】命令，如图 5-83 所示。

(40) 弹出【新建 CSS 规则】对话框，在该对话框中将【选择器类型】设置为类，将【选择器名称】设置为 ge3，将【规则定义】设置为【(仅限该文档)】，单击【确定】按钮，弹出【.ge3 的 CSS 规则定义】对话框，在该对话框中选择【分类】列表下的【边框】选项，然后对边框参数进行设置，设置完成后单击【确定】按钮即可，如图 5-84 所示。

图 5-83　选择【新建】命令

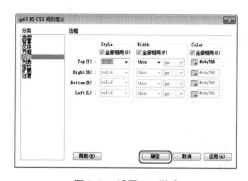

图 5-84　设置 CSS 样式

(41) 再次将光标置入大表格的第 2 个单元格中，在【属性】面板中的【目标规则】列表框中选择样式 ge3，即可为单元格应用该样式，效果如图 5-85 所示。

(42) 然后按 Ctrl+Alt+T 组合键弹出【表格】对话框，将【行数】设置为 5，将【列】设置为 1，将【表格宽度】设置为 240 像素，单击【确定】按钮，即可插入表格，并在【属性】面板中将 Align 设置为【居中对齐】，如图 5-86 所示。

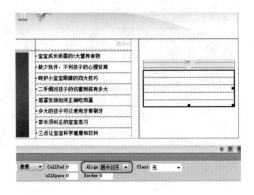

图 5-85　应用样式　　　　　　　　　　　图 5-86　插入表格

(43) 将光标置入新插入表格的第 1 行单元格中，在【属性】面板中将【高】设置为 30，然后在该单元格中输入文字，并为输入的文字应用样式 A5，效果如图 5-87 所示。

(44) 然后在文档中选择如图 5-88 所示的单元格，在【属性】面板中将【水平】设置为【居中对齐】，将【高】设置为 55。

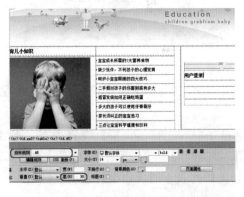

图 5-87　设置单元格属性并输入文字　　　　图 5-88　设置单元格属性

(45) 将光标置入第 2 行单元格中，在菜单栏中选择【插入】|【表单】|【文本】命令，如图 5-89 所示。

(46) 即可插入文本表单，并将英文更改为"账号"，然后为文字应用样式 A2，效果如图 5-90 所示。

(47) 使用同样的方法，在第 3 行单元格中插入【文本】表单，更改文字为"密码"，然后应用样式，效果如图 5-91 所示。

(48) 将光标置入第 4 行单元格中，插入【复选框】表单，将英文更改为"下次自动登录"，并应用样式 A2，然后选择复选框图标，在【属性】命令中选中 Checked 复选框，效果如图 5-92 所示。

图 5-89 选择【文本】命令

图 5-90 更改文字并应用样式

图 5-91 插入【密码】表单

图 5-92 插入【复选框】表单

(49) 将光标置入第 5 行单元格中，在【属性】面板中单击【拆分单元格为行或列】按钮 北，弹出【拆分单元格】对话框，选中【列】单选按钮，将【列数】设置为 2，单击【确定】按钮，如图 5-93 所示。

(50) 即可拆分单元格，并将拆分后的第 1 个单元格的【宽】设置为 148，将第 2 个单元格的【宽】设置为 92，效果如图 5-94 所示。

图 5-93 【拆分单元格】对话框

图 5-94 设置单元格宽度

(51) 将光标置入拆分后的第 1 个单元格中，在菜单栏中选择【插入】|【表单】|【图像按钮】命令，弹出【选择图像源文件】对话框，在该对话框中选择素材图片"登录.jpg"，单击【确定】按钮，如图 5-95 所示。

(52) 即可在单元格中插入图像按钮，然后在拆分后的第 2 个单元格中输入文字，并为输入的文字应用样式 A6，效果如图 5-96 所示。

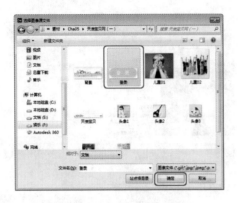

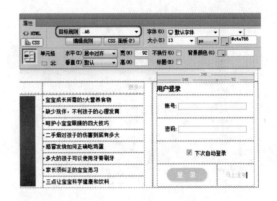

图 5-95　选择图像源文件　　　　　　　　　　　图 5-96　输入文字并应用样式

（53）将光标置入大表格的右侧，按 Ctrl+Alt+T 组合键弹出【表格】对话框，将【行数】和【列】都设置为 1，将【表格宽度】设置为 800 像素，单击【确定】按钮，即可插入表格，并在【属性】面板中将 Align 设置为【居中对齐】，如图 5-97 所示。

（54）将光标置入插入的表格中，在【属性】面板中将【高】设置为 40，效果如图 5-98 所示。

图 5-97　插入表格　　　　　　　　　　　　　　图 5-98　设置单元格高度

（55）然后在菜单栏中选择【插入】|【水平线】命令，即可在单元格中插入水平线，在【属性】面板中将【高】设置为 1，并单击【拆分】按钮，在视图中输入代码，用于更改水平线颜色，如图 5-99 所示。

> **知识链接**
>
> 　　水平线对于组织信息很有用。在页面上，可以使用一条或多条水平线以可视方式分隔文本和对象。

（56）单击【设计】按钮，切换到【设计】视图，将光标置入表格的右侧，按 Ctrl+Alt+T 组合键弹出【表格】对话框，将【行数】设置为 1，将【列】设置为 3，将【表格宽度】设置为 800 像素，单击【确定】按钮，即可插入表格，并在【属性】面板中将 Align 设置为【居中对齐】，如图 5-100 所示。

图 5-99　插入水平线并更改颜色

图 5-100　插入表格

(57) 将光标置入第 1 个单元格中，为其应用样式 ge3，然后在【属性】面板中将【水平】设置为【居中对齐】，将【宽】设置为 250，如图 5-101 所示。

(58) 然后按 Ctrl+Alt+T 组合键弹出【表格】对话框，将【行数】设置为 5，将【列】设置为 2，将【表格宽度】设置为 235 像素，单击【确定】按钮，即可插入表格，如图 5-102 所示。

图 5-101　设置单元格属性

图 5-102　插入表格

(59) 将光标置入新插入表格的第 1 个单元格中，在【属性】面板中将【宽】设置为 60，将【高】设置为 30，并输入文字，然后为文字应用样式 A5，如图 5-103 所示。

(60) 在文档中选择如图 5-104 所示的单元格，在【属性】面板中将【高】设置为 50。

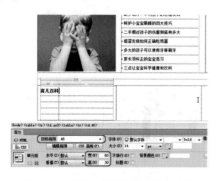

图 5-103　设置单元格属性并输入文字

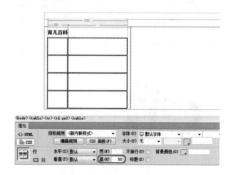

图 5-104　设置单元格高度

(61) 在第二行的第一个单元格中输入文字"新生儿"，为其应用样式 A1，然后在第二个单元格中输入文字，为输入的文字应用样式 A2，效果如图 5-105 所示。

(62) 使用同样的方法，在其他单元格中输入文字并应用样式，效果如图 5-106 所示。

图 5-105　输入文字并应用样式　　　　图 5-106　在其他单元格中输入文字并应用样式

(63) 将光标置入大表格的第 2 个单元格中，在【属性】面板中将【水平】设置为【居中对齐】，将【宽】设置为 285，如图 5-107 所示。

(64) 然后在单元格中插入素材图片"儿童 02.jpg"，效果如图 5-108 所示。

图 5-107　设置单元格属性　　　　　　　　图 5-108　插入素材图片

(65) 将光标置入大表格的第 3 个单元格中，为其应用样式 ge3，然后在【属性】面板中将【水平】设置为【居中对齐】，将【宽】设置为 257，如图 5-109 所示。

(66) 然后按 Ctrl+Alt+T 组合键弹出【表格】对话框，将【行数】设置为 6，将【列】设置为 2，将【表格宽度】设置为 240 像素，单击【确定】按钮，即可插入表格，如图 5-110 所示。

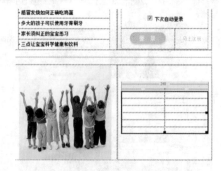

图 5-109　设置单元格属性　　　　　　　　图 5-110　插入表格

(67) 然后结合前面介绍的方法，设置单元格属性并添加内容，效果如图 5-111 所示。

(68) 在文档中选择插入水平线的表格，按 Ctrl+C 组合键进行复制，然后将光标置入其下方表格的右侧，按 Ctrl+V 组合键进行粘贴，效果如图 5-112 所示。

图 5-111　制作其他内容

图 5-112　复制表格

(69) 选择复制后的表格中的水平线，单击【拆分】按钮，在视图中更改水平线的颜色值，效果如图 5-113 所示。

(70) 单击【设计】按钮，切换到【设计】视图，将光标置入复制后的表格的右侧，按 Ctrl+Alt+T 组合键弹出【表格】对话框，将【行数】和【列】都设置为 1，将【表格宽度】设置为 800 像素，单击【确定】按钮，即可插入表格，并在【属性】面板中将 Align 设置为【居中对齐】，如图 5-114 所示。

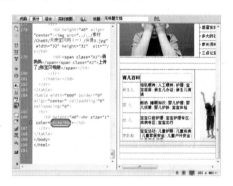

图 5-113　更改水平线的颜色值

图 5-114　插入表格

(71) 将光标置入新插入的表格中，在【属性】面板中将【水平】设置为【居中对齐】，并在单元格中输入文字，然后为输入的文字应用样式 A2，效果如图 5-115 所示。

图 5-115　设置单元格属性并输入文字

案例精讲 035　天使宝贝（二）

 案例文件：CDROM \ 场景 \ Cha05 \ 天使宝贝（二）.html

 视频文件：视频教学 \ Cha05 \ 天使宝贝（二）.avi

制作概述

本例介绍天使宝贝（二）网页的制作，主要是输入文字并为输入的文字应用样式，完成后的效果如图 5-116 所示。

学习目标

学会如何制作天使宝贝（二）网页。
掌握在网页中排列文字的技巧。

操作步骤

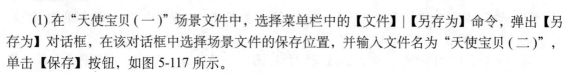

图 5-116　天使宝贝（二）

(1) 在"天使宝贝（一）"场景文件中，选择菜单栏中的【文件】|【另存为】命令，弹出【另存为】对话框，在该对话框中选择场景文件的保存位置，并输入文件名为"天使宝贝（二）"，单击【保存】按钮，如图 5-117 所示。

(2) 在"天使宝贝（二）"场景文件中将不需要的表格删除，删除表格后的效果如图 5-118 所示。

图 5-117　【另存为】对话框

图 5-118　删除表格后的效果

(3) 将光标置入大表格中第 2 行的第 1 个单元格中，在【属性】面板中取消背景颜色的填充，然后将文字样式更改为 A4，效果如图 5-119 所示。

知识链接

　　【属性】面板是网页中非常重要的面板，用于显示在文档窗口中所选元素的属性，并且可以对选择的元素的属性进行修改，该面板中的内容因选定的元素不同会有所不同。通过单击【属性】面板右下角的 △ 按钮可将【属性】面板折叠起来，再次单击该按钮，即可展开【属性】面板。

(4) 将光标置入大表格中第 2 行的第 4 个单元格中，在【属性】面板中将【背景颜色】设置为 #C4E766，然后将文字样式更改为 A3，效果如图 5-120 所示。

(5) 然后选择大表格第 3 行中的素材图片"背景 .jpg"，按 Delete 键将其删除，并在【属性】面板中将单元格的【高】设置为 40，如图 5-121 所示。

(6) 在单元格中输入文字，并为输入的文字应用样式 A2，效果如图 5-122 所示。

图 5-119　调整第 1 个单元格

图 5-120　调整第 4 个单元格

图 5-121　设置单元格高度

图 5-122　输入文字并应用样式

(7) 将光标置入大表格的右侧，按 Ctrl+Alt+T 组合键弹出【表格】对话框，将【行数】设置为 1，将【列】设置为 2，将【表格宽度】设置为 800 像素，将【边框粗细】、【单元格边距】、【单元格间距】都设置为 0，单击【确定】按钮，如图 5-123 所示。

(8) 即可插入表格，在【属性】面板中将 Align 设置为【居中对齐】，如图 5-124 所示。

图 5-123　【表格】对话框

图 5-124　设置表格对齐方式

(9) 将光标置入第 1 个单元格中，为其应用样式 ge3，然后在【属性】面板中将【水平】设置为【居中对齐】，将【宽】设置为 192，效果如图 5-125 所示。

(10) 然后按 Ctrl+Alt+T 组合键弹出【表格】对话框，将【行数】设置为 20，将【列】设置为 1，将【表格宽度】设置为 175 像素，单击【确定】按钮，即可插入表格，如图 5-126 所示。

(11) 将光标置入新插入表格的第 1 行单元格中，在【属性】面板中将【高】设置为 30，然后在该单元格中输入文字，并为输入的文字应用样式 A5，效果如图 5-127 所示。

(12) 将光标置入第 2 行单元格中，在【属性】面板中将【垂直】设置为【底部】，将【高】设置为 25，然后在该单元格中输入文字，并为输入的文字应用样式 A1，效果如图 5-128 所示。

图 5-125　设置单元格属性

图 5-126　插入表格

图 5-127　设置单元格属性并输入文字

图 5-128　设置属性并输入文字

(13) 将光标置入第 3 行单元格中，在【属性】面板中将【高】设置为 25，然后在该单元格中输入文字，并为输入的文字应用样式 A2，效果如图 5-129 所示。

(14) 将光标置入第 4 行单元格中，在【属性】面板中将【垂直】设置为【顶端】，将【高】设置为 25，然后在该单元格中输入文字，并为输入的文字应用样式 A2，效果如图 5-130 所示。

图 5-129　设置单元格属性并输入文字

图 5-130　设置属性并输入文字

如果多行或多列单元格的高度或宽度相同，可以选中多行或多列单元格，在【属性】面板中设置其高度或宽度。

(15) 使用同样的方法，设置其他单元格属性，并输入文字，然后为输入的文字应用样式，效果如图 5-131 所示。

(16) 将光标置入大表格的第 2 个单元格中，按 Ctrl+Alt+T 组合键弹出【表格】对话框，将【行数】设置为 3，将【列】设置为 1，将【表格宽度】设置为 585 像素，单击【确定】按钮，即可插入表格，并在【属性】面板中将 Align 设置为【右对齐】，如图 5-132 所示。

图 5-131　输入其他内容

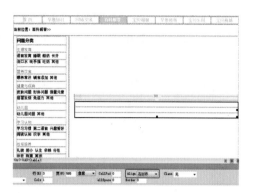

图 5-132　插入表格

(17) 将光标置入新插入表格的第 1 行单元格中，按 Ctrl+Alt+T 组合键弹出【表格】对话框，将【行数】和【列】都设置为 7，将【表格宽度】设置为 565 像素，单击【确定】按钮，即可插入表格，并在【属性】面板中将 Align 设置为【居中对齐】，如图 5-133 所示。

(18) 选择新插入表格的第 1 行中的所有单元格，在【属性】面板中单击【合并所选单元格，使用跨度】按钮，即可将选择的单元格合并，如图 5-134 所示。

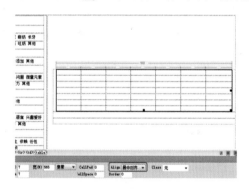

图 5-133　插入表格

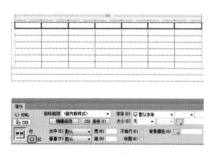

图 5-134　合并单元格

(19) 将光标置入合并后的单元格中，在【属性】面板中将【高】设置为 28，然后在单元格中输入文字"已解决问题"，并为输入的文字应用样式 A5，效果如图 5-135 所示。

(20) 在文档中选择除第 1 行以外的第 1 列单元格，在【属性】面板中将【宽】设置为 20，将【高】设置为 28，如图 5-136 所示。

图 5-135　设置单元格属性并输入文字

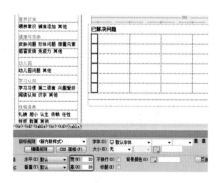

图 5-136　设置第 1 列单元格属性

(21) 然后将第 2 列单元格的【宽】设置为 315，将第 3 列单元格的【宽】设置为 105，将第 4 列单元格的【宽】设置为 30，将第 5 列单元格的【宽】设置为 55，将第 6 列单元格的【宽】设置为 30，将第 7 列单元格的【宽】设置为 10，效果如图 5-137 所示。

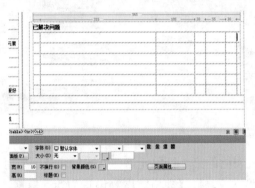

图 5-137　设置单元格的【宽】

(22) 将光标置入第 2 行的第 1 个单元格中并右击，在弹出的快捷菜单中选择【CSS 样式】|【新建】命令，如图 5-138 所示。

(23) 弹出【新建 CSS 规则】对话框，在该对话框中将【选择器类型】设置为类，将【选择器名称】设置为 ge4，将【规则定义】设置为（仅限该文档），单击【确定】按钮，弹出【.ge4 的 CSS 规则定义】对话框，在该对话框中选择【分类】列表下的【边框】选项，然后对边框参数进行设置，设置完成后单击【确定】按钮即可，如图 5-139 所示。

图 5-138　选择【新建】命令

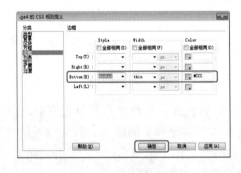

图 5-139　设置 CSS 样式

(24) 再次将光标置入第 2 行的第 1 个单元格中，在【属性】面板中的【目标规则】列表框中选择样式 ge4，即可为单元格应用该样式，使用同样的方法，为其他单元格应用该样式，效果如图 5-140 所示。

(25) 然后在第 1 列的单元格中插入素材图片"图标 1.png"，在【属性】面板中将素材图片的【宽】和【高】设置为 16 和 14，效果如图 5-141 所示。

技巧　　用户可以插入一个"图标 1.png"素材图片并对其进行设置，然后将设置后的图像复制并粘贴至其他单元格中。

图 5-140　为单元格应用样式

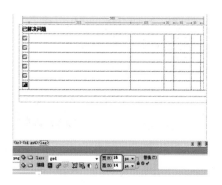

图 5-141　插入素材图片

(26) 然后在第 2 列、第 3 列、第 5 列和第 7 列单元格中输入文字，并为输入的文字应用样式，效果如图 5-142 所示。

(27) 将光标置入第 2 行的第 4 个单元格中，插入素材图片"图标 3.png"，在【属性】面板中将素材图片的【宽】和【高】分别设置为 11 和 15，然后在【标题】文本框中输入"点击数"，效果如图 5-143 所示。

图 5-142　输入文字并应用样式

图 5-143　插入素材图片

(28) 使用同样的方法，在其他单元格中插入素材图片"图标 3.png"和"图标 4.png"，效果如图 5-144 所示。

(29) 将光标置入如图 5-145 所示的单元格中，在【属性】面板中将【高】设置为 110。

图 5-144　插入素材图片

图 5-145　设置单元格高度

(30) 然后在该单元格中插入素材图片"图片 .jpg"，效果如图 5-146 所示。

(31) 将光标置入如图 5-147 所示的单元格中并右击，在弹出的快捷菜单中选择【CSS 样式】|【新建】命令。

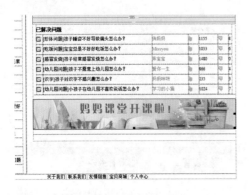

图 5-146 插入素材图片

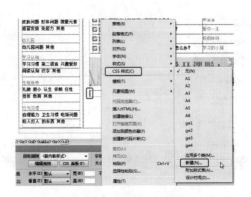

图 5-147 选择【新建】命令

(32) 弹出【新建 CSS 规则】对话框，在该对话框中将【选择器类型】设置为类，将【选择器名称】设置为 ge5，将【规则定义】设置为【(仅限该文档)】，单击【确定】按钮，弹出【.ge5 的 CSS 规则定义】对话框，在该对话框中选择【分类】列表下的【边框】选项，然后对边框参数进行设置，设置完成后单击【确定】按钮即可，如图 5-148 所示。

(33) 再次将光标置入该单元格中，在【属性】面板中的【目标规则】列表框中选择样式 ge5，即可为单元格应用该样式，如图 5-149 所示。

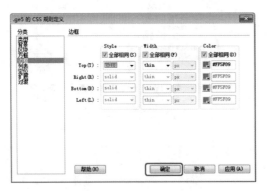

图 5-148 设置 CSS 样式

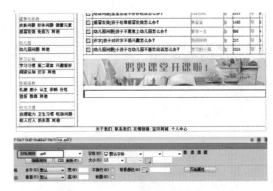

图 5-149 应用样式

(34) 结合前面介绍的方法，在单元格中插入表格，然后在表格中添加内容，效果如图 5-150 所示。

(35) 将光标置入如图 5-151 所示的单元格中，在【属性】面板中将【高】设置为 40。

图 5-150 制作其他内容

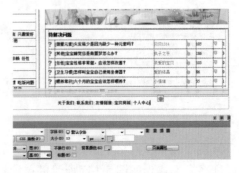

图 5-151 设置单元格高度

案例精讲 036 天使宝贝（三）

制作概述

本例将介绍如何制作天使宝贝（三）网页。该网页的内容主要是展示宝贝照片，然后通过设置链接，将制作的首页、百科解答网页和该网页链接起来，完成后的效果如图 5-152 所示。

学习目标

学会如何制作天使宝贝（三）网页。

掌握在网页中布局图片的方法。

操作步骤

图 5-152　天使宝贝（三）

(1) 在"天使宝贝（二）"场景文件中，选择菜单栏中的【文件】|【另存为】命令，弹出【另存为】对话框，在该对话框中选择场景文件的保存位置，并输入文件名为"天使宝贝（三）"，单击【保存】按钮，如图 5-153 所示。

(2) 在"天使宝贝（三）"场景文件中将不需要的表格删除，删除表格后的效果如图 5-154 所示。

图 5-153　另存为文件

图 5-154　删除表格后的效果

(3) 将光标置入大表格中第 2 行的第 4 个单元格中，在【属性】面板中取消背景颜色的填充，然后将文字样式更改为 A4，效果如图 5-155 所示。

(4) 将光标置入大表格中第 2 行的第 5 个单元格中，在【属性】面板中将【背景颜色】设置为 #C4E766，然后将文字样式更改为 A3，效果如图 5-156 所示。

(5) 然后将大表格第 3 行中的文字删除，并插入素材图片"图片 .jpg"，效果如图 5-157 所示。

(6) 将光标置入大表格的右侧，按 Ctrl+Alt+T 组合键弹出【表格】对话框，将【行数】和【列】都设置为 1，将【表格宽度】设置为 800 像素，将【边框粗细】、【单元格边距】、【单元格间距】设置为 0，单击【确定】按钮，如图 5-158 所示。

图 5-155 调整第 4 个单元格　　　　　　　　　图 5-156 调整第 5 个单元格

图 5-157 插入素材图片　　　　　　　　　图 5-158 【表格】对话框

(7) 即可插入表格，在【属性】面板中将 Align 设置为【居中对齐】，如图 5-159 所示。

(8) 将光标置入新插入的表格中，为其应用样式 ge2，然后在【属性】面板中将【高】设置为 30，并在表格中输入文字，为输入的文字应用样式 A5，效果如图 5-160 所示。

图 5-159 设置表格对齐方式　　　　　　　　　图 5-160 设置单元格并输入文字

(9) 将光标置入新插入表格的右侧，然后按 Ctrl+Alt+T 组合键弹出【表格】对话框，将【行数】设置为 1，将【列】设置为 4，将【表格宽度】设置为 804 像素，将【边框粗细】和【单元格边距】都设置为 0，将【单元格间距】设置为 8，单击【确定】按钮，即可插入表格，并在【属性】面板中将 Align 设置为【居中对齐】，如图 5-161 所示。

(10) 将光标置入新插入表格的第 1 个单元格中，为其应用样式 ge3，然后在【属性】面板中将【垂直】设置为【顶端】，将【宽】设置为 190，效果如图 5-162 所示。

图 5-161 插入表格 　　　　　　　　　　　图 5-162 设置单元格属性

(11) 然后按 Ctrl+Alt+T 组合键弹出【表格】对话框，将【行数】设置为 4，将【列】设置为 1，将【表格宽度】设置为 190 像素，将【边框粗细】设置为 0，将【单元格边距】设置为 8，将【单元格间距】设置为 0，单击【确定】按钮，即可插入表格，如图 5-163 所示。

(12) 然后在新插入的表格中输入文字，并为输入的文字应用样式 A2，效果如图 5-164 所示。

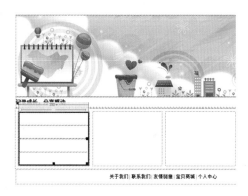

图 5-163 插入表格 　　　　　　　　　　　图 5-164 输入文字并应用样式

(13) 将光标置入大表格的第 2 个单元格中，并插入素材图片 001.jpg，效果如图 5-165 所示。

(14) 使用同样的方法，在其他单元格中插入素材图片，效果如图 5-166 所示。

图 5-165 插入素材图片 　　　　　　　　　图 5-166 在其他单元格中插入素材图片

(15) 将光标置入大表格的右侧，然后按 Ctrl+Alt+T 组合键弹出【表格】对话框，将【行数】和【列】都设置为 1，将【表格宽度】设置为 800 像素，将【边框粗细】、【单元格边距】和【单元格间距】都设置为 0，单击【确定】按钮，即可插入表格，并在【属性】面板中将 Align 设置为【居中对齐】，如图 5-167 所示。

(16) 将光标置入新插入的表格中，在菜单栏中选择【插入】|【水平线】命令，即可在单元格中插入水平线，在【属性】面板中将【高】设置为1，并单击【拆分】按钮，在视图中输入代码，用于更改水平线颜色，如图 5-168 所示。

图 5-167　插入表格

图 5-168　插入水平线

知识链接

　　水平线属性的各项参数介绍如下。

　　【宽】：在此文本框中输入水平线的宽度值，默认单位为像素，也可设置为百分比。

　　【高】：在此文本框中输入水平线的高度值，单位只能是像素。

　　【对齐】：用于设置水平线的对齐方式，有【默认】、【左对齐】、【居中对齐】和【右对齐】4 种方式。

　　【阴影】：选中该复选框，水平线将产生阴影效果。

　　Class：在其列表中可以添加样式，或应用已有的样式到水平线。

---

(17) 单击【设计】按钮，切换到【设计】视图，结合前面介绍的方法，制作其他内容，效果如图 5-169 所示。

(18) 将光标置入如图 5-170 所示的单元格中，在【属性】面板中删除该单元格的高度值。

图 5-169　制作其他内容

图 5-170　设置单元格

(19)返回到"天使宝贝（一）"场景文件中，在【属性】面板中单击【页面属性】按钮，弹出【页面属性】对话框，在左侧【分类】列表框中选择【链接(CSS)】选项，然后将【链接颜色】设置为#C4E766，将【变换图像链接】设置为#FF6089，将【下划线样式】设置为【始终无下划线】，单击【确定】按钮，如图5-171所示。

(20)在场景文件中选择文字"百科解答"，在【属性】面板中单击HTML按钮，然后单击【链接】文本框右侧的【浏览文件】按钮 📁，如图5-172所示。

图5-171　设置链接

图5-172　单击【浏览文件】按钮

(21)弹出【选择文件】对话框，在该对话框中选择场景文件"天使宝贝（二）"，单击【确定】按钮，如图5-173所示。

(22)即可为选择的文件链接该场景文件，使用同样的方法，为文字"宝贝相册"链接场景文件"天使宝贝（三）"，如图5-174所示。结合前面介绍的方法，在"天使宝贝（二）"和"天使宝贝（三）"场景文件中设置链接，设置完成后按F12键预览效果即可。

图5-173　选择文件

图5-174　链接场景文件

案例精讲 037　兴德教师招聘网

　案例文件：CDROM \ 场景 \ Cha05 \ 兴德教师招聘网

　视频文件：视频教学 \ Cha05 \ 兴德教师招聘网 .avi

制作概述

本例将介绍如何制作兴德教师招聘网页。首先使用【表格】为网页进行布局，然后通过新建 CSS 样式，为插入的表格和输入的文字应用 CSS 样式，完成后的效果如图 5-175 所示。

学习目标

学会如何制作教师招聘网站。

图 5-175　兴德教师招聘网

操作步骤

(1) 启动软件后，在打开的界面中选择【新建】列表下的 HTML 选项，按 Ctrl+Alt+T 组合键打开【表格】对话框，在该对话框中将【行数】、【列】分别设置为 1、2，将【表格宽度】设置为 800 像素，其他均设置为 0，如图 5-176 所示。

(2) 单击【确定】按钮，选择插入的表格，在【属性】面板中将 Align 设置为【居中对齐】，将第 1 列单元格的【宽】、【高】分别设置为 200、70，将光标置入第 1 列单元格内，按 Ctrl+Alt+I 组合键打开【选择图像源文件】对话框，在该对话框中选择随书附带光盘中的 CDROM \ 素材 \ Cha05 \ 兴德教师招聘网 \ 标题 .jpg 素材图片，如图 5-177 所示。

图 5-176　【表格】对话框

图 5-177　选择素材图片

知识链接

JPEG 文件的扩展名为 .jpg 或 .jpeg，其压缩技术十分先进，它用有损压缩方式去除冗余的图像和彩色数据，获得极高的压缩率的同时能展现十分丰富生动的图像，换句话说，就是可以用最少的磁盘空间得到较好的图像质量。

同时 JPEG 还是一种很灵活的格式，具有调节图像质量的功能，允许你用不同的压缩比例对这种文件压缩，比如我们最高可以把 1.37MB 的 BMP 位图文件压缩至 20.3KB。当然我们完全可以在图像质量和文件尺寸之间找到平衡点。

---

(3) 单击【确定】按钮，即可插入素材图片，将光标置入第 2 列单元格内，按 Ctrl+Alt+T 组合键打开【表格】对话框，在该对话框中将【行数】、【列】分别设置为 1、5，将【表格宽度】设置为 600 像素，如图 5-178 所示。

(4) 单击【确定】按钮插入表格，右击，在弹出的快捷菜单中选择【CSS 样式】|【新建】命令，

弹出【新建 CSS 规则】对话框，在该对话框中将【选择器名称】设置为 gel，如图 5-179 所示。

图 5-178 【表格】对话框

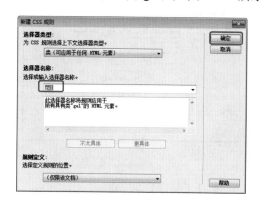

图 5-179 【新建 CSS 规则】对话框

（5）单击【确定】按钮，将 Style 设置为 solid，将 Width 设置为 thin，将 Color 设置为 #093，如图 5-180 所示。

（6）单击【确定】按钮，然后选择第 1、3、5 列单元格，为选中的单元格应用该样式，然后将第 1、3、5 单元格的【宽】分别设置为 65、295、188，将光标置入第 1 列单元格内，按 Ctrl+Alt+T 组合键打开【表格】对话框，在该对话框中将【行数】、【列】分别设置为 2、1，将【表格宽度】设置为 65 像素，将【单元格边距】设置为 8，如图 5-181 所示。

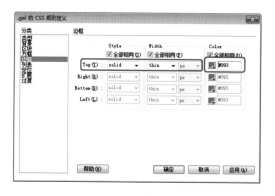

图 5-180 设置规则

图 5-181 设置表格参数

（7）单击【确定】按钮，然后在插入单元格内输入文字"找工作"、"找人才"，右击，在弹出的快捷菜单中选择【CSS 样式】|【新建】命令，弹出【新建 CSS 规则】对话框，在该对话框中将【选择器名称】设置为 A1，单击【确定】按钮，在【A1 的 CSS 规则定义】对话框中将 Font-size 设置为 13，如图 5-182 所示。

（8）单击【确定】按钮，选择刚刚创建的文字，将【目标规则】设置为 A1，将【水平】设置为居中对齐。将光标置入第 3 列单元格内，按 Ctrl+Alt+T 组合键打开【表格】对话框，在该对话框中将【行数】、【列】分别设置为 2、1，将【表格宽度】设置为 295 像素，将【单元格边距】设置为 8，如图 5-183 所示。

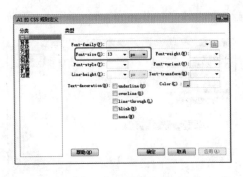

图 5-182　设置规则　　　　　　　　　　　　　图 5-183　设置表格

(9) 单击【确定】按钮即可创建表格，选择单元格，将【水平】设置为【居中对齐】，然后在单元格内输入文字，然后为输入的文字应用该样式，完成后的效果如图 5-184 所示。

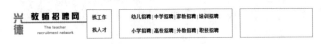

图 5-184　输入文字后的效果

知识链接

招聘是人力资源管理的工作，其过程包括招聘广告、二次面试、雇佣轮选等。负责招聘工作的称为招聘专员 (Recruiter)，他们是人力资源方面的专家，或者是人事部的职员。聘请的最后选择应该是用人单位，他们与合适的应征者签署雇佣合约。

---

(10) 将光标置入第 5 列单元格内，按 Ctrl+Alt+T 组合键打开【表格】对话框，在该对话框中将【行数】、【列】分别设置为 2、1，将【表格宽度】设置为 188，将【单元格边距】设置为 8，单击【确定】按钮，插入表格，将单元格的【水平】设置为【居中对齐】。然后在单元格内输入文字，右击，在弹出的快捷菜单中选择【CSS 样式】|【新建】命令，弹出【新建CSS 规则】对话框，在该对话框中将【选择器名称】设置为 A2，如图 5-185 所示。

(11) 单击【确定】按钮，在弹出的对话框中选择【分类】选项下的【类型】选项，将Font-size 设置为 13，将 Font-weight 设置为 bold，如图 5-186 所示。

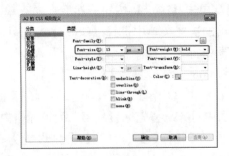

图 5-185　【新建 CSS 规则】对话框　　　　　　图 5-186　设置规则

(12) 单击【确定】按钮，将"城市："、"科目："文字的【目标规则】设置为 A2，将其他文字的【目标规则】设置为 A1，单击【实时视图】按钮观看效果，如图 5-187 所示。

图 5-187　设置完成后的效果

(13) 将光标置入表格的右侧，按 Ctrl+Alt+T 组合键打开【表格】对话框，在该对话框中将【行数】、【列】都设置为 1，将【表格宽度】设置为 800 像素，将【单元格边距】设置为 0，如图 5-188 所示。

(14) 单击【确定】按钮，在【属性】面板中将 Align 设置为【居中对齐】。将光标置入该单元格内，在菜单栏中选择【插入】|【水平线】命令。选择插入的水平线，单击【拆分】按钮，在 hr 右侧输入代码"color="#093""，如图 5-189 所示。

图 5-188　【表格】对话框

图 5-189　设置水平线颜色

(15) 将光标置入表格的右侧，按 Ctrl+Alt+T 组合键打开【表格】对话框，在该对话框中将【行数】、【列】设置为 1、2，将【表格宽度】设置为 800 像素，其他保持默认设置，单击【确定】按钮。将插入的表格 Align 设置为【居中对齐】，将光标置入第 1 列单元格内，将【宽】设置为 260，将光标置入该单元格内，按 Ctrl+Alt+T 组合键打开【表格】对话框，在该对话框中将【行数】、【列】分别设置为 4、2，将【表格宽度】设置为 260 像素，将【单元格边距】设置为 11，如图 5-190 所示。

(16) 单击【确定】按钮即可插入表格，选择所有单元格，将【背景颜色】设置为 #f1f1f1。将第 1 列单元格的宽设置为 129，将第 1 行单元格合并，将第 2 行单元格合并，将第 3 行单元格合并，然后在第 1 行单元格内输入文字，将【水平】设置为【居中对齐】，右击，在弹出的快捷菜单中选择【CSS 样式】|【新建】命令，弹出【新建 CSS 规则】对话框，在该对话框中将【选择器名称】设置为 A3，单击【确定】按钮，如图 5-191 所示。

图 5-190　【表格】对话框

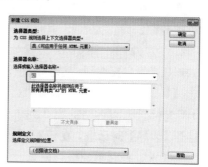

图 5-191　【新建 CSS 规则】对话框

(17) 单击【确定】按钮，在打开的对话框中将 Font-weight 设置为 bold。将 Color 设置为 #009933，如图 5-192 所示。

(18) 单击【确定】按钮，选择刚刚输入的文字，在【属性】面板中将【目标规则】设置为 A3。将光标置入第 2 行单元格内，在菜单栏中选择【插入】|【表单】|【文本】命令，如图 5-193 所示。

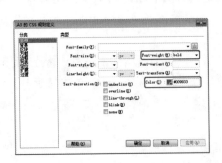

图 5-192　设置规则

图 5-193　选择【文本】命令

(19) 选择该命令后即可插入表单，将文字更改为"用户名："，使用同样的方法在第 3 行单元格内插入表单，效果如图 5-194 所示。

(20) 将光标插入第 4 行第 1 列单元格内，按 Ctrl+Alt+I 组合键打开【选择图像源文件】对话框，在该对话框中选择随书附带光盘中的 CDROM \ 素材 \ Cha05 \ 兴德教师招聘网 \ 登录 .png 素材图片，如图 5-195 所示。

图 5-194　设置完成后的效果

图 5-195　选择素材图片

(21) 单击【确定】按钮，将【水平】设置为【居中对齐】。将光标置入第 4 行第 2 列单元格内，将【宽】设置为 87，在该单元格内输入文字"忘记密码？"，将【水平】设置为【居中对齐】。右击，在弹出的快捷菜单中选择【CSS 样式】|【新建】命令，弹出【新建 CSS 规则】对话框，将【选择器名称】设置为 A4，其他保持默认设置，单击【确定】按钮，再在弹出的对话框中将 Font-size 设置为 13，将 Color 设置为 #093，如图 5-196 所示。

(22) 单击【确定】按钮，选择刚刚输入的文字，在【属性】面板中将【目标规则】设置为 A4，单击【实时视图】按钮观看效果，如图 5-197 所示。

(23) 将光标置入大表格的第 2 列单元格内，将【水平】设置为【右对齐】。按 Ctrl+Alt+T 组合键打开【表格】对话框，在该对话框中将【行数】、【列】分别设置为 1、3，将【表格宽度】设置为 525 像素，将【单元格边距】设置为 0，如图 5-198 所示。

(24) 将光标置入第 1 列单元格内，在该单元格内插入 4 行 2 列、【表格宽度】为 320 像素、

【单元格边距】为 12 的表格。然后使用前面介绍的方法将单元格合并，并在单元格内进行设置，完成后的效果如图 5-199 所示。

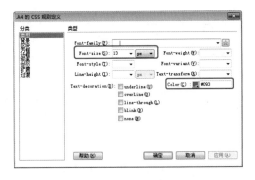

图 5-196　设置规则

图 5-197　设置完成后的效果

图 5-198　【表格】对话框

图 5-199　设置完成后的效果

(25) 将光标置入第 3 行第 1 列单元格内，选择【插入】|【表单】|【选择】命令，将文字删除，然后选择插入的表单，在【属性】面板中单击【列表值】按钮，在弹出的对话框中进行设置，如图 5-200 所示。

(26) 使用同样的方法设置其他表单，完成后的效果如图 5-201 所示。

图 5-200　【列表值】对话框

图 5-201　设置完成后的效果

(27) 将第 2 列单元格的【宽】设置为 13，选择第 3 列单元格，将其目标规则设置为 gel，将光标置入该单元格内，按 Ctrl+Alt+T 组合键打开【表格】对话框，在该对话框中将【行数】、【列】分别设置为 6、1，将【表格宽度】设置为 188 像素，将【单元格边距】设置为 8，如图 5-202 所示。

(28) 单击【确定】按钮，然后在单元格内输入文字，并为输入的文字应用 A1 样式，完成后的效果如图 5-203 所示。

图 5-202 【表格】对话框

图 5-203 设置完成后的效果

(29) 将光标置入表格的右侧，按 Ctrl+Alt+T 组合键打开【表格】对话框，在该对话框中将【行数】、【列】都设置为 1，将【表格宽度】设置为 800 像素，将【单元格边距】设置为 0，单击【确定】按钮，选择插入的表格，将 Align 设置为【居中对齐】，然后将光标置入该单元格内，选择【插入】|【水平线】命令。选择插入的水平线，根据前面介绍的方法设置水平线的颜色，完成后的效果如图 5-204 所示。

(30) 将光标置入表格的右侧，按 Ctrl+Alt+T 组合键打开【表格】对话框，在该对话框中将【行数】、【列】分别设置为 1、2，将【表格宽度】设置为 820 像素，将【单元格间距】设置为 10，其他保持默认设置，如图 5-205 所示。

图 5-204 插入水平线后的效果

图 5-205 【表格】对话框

(31) 单击【确定】按钮，选择插入的表格在【属性】面板中将 Align 设置为【居中对齐】。右击，在弹出的快捷菜单中选择【CSS 样式】|【新建】命令，弹出【新建 CSS 规则】对话框，在该对话框中将【选择器名称】设置为 ge2，如图 5-206 所示。

(32) 单击【确定】按钮，将 Style 列表中的 Top 设置为 solid，将 Width 设置为 thin 将 Color 设置为 #CCC，如图 5-207 所示。

图 5-206 【新建 CSS 规则】对话框

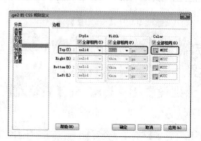

图 5-207 设置规则

(33) 为第 1 列、第 2 列单元格应用 ge2 单元格样式，将光标置入第 1 列单元格内，按 Ctrl+Alt+T 组合键打开【表格】对话框，在该对话框中将【行数】、【列】分别设置为 10、2，将【表格宽度】设置为 391，将【单元格边距】设置为 5，其他均设置为 0，如图 5-208 所示。

(34) 在插入的表格内输入文字，然后为文字应用 CSS 样式，完成后的效果如图 5-209 所示。

(35) 使用同样的方法设置其他表格，在表格内输入文字和插入水平线，并为文字应用 CSS 样式，完成后的效果如图 5-210 所示。

图 5-208 【表格】对话框

图 5-209 设置表格

图 5-210 设置完成后的效果

(36) 至此，兴德教师招聘网就制作完成了，将场景进行保存，然后按 F12 键进行预览观看效果。

案例精讲 038 新起点图书馆

案例文件：CDROM \ 场景 \ Cha05 \ 新起点图书馆 .html

视频文件：视频教学 \ Cha05 \ 新起点图书馆 .avi

制作概述

本例将介绍新起点图书馆网站的制作过程。本例主要使用表格布局网站结构，通过设置单元格背景、插入图片设置字体样式，制作更多效果。完成后的效果如图 5-211 所示。

图 5-211 新起点图书馆

学习目标

学会如何制作图书馆网站。

操作步骤

(1) 启动软件后，按 Ctrl+N 组合键打开【新建文档】对话框，选择【空白页】| HTML |【无】选项，将【文档类型】设置为 HTML 4.01 Transitional，设置完成后单击【创建】按钮，如图 5-212 所示。

(2) 进入工作界面后，在菜单栏中选择【插入】|【表格】命令，也可以按 Ctrl+Alt+T 组合键打开【表格】对话框，将【行数】设置为 1、【列】都设置为 1，将【表格宽度】设置为 800 像素，其他参数均设置为 0，单击【确定】按钮，如图 5-213 所示。

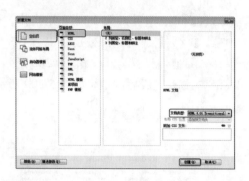

图 5-212　新建文档　　　　　　　　　　图 5-213　【表格】对话框

（3）插入表格后选中表格，在属性栏中将 Align 设置为【居中对齐】，如图 5-214 所示。

（4）将光标插入到插入的单元格中，在下方的【属性】面板中将【高】设置为 150，如图 5-215 所示。

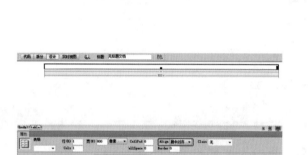

图 5-214　设置表格居中　　　　　　　　图 5-215　设置表格高度

（5）确认光标在单元格中，单击【拆分】按钮，切换至拆分视图，在打开的界面中，找到光标所在的代码段落，然后将光标插入到 "<td" 的右侧，按 Space 键，在弹出的选项中选择 background 选项并双击，如图 5-216 所示。

（6）在再次弹出的【浏览】选项上单击，打开【选择图像源文件】对话框，选择素材"标题.jpg"文件，效果如图 5-217 所示。

图 5-216　拆分视图　　　　　　　　　　图 5-217　插入素材

网络图书馆，依旧残留着图书馆起源特性，即保存记事的习惯、各类记载、藏书之所等等。只不过，图书馆从传统意义，演变为网络化，促进了人类曾经和正在创造着的优秀资源的共享。

(7) 继续将光标插入到单元格中，按 Ctrl+Alt+T 组合键打开【表格】对话框，将【行数】设置为 5，【列】设置为 1，【表格宽度】设置为 90 像素，【单元格间距】设置为 5，其他参数均设置为 0，单击【确定】按钮，如图 5-218 所示。

(8) 将表格插入后，选中插入的表格，将其对齐设置为【右对齐】，并将光标分别插入到单元格中，在属性栏中将各个单元格的【高】均设置为 24，如图 5-219 所示。

图 5-218 【表格】对话框

图 5-219 设置插入的表格

(9) 然后将光标插入到第一行单元格中，按 Ctrl+Alt+I 组合键，打开【选择图像源文件】对话框，选择素材"首页 .png"文件，单击【确定】按钮，效果如图 5-220 所示。

(10) 使用同样的方法，向其他单元格中插入图像素材，效果如图 5-221 所示。

图 5-220 插入素材后的效果

图 5-221 插入其他素材

(11) 然后将光标插入到大表格的右侧外，按 Shift+Enter 组合键，另起新行并将光标插入到新行中，使用前面介绍的方法插入 1 行 2 列、【表格宽度】为 800 像素的表格，将 Align 设置为【居中对齐】，如图 5-222 所示。

(12) 将光标插入到左侧的单元格中，在【属性】面板中将【宽】设置为 680，将【高】设置为 40，将【背景颜色】设置为 #CDDE6A，如图 5-223 所示，并将右侧的单元格颜色设置为与左侧单元格相同的颜色。

提示　　　在 Dreamweaver 中，拖动需要调整行的下边框，可以对行高进行调整；拖动需要调整列的右边框，可以对列宽进行调整。如果直接拖动边框调整列宽时，相邻列的宽度也更改了，表格宽度不会跟随改变。拖动边框时按住 Shift 键，保持其他列宽不变，表格宽度会随改变列宽进行更改。

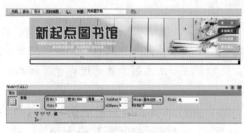

图 5-222 插入表格　　　　　　　　　　图 5-223 设置表格属性

(13) 将光标插入到左侧的单元格中，按 Ctrl+Alt+I 组合键，打开【选择图像源文件】对话框，选择素材"搜索框 .png"文件，单击【确定】按钮，效果如图 5-224 所示。

(14) 将光标插入到右侧的单元格中，输入文字并选中文字，右击，在弹出的快捷菜单中选择【CSS 样式】|【新建】命令，如图 5-225 所示。

图 5-224 插入素材后的效果　　　　　　　图 5-225 选择【新建】命令

(15) 在打开的【新建 CSS 规则】对话框中，输入选择器名称，单击【确定】按钮，如图 5-226 所示。

(16) 在打开的对话框中的默认界面中，将 Font-size 设置为 13 px，Color 设置为 #1e4800，如图 5-227 所示。

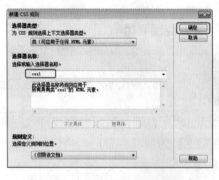

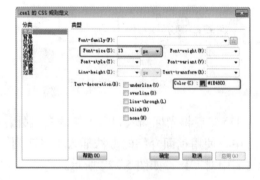

图 5-226 【新建 CSS 规则】对话框　　　　　图 5-227 定义 CSS 样式

(17) 在【分类】选择【区块】选项，将 Text –align 设置为 center，设置完成后单击【确定】按钮，如图 5-228 所示。

(18) 选中输入的文字，在属性栏中将【目标规则】设置为刚才定义的 CSS 样式，将单元格的【垂直】设置为【底部】，如图 5-229 所示。

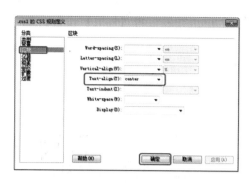

图 5-228　完成定义 CSS 样式

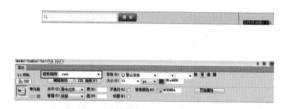

图 5-229　设置【目标规则】

(19) 使用前面介绍的方法，插入 1 行 5 列、【表格宽度】为 816 像素、【单元格间距】为 8 的表格，将 Align 设置为【居中对齐】，如图 5-230 所示。

(20) 然后将光标插入到左侧的单元格中并右击，在弹出的快捷菜单中选择【CSS 样式】|【新建】命令，如图 5-231 所示。

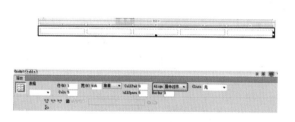

图 5-230　插入并设置表格

图 5-231　选择【新建】命令

(21) 在打开的【新建 CSS 规则】对话框中，输入选择器名称，单击【确定】按钮，在再次打开的对话框中，选择【分类】下的【边框】，在右侧将 Top 的 Style 设置为 solid，Width 设置为 thin，Color 设置为 #CDDE6A，设置后单击【确定】按钮，如图 5-232 所示。

(22) 继续将光标插入到左侧的单元格中，在【属性】面板中，将【目标规则】设置为刚才新建的 CSS 样式，如图 5-233 所示。

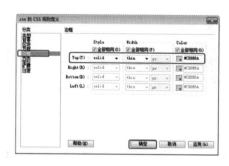

图 5-232　定义 CSS 规则

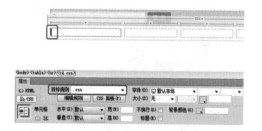

图 5-233　应用 CSS 样式

(23) 确认光标插入到左侧的单元格中，使用前面介绍的方法插入 7 行 1 列、【表格宽度】为 188 像素、【单元格边距】为 5 的表格，如图 5-234 所示。

(24) 将光标插入到第 1 行的单元格中，在【属性】面板中单击【拆分单元格为行或列】按

案例课堂 ▶

钮 ，在打开的【拆分单元格】对话框中，选中【列】单选按钮，将【列数】设置为2，单击【确定】按钮，如图 5-235 所示。

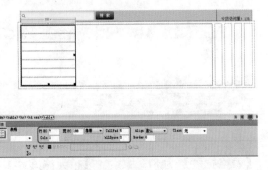

图 5-234　向单元格中插入表格　　　　　　图 5-235　【拆分单元格】对话框

(25) 将光标插入到新的第 1 行第 1 列的单元格中，在【属性】面板中将【宽】设置为 17，如图 5-236 所示。

(26) 将光标插入到新的第 1 行第 1 列的单元格中，按 Ctrl+Alt+I 组合键，打开【选择图像源文件】对话框，选择素材 001.png 文件，单击【确定】按钮，效果如图 5-237 所示。

图 5-236　设置单元格　　　　　　　　图 5-237　插入素材

(27) 然后在右侧的单元格中输入文字，选中输入的文字，使用前面介绍的方法，新建 CSS 样式，设置【选择器名称】，单击【确定】按钮，如图 5-238 所示。

(28) 在打开的对话框中，将 Font-size 设置为 16 px，Font-weight 设置为 bold，Color 设置为 #0089BD，然后单击【确定】按钮，如图 5-239 所示。

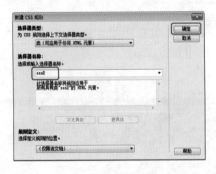

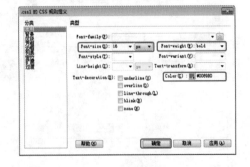

图 5-238　新建 CSS 样式　　　　　　　图 5-239　定义 CSS 样式

(29) 选中文字，在属性栏中将【目标规则】设置为刚才新建的 CSS 样式，并将单元格的【宽】设置为 113，如图 5-240 所示。

(30) 将光标插入至第 2 行单元格中，输入文字，使用前面介绍的方法新建 CSS 样式，在定义 CSS 规则的对话框中，将 Font-size 设置为 14 px，单击【确定】按钮，如图 5-241 所示。

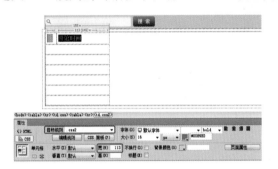

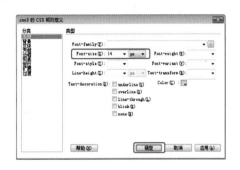

图 5-240　设置【目标规则】　　　　　图 5-241　新建并定义 CSS 规则

(31) 然后选中新输入的文字，在【属性】面板中将【目标规则】定义为刚才新建的 CSS 规则，如图 5-242 所示。

(32) 综合前面介绍的方法，插入素材，制作出其他的表格、文字和 CSS 规则，完成后的效果如图 5-243 所示。

图 5-242　应用 CSS 规则　　　　　图 5-243　制作其他效果

第6章
艺术爱好类
网站设计

艺术类网站也是网络中常见的一类网站，一般由公益组织或商业企业创建，其目的是为了更好地宣传艺术内容。本章通过几个案例来介绍艺术类网站的设计方法与技巧。通过本章的学习可以使读者在制作此类网站时有更清晰的思路，以便日后创建更加精美的网站。

案例精讲 039 万图网网页设计

 案例文件：CDROM \ 场景 \ Cha06 \ 万图网网页设计 .html

 视频文件：视频教学 \ Cha06 \ 万图网网页设计 .avi

制作概述

本例将介绍万图网网页设计的制作过程。本例主要讲了使用表格和 Div 的布局网页，其中还介绍了如何设置表单和插入 Div 的方法。完成后的效果如图 6-1 所示。

学习目标

掌握万图网网页的设计方法。

操作步骤

图 6-1 万图网网页

(1) 启动软件后，按 Ctrl+N 组合键，在弹出的【新建文档】对话框中，将【页面类型】选择为 HTML，【布局】选择为【无】，【文档类型】选择为 HTML4.01 Transitional，然后单击【创建】按钮，如图 6-2 所示。

(2) 单击【页面属性】按钮，在弹出的【页面属性】对话框中，将【左边距】、【右边距】、【上边距】和【下边距】都设置为 0，然后单击【确定】按钮，如图 6-3 所示。

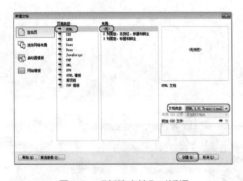

图 6-2 【新建文档】对话框

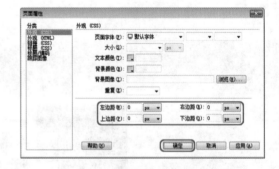

图 6-3 【页面属性】对话框

 提示　　若在浏览网页时，发现图片格局错位，可以将代码顶部用于声明文档类型的如下代码删除：

　　　　"<!DOCTYPE HTML PUBLIC "-//W3C//DTD HTML 4.01 Transitional//EN" "http://www.w3.org/TR/html4/loose.dtd">"。

(3) 按 Ctrl+Alt+T 组合键，弹出【表格】对话框，将【行数】设置为 2，【列】设为 1，将【表格宽度】设为 1000 像素，然后单击【确定】按钮，如图 6-4 所示。

(4) 将光标插入到第 1 行单元格中，然后单击【拆分单元格为行或列】按钮 北，在弹出的【拆分单元格】对话框中，将【把单元格拆分】设置为【列】，将【列数】设置为 3，然后单击【确定】按钮，如图 6-5 所示。

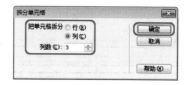

图 6-4　【表格】对话框　　　　　　　　　　　图 6-5　【拆分单元格】对话框

(5) 将光标插入到第 1 行第 1 列单元格中，将【水平】设置为【居中对齐】，【垂直】设置为【居中】，【宽】设置为 30%，【高】设置为 100，如图 6-6 所示。

(6) 然后按 Ctrl+Alt+I 组合键，弹出【选择图像源文件】对话框，选择随书附带光盘中的 CDROM＼素材＼Cha06＼万图网网页设计＼01.png 素材文件，单击【确定】按钮，如图 6-7 所示。

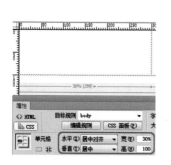

图 6-6　设置单元格　　　　　　　　　　　图 6-7　选择素材图片

(7) 将光标插入到第 2 列单元格中，将【水平】设置为【居中对齐】，【垂直】设置为【居中】，【宽】设置为 40%，【高】设置为 100，如图 6-8 所示。

(8) 然后在菜单栏中选择【插入】|【表单】|【表单】命令，如图 6-9 所示。

(9) 在表单中插入一个 1 行 2 列的表格，将【宽】设置为 100%，如图 6-10 所示。

(10) 将光标插入到表单中的第 1 列单元格中，将【水平】设置为【右对齐】，【宽】设置为 270，然后选择【插入】|【表单】|【搜索】命令，将插入的【搜索】控件的英文文字删除，如图 6-11 所示。

图 6-8　设置单元格

图 6-9　选择【表单】命令

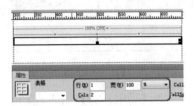

图 6-10　插入表格

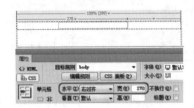

图 6-11　插入【搜索】控件

知识链接

在【属性】面板中的各项表格参数介绍如下。

【表格】：文本框中可以为表格命名。

【行】：设置表格行数。

Cols：设置表格列数。

【宽】：设置表格宽度。

Cellpad：单元格内容和单元格边界之间的像素数。

CellSpace：相邻的表格单元格间的像素数。

Align：设置表格的对齐方式，在下拉列表中包含【默认】、【左对齐】、【居中对齐】和【右对齐】4个选项。

Border：用来设置表格边框的宽度。

【清除列宽】：用于清除列宽。

【清除行高】：用于清除行高。

【将表格宽度转换成像素】：将表格宽度转换为像素。

【将表格宽度转换成百分比】：将表格宽度转换为百分比。

---

(11) 将光标插入到第 2 列单元格中，将【水平】设置为【左对齐】，然后插入随书附带光盘中的 CDROM \ 素材 \ Cha06 \ 万图网网页设计 \ 02.png 素材文件，如图 6-12 所示。

(12) 在空白处右击，在弹出的快捷菜单中选择【CSS 样式】|【新建】命令，如图 6-13 所示。

图 6-12　插入素材图片

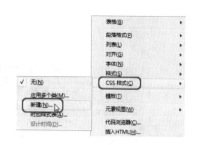

图 6-13　选择【新建】命令

(13) 在弹出的【新建 CSS 规则】对话框中，将选择器类型设置为【类】，选择器的名称设置为 a01，然后单击【确定】按钮，如图 6-14 所示。

(14) 在弹出的对话框中，选择【分类】中的【方框】，然后将 Height 设置为 28px，然后单击【确定】按钮，如图 6-15 所示。

图 6-14　设置选择器

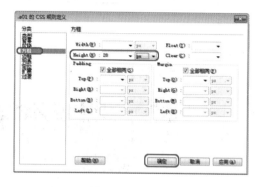

图 6-15　设置方框

(15) 选中插入的【搜索】控件的文本框，在【属性】面板中，将 Class 设置为 a01，如图 6-16 所示。

(16) 将光标插入到第 3 列单元格中，将【水平】设置为【居中对齐】，【垂直】设置为【居中】。然后输入文字，将【字体】设置为【微软雅黑】，【大小】设置为 24，字体颜色设置为 #009900，如图 6-17 所示。

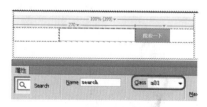

图 6-16　设置 Class

图 6-17　设置单元格并输入文字

(17) 将光标插入到下一行单元格中，将【高】设置为 56。然后单击【拆分】按钮，在 <td> 标签中输入代码，插入随书附带光盘中的 CDROM \ 素材 \ Cha06 \ 万图网网页设计 \ 03.png 素材图片，将其设置为单元格的背景图片，如图 6-18 所示。

(18) 然后单击【设计】按钮。在单元格中插入一个 1 行 7 列的表格，【宽】设置为 100%，如图 6-19 所示。

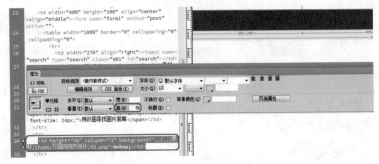

图 6-18　设置单元格的背景图片

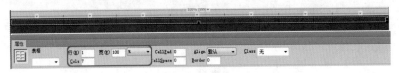

图 6-19　插入表格

(19) 选中新插入的所有单元格，将【水平】设置为【居中对齐】，【高】设置为 56，然后调整单元格的线框，将其与背景图片的竖线基本对齐，如图 6-20 所示。

图 6-20　设置并调整单元格

(20) 在单元格中输入文字，将【字体】设置为【微软雅黑】，【大小】设置为 20，字体颜色设置为白色，如图 6-21 所示。

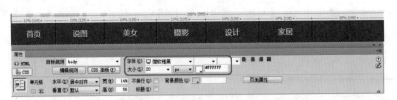

图 6-21　输入并设置字体

(21) 在空白位置单击，然后在菜单栏中选择【插入】| Div 命令，在弹出的【插入 Div】对话框中，将 ID 设置为 div01，如图 6-22 所示。

(22) 然后单击【新建 CSS 规则】按钮，在弹出的【新建 CSS 规则】对话框中，使用默认参数，然后单击【确定】按钮，如图 6-23 所示。

(23) 在弹出的对话框中，将【分类】选择为【定位】，然后将 Position 设置为 absolute，单击【确定】按钮，如图 6-24 所示。

(24) 返回到【插入 Div】对话框，然后单击【确定】按钮，在页面中插入 Div。选中插入的 div01，在【属性】面板中，将【上】设置为 159px，【宽】设置为 744px，【高】设置为 352px，如图 6-25 所示。

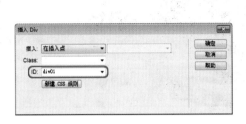

图 6-22 【插入 Div】对话框

图 6-23 【新建 CSS 规则】对话框

图 6-24 设置定位

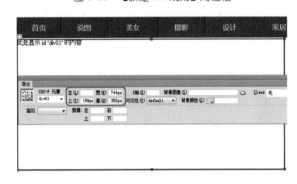

图 6-25 设置 div01

(25) 将 div01 中的文字删除，然后插入一个 2 行 3 列的表格，将【宽】设置为 100%，如图 6-26 所示。

(26) 选中第 1 列的两个单元格，单击 ⊡ 按钮，将其合并为一个单元格，然后将【宽】设置为 272，【高】设置为 352。然后将其他 4 个单元格的【高】都设置为 176，如图 6-27 所示。

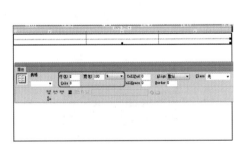

图 6-26 插入表格

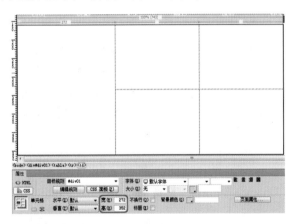

图 6-27 设置单元格

(27) 参照前面的操作步骤，在各个单元格中插入素材图片，如图 6-28 所示。

(28) 使用相同的方法插入新的 Div，将其命名为 div02，【左】设置为 763px，【上】设置为 159px，【宽】设置为 230px，【高】设置为 352px，【背景颜色】设置为 #CCCCCC，如图 6-29 所示。

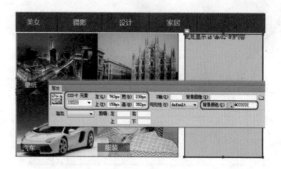

图 6-28　插入素材图片　　　　　　　　　　　图 6-29　插入 div02

(29) 将 div02 中的文字删除，然后插入一个 4 行 1 列的表格，将【宽】设置为 100%，如图 6-30 所示。

(30) 将第 1、3 行单元格的【高】设置为 50，然后输入文字并设置文字，如图 6-31 所示。

(31) 使用相同的方法插入新的 Div，将其命名为 div03，将【上】设置为 516px，【宽】设置为 80px，【高】设置为 45px，如图 6-32 所示。

图 6-30　插入表格　　　　　　　图 6-31　输入文字　　　　　　　图 6-32　插入 div03

(32) 将 div03 中的文字删除，然后输入文字，将【字体】设置为【微软雅黑】，【大小】设置为 36，字体颜色设置为 #666666，如图 6-33 所示。

(33) 使用相同的方法插入新的 Div，将其命名为 div04，将【上】设置为 566px，【宽】设置为 230px，【高】设置为 290px，如图 6-34 所示。

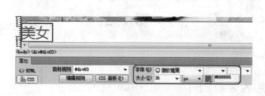

图 6-33　输入文字　　　　　　　　　　　　　图 6-34　插入 div04

(34) 将 div04 中的文字删除，然后插入一个 4 行 3 列的表格，将单元格的【水平】设置为【居中对齐】，【垂直】设置为【居中】，【宽】设置为 76，【高】设置为 72，如图 6-35 所示。

(35) 按 Ctrl 键选中如图 6-36 所示的单元格，将【背景颜色】设置为 #FA9083。

(36) 使用相同的方法，将其他几个单元格的【背景颜色】设置为 #f97568，如图 6-37 所示。

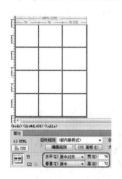
图 6-35　插入表格

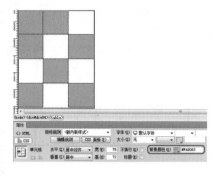
图 6-36　设置【背景颜色】

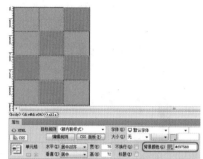
图 6-37　设置【背景颜色】

(37) 在单元格中输入文字，将【字体】设置为【微软雅黑】，【大小】设置为 18，字体颜色设置为白色，如图 6-38 所示。

(38) 使用相同的方法插入新的 Div，将其命名为 div05，将【左】设置为 248px，【上】设置为 566px，【宽】设置为 465px，【高】设置为 290px，如图 6-39 所示。

图 6-38　输入文字

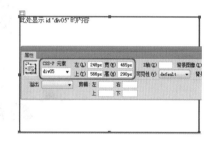
图 6-39　插入 div05

(39) 将 div05 中的文字删除，然后插入一个 2 行 2 列的表格，【表格宽度】设置为 100%，然后将第 1 列的两个单元格进行合并，如图 6-40 所示。

(40) 在单元格中分别插入素材图片，如图 6-41 所示。

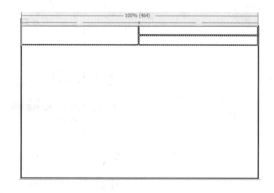
图 6-40　插入单元格

图 6-41　插入素材图片

(41) 使用相同的方法插入新的 Div，将其命名为 div06，将【左】设置为 731px，【上】设置为 566px，【宽】设置为 260px，【高】设置为 290px，如图 6-42 所示。

(42) 将 div06 中的文字删除，然后插入一个 3 行 3 列的表格，将【宽】设置为 100%，然后将最后一行的 3 个单元格合并，如图 6-43 所示。

(43) 参照前面的操作步骤，设置单元格的【宽】和【高】，然后输入文字并插入素材图片，如图 6-44 所示。

图 6-42　插入 div06　　　　　图 6-43　插入表格　　　　　图 6-44　输入文字并插入素材图片

(44) 使用相同的方法插入其他 Div，并编辑 Div 中的内容，如图 6-45 所示。

图 6-45　插入其他 Div 并编辑其内容

案例精讲 040　书画网网页设计

制作概述

本例将介绍书画网网页的制作过程。本例主要讲了表格和 Div 的应用，其中还介绍了如何设置单元格、设置 Div 的背景图像和插入图片的方法。完成后的效果如图 6-46 所示。

学习目标

学会如何制作书画网网页。

掌握 Div 背景图像的设置方法。

图 6-46　书画网网页

操作步骤

(1) 启动软件后，新建一个 HTML 文档，然后单击【页面属性】按钮，在弹出的【页面属性】对话框中，将【左边距】、【右边距】、【上边距】和【下边距】都设置为 0，然后单击【确定】按钮，如图 6-47 所示。

(2) 按 Ctrl+Alt+T 组合键，弹出【表格】对话框，将【行数】设置为 3，【列】设为 1，将【表格宽度】设为 1000 像素，然后单击【确定】按钮，如图 6-48 所示。

图 6-47　【页面属性】对话框　　　　　　　　　图 6-48　【表格】对话框

(3) 将光标插入到第 1 行单元格中，然后按 Ctrl+Alt+I 组合键，弹出【选择图像源文件】对话框，选择随书附带光盘中的 CDROM \ 素材 \ Cha06 \ 书画网网页设计 \ 01.png 素材图片，单击【确定】按钮，如图 6-49 所示。插入图片后的效果如图 6-50 所示。

图 6-49　选择素材图片　　　　　　　　　　图 6-50　插入素材图片

(4) 将光标插入到下一行单元格中，将【高】设置为 50。然后单击【拆分】按钮，在 <td> 标签中输入代码，插入随书附带光盘中的 CDROM \ 素材 \ Cha06 \ 书画网网页设计 \ 02.png 素材图片，如图 6-51 所示。

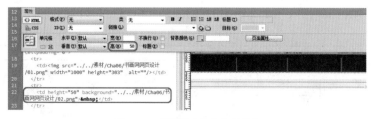

图 6-51　设置单元格的背景图片

知识链接

　　书画是书法和绘画的统称，也称字画。书，即是俗话说的所谓的字，但不是一般人写的字，一般写字，只求正确无讹，在应用上不发生错误即可。倘若图书馆和博物馆把一般人写的字收藏起来，没有这个必要。图书馆和博物馆要保存的是字中的珍品。历史上有名的书法家写的真迹，在写字技巧上有很多创造或独具一格的，我们称之为书法艺术。

　　(5) 单击【设计】按钮，在单元格中插入一个 1 行 7 列的表格，将【宽】设置为 100%，如图 6-52 所示。

图 6-52　插入表格

　　(6) 选中新插入的所有单元格，将【水平】设置为【居中对齐】，将【高】设置为 50，然后调整单元格的线宽，将其与背景图片的竖线基本对齐，如图 6-53 所示。

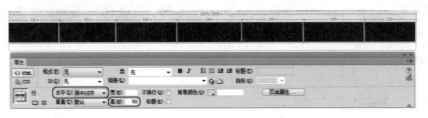

图 6-53　设置单元格

　　(7) 在单元格中输入文字，将【字体】设置为【微软雅黑】，【大小】设置为 16，字体颜色设置为 #fd7903，如图 6-54 所示。

图 6-54　输入文字

　　(8) 在下一行单元格中插入一个 2 行 18 列的表格，将【宽】设置为 100%，如图 6-55 所示。

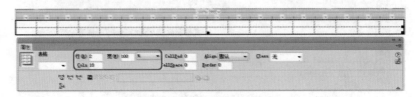

图 6-55　插入表格

(9) 选中新插入的所有单元格，将【水平】设置为【居中对齐】，将【背景颜色】设置为 #CCCCCC，如图 6-56 所示。

图 6-56　设置单元格

(10) 选中第 1 列单元格，将【宽】设置为 120，【高】设置为 30。然后输入文字，将【字体】设置为【微软雅黑】，【大小】设置为 16，字体颜色设置为 #FF0000，如图 6-57 所示。

(11) 选中剩余的单元格，将【宽】设置为 51，【高】设置为 15。然后输入文字，将【字体】设置为【微软雅黑】，【大小】设置为 14，字体颜色设置为 #FF0000，如图 6-58 所示。

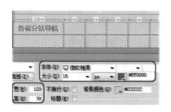

图 6-57　设置单元格并输入文字

图 6-58　设置单元格并输入文字

(12) 在空白处单击，然后在菜单栏中选择【插入】| Div 命令，在弹出的【插入 Div】对话框中，将 ID 设置为 div01，如图 6-59 所示。

(13) 然后单击【新建 CSS 规则】按钮，在弹出的【新建 CSS 规则】对话框中，使用默认参数，然后单击【确定】按钮，如图 6-60 所示。

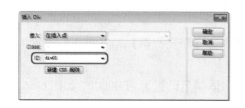

图 6-59　【插入 Div】对话框

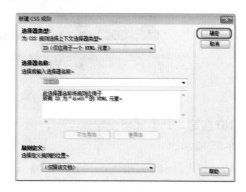

图 6-60　【新建 CSS 规则】对话框

(14) 在弹出的对话框中，将【分类】选择为【定位】，然后将 Position 设置为 absolute，单击【确定】按钮，如图 6-61 所示。

(15) 返回到【插入 Div】对话框，然后单击【确定】按钮，在页面中插入 Div。选中插入的 div01，在【属性】面板中，将【上】设置为 418px，【宽】设置为 1000px，【高】设置为 200px，如图 6-62 所示。

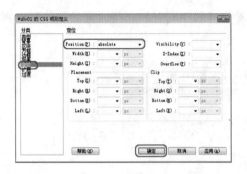

图 6-61　设置定位

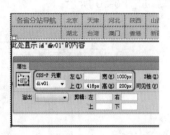

图 6-62　设置 div01

(16) 单击【背景图像】文本框右侧的【浏览文件】按钮📁，在弹出的【选择图像源文件】对话框中，选择随书附带光盘中的 CDROM＼素材＼Cha06＼书画网网页设计＼03.png 素材图片，然后单击【确定】按钮。在 div01 中设置背景图片，如图 6-63 所示。

图 6-63　设置背景图像

(17) 将 div01 中的文字删除，然后插入一个 1 行 2 列的表格，将第 1 列单元格的【宽】设置为 65%，【高】设置为 200，将第二列单元格的【宽】设置为 35%，如图 6-64 所示。

图 6-64　插入表格

(18) 在第 2 列单元格中输入文字，将【字体】设置为【华文行楷】，【大小】设置为 16，如图 6-65 所示。

(19) 选中"国画"两个字，将【大小】更改为 24，字体颜色设置为 #FF0000，如图 6-66 所示。

图 6-65　输入文字

图 6-66　更改文字属性

(20) 使用相同的方法插入新的 Div，将其命名为 div02，【上】设置为 621px，【宽】设置为 326px，【高】设置为 250px，选择随书附带光盘中的 CDROM \ 素材 \ Cha06 \ 书画网网页设计 \ 04.png 素材图片，将其设置为 Div 的背景图片，如图 6-67 所示。

(21) 将 div02 中的文字删除，然后插入一个 3 行 2 列的表格，如图 6-68 所示。

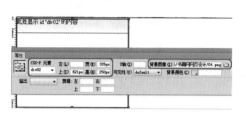

图 6-67　插入 div02

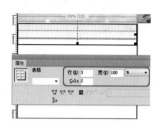

图 6-68　插入表格

(22) 选中新插入表格的第 1 列、第 1 行单元格，将【宽】设置为 165，【高】设置为 43，如图 6-69 所示。

(23) 在第 1 列、第 1 行单元格中插入随书附带光盘中的 CDROM \ 素材 \ Cha06 \ 书画网网页设计 \ index_01.gif 素材图片，如图 6-70 所示。

图 6-69　设置单元格

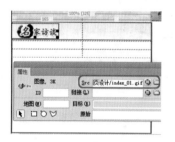

图 6-70　插入素材图片

(24) 选中第 1 列中的第 2、3 行单元格，将【水平】设置为【居中对齐】，如图 6-71 所示。

(25) 然后在单元格中插入随书附带光盘中的 CDROM \ 素材 \ Cha06 \ 书画网网页设计 \ 01.jpg 和 02.jpg 素材图片，如图 6-72 所示。

图 6-71　设置单元格

图 6-72　插入素材图片

(26) 在第 2 列、第 1 行单元格中输入文字，将【大小】设置为 18，将其设置为右对齐，如图 6-73 所示。

(27) 将第 2 列中的第 2、3 行单元格进行合并，将【垂直】设置为【居中】，然后输入文字，将【大小】设置为 16，如图 6-74 所示。

图 6-73　输入文字　　　　　　　　　　　图 6-74　输入文字

(28) 选中上一操作步骤中输入的文字，单击 <> HTML 按钮，在【链接】中输入 #，如图 6-75 所示。

 提示　　　在【链接】文本框中输入 # 会为选中的对象创建一个空链接。

(29) 使用相同的方法插入其他 Div 并编辑 Div 中的内容，如图 6-76 所示。

图 6-75　设置文字链接　　　　　　　　　图 6-76　设置其他 Div

(30) 使用相同的方法插入新的 Div，将其命名为 div05，【上】设置为 875px，【宽】设置为 1000px，【高】设置为 190px，如图 6-77 所示。

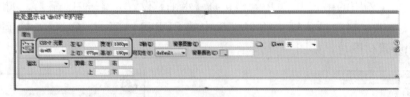

图 6-77　插入 div05

(31) 将 div05 中的文字删除，然后插入一个 2 行 1 列的表格，如图 6-78 所示。

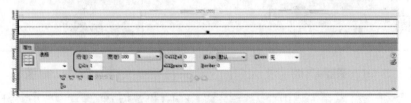

图 6-78　插入表格

(32) 在第 1 行单元格中插入随书附带光盘中的 CDROM \ 素材 \ Cha06 \ 书画网网页设计 \ 03.jpg 素材图片。然后将光标插入到第 2 行单元格中，将【水平】设置为【居中对齐】，【高】

设置为 50，然后输入文字，如图 6-79 所示。

图 6-79　编辑表格内容

案例精讲 041　唐人戏曲网页设计

 案例文件：CDROM \ 场景 \ Cha06 \ 唐人戏曲网页设计 .html

 视频文件：视频教学 \ Cha06 \ 唐人戏曲网页设计 .avi

制作概述

本例将介绍如何制作关戏曲网页，在制作过程中主要应用 Div 的设置，对于网页的布局是本例的学习重点。完成后的效果如图 6-80 所示。

学习目标

掌握网页的制作技巧及布局。

操作步骤

(1) 启动软件后，按 Ctrl+N 组合键，弹出【新建文档】对话框，选择【空白页】| HTML |【无】，单击【创建】按钮，如图 6-81 所示。

图 6-80　唐人戏曲网页

(2) 新建文档后，在文档的底部的【属性】面板中选择 CSS 选项，然后单击【页面属性】按钮，弹出【页面属性】对话框，在【分类】组中选择【外观 (CSS)】选项，将【左边距】、【右边距】、【上边距】、【下边距】都设为 0px，设置完成后单击【确定】按钮，如图 6-82 所示。

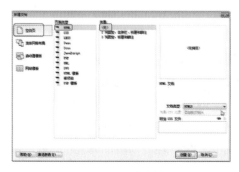

图 6-81　新建文档

图 6-82　设置页面属性

(3) 在文档底部单击【桌面电脑大小】图标■，按 Ctrl+Alt+T 组合键，弹出【表格】对话框，将【行数】设为1，将【列】设为2，将【表格宽度】设为100百分比，将【边框粗细】、【单元格边距】、【单元格间距】均设为0，单击【确定】按钮，如图 6-83 所示。

(4) 将光标置于第一列单元格中，在属性栏中将【宽】设为500，将【高】设为180，将【背景颜色】设为 #eeeeee，如图 6-84 所示。

图 6-83　创建表格

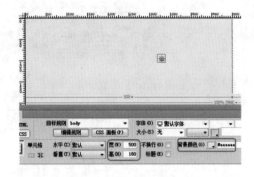

图 6-84　设置表格属性

(5) 确认光标处于第1列单元格中，按 Ctrl+Alt+I 组合键，弹出【选择图像源文件】对话框，选择随书附带光盘中的 CDROM＼素材＼Cha06＼唐人戏曲网＼01.png 文件，单击【确定】按钮，如图 6-85 所示。

(6) 插入素材文件后将光标置于素材文件的左侧，敲击几下 Space 键，完成后的效果如图 6-86 所示。

图 6-85　选择素材文件

图 6-86　插入素材图片

知识链接

　　中国戏曲主要是由民间歌舞、说唱和滑稽戏 3 种不同艺术形式综合而成。它起源于原始歌舞，是一种历史悠久的综合舞台艺术样式。至今已形成比较完整的戏曲艺术，它由文学、音乐、舞蹈、美术、武术、杂技以及表演艺术综合而成，约有 360 多个种类。

　　它的特点是将众多艺术形式以一种标准聚合在一起，在共同具有的性质中体现其各自的个性。比较著名的戏曲种类有：京剧、昆曲、越剧、豫剧、粤剧、淮剧、川剧、秦腔、评剧、晋剧、汉剧、河北梆子、湘剧、黄梅戏、湖南花鼓戏等。

（7）将光标置于第2列单元格中，在属性面板中将【水平】设为【居中对齐】，将【背景颜色】设为 #eeeeee，如图 6-87 所示。

（8）配合空格键在第2列单元格中输入文字，在【属性】面板中将【字体】设为【微软雅黑】，将【字体大小】设为 16，如图 6-88 所示。

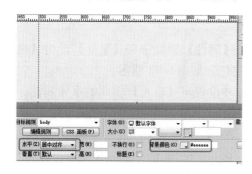

图 6-87　设置表格属性

图 6-88　输入文字

（9）在上一步创建表格的下方创建一个1行1列的表格，【表格宽度】设为100百分比，在【属性】面板中将【高】设为 39，如图 6-89 所示。

图 6-89　插入表格

（10）将光标置于上一步创建的表格内，单击【拆分】按钮，在代码窗口找到鼠标的位置，然后将其移动到 td 的后面，如图 6-90 所示。

（11）按 Enter 键，在弹出的下拉列表中选择 background 选项，并双击该按钮，弹出【浏览】按钮，并双击该按钮，在弹出的对话框中，选择素材文件夹中的 02.png 文件，完后的效果如图 6-91 所示。

图 6-90　放置光标

图 6-91　设置背景

（12）将光标置于表格中，再次插入1行10列的表格，【表格宽度】设为100百分比，选择所有的单元格，在【属性】面板中将【宽】设为100，【高】设为39，将【水平】设为【居中对齐】，如图 6-92 所示。

图 6-92 插入表格

(13) 将光标置于第一列表格中输入【首页】，在【属性】面板中将【字体】设为【微软雅黑】，将【字体大小】设为 16，【字体颜色】设为白色，如图 6-93 所示。

(14) 使用同样的方法在其他单元格中输入文字，并设置与【首页】相同的字体属性，完成后的效果如图 6-94 所示。

图 6-93 输入文字

图 6-94 输入其他文字

(15) 下面创建 Div，在菜单栏中选择【插入】| Div 命令，此时会弹出【插入 Div】对话框，在该对话框中将【插入】设为【在标签开始之后】| <body>，将 ID 设为 A1，如图 6-95 所示。

(16) 单击【新建 CSS 规则】按钮，弹出【新建 CSS 规则】对话框，保持默认设置，单击【确定】按钮，如图 6-96 所示。

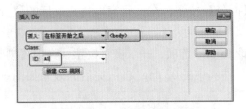

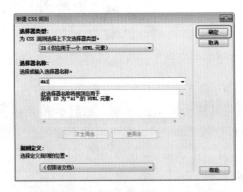

图 6-95 创建 Div

图 6-96 设置颜色

(17) 此时会进入【#A1CSS 规则定义】对话框，在【分类】组中选择【定位】，将 Position 设为 absolute，单击【确定】按钮，如图 6-97 所示。

(18) 返回【插入 Div】对话框中，单击【确定】按钮，在场景中将【左】、【上】、【宽】和【高】分别设为 5px、222px、670 px、374 px，效果如图 6-98 所示。

(19) 将 Div 中的文字删除，在其中插入一个 2 行 1 列、【表格宽度】为 100 百分比的表格，将光标置于第 1 行单元格中，在【属性】面板中将【高】设为 325，如图 6-99 所示。

(20) 确认光标处于第 1 行单元格中，按 Ctrl+Alt+I 组合键，在弹出的对话框中选择素材文件夹中的 05.jpg 文件，插入后的效果如图 6-100 所示。

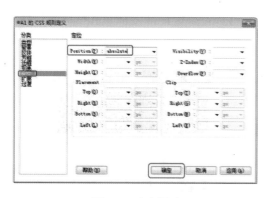

图 6-97 定义规则

图 6-98 设置属性

图 6-99 设置表格属性

图 6-100 插入素材图片

(21) 将光标置于第 2 行单元格中，在【属性】面板中将【高】设为 45，将【水平】设为【居中对齐】，将【背景颜色】设为 #CCCCCC，完成后的效果如图 6-101 所示。

(22) 在第 2 行表格中输入文字，在【属性】面板中将【字体】设为【微软雅黑】，将【字体大小】设为 24pt，将【字体颜色】设为 #7d0022，完成后的效果如图 6-102 所示。

图 6-101 设置表格属性

图 6-102 输入文字并进行设置

知识链接

生、旦、净、丑各个行当都有各自的形象内涵和一套不同的程式和规制；每个行当具有鲜明的造型表现力和形式美。

(23) 使用同样的方法再次插入一个活动 Div，在场景中将【左】、【上】、【宽】和【高】分别设为 690px、222px、300 px、80 px，如图 6-103 所示。

(24) 将光标置于创建的 Div 中，按 Ctrl+Alt+I 组合键，在弹出的对话框中选择素材文件夹中的 03.png 文件，完成后的效果如图 6-104 所示。

图 6-103　创建 Div

图 6-104　添加素材图片

(25) 使用同样的方法插入一个活动 Div，在场景中将【左】、【上】、【宽】和【高】分别设为 690px、309px、300 px、180 px，如图 6-105 所示。

(26) 将光标置于创建的 Div 中，插入一个 5 行 1 列的表格，将【表格宽度】设为 100 百分比，如图 6-106 所示。

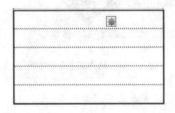

图 6-105　创建 Div

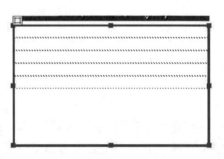

图 6-106　创建表格

(27) 在场景中选择创建的所有单元格，在属性栏中将【水平】设为【居中对齐】，将【高】设为 36，如图 6-107 所示。

(28) 将光标置于第 1 行单元格中，输入文字"欢迎登入"，在【属性】面板中将【字体】设为【微软雅黑】，将【字体大小】设为 18，完成后的效果如图 6-108 所示。

图 6-107　设置表格属性

图 6-108　输入文字

(29) 将光标置于第 2 行单元格中，在菜单栏中选择【插入】|【表单】|【文本】命令，选择插入的表单，将文字修改为"账号："，在属性栏中将 Size 设为 15，完成后的效果如图 6-109 所示。

(30) 将光标置于第 3 行，在菜单栏中选择【插入】|【表单】|【密码】命令，选择插入的表单，将文字修改为"密码："，在属性栏中将 Size 设为 15，完成后的效果如图 6-110 所示。

(31) 将光标置于第 4 行单元格，在菜单栏中选择【插入】|【表单】|【"提交"按钮】命令，选择插入的按钮，在【属性】面板中将 Value 设为"登入"，选择【登入】按钮，对其进行复制，

然后在【属性】面板中将 Value 设为【免费注册】，完成后的效果如图 6-111 所示。

图 6-109 插入表单

图 6-110 插入密码表单

(32) 再次插入一个活动的 Div，在场景中将【左】、【上】、【宽】和【高】分别设为 690px、499px、300 px、90 px，如图 6-112 所示。

图 6-111 创建按钮

图 6-112 插入 Div

(33) 将光标置于上一步创建的 Div 中，按 Ctrl+Alt+I 组合键，在弹出的对话框中选择素材文件夹中的 04.png 文件，完成后的效果如图 6-113 所示。

(34) 再次插入一个活动的 Div，在场景中选择 Div，在【属性】面板中将【左】、【上】、【宽】和【高】分别设为 5px、602px、734 px、230 px，单击【背景图像】后面的文件夹按钮，在弹出的对话框中选择素材文件夹中的 07.png 文件，如图 6-114 所示。

图 6-113 插入素材图片

图 6-114 设置背景

(35) 将光标置于创建的 Div 中，插入一个 2 行 8 列的表格，将【表格宽度】设为 100 百分比，选择第 1 行的所有单元格，在【属性】面板中，将【水平】设为【居中对齐】，将【高】设为 27，并手动调整单元格，使其出现如图 6-115 所示的效果。

(36) 将光标置于第 1 行第 1 列的单元格中，输入【戏曲咨询】，在【属性】面板中，将【字体】设为【微软雅黑】，【字体大小】设为 14，【字体颜色】设为白色，完成后的效果如图 6-116 所示。

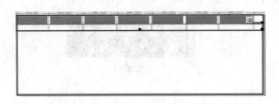

图 6-115　调整单元格

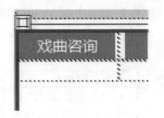

图 6-116　输入文字

(37) 使用同样的方法在其他单元格中输入文字，完成后的效果如图 6-117 所示。

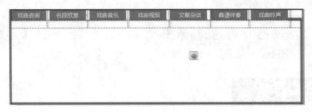

图 6-117　输入其他文字

(38) 选择第二行的所有单元格，按 Ctrl+Alt+M 组合键，将其合并，在【属性】面板中将【高】设为 200，如图 6-118 所示。

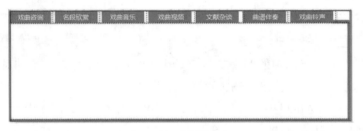

图 6-118　合并单元格

(39) 将光标置于合并的单元格中，并在其中插入一个 8 行 3 列的表格，将【表格宽度】设为 100 百分比，并选择所有的单元格，在【属性】面板中，将【水平】设为【居中对齐】，将【宽】设为 244，将【高】设为 25，完成后的效果如图 6-119 所示。

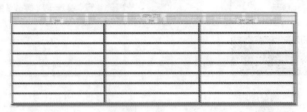

图 6-119　插入表格

(40) 在上一步创建的表格中输入文字，在【属性】面板中，将【字体】设为【微软雅黑】，将【字体大小】设为 14px，将【文字颜色】设为 #00F，并对文字添加下划线，完成后的效果如图 6-120 所示。

图 6-120　输入文字

(41) 使用前面讲过的方法，再次插入一个活动的 Div，在【属性】面板中将【左】、【上】、【宽】和【高】分别设为 5px、839px、740 px、130 px，并在其内插入 09.png 素材，如图 6-121 所示。

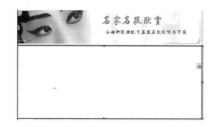

图 6-121　插入 Div 并插入素材图片

(42) 再次插入一个活动的 Div，在【属性】面板中将【左】、【上】、【宽】和【高】分别设为 5px、972px、740 px、268 px，如图 6-122 所示。

(43) 将光标置于上一步创建的 Div 中，插入一个 2 行 4 列的单元格，表格宽度为 100 百分比，选择第一行单元格，在【属性】面板中将【水平】设为【居中对齐】，将【宽】设为 185，将【高】设为 230，如图 6-123 所示。

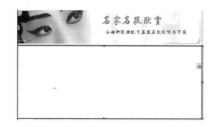

图 6-122　插入 Div

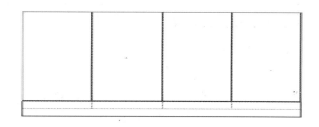

图 6-123　设置表格属性

(44) 使用前面讲过的方法在第一行表格中插入素材图片，完后的效果如图 6-124 所示。

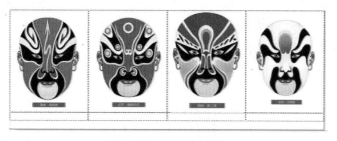

图 6-124　插入素材文件

(45) 选择第 2 行的所有单元格，在【属性】面板中，将【水平】设为【居中对齐】，将【高】设为 30，并在表格内输入文字，将【字体】设为【微软雅黑】，【字体大小】设为 14px，将【字体颜色】设为 #006，完后的效果如图 6-125 所示。

图 6-125　设置表格并输入文字

(46) 再次插入一个活动的 Div，在【属性】面板中将【左】、【上】、【宽】和【高】分别设为 752px、625px、230px、205 px，并在其内插入一个 9 行 1 列的表格，宽度为 100 百分比，如图 6-126 所示。

(47) 选择上一步创建的 Div，在【属性】面板中单击【背景图像】后面的文件夹按钮，在弹出的对话框中选择 08.png 文件，完成后的效果如图 6-127 所示。

(48) 将光标置于第 1 行单元格中，在【属性】面板中将【高】设为 25，并在其内输入文字【本周点击排行】，将【字体】设为【宋体】，将【字体大小】设为 16px，将【字体颜色】设为白色，完成后的效果如图 6-128 所示。

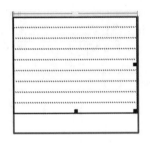

图 6-126　插入 Div

图 6-127　设置背景

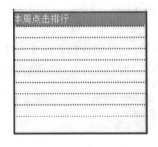

图 6-128　输入文字

(49) 选择其他行的所有单元格，将【水平】设为【居中对齐】，将【高】设为 22，并在其内输入文字，将【字体】设为【微软雅黑】，将【字体大小】设为 14px，将【字体颜色】设为 #03F，完成后的效果如图 6-129 所示。

(50) 再次插入一个活动的 Div，选择创建的 Div，在属性栏中将【左】、【上】、【宽】和【高】分别设为 746px、840px、240 px、290 px，并在其内插入一个 8 行 1 列的单元格，如图 6-130 所示。

(51) 将光标置于第 1 行单元格中，在属性栏中将【高】设为 40，并在其内输入文字，将【字体】设为【微软雅黑】，将【字体大小】设为 18，完成后的效果如图 6-131 所示。

图 6-129　输入其他文字

图 6-130　插入 Div

图 6-131　输入文字

(52) 将光标置于第 2 行单元格中，将其拆分为 2 列，选择拆分的两个单元格，在【属性】面板中将【水平】设为【居中对齐】，将【宽】和【高】分别设为 120、100，如图 6-132 所示。

(53) 分别在上一步创建的表格内插入素材图片，完成后的效果如图 6-133 所示。

(54) 将光标置于第 3 行单元格中，将其拆分为两列，选择拆分的单元格，在【属性】面板中将【水平】设为【居中对齐】，将【高】设为 25，并在其内输入文字，将【字体】设为【默认字体】，将【字体大小】设为 14，将【字体颜色】设为 #00a3f9，完成后的效果如图 6-134 所示。

图 6-132 设置单元格属性

图 6-133 添加素材图片

图 6-134 设置文字属性

(55) 选择剩余的表格，在【属性】面板中，将【水平】设为【居中对齐】，将【高】设为 25，并在其内输入文字，将【字体】设为【宋体】，将【字体大小】设为 14，完成后的效果如图 6-135 所示。

(56) 再次插入一个活动的 Div，在属性栏中将【左】、【上】、【宽】和【高】分别设为 0px、1243px、1000px、30 px，如图 6-136 所示。

图 6-135 输入文字

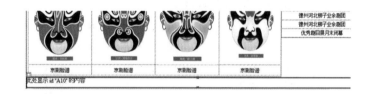

图 6-136 插入 Div

(57) 将光标置于插入的 Div 中，插入 1 行 1 列、表格宽度为 100 百分比的单元格，在【属性】面板中将【水平】设为【居中对齐】，将【高】设为 30，将【背景颜色】设为 #eeeeee，如图 6-137 所示。

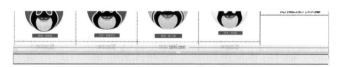

图 6-137 插入单元格

(58) 在上一步创建的表格中输入文字，将【字体】设为【微软雅黑】，将【字体大小】设为 16px，完成后的效果如图 6-138 所示。

图 6-138　输入文字

案例精讲 042　婚纱摄影网页设计

案例文件：CDROM \ 场景 \ Cha06 \ 婚纱摄影网页设计 .html

视频文件：视频教学 \ Cha06 \ 婚纱摄影网页设计 .avi

制作概述

本例将介绍如何制作婚纱摄影网页。在制作这类网页时需要注意突出主题，通过大量的婚纱照片给网页内容带来丰富感。完成后的效果如图 6-139 所示。

学习目标

掌握婚纱摄影网页的制作方法。

操作步骤

图 6-139　婚纱摄影网页

(1) 启动软件后，按 Ctrl+N 组合键，弹出【新建文档】对话框，选择【空白页】| HTML |【无】，单击【创建】按钮，如图 6-140 所示。

(2) 新建文档后，在文档底部的【属性】面板中选择 CSS 选项 ，然后单击【页面属性】按钮，弹出【页面属性】对话框，在【分类】组中选择【外观 (CSS)】选项，将【左边距】、【右边距】、【上边距】、【下边距】都设为 0px，设置完成后单击【确定】按钮，如图 6-141 所示。

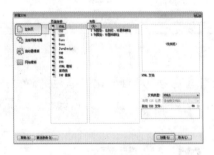

图 6-140　新建文档

图 6-141　设置页面属性

(3) 单击页面底部的【桌面电脑大小】图标，然后按 Ctrl+Alt+T 组合键，弹出【表格】对话框，在该对话框中将【行数】设为 1，将【列】设为 1，将【表格宽度】设为 100 百分比，【边框粗细】、【单元格边距】和【单元格间距】都设为 0 ，如图 6-142 所示。

(4) 将光标置于上一步创建的单元格中，在【属性】面板中将【高】设为 160，然后单击【拆分】按钮，在代码区找到鼠标的光标，然后将其移动到 td 的后面，如图 6-143 所示。

图 6-142　设置表格　　　　　　　　　　　　　　图 6-143　插入光标

　　(5) 插入光标后，按 Enter 键，在弹出的下拉列表中选择 background 并双击该选项，弹出【浏览】按钮，双击该按钮，在弹出的【选择文件】对话框中，选择随书附带光盘中的 CDROM \ 素材 \ Cha06 \ 婚纱摄影网页 \ 03.png 文件，如图 6-144 所示。

　　(6) 将光标放置于上一步创建的表格中再次插入一个 1 行 2 列的单元格，将光标置于第 1 列单元格中，在【属性】面板中将【水平】设为【居中对齐】，将【宽】设为 35%，将【高】设为 160，如图 6-145 所示。

图 6-144　选择素材文件　　　　　　　　　　　　图 6-145　设置表格属性

　　(7) 确认光标在第 1 列单元格中，按 Ctrl+Alt+I 组合键，在弹出的对话框中选择随书附带光盘中的 CDROM \ 素材 \ Cha06 \ 婚纱摄影网页 \ 02.png 文件，如图 6-146 所示。

　　(8) 单击【确定】按钮，返回到场景文件中，查看效果，如图 6-147 所示。

　　(9) 将光标置于第 2 列单元格中，在【属性】面板中，将【水平】设为【居中对齐】，并在第 2 列单元格中输入文字"来自法国巴黎 做婚纱我们更专业"，将【字体】设为【经典细隶书简】，将【字体大小】设为 30px，将【字体颜色】设为白色，完成后的效果如图 6-148 所示。

　　(10) 在菜单栏中选择【插入】| Div 命令，弹出【插入 Div】对话框，在该对话框中，将【插

入】设为【在标签开始之后】|<body>，将 ID 设为 A1，如图 6-149 所示。

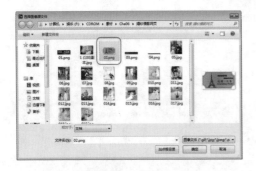

图 6-146　选择素材　　　　　　　　　　　　图 6-147　插入素材图片

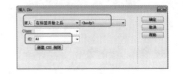

图 6-148　输入文字　　　　　　　　　　　　图 6-149　插入 Div

(11) 单击【新建 CSS 规则】按钮，在弹出的【新建 CSS 规则】对话框中，系统会自动给该 Div 命名以选择器的名称，保持默认值，单击【确定】按钮，如图 6-150 所示。

(12) 弹出【#A1 的 CSS 规则定义】对话框，在该对话框中，将【分类】设为【定位】，将 Position 设为 absolute，完成后单击【确定】按钮，如图 6-151 所示。

图 6-150　设置 CSS 规则　　　　　　　　　　图 6-151　定义 CSS

(13) 返回到【插入 Div】对话框中，单击【确定】按钮，此时创建的 Div 就会出现在文档的开始处，选择该 Div，在【属性】面板中，将【左】、【上】、【宽】和【高】分别设为 0px、160px、1000 px、43 px，如图 6-152 所示。

图 6-152　创建 Div

(14) 继续选择该 Div，在【属性】面板中单击【背景图像】后面的文件夹按钮，弹出【选择图像源文件】对话框，在该对话框中选择素材文件夹中的 04.png 文件，完成后的效果如图 6-153 所示。

图 6-153　设置背景图像

(15) 在上一步创建的 Div 中，插入一个 1 行 8 列，将【单元格宽度】设为 100 百分比，使用手动对单元格的大小进行调整，并在【属性】面板中，将【水平】设为【居中对齐】，将【高】设为 43，完成后的效果如图 6-154 所示。

图 6-154　设置单元格的属性

(16) 在单元格中输入文字，在【属性】面板中，将【字体】设为【微软雅黑】，将【字体大小】设为 16px，将【字体颜色】设为 #f57703，完成后的效果如图 6-155 所示。

图 6-155　输入文字

(17) 继续插入一个可以活动的 Div，在【属性】面板中将【左】、【上】、【宽】和【高】分别设为 0px、205px、1000px、300px，并在其内插入素材图片 01.png 文件，如图 6-156 所示。

(18) 再次插入一个 Div，在【属性】面板中，将【左】、【上】、【宽】和【高】分别设为 0px、507px、1000px、38px，如图 6-157 所示。

图 6-156　插入 Div 并插入素材图片

图 6-157　插入 Div

(19) 在上一步创建的 Div 中插入一个 1 行 2 列的单元格，将【表格宽度】设为 100 百分比，将光标置于第一行的单元格中，在【属性】面板中将【宽】和【高】分别设为 200、38，并在其内输入文字，将【字体】设为【微软雅黑】，将【字体大小】设为 30，将【字体颜色】设为 #4e250c，如图 6-158 所示。

(20) 将光标置于第 2 列单元格中，配合空格键输入文字，在【属性】面板中，将【字体】设为【微软雅黑】，将【字体大小】设为 16，【字体颜色】设为 #4e250c，将【水平】设置为【居中对齐】，完成后的效果如图 6-159 所示。

(21) 再次插入一个活动的 Div，在【属性】面板中将【左】、【上】、【宽】和【高】设为 0px、548px、1000 px、18px，将背景颜色设置为 #5f3111，如图 6-160 所示。

图 6-158　输入文字　　　　图 6-159　输入文字　　　　　　　图 6-160　插入 Div

(22) 再次插入一个活动的 Div，在【属性】面板中将【左】、【上】、【宽】和【高】分别设为 10px、569px、980px、550px，并在其内插入一个 2 行 4 列的单元格，将【表格宽度】设为 100 百分比，如图 6-161 所示。

(23) 在场景中选择所有的单元格，在【属性】面板中，将【水平】设为【居中对齐】，将【垂直】设为【居中】，将【宽】和【高】分别设为 245、275，完成后的效果如图 6-162 所示。

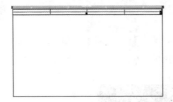
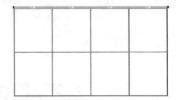

图 6-161　插入表格　　　　　　　　　　　　　图 6-162　设置表格属性

(24) 使用前面讲过的方法，在创建的表格中插入素材图片，完成后的效果如图 6-163 所示。

(25) 使用同样的方法制作网页的其他部分，完成后的效果如图 6-164 所示。

图 6-163　插入素材图片　　　　　　　　　　图 6-164　完成后的效果

(26) 再次插入一个活动的 Div，在【属性】面板中将【左】、【上】、【宽】和【高】分别设为 0px、1735px、1000 px、50px，如图 6-165 所示。

(27) 将光标置于上一步创建的 Div 中，并在其内插入 1 行 1 列的单元格，在【属性】面板中，将【高】设为 50，并在表格内输入文字，将【字体】设为【微软雅黑】，将【字体大小】设为 30px，将【字体颜色】设为 #4e250c，完成后的效果如图 6-166 所示。

图 6-165　插入 Div　　　　　　　　　　　　图 6-166　输入文字

(28) 再次插入一个活动的 Div，在【属性】面板中将【左】、【上】、【宽】和【高】分别设为 0px、1786px、1000 px、18px，并将其背景颜色设为 #4e250c，如图 6-167 所示。

(29) 继续插入一个活动的 Div，在【属性】面板中将【左】、【上】、【宽】和【高】分别设为 0px、1807px、1000 px、50px，并在其内插入一个 1 行 10 列的单元格，在【属性】面板中将【水平】设为【居中对齐】，将【宽】和【高】分别设为 100、50，如图 6-168 所示。

图 6-167　插入 Div
图 6-168　插入 Div 并插入单元格

(30) 在上一步创建的表格内输入文字，将【字体】设为【微软雅黑】，将【字体大小】设为 14，将【字体颜色】设为 #4e250c，完成后的效果如图 6-169 所示。

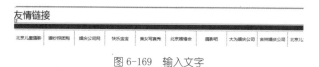

图 6-169　输入文字

(31) 继续插入一个活动的 Div，在属性面板中将【左】、【上】、【宽】和【高】分别设为 0px、1858px、1000 px、80px，并在其内插入一个 1 行 1 列的单元格，在【属性】面板中将【水平】设为【居中对齐】，将【高】设为 80，将背景颜色设为 #4e250c，如图 6-170 所示。

图 6-170　插入 Div

(32) 在上一步创建的表格内输入文字，将【字体】设为【微软雅黑】，将【字体大小】设为 14，将【字体颜色】设为白色，完成后的效果如图 6-171 所示。

图 6-171　输入文字

案例精讲 043　家居网站设计

案例文件：CDROM \ 场景 \ Cha06 \ 家居网站设计 .html

视频文件：视频教学 \ Cha06 \ 家居网站设计 .avi

制作概述

本例将讲解如何制作家居网站，主要使用插入表格命令和插入图像命令进行制作。完成后的效果如图 6-172 所示。

学习目标

掌握家具网站的设计方法。

操作步骤

(1) 启动软件后，按 Ctrl+N 组合键打开【新建文档】对话框，选择【空白页】| HTML |【无】选项，单击【创建】按钮，如图 6-173 所示。

(2) 进入工作界面后，在菜单栏中选择【插入】|【表格】命令，也可以按 Ctrl+Alt+T 组合键打开【表格】对话框，如图 6-174 所示。

图 6-172　家居网站

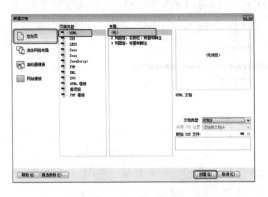

图 6-173　【新建文档】对话框

图 6-174　【表格】对话框

(3) 在【表格】对话框中将【行数】设置为 1，【列】设置为 9，【表格宽度】设置为 800 像素，其他参数均设置为 0，单击【确定】按钮，如图 6-175 所示。

(4) 新建表格后在左侧的单元格中单击，将光标插入到左侧的单元格中，在下方的【属性】面板中将【宽】设置为 92，如图 6-176 所示。

图 6-175　设置表格参数

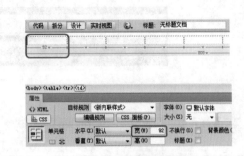

图 6-176　设置单元格

在此处设置左侧单元格的原因是，既可以调整文字距左侧边的距离，又可以解决在右侧单元格中输入文字后，不至于在浏览器中出现文字换行的问题。

(5) 然后在其他的单元格中输入文字，并选中带有文字的单元格，在下方的【属性】面板中将【大小】设置为 12 px，如图 6-177 所示。

(6) 将光标插入到右侧的表格外，按 Enter 键换至下一行，再次按 Ctrl+Alt+T 组合键，打开【表格】对话框，在【表格】对话框中将【行数】设置为 1，【列】设置为 4，【表格宽度】设置为 800 像素，【单元格间距】设置为 2，其他参数均设置为 0，单击【确定】按钮，如图 6-178 所示。

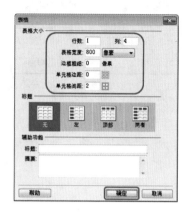

图 6-177　设置单元格中文字的大小　　　　　　　　图 6-178　设置新的表格

(7) 选中新插入表格左侧的单元格，在菜单栏中选择【插入】|【图像】|【图像】命令，还可以按 Ctrl+Alt+I 组合键，打开【选择图像源文件】对话框，选择素材"董家坊 .jpg"，单击【确定】按钮，如图 6-179 所示。

(8) 确认光标还在上一步插入的单元格中，在【属性】面板中将【宽】设置为 144 px，如图 6-180 所示。

图 6-179　选择素材　　　　　　　　　　　　　　图 6-180　设置单元格

(9) 选中第 2 个单元格，在【属性】面板中单击【拆分单元格或列】按钮北，即可弹出【拆分单元格】对话框，选中【行】单选按钮，将【行数】设置为 2，单击【确定】按钮，如图 6-181 所示。

(10) 将光标插入到上一步拆分的第 1 行中，在菜单栏中选择【插入】|【表单】|【搜索】命令，即可插入搜索框，在下方的【属性】面板中，将 Size 设置为 40，在 Value 中输入"沙发"，如图 6-182 所示。

图 6-181　【拆分单元格】对话框

图 6-182　插入搜索框并设置属性

　　(11) 确认光标还在上一步插入的单元格中，在菜单栏中选择【插入】|【表单】|【按钮】命令，即可插入一个按钮，将多于文字删除，在下方的【属性】面板的 Value 文本框中输入"搜索"，如图 6-183 所示。

> **知识链接**
>
> 　　**按钮：**按钮可以在单击时执行操作。可以为按钮添加自定义名称或标签，或者使用预定义的【提交】或【重置】标签。使用按钮可将表单数据提交到服务器，或者重置表单。还可以指定其他已在脚本中定义的处理任务。例如，可能会使用按钮根据指定的值计算所选商品的总价。

　　(12) 确认光标在上一步插入的单元格中，在【属性】面板中将【垂直】设置为【底部】，【宽度】设置为 402，【高】设置为 59，如图 6-184 所示。

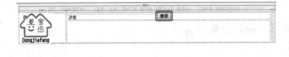

图 6-183　设置按钮属性

图 6-184　设置单元格

　　(13) 在下一行单元格中输入文字，选中文字，将【垂直】设置为【顶端】，【大小】设置为 12 px，将颜色设置为 #F60，如图 6-185 所示。

　　(14) 选中第 3 列单元格，使用前面介绍的方法拆分单元格，并将光标插入至其中一个单元格中，在【属性】面板中将【高】设置为 30 px，然后输入文字，并将文字大小设置为 15 px，如图 6-186 所示。

　　(15) 确认光标插入在上一步的单元格中，在【文档】栏中单击【拆分】按钮，切换至拆分视图，在打开的界面中，找到上一步输入的文字，并在该文字所在段落初始处的 "<td" 右侧插入光标，如图 6-187 所示。

　　(16) 然后按 Enter 键即可弹出选项面板，选择 background 选项并双击，如图 6-188 所示。

图 6-185　输入文字并进行设置　　　　　　　　图 6-186　设置单元格并输入文字

图 6-187　定位光标　　　　　　　　　　图 6-188　双击 background 选项

（17）执行上一步操作后，将弹出【浏览】选项，双击该选项，即可打开【选择文件】对话框，选择"底图 1.jpg"素材文件，单击【确定】按钮，如图 6-189 所示。

执行 15 ～ 17 步的操作是为了在选中的单元格中插入指定的背景图片。

（18）返回到文档中后，在【文档】栏中单击【设计】按钮，切换至设计视图，查看效果，如图 6-190 所示。

图 6-189　选择素材

图 6-190　查看效果

（19）使用光标调整单元格边框的位置，调整至合适的位置，并在该单元格文字前加入空格调整文字的位置，如图 6-191 所示。

（20）使用同样的方法制作右侧单元的效果，并将其中的文字颜色设置为红色，制作后的效果如图 6-192 所示。

图 6-191　调整单元格　　　　　　　　图 6-192　制作其他单元格效果

(21) 使用前面介绍的方法插入 1 行 7 列、【单元格间距】为 0 的表格，并分别设置单元格的宽和高，效果如图 6-193 所示。

(22) 选中新插入的单元格，在【属性】面板中【背景颜色】右侧文本框中输入"#D4003B"，按 Enter 键确认，如图 6-194 所示。

图 6-193　插入表格　　　　　　　　　图 6-194　设置单元格

(23) 使用前面介绍的方法，在各个单元格中输入文字，选中新输入的文字，在【属性】面板中，单击【字体】右侧的下三角按钮，选择【幼圆】，将颜色设置为白色，然后单击 HTML 按钮，切换面板，单击【粗体】按钮 **B**，如图 6-195 所示。

 提示　　除此之外，用户还可以按 Ctrl+B 组合键对文字进行加粗，或在菜单栏中选择【格式】|【HTML 样式】|【加粗】命令来体现加粗效果。

(24) 使用同样方法设置其他文字，并使用同样方法插入表格，制作具有类似效果的单元格，效果如图 6-196 所示。

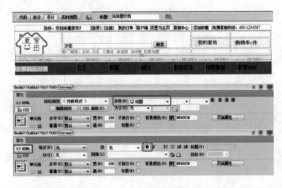

图 6-195　输入文字　　　　　　　　　图 6-196　设置单元格

(25) 在新插入表格中的空白单元格中单击，插入光标，按 Ctrl+Alt+I 组合键，打开【选择图像源文件】对话框，选择素材"家具动画 .gif"文件，单击【确定】按钮，如图 6-197 所示。

(26) 根据前面介绍的方法，插入表格和图像，输入并设置文字，制作出其他的效果，效果如图 6-198 所示，通过将光标插入单元格中，在【属性】栏中设置文字的居中效果。

图 6-197　选择素材

图 6-198　制作出其他效果

(27) 最后将场景进行保存，可以通过按 F12 键通过浏览器预览网页效果，还可以通过切换至实时视图中查看效果。

案例精讲 044　工艺品网设计

> 案例文件：CDROM \ 场景 \ Cha06 \ 工艺品网设计 .html
>
> 视频文件：视频教学 \ Cha06 \ 工艺品网设计 .avi

制作概述

本例将讲解如何制作家居网站，主要使用插入表格和图像，并使用了鼠标经过图像命令和插入 Div 的命令进行制作。完成后的效果如图 6-199 所示。

学习目标

掌握工艺品网站的制作方法。

图 6-199　工艺品网

操作步骤

(1) 启动软件后，按 Ctrl+N 组合键打开【新建文档】对话框，选择【空白页】| HTML |【无】选项，单击【创建】按钮，如图 6-200 所示。

(2) 进入工作界面后，在菜单栏中选择【插入】|【表格】命令，也可以按 Ctrl+Alt+T 组合键打开【表格】对话框，如图 6-201 所示。

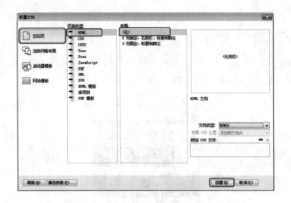

图 6-200 【新建文档】对话框   图 6-201 【表格】对话框

(3) 在【表格】对话框中将【行数】设置为1，【列】设置为9，【表格宽度】设置为850像素，其他参数均设置为0，单击【确定】按钮，如图 6-202 所示。

(4) 新建表格后在左侧的单元中单击，将光标插入到左侧的单元格中，在下方的【属性】面板中将【宽】设置为328，【高】设置为30，如图 6-203 所示。

图 6-202 设置表格参数   图 6-203 设置单元格

(5) 然后在其右侧的单元格中输入文字，并选中带有文字的单元格，在下方的【属性】面板中将【大小】设置为 12 px，如图 6-204 所示。

图 6-204 设置单元格中文字的大小

(6) 使用同样方法，设置其他单元格的宽度，并在单元格中输入文字，进行设置，效果如图 6-205 所示。

图 6-205 设置其他单元格并输入文字

(7) 将光标插入到左侧的单元格中，在【文档】栏中单击【拆分】按钮，在打开的界面中即可看到代码中的光标，如图 6-206 所示。

(8) 然后在打开的界面中，将光标插入到当前光标所在行的"<td"代码右侧，按空格键即可弹出选项列表，选择 background 选项并双击，如图 6-207 所示。

图 6-206　代码中的光标

图 6-207　选择 background 选项

(9) 执行上一步操作后，即可再次弹出【浏览】选项，单击该选项，即可打开【选择文件】对话框，选择素材"底图 1.jpg"文件，单击【确定】按钮，如图 6-208 所示。

(10) 使用同样的方法，将光标插入到其他单元格中，并添加素材，效果如图 6-209 所示。

图 6-208　【选择文件】对话框

图 6-209　插入背景图像

(11) 返回至【设计】视图中，将光标插入至未输入文字的单元格中，按 Ctrl+Alt+I 组合键，打开【选择图像源文件】对话框，选择素材 sina.png 文件，如图 6-210 所示。

(12) 使用同样方法将光标插入另一个未输入文字的单元格中，并插入素材文件，效果如图 6-211 所示。

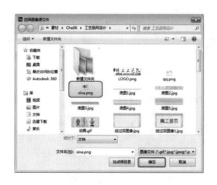

图 6-210　选择素材

图 6-211　插入素材后的效果

(13) 将光标插入表格的右侧外，使用前面介绍的方法，插入表格，并插入素材，效果如图6-212所示。

(14) 在菜单栏中选择【插入】| Div 命令，打开【插入 Div】对话框，在 ID 右侧输入名称，单击【新建 CSS 规则】按钮，如图6-213 所示。

图 6-212　新建表格并插入素材　　　　　　　　图 6-213　【插入 Div】对话框

(15) 在打开的对话框中单击【确定】按钮，在再次打开的对话框中选择【分类】中的【定位】，将 Position 设置为 absolute，然后单击【确定】按钮，如图6-214 所示。

(16) 返回到【插入 Div】对话框中，单击【确定】按钮，即可在光标插入的地方插入 Div，如图6-215 所示。

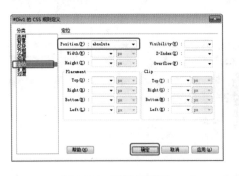

图 6-214　设置【定位】　　　　　　　　　　　图 6-215　插入 Div

(17) 将光标插入到 Div 中，删除其中的文字，输入文字，调整 Div 的宽度和位置，选中其中的文字，在属性栏中将文字的颜色设置为 #800080，然后分别选中文字，将大小分别设置为 16 px 和 24 px，效果如图6-216 所示。

(18) 使用前面介绍的方法，插入一个1行8列、【表格宽度】为850 像素的表格，将光标插入到第一列单元格中，在属性栏中将【高】设置为58，如图6-217 所示。

图 6-216　输入并设置文字　　　　　　　　　图 6-217　插入并设置表格

(19) 选中左侧的单元格，在菜单栏中选择【插入】|【图像】|【鼠标经过图像】命令，打开【插入鼠标经过图像】对话框，如图6-218 所示。

(20) 单击【原始图像】右侧的【浏览】按钮，即可打开【原始图像】对话框，选择素材"经过前图像 1.jpg"文件，单击【确定】按钮，如图 6-219 所示。

图 6-218 【插入鼠标经过图像】对话框

图 6-219 选择素材

(21) 返回到【插入鼠标经过图像】对话框，单击【鼠标经过图像】右侧的【浏览】按钮，在打开的【鼠标经过图像】对话框中，选择素材"经过后图像 1.jpg"文件，然后单击【确定】按钮，如图 6-220 所示。

(22) 返回到【插入鼠标经过图像】对话框，单击【确定】按钮，效果如图 6-221 所示。

图 6-220 选择鼠标经过后图像

图 6-221 【插入鼠标经过图像】对话框的效果

(23) 使用相同的方法，在其他单元格中插入鼠标经过图像，效果如图 6-222 所示。

(24) 根据前面介绍的方法插入表格，输入文字，插入图像，并进行调整设置，对部分单元格的背景色进行设置，效果如图 6-223 所示。

图 6-222 制作其他鼠标经过图像效果

图 6-223 制作其他效果

(25) 在文档中可以看到，有空白间隙，在菜单栏中选择【修改】|【页面属性】命令，打开【页面属性】对话框，选择【分类】下的【外观 (HTML)】选项，在右侧单击【背景图像】右侧的【浏览】按钮，如图 6-224 所示。

(26) 在打开的【选择图像源文件】对话框中选择素材"祥云背景 .jpg"文件，单击【确定】按钮后返回到【页面属性】对话框，单击【确定】按钮，效果如图 6-225 所示。

图 6-224　【页面属性】对话框

图 6-225　设置背景图像后的效果

(27) 最后将场景进行保存，可以通过按 F12 键通过浏览器预览网页效果，还可以通过切换至实时视图中查看效果。

第 7 章
旅游交通类
网站设计

案例课堂 ▶

本章节将介绍旅游交通类网站设计，其中包括路畅网网页设计、天气预报、欢乐谷等网页的设计。通过本章节的学习可以对道路交通、天气类网页设计有一定的了解。

案例精讲 045　路畅网网页设计

 案例文件：CDROM \ 场景 \ Cha07 \ 路畅网网页设计 .html

 视频文件：视频教学 \ Cha07 \ 路畅网网页设计 .avi

制作概述

本例将介绍路畅网网页的制作过程。本例主要讲了使用表格布局网站结构，其中还介绍了如何插入图片、设置 CSS 规则、设置字体样式。完成后的效果如图 7-1 所示。

学习目标

掌握路畅网网页的设计方法。

操作步骤

(1) 启动软件后，新建一个 HTML 文档，然后按 Ctrl+Alt+T 组合键，弹出【表格】对话框，将【行数】设置为 1，【列】设为 1，将【表格宽度】设为 800 像素，将【边框粗细】、【单元格边距】和【单元格间距】都设为 0，然后单击【确定】按钮，如图 7-2 所示。

(2) 选中插入的表格，在【属性】面板中，将 Align 设置为【居中对齐】，如图 7-3 所示。

图 7-1　路畅网网页

图 7-2　【表格】对话框

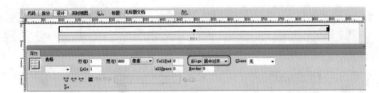

图 7-3　设置表格对齐

知识链接

> HTML 是一种规范，一种标准，它通过标记符号来标记要显示的网页中的各个部分。网页文件本身是一种文本文件，通过在文本文件中添加标记符，可以告诉浏览器如何显示其中的内容 (如：文字如何处理，画面如何安排，图片如何显示等)。浏览器按顺序阅读网页文件，然后根据标记符解释和显示其标记的内容，对书写出错的标记将不指出其错误，且不停止其解释

执行过程，编制者只能通过显示效果来分析出错原因和出错部位。但需要注意的是，对于不同的浏览器，对同一标记符可能会有不完全相同的解释，因而可能会有不同的显示效果。

　　HTML 之所以称为超文本标记语言，是因为文本中包含了所谓"超级链接"点。所谓超级链接，就是一种 URL 指针，通过激活（点击）它，可使浏览器方便地获取新的网页。这也是 HTML 获得广泛应用的最重要的原因之一。

（3）将光标插入到单元格中，在【属性】面板中，将【高】设置为 90，如图 7-4 所示。

（4）单击【拆分】按钮，在 <td> 标签中输入代码，将随书附带光盘中的 CDROM\素材\Cha07\路畅网\路畅网.jpg 素材图片设置为单元格的背景图片，如图 7-5 所示。

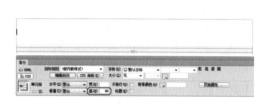

图 7-4　设置单元格的高

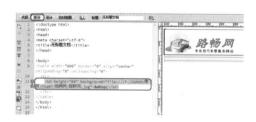

图 7-5　设置背景图片

　　　除了输入代码外，用户还可以将光标置于 td 的后面，按 Enter 键，在弹出的快捷菜单中选择 background 选项并双击，弹出【浏览】选项，单击该选项，此时会弹出【选择文件】对话框，选择相应的背景素材即可

（5）然后单击【设计】按钮。将单元格的【水平】设置为【右对齐】，【垂直】设置为【底部】，然后插入一个 2 行 2 列、【表格宽度】为 300 像素的表格，如图 7-6 所示。

图 7-6　插入表格

（6）选中新插入表格的第 1 行的两个单元格，单击 按钮，将其合并。然后将第 1 行单元格的【水平】设置为【右对齐】，【高】设置为 40，如图 7-7 所示。

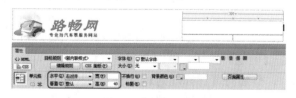

图 7-7　设置单元格

　　　用户除了使用上述方法合并单元格外，选择需要合并的单元格，单击鼠标右键，在弹出的快捷菜单中选择【表格】|【合并单元格】命令，也可以按 Ctrl+Alt+M 组合键合并单元格。

(7) 然后右击，在弹出的快捷菜单中选择【CSS 样式】|【新建】命令，如图 7-8 所示。

(8) 在弹出的【新建 CSS 规则】对话框中，将【选择器类型】设置为【类】，【选择器名称】设为 A1，然后单击【确定】按钮，如图 7-9 所示。

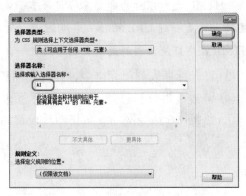

图 7-8　选择【新建】命令　　　　　　　图 7-9　【新建 CSS 规则】对话框

(9) 在弹出的对话框中，【分类】列表选择为【类型】，将【类型】中的 Font-size 设置为 13px，然后单击【确定】按钮，如图 7-10 所示。

(10) 在单元格中输入文字，然后在【属性】面板中，将【目标规则】设置为 A1，如图 7-11 所示。

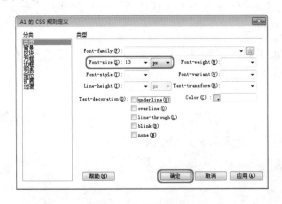

图 7-10　设置类型　　　　　　　　　　图 7-11　输入文字并设置目标规则

(11) 将光标插入到第 2 行、第 1 列单元格中，将【水平】设置为【右对齐】，【宽】设置为 220，【高】设置为 40。然后输入文字，将文字的【目标规则】设置为 A1，如图 7-12 所示。

(12) 使用相同的方法新建 A2 的 CSS 规则，将【类型】中的 Font-size 设置为 13px，Color 设置 #428EC8，然后单击【确定】按钮，如图 7-13 所示。

(13) 选中"青岛市"，然后将【目标规则】更改为 A2，如图 7-14 所示。

(14) 将光标插入到第 2 行、第 2 列单元格中，将【水平】设置为【居中对齐】，如图 7-15 所示。

(15) 在菜单栏中选择【插入】|【表单】|【按钮】命令。选中插入的【按钮】控件，在【属性】面板中，将 Value 的值更改为"切换城市"，如图 7-16 所示。

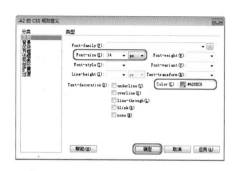

图 7-12　设置单元格并输入文字

图 7-13　设置 A2 的 CSS 规则

图 7 14　更改目标规则

图 7-15　设置水平

图 7-16　设置 Value

(16) 在空白位置单击，然后按 Ctrl+Alt+T 组合键，弹出【表格】对话框，将【行数】设置为 1，【列】设为 8，将【表格宽度】设为 800 像素，然后单击【确定】按钮。选中插入的表格，将 Align 设置为【居中对齐】，如图 7-17 所示。

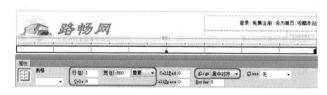

图 7-17　插入表格

(17) 选中新插入的单元格，将【水平】设置为【居中对齐】，【宽】设置为 100，【高】设置为 30。将第一个单元格的【背景颜色】设置为 #F96026，其他单元格的【背景颜色】设置为 #77d4f6，如图 7-18 所示。

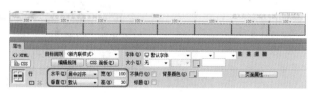

图 7-18　设置单元格

(18) 使用相同的方法新建 A3 的 CSS 规则，将【类型】中的 Font-size 设置为 14px，Font-weight 设置为 bold，Color 设置 #FFF，然后单击【确定】按钮，如图 7-19 所示。

(19) 在单元格中输入文字，然后将其【目标规则】设置为 A3，如图 7-20 所示。

提示

在选中所有单元格的前提下新建 CSS 样式，可以对单元格直接应用该样式。

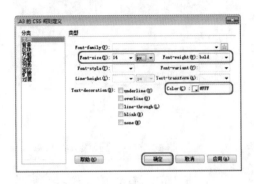

图 7-19　设置 A3 的 CSS 规则

图 7-20　输入文字并设置【目标规则】

(20) 在空白位置单击，然后按 Ctrl+Alt+T 组合键，弹出【表格】对话框，将【行数】设置为 1，【列】设为 2，将【表格宽度】设为 820 像素，CellSpace 设置为 10 像素，然后单击【确定】按钮。选中插入的表格，将 Align 设置为【居中对齐】，如图 7-21 所示。

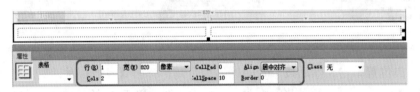

图 7-21　插入表格

(21) 使用相同的方法新建 ge1 的 CSS 规则，在【分类】列表中选择【边框】，将 Top 中的 Style 设置为 solid，Width 设置为 5px，Color 设置为 #77D4F6，然后单击【确定】按钮，如图 7-22 所示。

(22) 将光标插入到第 1 列单元格中，将【目标规则】设置为 ge1，【宽】设置为 300，如图 7-23 所示。

(23) 单击【CSS 面板】按钮，在弹出的【CSS 设计器】面板中，将【选择器】选择为 .ge1，然后将其边框半径都设置为 5px，如图 7-24 所示。

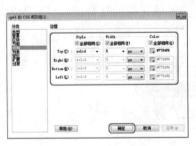

图 7-22　设置 ge1 的 CSS 规则

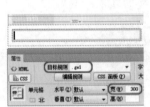
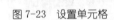

图 7-23　设置单元格

图 7-24　设置边框半径

(24) 在单元格中插入一个 2 行 4 列的表格，其【表格宽度】为 300 像素，如图 7-25 所示。

(25) 将第 1 行单元格合并，然后将【高】设置为 40，【背景颜色】设置为 #77D4F6。然后输入文字，将【字体】设置为 "Gotham, Helvetica Neue, Helvetica, Arial, sans-serif"，【大小】设置为 18，字体颜色设置为 #FFF，如图 7-26 所示。

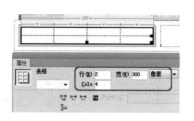

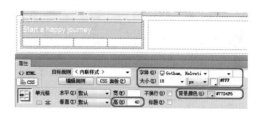

| 图 7-25　插入表格 | 图 7-26　设置单元格并输入文字 |

(26) 将光标插入到第 2 行、第 1 列单元格中，将【水平】设置为【居中对齐】，【宽】设置为 45，【高】设置为 40，如图 7-27 所示。

(27) 按 Ctrl+Alt+I 组合键，弹出【选择图像源文件】对话框，选择随书附带光盘中的 CDROM \ 素材 \ Cha07 \ 路畅网 \ 汽车票 .png 素材图片，单击【确定】按钮，将【宽】设置为 20px，【高】设置为 24px，如图 7-28 所示。

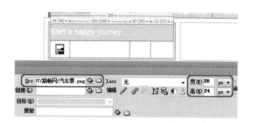

| 图 7-27　设置单元格 | 图 7-28　插入素材图片 |

除了上述方法添加图像外，用户还可以在菜单栏中选择【插入】|【图像】|【图像】命令，也会弹出【选择图像源文件】对话框。

(28) 将第 2 行的其他单元格的【宽】分别设置为 55、100、100，如图 7-29 所示。

(29) 在第 2 行、第 2 列单元格中输入文字，将 font-weight 设置为 bold，【大小】设置为 14，字体颜色设置为 #428EC8，如图 7-30 所示。

图 7-29　设置单元格的宽

图 7-30　输入文字

(30) 使用相同的方法新建 ge2 的 CSS 规则，在【分类】列表中选择【背景】，将 background-color 设置为 #E6F4FD，如图 7-31 所示。

(31) 在【分类】列表中选择【边框】，取消选中 Style、Width 和 Color 中的【全部相同】复选框，将 Bottom 和 Left 中的 Style 设置为 solid，Width 设置为 2px，Color 设置为 #77D4F6，然后单击【确定】按钮，如图 7-32 所示。

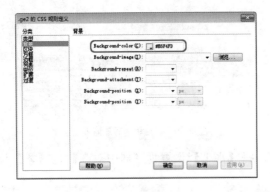

图 7-31　设置背景

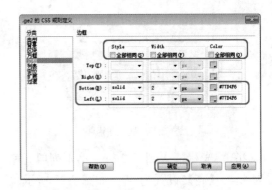

图 7-32　设置边框

(32) 将第 2 行最后两列单元格的【目标规则】设置为 ge2,如图 7-33 所示。

(33) 在单元格中插入一个 1 行 2 列的表格,将【宽】设置为 100 像素,如图 7-34 所示。

(34) 将光标插入到新表格的第 1 列单元格中,将【水平】设置为【居中对齐】,如图 7-35 所示。

图 7-33　设置目标规则

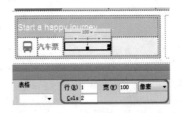

图 7-34　插入表格

图 7-35　设置单元格

(35) 在单元格中插入随书附带光盘中的 CDROM \ 素材 \ Cha07 \ 路畅网 \ 时刻表 .png 素材图片,将【宽】设置为 24px,【高】设置为 24px,如图 7-36 所示。

(36) 将第 2 列单元格的【宽】设置为 50,然后输入文字,将 font-weight 设置为 bold,【大小】设置为 14,字体颜色设置为 #77D4F6,如图 7-37 所示。

(37) 使用相同的方法在另一列单元格中插入表格并编辑单元格的内容,如图 7-38 所示。

图 7-36　插入素材图片

图 7-37　输入文字

图 7-38　插入表格

(38) 继续插入一个 4 行 1 列的表格,将【宽】设置为 240 像素,Align 设置为【居中对齐】,如图 7-39 所示。

(39) 选中前 3 行单元格,将【垂直】设置为【底部】,【高】设置为 50,如图 7-40 所示。

(40) 在第 1 行单元格中输入文字,然后选中文字,将其【目标规则】设置为 A1,如图 7-41 所示。

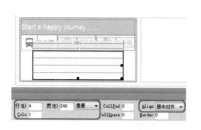

图 7-39　插入表格

图 7-40　设置单元格

(41) 将光标插入到文字的右侧，然后在菜单栏中执行【插入】|【表单】|【文本】命令，如图 7-42 所示。

图 7-41　设置目标规则

图 7-42　选择【文本】命令

知识链接

　　根据类型属性的不同，文本域可分为 3 种：单行文本域、多行文本域和密码域。文本域是最常见的表单对象之一，用户可以在文本域中输入字母、数字和文本等类型的内容。

(42) 将文本框的 Size 设置为 18 并将英文文本删除，如图 7-43 所示。

(43) 使用相同的方法在第 2 行单元格中插入【文本】控件，并输入文字，如图 7-44 所示。

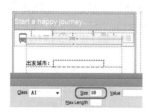

图 7-43　设置文本框

图 7-44　插入【文本】控件

提示

　　也可以在插入【文本】控件后，将英文部分删除，然后输入文字。

(44) 将光标插入到第 3 行单元格中，然后在菜单栏中选择【插入】|【表单】|【日期】命令，如图 7-45 所示。

(45) 插入【日期】控件后，将英文文字删除，然后输入文字，将其【目标规则】设置为A1，如图 7-46 所示。

图 7-45 选择【日期】命令

图 7-46 插入【日期】控件

(46) 选中日期文本框，将 Value 设置为 2014-08-01，如图 7-47 所示。

(47) 将光标插入到最后一行单元格中，将【水平】设置为【居中对齐】，【垂直】设置为【底部】，【高】设置为 50。然后插入随书附带光盘中的 CDROM\素材\Cha07\路畅网\查询.jpg 素材图片，如图 7-48 所示。

图 7-47 设置日期文本框

图 7-48 设置单元格并插入素材图片

(48) 将光标插入到另一列单元格中，将【水平】设置为【居中对齐】，【宽】设置为480，如图 7-49 所示。

(49) 使用相同的方法新建 ge3 的 CSS 规则，在【分类】列表中选择【边框】，将 Top 中的 Style 设置为 solid，Width 设置为 thin，Color 设置为 #77D4F6，然后单击【确定】按钮，如图 7-50 所示。

图 7-49 设置单元格

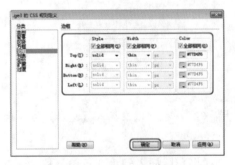

图 7-50 设置 ge3 的 CSS 规则

(50) 将单元格的【目标规则】设置为 ge3，如图 7-51 所示。

(51) 在单元格中插入一个 2 行 1 列的表格，其【宽】设置为 460px，如图 7-52 所示。

图 7-51　设置目标规则

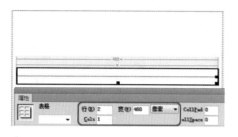

图 7-52　插入表格

(52) 将光标插入到第 1 行单元格中，然后单击 按钮，将其拆分为 3 列，将其【宽】分别设置为 105、95、260，【高】设置为 42，如图 7-53 所示。

(53) 将光标插入到第 1 行、第 1 列单元格中，然后使用相同的方法创建 ge4 的 CSS 规则，在【分类】列表中选择【边框】，取消选中 Style、Width 和 Color 中的【全部相同】复选框，将 Bottom 中的 Style 设置为 solid，Width 设置为 medium，Color 设置为 #428EC8，然后单击【确定】按钮，如图 7-54 所示。

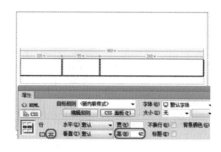

图 7-53　拆分单元格

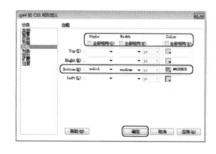

图 7-54　设置边框

(54) 然后使用相同的方法创建 ge5 的 CSS 规则，在【分类】列表中选择【边框】，取消选中 Style、Width 和 Color 中的【全部相同】复选框，将 Bottom 中的 Style 设置为 solid，Width 设置为 medium，Color 设置为 #CCCCCC，然后单击【确定】按钮，如图 7-55 所示。

(55) 将第 1 行第 1 列单元格的【目标规则】设置为 ge4，如图 7-56 所示。

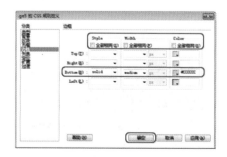

图 7-55　设置边框

图 7-56　设置目标规则

(56) 使用相同的方法新建 A4 的 CSS 规则，将【类型】中的 Font-size 设置为 14px，Font-weight 设置为 bold，然后单击【确定】按钮，如图 7-57 所示。

(57) 在第 1 行第 1 列单元格中输入文字，然后选中输入的文字，将其【目标规则】设置为 A4，如图 7-58 所示。

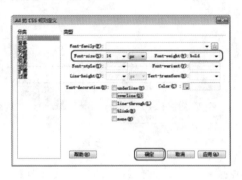

图 7-57 设置 A4 的 CSS 规则

图 7-58 设置文字的【目标规则】

(58) 将光标插入到第 1 行第 2 列单元格中，将【目标规则】设置为 ge5，【水平】设置为【居中对齐】，如图 7-59 所示。

(59) 在菜单栏中选择【插入】|【表单】|【选择】命令，在单元格中插入【选择】控件，如图 7-60 所示。

图 7-59 设置单元格

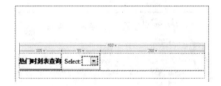

图 7-60 插入【选择】控件

(60) 将英文文字删除，然后选中文本框控件，单击【列表值】按钮，在弹出的【列表值】对话框中，添加多个项目标签，然后单击【确定】按钮，如图 7-61 所示。

(61) 将光标插入到第 1 行第 3 列单元格中，将【目标规则】设置为 ge5，【水平】设置为【右对齐】，如图 7-62 所示。

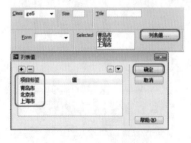

图 7-61 设置列表值

图 7-62 设置单元格

(62) 在单元格中输入文字，然后选中输入的文字，将【目标规则】设置为A1，如图7-63所示。

(63) 在下一行单元格中插入一个9行3列的表格，其【宽】为460像素，如图7-64所示。

图7-63　输入文字并设置目标规划

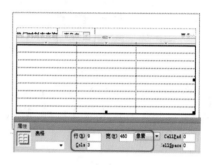

图7-64　插入单元格

(64) 将每列单元格的【宽】分别设置为180、170、110，【高】都设置为30，如图7-65所示。

(65) 在单元格中输入文字，并将其【目标规则】设置为A1，如图7-66所示。

图7-65　设置单元格

图7-66　输入文字

(66) 参照前面的操作方法，插入一个1行2列的表格，将其【宽】设置为800像素，Align设置为【居中对齐】，如图7-67所示。

图7-67　插入表格

(67) 将光标插入到第1列单元格中，将其【目标规则】设置为ge3，如图7-68所示。

(68) 在第1列单元格中插入一个1行2列的表格，【宽】为290像素，Align设置为【居中对齐】，如图7-69所示。

图 7-68　设置目标规则

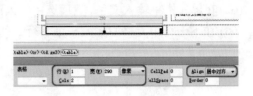

图 7-69　插入表格

(69) 将两列单元格的【宽】分别设置为 135、155，【高】都设置为 40，如图 7-70 所示。

(70) 将第 1 列单元格的【目标规则】设置为 ge4，第 2 列单元格的【目标规则】设置为 ge5，如图 7-71 所示。

图 7-70　设置单元格

图 7-71　设置目标规则

(71) 在第一列单元格中输入文字，然后选中输入的文字，将其【目标规则】设置为 A4，如图 7-72 所示。

(72) 插入一个 1 行 6 列的表格，其【宽】为 290 像素，将 Align 设置【居中对齐】，如图 7-73 所示。

图 7-72　输入文字

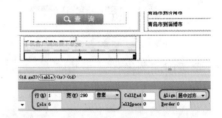

图 7-73　插入表格

(73) 参照前面的操作步骤，对单元格的【宽】进行设置，然后插入素材图片，输入文字并设置【目标规则】，如图 7-74 所示。

(74) 将光标插入到另一列单元格中，将其【水平】设置为【右对齐】，然后插入随书附带光盘中的 CDROM \ 素材 \ Cha07 \ 路畅网 \ 图片 .jpg 素材图片，如图 7-75 所示。

图 7-74　编辑单元格内容

图 7-75　插入素材图片

在上述步骤插入图片时，可以按 Ctrl+Alt+I 组合键，也可以在菜单栏中执行【插入】|【图像】|【图像】命令即可插入相应的图片。

(75) 在空白位置单击，然后按 Ctrl+Alt+T 组合键，弹出【表格】对话框，将【行数】设置为 1，【列】设为 2，将【表格宽度】设为 820 像素，CellSpace 设置为 10，然后单击【确定】按钮。选中插入的表格，将 Align 设置为【居中对齐】，如图 7-76 所示。

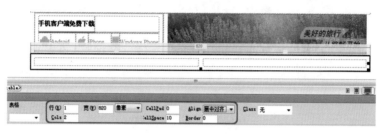

图 7-76 插入单元格

(76) 将两列单元格的【目标规则】都设置为 ge3，如图 7-77 所示。

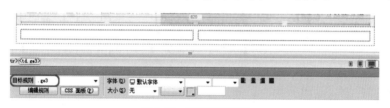

图 7-77 设置目标规则

(77) 将两列单元格的【宽】分别设置为 306 和 476，【水平】都设置为【居中对齐】，如图 7-78 所示。

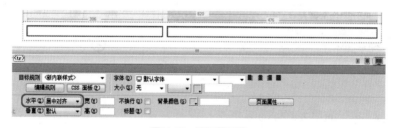

图 7-78 设置单元格

注意 两个单元格同时选中时只显示相同的属性，所以上图并没有显示其不同的宽度。

(78) 在第 1 列单元格中插入一个 1 行 2 列的表格，【宽】为 288 像素，如图 7-79 所示。

(79) 将光标插入到第 1 列单元格中，将【目标规则】设置为 ge4，【宽】设置为 75，【高】设置为 40，如图 7-80 所示。

(80) 在单元格中输入文字，然后选中输入的文字，将【目标规则】设置为 A4，如图 7-81 所示。

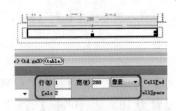

图 7-79 插入表格

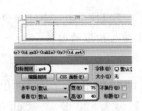

图 7-80 设置单元格

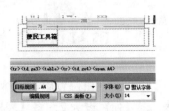

图 7-81 输入文字

(81) 将光标插入到第 2 列单元格中，将其【目标规则】设置为 ge5，【水平】设置为【右对齐】，【宽】设置为 213，如图 7-82 所示。

(82) 在单元格中输入文字，然后选中输入的文字，将【目标规则】设置为 A1，如图 7-83 所示。

(83) 插入一个 4 行 4 列的表格，其【宽】设置为 288 像素，如图 7-84 所示。

图 7-82 设置单元格

图 7-83 输入文字

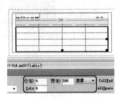

图 7-84 插入表格

(84) 选中第 1、3 行的单元格，将【水平】设置为【居中对齐】，【垂直】设置为【底部】，【宽】设置为 72，【高】设置为 60，如图 7-85 所示。

(85) 将素材图片插入到单元格中，并设置素材图片的大小，如图 7-86 所示。

图 7-85 设置单元格

图 7-86 插入素材图片

(86) 选中第 2、4 行的单元格，将【水平】设置为【居中对齐】，【宽】设置为 72，【高】设置为 30，如图 7-87 所示。

(87) 然后在单元格中输入文字，选中输入的文字，将其【目标规则】设置为 A2，如图 7-88 所示。

图 7-87 设置单元格

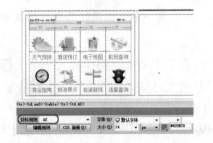

图 7-88 输入文字

(88) 在另一列单元格中插入一个 1 行 2 列的表格，将其【宽】设置为 460 像素，如图 7-89 所示。

(89) 参照前面的操作步骤，设置单元格的属性，然后输入文字，如图 7-90 所示。

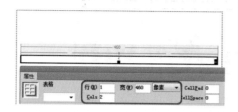

图 7-89　插入表格

图 7-90　设置单元格并输入文字

(90) 继续插入一个 6 行 5 列的表格，将【宽】设置为 460 像素，如图 7-91 所示。

(91) 然后设置单元格并输入文字，文字的【目标规则】设置为 A1，如图 7-92 所示。

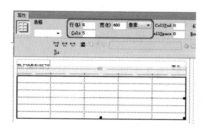

图 7-91　插入表格

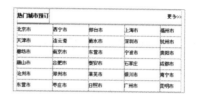

图 7-92　输入文字

(92) 然后继续插入一个 1 行 1 列的表格，其【宽】为 800 像素，Align 设置为【居中对齐】，如图 7-93 所示。

(93) 将光标插入到单元格中，将【目标规则】设置为 ge3，【高】设置为 152，如图 7-94 所示。

图 7-93　插入表格

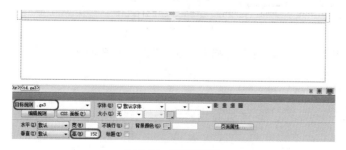

图 7-94　设置单元格

(94) 在单元格中插入一个 1 行 10 列的表格，其【宽】为 780 像素，Align 设置为【居中对齐】，如图 7-95 所示。

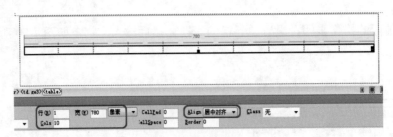

图 7-95　插入表格

(95) 然后对单元格的宽进行设置，如图 7-96 所示。

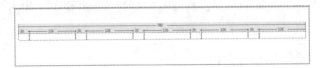

图 7-96　设置单元格的宽

(96) 参照前面的操作步骤插入素材图片并输入文字，如图 7-97 所示。

图 7-97　插入素材图片并输入文字

(97) 然后插入如一个 4 行 5 列的表格，其【宽】为 740 像素，Align 设置为【居中对齐】，如图 7-98 所示。

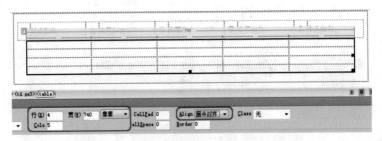

图 7-98　插入表格

(98) 参照前面的操作步骤设置单元格并输入文字，如图 7-99 所示。

新手指南	常见问题	购票指南	会员服务	个人服务
注册流程	购票问题	购票须知	优惠券使用	找回密码
购票流程	支付问题	取票须知	经验值说明	订单查询
取票方式	车票预售期	旅客须知	帮助中心	投诉与建议
支付方式				联系客服

图 7-99　设置单元格并输入文字

案例精讲 046　天气预报网网页设计

 案例文件：CDROM \ 场景 \ Cha07 \ 天气预报网网页设计

 视频文件：视频教学 \ Cha07 \ 天气预报网网页设计 .avi

制作概述

本例将介绍如何制作天气预报网，主要使用【表格】命令对场景进行布局，然后在插入的表格内进行相应的设置，完成后的效果如图 7-100 所示。

学习目标

学会如何制作天气预报网。

操作步骤

图 7-100　天气预报网

(1) 启动软件后，按 Ctrl+N 组合键，打开【新建文档】对话框，在该对话框中选择【空白页】，然后单击【页面类型】列表框中的 HTML 选项，将【布局】设置为无，如图 7-101 所示。

(2) 单击【创建】按钮，即可创建空白的场景文件，按 Ctrl+Alt+T 组合键打开【表格】对话框，在该对话框中将【行数】、【列】都设置为 1，将【表格宽度】设置为 800 像素，其他参数均设置为 0，如图 7-102 所示。

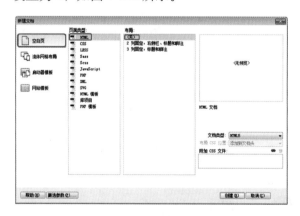

图 7-101　【新建文档】对话框

图 7-102　【表格】对话框

知识链接

天气预报是根据大气科学的基本理论和技术对某一地区未来的天气做出分析和预测，它是根据对卫星云图和天气图的分析，结合有关气象资料、地形和季节特点、群众经验等综合研究后做出的。从史前人类就已经开始对天气进行预测来相应地安排其工作与生活（比如农业生产、军事行动等）。

(3) 单击【确定】按钮即可创建表格，确定插入的表格处于选择状态，在【属性】面板中将 Align 设置为【居中对齐】，如图 7-103 所示。

(4) 将光标置入单元格内，按 Ctrl+Alt+I 组合键打开【选择图像源文件】对话框，在该对话框中选择随书附带光盘中的 CDROM＼素材＼Cha07＼天气预报网＼标题.jpg 素材图片，如图 7-104 所示。

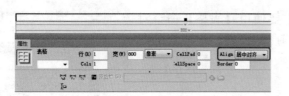 

图 7-103　设置表格　　　　　　　　　　图 7-104　选择素材图片

(5) 单击【确定】按钮，即可将选择的素材图片插入到表格中，完成后的效果如图 7-105 所示。

图 7-105　插入图片后的效果

(6) 将光标置入表格的右侧，按 Ctrl+Alt+T 组合键打开【表格】对话框，在该对话框中将【行数】、【列】分别设置为 1、15，将【表格宽度】设置为 800 像素，其他保持默认设置，如图 7-106 所示。

(7) 单击【确定】按钮，然后选择插入的表格，在【属性】面板中将 Align 设置为【居中对齐】。将第 2、4、6、8、10、12、14 单元格的【宽】设置为 98，将【高】设置为 40，将第 3、5、7、9、11、13 单元格的【宽】设置为 5，将除第 2 列单元格外其他单元格的【背景颜色】均设置为 #3E91DD，将第 2 列单元格的【背景颜色】设置为 #0066CC，完成后的效果如图 7-107 所示。

图 7-106　【表格】对话框　　　　　　　图 7-107　设置表格背景颜色

(8) 右击，在弹出的快捷菜单中选择【CSS 样式】|【新建】命令，弹出【新建 CSS 规则】对话框，在该对话框中将【选择器名称】设置为 dhwz，如图 7-108 所示。

(9) 单击【确定】按钮，在弹出的对话框中将 Font-size 设置为 16，将 Font-weight 设置为 bold，将 Color 设置为 #FFF，如图 7-109 所示。

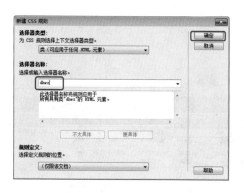

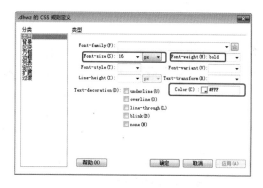

图 7-108　设置选择器名称　　　　　　　　　　　　图 7-109　设置规则

知识链接

Font-family：为样式设置字体。

Font-size：定义文本大小。可以通过选择数字和度量单位选择特定的大小，也可以选择相对大小。使用像素作为单位可以有效地防止浏览器扭曲文本。

Font-style：指定字体样式为 normal(正常)、italic(斜体) 和 oblique(偏斜体)，默认为 normal。

Line-height：设置文本所在行的高度。选择 normal 自动计算字体大小的行高。

Font-weight：对字体应用特定或相对的粗体量。

Font-variant：设置文本的小型大写字母变体。Dreamweaver 不在文档窗口中显示此属性。Internet Explorer 支持变体属性，但 Navigator 不支持。

Text-transform：将所选内容中的每个单词的首字母大写或将文本设置为全部大写或小写。

Color：设置文本颜色。

Text-decoration：向文本中添加下划线、上划线、删除线或使文本闪烁。默认设置为无，链接的默认设置为下划线。

(10) 在【分类】列表框中选择【区块】选项，在右侧的区域中将 Text-align 设置为 center，如图 7-110 所示。

(11) 单击【确定】按钮，然后在单元格内输入文字，在【宽】为 5 的单元格内输入"|"，选择输入的文字和"|"，为其应用 dhwz 样式，完成后的效果如图 7-111 所示。

(12) 将光标置入表格的右侧，按 Ctrl+Alt+T 组合键，打开【表格】对话框，在该对话框中将【行数】、【列】分别设置为 1、2，将【表格宽度】设置为 800 像素，将【单元格间距】设置为 8，其他均设置为 0，如图 7-112 所示。

(13) 选择插入的表格，在【属性】面板中将 Align 设置为【居中对齐】，将第 2 列单元格的【宽】设置为 633，完成后的效果如图 7-113 所示。

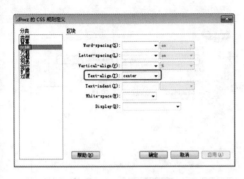

图 7-110　设置规则

图 7-111　为输入的文字应用样式

图 7-112　【表格】对话框

图 7-113　设置单元格

(14) 右击，在弹出的快捷菜单中选择【CSS 样式】|【新建】命令，弹出【新建 CSS 规则】对话框，在该对话框中将【选择器名称】设置为 A3，如图 7-114 所示。

(15) 单击【确定】按钮，在弹出的对话框中将 Font-size 设置为 13，将 Color 设置为#000，如图 7-115 所示。

图 7-114　【新建 CSS 规则】对话框

图 7-115　设置规则

(16) 将光标置入第 1 列单元格内，在菜单栏中选择【插入】|【表单】|【选择】命令，选择插入的表单，单击【属性】面板中的【列表值】按钮，弹出【列表值】对话框，在该对话框中输入选项，如图 7-116 所示。

(17) 输入完成后单击【确定】按钮，将表单左侧的文字更改为"我的城市："，选择输入的文字，在【属性】面板中将【目标规则】设置为 A3，然后在右侧的单元格内输入文字，将【目标规则】也设置为 A3，完成后的效果如图 7-117 所示。

图 7-116　【列表值】对话框

图 7-117　设置规则

(18) 将光标置入表格的右侧，按 Ctrl+Alt+T 组合键打开【表格】对话框，在该对话框中将【行数】、【列】分别设置为 1、2，将【表格宽度】设置为 820 像素，将【单元格间距】设置为 10，其他均设置为 0，如图 7-118 所示。

(19) 选择插入的【表格】，将 Align 设置为【居中对齐】，将第 1 列单元格的【宽】设置为 540，将第 2 列单元格的【宽】设置为 250，完成后的效果如图 7-119 所示。

图 7-118　【表格】对话框

图 7-119　设置表格宽度

(20) 将光标置入第 1 列单元格内，按 Ctrl+Alt+T 组合键打开【表格】对话框，在该对话框中将【行数】、【列】都设置为 3，将【表格宽度】设置为 540，将【单元格边距】设置为 5，其他均设置为 0，如图 7-120 所示。

(21) 单击【确定】按钮，选中插入表格的第 1 行单元格，将【宽】、【高】分别设置为 170、30，将【水平】设置为【居中对齐】。选择第 2 行单元格，将【宽】、【高】分别设置为 170、25，将【背景颜色】设置为 #9DD6FF，完成后的效果如图 7-121 所示。

图 7-120　设置表格参数

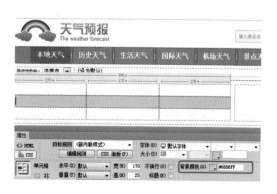

图 7-121　设置单元格

(22) 右击，在弹出的快捷菜单中选择【CSS 样式】|【新建】命令，弹出【新建 CSS 规则】对话框，在该对话框中将【选择器名称】设置为 A2，其他保持默认设置，如图 7-122 所示。

(23) 单击【确定】按钮，将 Font-size 设置为 16，将 Font-weight 设置为 bold，将 Color 设置为 #0066cc，如图 7-123 所示。

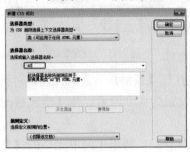
图 7-122　设置选择器名称

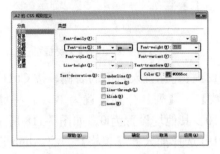
图 7-123　设置规则

(24) 在插入的表格中的第 1 行、第 2 行单元格内输入文字，将第 1 行文字的【目标规则】设置为 A2，将第 2 行文字的【目标规则】设置为 A3，完成后的效果如图 7-124 所示。

(25) 将光标置入第 1 列第 3 行单元格内，将【水平】、【垂直】分别设置为【居中对齐】、【底部】。按 Ctrl+Alt+T 组合键，打开【表格】对话框，在该对话框中将【行数】、【列】分别设置为 5、1，将【表格宽度】设置为 100，其他均设置为 0，如图 7-125 所示。

图 7-124　输入文字并设置目标规则后的效果

图 7-125　【表格】对话框

(26) 单击【确定】按钮，选择插入的单元格，将【高】设置为 28，在单元格内输入文字，将文字的【目标规则】设置为 A3，完成后的效果如图 7-126 所示。

(27) 将光标置入第 2 列第 3 行单元格内，将【水平】设置为【居中对齐】。按 Ctrl+Alt+T 组合键打开【表格】对话框，在该对话框中将【行数】、【列】分别设置为 4、1，将【表格宽度】设置为 160 像素，其他均设置为 0，如图 7-127 所示。

(28) 选择插入表格的第 2~4 行单元格，将【高】设置为 28，将【水平】设置为【居中对齐】。然后将光标置入第 1 行单元格内，按 Ctrl+Alt+I 组合键打开【选择图像源文件】对话框，在该对话框中选择随书附带光盘中的 CDROM \ 素材 \ Cha07 \ 天气预报网 \ 白天阴 .jpg 素材图片，如图 7-128 所示。

(29) 单击【确定】按钮，选择插入的素材图片，在【属性】面板中将【宽】、【高】分别设置为 86、59，将其居中对齐，如图 7-129 所示。

图 7-126　输入文字后的效果

图 7-127　【表格】对话框

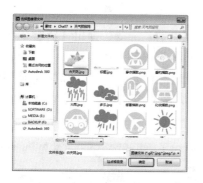

图 7-128　选择素材图片

图 7-129　对图片进行设置

（30）在第 2~4 行单元格内输入文字，将文字的【目标规则】设置为 A3，完成后的效果如图 7-130 所示。

（31）将光标置入第 3 列第 3 行单元格内，将【水平】设置为【居中对齐】，按 Ctrl+Alt+T 组合键，打开【表格】对话框，在该对话框中将【行数】、【列】分别设置为 4、1，将【表格宽度】设置为 160 像素，其他均设置为 0，如图 7-131 所示。

图 7-130　输入文字

图 7-131　【表格】对话框

（32）单击【确定】按钮，选择插入表格的第 2~4 行单元格，将【高】设置为 28，将【水平】设置为【居中对齐】。然后将光标置入第 1 行单元格内，按 Ctrl+Alt+I 组合键打开【选择图像源文件】对话框，在该对话框中选择随书附带光盘中的 CDROM \ 素材 \ Cha07 \ 天气预报网 \ 夜间阴 .jpg 素材图片，并将其居中，如图 7-132 所示。

（33）单击【确定】按钮，然后调整图片的大小，将【宽】、【高】分别设置为 86、59，然后在其他单元格内输入文字，为文字应用 A3 样式，完成后的效果如图 7-133 所示。

图 7-132　选择素材图片

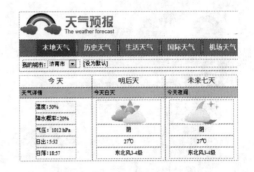

图 7-133　设置完成后的效果

(34) 右击，在弹出的快捷菜单中选择【CSS 样式】|【新建】命令，弹出【新建 CSS 规则】对话框，在该对话框中将【选择器名称】设置为 ge1，如图 7-134 所示。

(35) 单击【确定】按钮，选择【分类】列表框中的【边框】选项。取消选中 Style 下的【全部相同】复选框，将 Top、Right、Left 设置为 solid，将 Width 设置为 thin，将 Color 设置为 #09F，如图 7-135 所示。

图 7-134　设置选择器名称

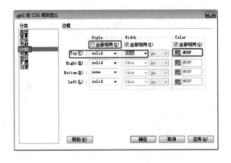

图 7-135　设置规则

(36) 单击【确定】按钮，再次单击鼠标右键，在弹出的快捷菜单中选择【CSS 样式】|【新建】命令，在弹出的对话框中将【选择器名称】设置为 ge2，其他保持默认设置，如图 7-136 所示。

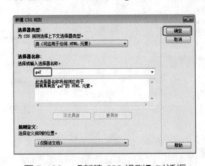

图 7-136　【新建 CSS 规则】对话框

(37) 单击【确定】按钮，在弹出的对话框中选择【分类】列表框中的【边框】选项，取消选中【全部相同】复选框，将 Bottom 从左向右依次设置为 solid、thin、#09F，将 Left 从左向右依次设置为 solid、medium、#FFF，如图 7-137 所示。

(38) 选择大表格的第 1 行第 1 列单元格，将其【目标规则】设置为 ge1，选择第 1 行，第 2、

3 列单元格，将其【背景颜色】设置为#f1f1f1，将其单元格的【目标规则】设置为 ge2，单击【实时视图】按钮观看效果，如图 7-138 所示。

图 7-137 设置规则

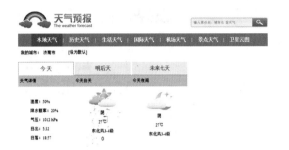

图 7-138 设置完成后的效果

(39) 再次单击【实时视图】按钮，然后将光标置入大表格的第 2 列单元格内，按 Ctrl+Alt+T 组合键，打开【表格】对话框，在该对话框中将【行数】、【列】分别设置为 7、4，将【表格宽度】设置为 250，将【单元格边距】设置为 9，其他均设置为 0，如图 7-139 所示。

(40) 单击【确定】按钮，选择插入的第 1 行单元格，按 Ctrl+Alt+M 组合键合并单元格，然后将【背景颜色】设置为#9DD6FF，将【高】设置为 20，如图 7-140 所示。

图 7-139 【表格】对话框

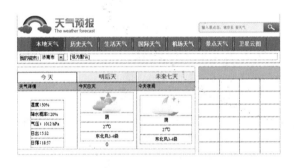

图 7-140 设置表格

提示　除了上述方法组合单元格外，用户还可以单击鼠标右键，在弹出的快捷菜单中选择【表格】|【合并单元格】命令，还可以在【属性】面板中单击【合并单元格使用跨度】按钮。

(41) 在合并的单元格内输入文字，并为文字应用 A2 样式，将其余单元格的【背景颜色】设置为#F1F1F1，在单元格内输入文字，然后为输入的文字应用 A3 样式，完成后的效果如图 7-141 所示。

(42) 将光标置入表格的右侧，按 Ctrl+Alt+T 组合键打开【表格】对话框，在该对话框中将【行数】、【列】都设置为 1，将【表格宽度】设置为 800 像素，将【单元格边距】设置为 5，其他均设置为 0，如图 7-142 所示。

(43) 单击【确定】按钮，在【属性】面板中将 Align 设置为【居中对齐】，将此表格的【背景颜色】设置为#9DD6FF，效果如图 7-143 所示。

(44) 在插入的表格中输入文字，选择输入的文字，在【属性】面板中将【目标规则】设置为 A2，单击【实时视图】按钮观看效果，如图 7-144 所示。

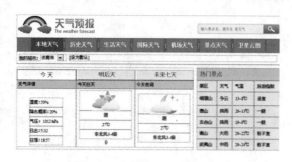

图 7-141 输入文字后的效果

图 7-142 【表格】对话框

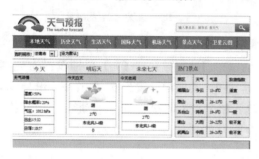

图 7-143 设置背景颜色

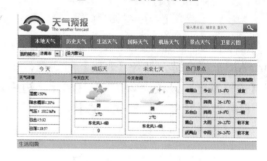

图 7-144 输入文字

(45) 将光标置入表格的右侧，按 Ctrl+Alt+T 组合键打开【表格】对话框，在该对话框中将【行数】、【列】分别设置为 3、6，将【表格宽度】设置为 810，将【单元格边距】设置为 5，其他均设置为 0，如图 7-145 所示。

(46) 单击【确定】按钮，在【属性】面板中将 Align 设置为【居中对齐】，将第 1、3、5 列单元格的【宽】分别设置为 41、40、40，将第 2、4、6 列单元格的【宽】分别设置为 219、219、191，将单元格的【高】设置为 60，效果如图 7-146 所示。

图 7-145 【表格】对话框

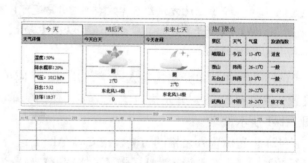

图 7-146 设置完成后的效果

(47) 将光标置入第 1 行第 1 列单元格内，将【水平】设置为【居中对齐】，按 Ctrl+Alt+I 组合键打开【选择图像源文件】对话框，在该对话框中选择随书附带光盘中的 CDROM \ 素材 \ Cha07 \ 穿衣指数 .jpg 素材图片，如图 7-147 所示。

(48) 单击【确定】按钮即可将选择的素材图片导入到单元格内，选择图片，将【宽】和【高】进行锁定，将【宽】设置为 40，完成后的效果如图 7-148 所示。

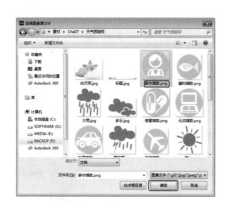

图 7-147 选择素材图片

图 7-148 设置图片

(49) 将光标置入第 1 行第 2 列单元格内，按 Ctrl+Alt+T 组合键打开【表格】对话框，在该对话框中将【行数】、【列】分别设置为 2、1，将【表格宽度】设置为 191 像素，其他均设置为 0，单击【确定】按钮，效果如图 7-149 所示。

(50) 单击【确定】按钮，将单元格的【高】设置为 23，然后在第 1 行单元格内输入文字，右击，在弹出的快捷菜单中选择【CSS 样式】|【新建】命令，弹出【新建 CSS 规则】对话框，在该对话框中将【选择器名称】设置为 A1，单击【确定】按钮，在弹出的对话框中，进行如图 7-150 所示的设置。

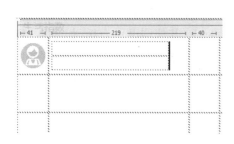

图 7-149 插入表格

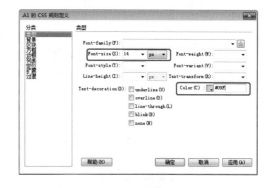

图 7-150 设置规则

(51) 选择第一行单元格内的文字，将文字的【目标规则】设置为 A1。在第 2 行单元格内输入文字，将文字的【目标规则】设置为 A3，完成后的效果如图 7-151 所示。

(52) 使用同样的方法在其他单元格内输入文字和插入图片并进行相应的设置，完成后的效果如图 7-152 所示。

(53) 将光标置入表格的右侧，按 Ctrl+Alt+T 组合键打开【表格】对话框，在该对话框中将【行数】、【列】都设置为 1，将【表格宽度】设置为 800，将【单元格边距】设置为 5，其他均设置为 0，如图 7-153 所示。

(54) 单击【确定】按钮，选择插入的表格，将 Align 设置为【居中对齐】，将【背景颜色】设置为 #9DD6FF，在该单元格内输入文字，将文字的【目标规则】设置为 A2，如图 7-154 所示。

图 7-151　为文字应用样式

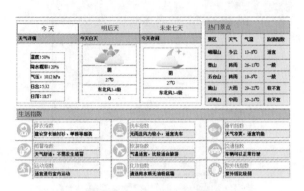

图 7-152　设置完成后的效果

图 7-153　【表格】对话框

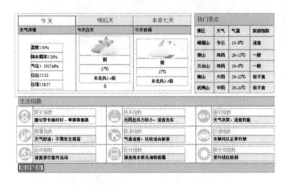

图 7-154　设置单元格

(55) 将光标置入表格的右侧，按 Ctrl+Alt+T 组合键打开【表格】对话框，在该对话框中将【行数】、【列】分别设置为 4、5，将【表格宽度】设置为 800，其他均设置为 0，如图 7-155 所示。

(56) 单击【确定】按钮，选择插入的表格，将 Align 设置为【居中对齐】。选择所有的单元格，将【高】设置为 50，将第 1、3、5 列单元格的【宽】都设置为 245，将第 2、4 列单元格的【宽】分别设置为 33、32，完成后的效果如图 7-156 所示。

图 7-155　【表格】对话框

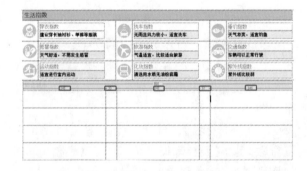

图 7-156　设置单元格

(57) 再次选择所有的单元格，将【垂直】设置为【底部】。将光标置入第 1 行第 1 列单元格内，按 Ctrl+Alt+T 组合键打开【表格】对话框，在该对话框中将【行数】、【列】都设置为 1，将【表格宽度】设置为 245，其他均设置为 0，如图 7-157 所示。

(58) 单击【确定】按钮，然后单击鼠标右键，在弹出的快捷菜单中选择【CSS 样式】|【新建】命令，弹出【新建 CSS 规则】对话框，在该对话框中将【选择器名称】设置为 ge3，如图 7-158 所示。

图 7-157　【表格】对话框

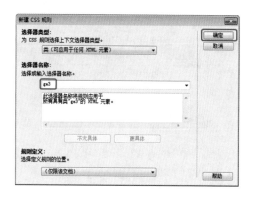

图 7-158　设置选择器名称

(59) 单击【确定】按钮，在【类型】列表框中将【分类】设置为【边框】选项，将 Top 设置为 solid，将 Width 设置为 thin，将 Color 设置为 #09F，如图 7-159 所示。

(60) 单击【确定】按钮，然后选择刚刚插入的表格，在【属性】面板中将【目标规则】设置为 ge3，单击【实时视图】按钮观看效果，如图 7-160 所示。

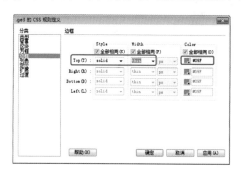

图 7-159　设置边框

图 7-160　设置完成后的效果

(61) 将光标置入插入的表格内，打开【表格】对话框，在该对话框中将【行数】、【列】分别设置为 1、4，将【表格宽度】设置为 241 像素，将【单元格间距】设置为 5，其他均设置为 0，如图 7-161 所示。

(62) 选择插入的表格，将第 1、2、3、4 列单元格的【宽】分别设置为 60、30、30、81，【高】设置为 35，在第 1 列、第 4 列单元格内输入文字，并将文字的 CSS 样式设置为 A3，将第 4 列单元格的【水平】设置为【右对齐】。完成后的效果如图 7-162 所示。

(63) 将光标置入第 2 列单元格内，按 Ctrl+Alt+I 组合键打开【选择图像源文件】对话框，在该对话框中选择随书附带光盘中的 CDROM \ 素材 \ Cha07 \ 天气预报网 \ 晴 .jpg 素材图片，如图 7-163 所示。

(64) 单击【确定】按钮，然后选择插入的图片，将【宽】、【高】进行锁定，将【宽】设置为 23，完成后的效果如图 7-164 所示。

图 7-161　【表格】对话框

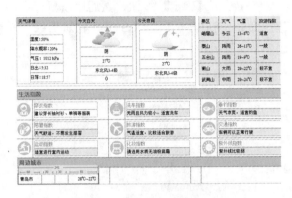

图 7-162　输入文字后的效果

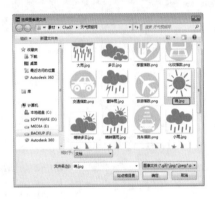

图 7-163　选择素材图片

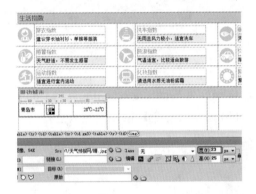

图 7-164　插入素材图片

(65) 使用同样的方法插入图片和表格，并在单元格内进行相应的设置，如图 7-165 所示。

(66) 将光标置入表格的右侧，按 Ctrl+Alt+T 组合键打开【表格】对话框，在该对话框中将【行数】、【列】都设置为 1，将【表格宽度】设置为 820 像素，将【单元格间距】设置为 10，其他均设置为 0，如图 7-166 所示。

图 7-165　设置完成后的效果

图 7-166　【表格】对话框

(67) 单击【确定】按钮，选择插入的表格，将 Align 设置为【居中对齐】，将【高】设置为 32，将【背景颜色】设置为 #9DD6FF，如图 7-167 所示。

(68) 将光标置入单元格内，将【水平】设置为【居中对齐】，在单元格内输入文字，将文字的【目标规则】设置为 A3，单击【实时视图】按钮观看效果，如图 7-168 所示。

图 7-167　为表格填充颜色　　　　　　　　　图 7-168　输入文字并为其设置样式

案例精讲 047　黑蚂蚁欢乐谷网页设计（一）

📝 案例文件：CDROM \ 场景 \ Cha07 \ 黑蚂蚁欢乐谷网页设计（一）.html

🖌 视频文件：视频教学 \ Cha07 \ 蚂蚁欢乐谷网页设计（一）.avi

制作概述

本例将介绍如何制作黑蚂蚁欢乐谷网页，在制作过程中主要应用 Div 的设置，对于网页的布局是本例的学习重点。完成后的效果如图 7-169 所示。

学习目标

掌握网页的制作技巧及布局。

操作步骤

图 7-169　黑蚂蚁欢乐谷网页

（1）启动软件后，按 Ctrl+N 组合键，弹出【新建文档】对话框，选择【空白页】| HTML |【无】选项，单击【创建】按钮，如图 7-170 所示。

（2）新建文档后，在文档的底部的【属性】面板中选择 CSS 选项，然后单击【页面属性】按钮，弹出【页面属性】对话框，在【分类】组中选择【外观(CSS)】选项，将【左边距】、【右边距】、【上边距】、【下边距】都设为 0px，设置完成后单击【确定】按钮，如图 7-171 所示。

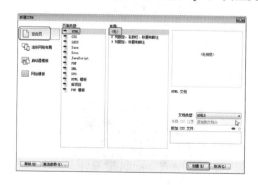

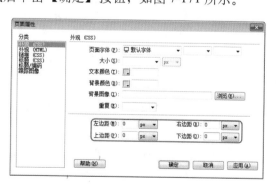

图 7-170　新建文档　　　　　　　　　　　图 7-171　设置页面属性

（3）在文档底部单击【桌面电脑大小】图标，按 Ctrl+Alt+T 组合键，弹出【表格】对话框，将【行数】设为 1，将【列】设为 2，将【表格宽度】设为 100 百分比，将【边框粗细】、【单元格边距】、【单元格间距】都设为 0，单击【确定】按钮，如图 7-172 所示。

> 注意　单击【桌面电脑大小】图标后，此时网页的宽度变为 1000 像素。

，（4）将光标置于第一列单元格中，在属性栏中将【水平】设为【右对齐】，将【垂直】设为【底部】，将【宽】设为 20%，将【高】设为 45，将【背景颜色】设为 #0066FF，如图 7-173 所示。

图 7-172　创建表格

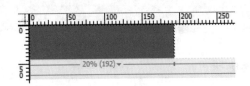

图 7-173　设置表格属性

（5）在第一列单元格中输入文字，将【字体】设为【微软雅黑】，将【大小】设为 18，将【字体颜色】设为白色，完成后的效果如图 7-174 所示。

（6）将光标置于第二列单元格中，在【属性】面板中，将【水平】设为【右对齐】，将【垂直】设为【底部】，将【背景颜色】设为 #0066FF，如图 7-174 所示。

图 7-174　输入文字

（7）将光标置于第二列单元格中，按 Ctrl+Alt+I 组合键，弹出【选择图像源文件】对话框，选择随书附带光盘中的 CDROM \ 素材 \ Cha07 \ 黑蚂蚁欢乐谷（一）\ 2.png 文件，单击【确定】按钮，如图 7-175 所示。

（8）在场景中选择上一步添加的素材文件，在【属性】面板中将【宽】和【高】都设为 22，如图 7-176 所示。

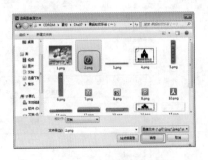

图 7-175　选择素材文件

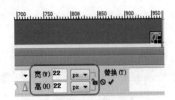

图 7-176　设置素材图片

(9) 将光标置于素材图片的后面，配合空格键输入文字，将【字体】设为【微软雅黑】，将【大小】设为 18px，将【字体颜色】设为白色，完成后的效果如图 7-177 所示。

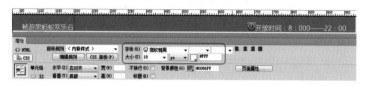

图 7-177　输入文字

(10) 在上一个表格的下方创建一个 1 行 1 列的单元格，将【表格宽度】设为 100 百分比，在【属性】面板中将【高】设为 824，并在其内插入素材文件夹中的 1.png 文件，如图 7-178 所示。

(11) 在菜单栏中选择【插入】| Div 命令，弹出【插入 Div】对话框，将【插入】设为【在标签开始之后】|<body>，将 ID 设为 A1，然后单击【新建 CSS 规则】按钮，如图 7-179 所示。

图 7-178　插入素材图片

(12) 弹出【新建 CSS 规则】对话框，在该对话框中保持默认值，单击【确定】按钮，如图 7-180 所示。

图 7-179　【插入 Div】对话框

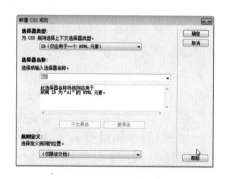

图 7-180　【新建 CSS 规则】对话框

知识链接

选择器的类型：

类：可以创建一个应用于文本和文本块的新的 CSS 样式。

ID：将创建的 CSS 样式应用于指定的 HTML 元素。

标签：HTML 标签规则定义特定标签(如 p 或 H1)的格式，创建或更改 H1 标签的 CSS 规则时，所有用 H1 标签设置了格式的文本都会立即更新。

复合内容：选择该选项，可以定义的标签有 5 个，即 bady、a:link、a:visited、a:hover 和 a:active。

(13) 弹出【#A1 的 CSS 规则定义】对话框，将【分类】设为【定位】，将 Position 设为 absolute，设置完成后单击【确定】按钮，如图 7-181 所示。

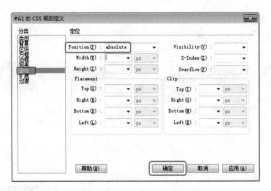

图 7-181　设置规则定义

知识链接

Position 有以下几个选项。

absolute：使用定位框中输入的、相对于最近的绝对或相对定位上级元素的坐标（如果不存在绝对或相对定位的上级元素，则为相对于页面左上角的坐标）来放置内容。

fixed：使用定位框中输入的、相对于区块在文档文本流中的位置的坐标来放置内容区块。例如，若为元素指定一个相对位置，并且其上坐标和左坐标均为20px，则将元素从其在文本流中的正常位置向右和向下移动20px。也可以在使用（或不使用）上坐标、左坐标、右坐标或下坐标的情况下对元素进行相对定位，以便为绝对定位的子元素创建一个上下文。

relative：使用定位框中输入的坐标（相对于浏览器的左上角）来放置内容。当用户滚动页面时，内容将在此位置保持固定。

static：将内容放在其在文本流中的位置。这是所有可定位的HTML元素的默认位置。

(14) 返回到【插入Div】对话框，单击【确定】按钮，选择创建的Div，在【属性】面板中将【左】、【上】、【宽】、【高】分别设为50px、43px、900px、50px，单击【背景图像】后面的文件夹按钮，选择3.png素材文件，完成后的效果如图7-182所示。

图 7-182　设置Div属性

(15) 将光标置于上一步创建的Div中，并在其内插入一个1行6列的表格，【表格宽度】设为100百分比，选择所有的表格，在【属性】面板中将【水平】设为【居中对齐】，将【宽】设为150，将【高】设为50，如图7-183所示。

图 7-183　设置表格属性

(16) 在上一步创建的表格内输入文字，将【字体】设为【微软雅黑】，将【大小】设为18px，将【颜色】设为白色，完成后的效果如图 7-184 所示。

图 7-184　输入文字

(17) 在菜单栏选择【插入】| Div 命令，弹出【插入 Div】对话框，将【插入】设为【在标签开始之后】| <body>，将 ID 设为 A2，然后单击【新建 CSS 规则】按钮，如图 7-185 所示。

(18) 弹出【新建CSS规则】对话框，在该对话框中保持默认值，单击【确定】按钮，如图 7-186 所示。

图 7-185　插入 Div

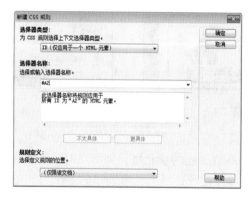

图 7-186　新建 CSS 规则

(19) 弹出【#A1 的 CSS 规则定义】对话框，将【分类】设为【定位】，将 Position 设为 absolute，设置完成后单击【确定】按钮，如图 7-187 所示。

(20) 返回到【插入 Div】对话框，直接单击【确定】按钮，选择创建的 Div，在属性面板中将【左】、【上】、【宽】、【高】分别设为 43px、93px、191px、138px，如图 7-188 所示。

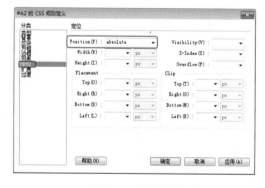

图 7-187　设置规则

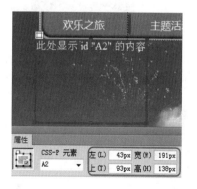

图 7-188　创建 Div

提示

【左】：Div 距离左侧的边距。

【上】：Div 距离上侧的边距，插入点不同【上】和【下】的数值也不同。

【宽】和【高】表示 Div 的大小。

(21) 将光标置于上一步创建的 Div 中，将多余的文字删除，按 Ctrl+Alt+I 组合键，选择素材文件夹中的 4.png 文件，完成后的效果如图 7-189 所示。

(22) 使用前面讲过的方法创建一个活动的 Div，选择创建的 Div，在【属性】面板中将【左】、【上】、【宽】、【高】分别设为 0px、303px、45px、230px，如图 7-190 所示。

(23) 将光标置于上一步创建的 Div 中，将多余的文字删除，按 Ctrl+Alt+I 组合键，添加 5.png 素材文件，完成后的效果如图 7-191 所示。

(24) 继续插入一个可移动的 Div，选择创建的 Div，在【属性】面板中将【左】、【上】、【宽】、【高】分别设为 953px、303px、45px、230px，效果如图 7-192 所示。

 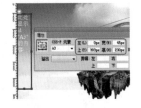  

图 7-189　添加素材　　　图 7-190　设置 Div 的属性　　　图 7-191　添加素材文件　　　图 7-192　创建 Div

(25) 将光标置于上一步创建的 Div 中，将多余的文字删除，然后插入 5 行 1 列、表格宽度为 100 百分比的单元格，如图 7-193 所示。

(26) 在此选择上一步创建的 Div，在【属性】面板中，单击【背景图像】后面的【文件夹】按钮，弹出【选择图像源文件】对话框，选择素材文件夹中的 6.png 文件，单击【确定】按钮，如图 7-194 所示。

(27) 插入图片后的效果如图 7-195 所示。

(28) 选择创建第一行单元格，在属性面板中将【高】设为 56，然后选择其他行的单元格，在【属性】面板中，将【水平】设为【居中对齐】，将【高】设为 45，效果如图 7-196 所示。

图 7-193　插入表格　　　　　图 7-194　选择素材文件　　　　图 7-195　插入图片　图 7-196　设置表格属性

(29) 将光标置于表格的第二行，按 Ctrl+Alt+I 组合键，弹出【选择图像源文件】对话框，选择素材文件夹中的 7.png 素材文件，单击【确定】按钮，如图 7-197 所示。

(30) 使用同样的方法，在其他单元格中插入素材图片，完成后的效果如图 7-198 所示。

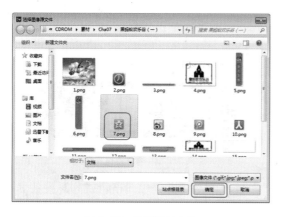

图 7-197　选择素材文件

图 7-198　插入素材图片

(31) 再次插入一个活动的 Div，选择创建的 Div，在【属性】面板中将【左】、【上】、【宽】、【高】分别设为 0px、799px、1000px、70px，将【背景颜色】设为 #241e42，如图 7-199 所示。

图 7-199　设置 Div 属性

(32) 将光标置于上一步创建的 Div 中，按 Ctrl+Alt+T 组合键，插入 1 行 3 列的单元格，【表格宽度】为 100 百分比，如图 7-200 所示。

图 7-200　插入表格

(33) 将光标置于第 1 列单元格中，在【属性】面板中将【水平】设为【居中对齐】，将【宽】和【高】分别设为 166、70，如图 7-201 所示。

图 7-201　设置表格属性

(34) 确认光标在第 1 列单元格中，按 Ctrl+Alt+I 组合键，弹出【选择图像源文件】对话框，选择素材文件夹中的 14.png 文件，如图 7-202 所示。

(35) 设置完成后的效果如图 7-203 所示。

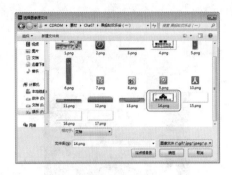

图 7-202　选择素材文件

图 7-203　插入素材文件

(36) 将光标置于第 2 列单元格中，在【属性】面板中单击【拆分单元格行或列】按钮北，弹出【拆分单元格】对话框，将【把单元格拆分】设为【行】，将【行数】设为 3，如图 7-204 所示。

除了上述拆分单元格的方法外，用户还可以右击，在弹出的快捷菜单中选择【表格】|【拆分单元格】命令，也可以按 Ctrl+Alt+S 组合键对单元格进行拆分。

(37) 在场景中选择所有的单元格，在【属性】面板中将【水平】设为【居中对齐】，将【宽】和【高】分别设为 467、23，如图 7-205 所示。

图 7-204　拆分单元格

图 7-205　设置表格属性

(38) 将光标置于拆分的第 1 行单元格中，输入文字，在属性面板中将【字体】设为【微软雅黑】，将【大小】设为 14px，将【字体颜色】设为白色，配合空格键输入文字，完成后的效果如图 7-206 所示。

图 7-206　输入文字

(39) 将光标置于第 2 行单元格中，在表格中输入文字，将【字体】设为【微软雅黑】，将【大小】设为 12px，将【字体颜色】设为白色，效果如图 7-207 所示。

图 7-207　输入文字

(40) 在第 3 行单元格中输入文字，并设置与第 2 行单元格相同的属性，完成后的效果如图 7-208 所示。

图 7-208　输入文字

(41) 将光标置于第 3 列单元格中，在【属性】面板中，将【水平】设为【居中对齐】，使用前面讲过的方法，插入素材文件，完成后的效果如图 7-209 所示。

(42) 再次插入一个可以活动的 Div，选择创建的 Div，在【属性】面板中将【左】、【上】、【宽】、【高】分别设为 10px、758px、350px、39px，如图 7-210 所示。

图 7-209　添加素材文件

(43) 继续选择上一步创建的 Div，在【属性】面板中，单击【背景图像】后面的文件夹按钮，弹出【选择图像源文件】对话框，选择素材文件夹中的 11.png 素材文件，如图 7-211 所示。

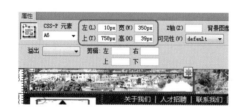

图 7-210　设置 Div 属性

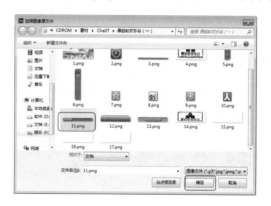

图 7-211　选择素材文件

(44) 单击【确定】按钮，查看效果如图 7-212 所示。

(45) 将光标置于上一步创建的 Div 中，将多余的文字删除，按 Ctrl+Alt+T 组合键，插入 1 行 2 列的单元格，【表格宽度】为 100 百分比，如图 7-213 所示。

图 7-212　设置背景

图 7-213　插入表格

(46) 将光标置于第 1 列单元格中，在【属性】面板中，将【水平】设为【居中对齐】，将【宽】和【高】分别设为 120、39，如图 7-214 所示。

(47) 将光标置于第 1 列单元格中，输入文字"蚂蚁公告"，在【属性】面板中将【字体】设为【微软雅黑】，将【字体大小】设为 18，【字体颜色】设为 #012e20，如图 7-215 所示。

图 7-214　设置表格属性

图 7-215　输入文字

(48) 将光标置于第 2 列单元格中，在【属性】面板中将【水平】设为【居中对齐】，并在表格中输入文字，将【字体】设为【微软雅黑】，将【大小】设为 16px，将【字体颜色】设为白色，如图 7-216 所示。

(49) 再次插入一个可以活动的 Div，选择创建的 Div，在【属性】面板中将【左】、【上】、【宽】、【高】分别设为 395px、755px、274px、44px，如图 7-217 所示。

图 7-216　输入文字

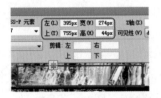

图 7-217　设置 Div 属性

(50) 继续在【属性】面板中单击【背景图像】后面的【文件夹】按钮，弹出【选择图像源文件】对话框，选择素材文件夹中的 12.png 文件，单击【确定】按钮，如图 7-218 所示。

(51) 添加素材背景后的效果如图 7-219 所示。

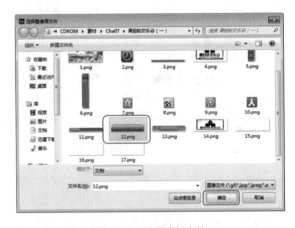

图 7-218　选择素材文件

图 7-219　设置背景后的效果

(52) 将光标置于上一步创建的 Div 中，将多余的文字删除，并在其内插入一个 1 行 1 列【表格宽度】为 100 百分比，选择插入的表格，在【属性】面板中，将【水平】设为【居中对齐】，将【高】设为 40，如图 7-220 所示。

(53) 在表格内输入文字"精彩热点"，将【字体】设为【微软雅黑】，将【大小】设为 18，将【字体颜色】设为 #012E20，效果如图 7-221 所示。

图 7-220　设置表格属性

图 7-221　输入文字

(54) 再次插入一个可以活动的 Div，选择创建的 Div，在【属性】面板中将【左】、【上】、【宽】、【高】分别设为 710px、757px、267px、41px，如图 7-222 所示。

(55) 继续选择创建的 Div，在【属性】面板中单击【背景图像】后面的【文件夹】按钮 📁，弹出【选择图像源文件】对话框，选择素材文件夹中的 13.png 文件，如图 7-223 所示。

图 7-222 设置 Div 属性

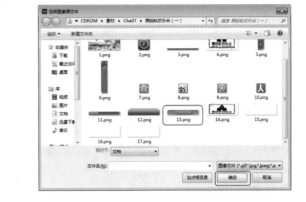

图 7-223 选择素材文件

(56) 添加素材背景后的效果如图 7-224 所示。

(57) 将光标置于上一步创建的 Div 中，将多余的文字删除，并在其内插入 1 行 1 列的单元格，在【属性】面板中将【水平】设为【居中对齐】，将【高】设为 40，完成后的效果如图 7-225 所示。

(58) 在表格内输入文字"网友信箱"，将【字体】设为【微软雅黑】，将【大小】设为 16px，将【字体颜色】设为白色，完成后的效果如图 7-226 所示。

图 7-224 设置背景素材的效果

图 7-225 插入表格

图 7-226 输入文字

案例精讲 048　黑蚂蚁欢乐谷网页设计（二）

案例文件：CDROM \ 场景 \ Cha07\ 黑蚂蚁欢乐谷网页设计（二）.html

视频文件：视频教学 \ Cha07\ 黑蚂蚁欢乐谷网页设计（二）.avi

制作概述

本例将介绍如何制作黑蚂蚁欢乐谷网页，其中导航栏和主页一样，本例也是以一幅巨大图片突出网页的主旨，完成后的效果如图 7-227 所示。

学习目标

学会如何设计主题网页。

掌握网页的制作技巧及布局。

图 7-227 黑蚂蚁欢乐谷网页

操作步骤

(1) 新建一个 HTML 文档，单击【页面属性】按钮，弹出【页面属性】对话框，选择【外观(CSS)】，将【背景颜色】设为 #F2AE09，将【左边距】、【右边距】、【上边距】、【下边距】分别设为 50px、50px、0px、0px，如图 7-228 所示。

(2) 在文档底部单击【桌面电脑大小】图标██，按 Ctrl+Alt+T 组合键，弹出【表格】对话框，将【行数】设为 1，将【列】设为 2，将【表格宽度】设为 100 百分比，将【边框粗细】、【单元格边距】、【单元格间距】都设为 0，单击【确定】按钮，如图 7-229 所示。

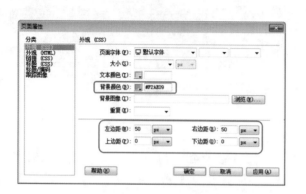

图 7-228　设置页面属性 　　　　　　　　图 7-229　【表格】对话框

(3) 将光标置于第一列单元格中，在【属性】面板中将【水平】设为【居中对齐】，将【垂直】设【底部】，将【宽】设为 20%，将【高】设为 45，将【背景颜色】设为 #0066FF，如图 7-230 所示。

(4) 在上一步创建的表格内输入文字，将【字体】设为【微软雅黑】，将【字体大小】设为 18px，将【字体颜色】设为白色，如图 7-231 所示。

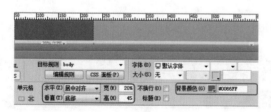

图 7-230　设置表格属性 　　　　　　　　图 7-231　输入文字

(5) 将光标置于第 2 列单元格中，在【属性】面板中，将【水平】设为【右对齐】，将【垂直】设为【底部】，将【背景颜色】设为 #0066FF，如图 7-232 所示。

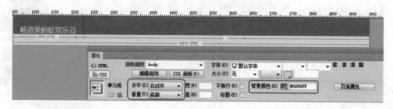

图 7-232　设置单元格属性

(6) 将光标置于上一步设置的表格内,按 Ctrl+Alt+I 组合键,弹出【选择图像源文件】对话框,选择随书附带光盘中的 CDROM \ 素材 \ Cha07 \ 黑蚂蚁欢乐谷 (二) \ 1.png 文件,单击【确定】按钮,如图 7-233 所示。

(7) 选择上一步导入的素材文件,在属性面板中将【宽】和【高】都设为 22px,如图 7-234 所示。

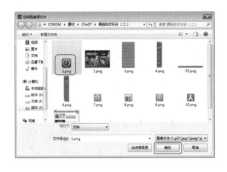

图 7-233　选择素材文件

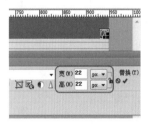

图 7-234　设置图片大小

当在表格内插入图片时,表格会变大,这时只要在所在表格内,双击表格的边框就可以恢复到原来的状态。

(8) 将光标置于图片的后面,并输入文字,将【字体】设为【微软雅黑】,将【大小】设为 18,将【字体颜色】设为白色,完成后的效果如图 7-235 所示。

(9) 在上一步表格下方,再次插入一个 1 行 1 列、【表格宽度】为 100 百分比的表格,如图 7-236 所示。

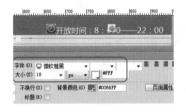

图 7-235　设置文字属性

图 7-236　插入表格

(10) 将光标置于上一步创建的表格中,按 Ctrl+Alt+I 组合键,选择素材文件夹中的 2.png 素材文件,如图 7-237 所示。

(11) 在菜单栏中选择【插入】| Div 命令,弹出【插入 Div】对话框,将【插入】设为【在标签开始之后】|<body>,将 ID 设为 A1,然后单击【新建 CSS 规则】按钮,如图 7-238 所示。

图 7-237　添加素材图片

图 7-238　插入 Div

> **提示** 除了通过上述方法插入图片外，用户还可以在菜单栏中选择【插入】|【图像】|【图像】命令，也会弹出【选择图像源文件】对话框。

(12) 弹出【新建CSS规则】对话框，在该对话框中保持默认值，单击【确定】按钮，如图 7-239 所示。

(13) 弹出【#A1 的 CSS 规则定义】对话框，将【分类】设为【定位】，将 Position 设为 absolute，设置完成后单击【确定】按钮，如图 7-240 所示。

图 7-239　新建 CSS 规则

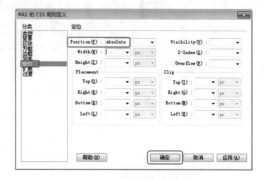

图 7-240　设置 CSS 规则

(14) 返回到【插入 Div】对话框，单击【确定】按钮，选择创建的 Div，在【属性】面板中将【左】、【上】、【宽】、【高】分别设为 50px、43px、900px、50px，单击【背景图像】后面的文件夹按钮，选择 05.png 素材文件，完成后的效果如图 7-241 所示。

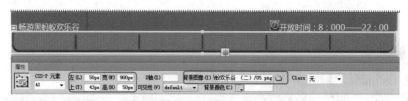

图 7-241　设置 Div 属性

(15) 将光标置于上一步创建的 Div 中，并在其内插入一个 1 行 6 列的表格，【表格宽度】设为 100 百分比，选择所有的表格，在属性面板中将【水平】设为【居中对齐】，将【宽】设为 150，将【高】设为 50，如图 7-242 所示。

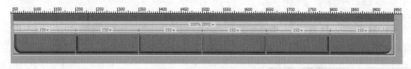

图 7-242　插入并设置表格

(16) 在上一步创建的表格内输入文字，将【字体】设为【微软雅黑】，将【大小】设为 18px，将【颜色】设为白色，完后的效果如图 7-243 所示。

图 7-243 输入文字

(17) 将光标置于插入图片表格的右侧，按 Ctrl+Alt+T 组合键，插入 1 行 1 列、【表格宽度】为 100 百分比的单元格，如图 7-244 所示。

图 7-244 插入表格

(18) 选择上一步创建的表格，在【属性】面板中将【高】设为 720，将【背景颜色】设为 #00B7EF，完成后的效果如图 7-245 所示。

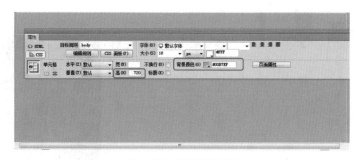

图 7-245 设置表格属性

(19) 使用前面讲过的方法，插入一个可活动的 Div，选择创建的 Div，在【属性】面板中将【左】、【上】、【宽】、【高】分别设为 5px、226px、4px、230px，如图 7-246 所示。

(20) 将光标置于上一步创建的 Div 中，将多余的文字删除，按 Ctrl+Alt+I 组合键，弹出【选择图像源文件】对话框，选择素材文件夹中的 4.png 文件，如图 7-247 所示。

图 7-246 设置 Div 属性

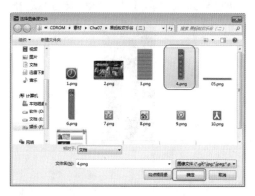

图 7-247 选择素材文件

(21) 插入素材图片，完成后的效果如图 7-248 所示。

(22) 再次插入一个活动的 Div，选择创建的 Div，在【属性】面板中将【左】、【上】、【宽】、【高】分别设为 945px、255px、45px、230px，效果如图 7-249 所示。

图 7-248　插入素材图片

图 7-249　插入 Div

(23) 选择插入的 Div，在【属性】面板中单击【背景图像】后面的【文件夹】按钮，弹出【选择图像源文件】对话框，选择素材文件夹中的 6.png 文件，如图 7-250 所示。

(24) 背景设置完成后查看效果，如图 7-251 所示。

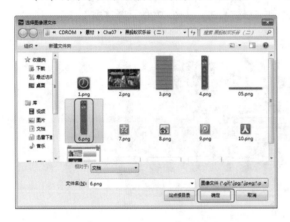

图 7-250　选择素材文件

图 7-251　设置背景

(25) 将光标置于上一步创建的 Div 中，按 Ctrl+Alt+T 组合键，插入一个 5 行 1 列的单元格，如图 7-252 所示。

(26) 选择创建的第 1 行单元格，在【属性】面板中将【高】设为 56，然后选择其他行的单元格，在【属性】面板中，将【水平】设为【居中对齐】，将【高】设为 45，效果如图 7-253 所示。

图 7-252　插入单元格

图 7-253　设置表格属性

(27) 将光标置于表格的第 2 行，按 Ctrl+Alt+I 组合键，弹出【选择图像源文件】对话框，选择素材文件夹中的 7.png 素材文件，单击【确定】按钮，如图 7-254 所示。

(28) 使用同样的方法，在其他的单元格中插入素材图片，完成后的效果如图 7-255 所示。

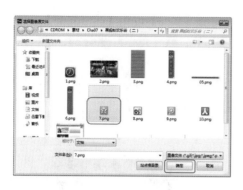

图 7-254　选择素材文件

图 7-255　插入素材图片

(29) 使用前面讲过的方法再次创建一个可以活动的 Div，选择创建的 Div，在【属性】面板中将【左】、【上】、【宽】、【高】分别设为 56px、603px、150px、512px，如图 7-256 所示。

(30) 选择上一步创建的 Div，在【属性】面板中，单击【背景】图像后面的【文件夹】按钮，在弹出的【选择图像源文件】对话框中，选择 3.png 素材文件，如图 7-257 所示。

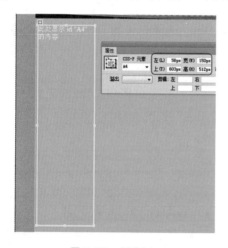

图 7-256　创建 Div

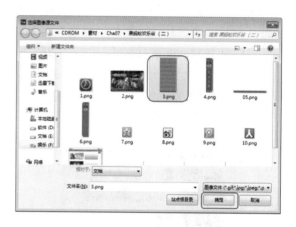

图 7-257　选择素材文件

(31) 设置完背景后的效果如图 7-258 所示。

(32) 将光标置于上一步创建的表格内，插入一个 8 行 1 列、【表格宽度】为 100 百分比的表格，如图 7-259 所示。

图 7-258　设置 Div 背景

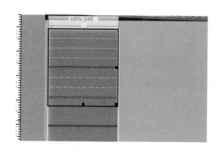

图 7-259　插入表格

(33) 将光标置于第 1 行单元格中，在【属性】面板中将【水平】设为【居中对齐】，将【高】设为 80，并在其内输入文字，将【字体】设为【微软雅黑】，将【大小】设为 24，【字体颜色】设为黑色，如图 7-260 所示。

(34) 选择其他行的单元格，在【属性】面板中将【水平】设为【居中对齐】，将【高】设为 60，并在其内输入文字，将【字体】设为【华文细黑】，将【大小】设为 16，【字体颜色】设为白色，如图 7-261 所示。

图 7-260　输入文字

图 7-261　输入其他文字

(35) 使用前面介绍的方法，再次创建一个活动的 Div，选择创建的 Div，在【属性】面板中将【左】、【上】、【宽】、【高】分别设为 216px、603px、727px、511px，并将其【背景图像】设为 11.png 素材文件，如图 7-262 所示。

(36) 将光标置于上一步创建的 Div 内，将多余的文字删除，在菜单栏中选择【插入】| Div 命令，弹出【插入 Div】对话框，将【插入】设为【在标签开始之后】| <div id="A5">，将 ID 设为 A6，然后单击【新建 CSS 规则】按钮，如图 7-263 所示。

图 7-262　创建 Div 并设置背景

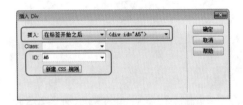

图 7-263　【插入 Div】对话框

(37) 弹出【新建 CSS 规则】对话框，在该对话框中保持默认值，单击【确定】按钮，如图 7-264 所示。

(38) 弹出【#A1 的 CSS 规则定义】对话框，将【分类】设为【定位】，将 Position 设为 absolute，设置完成后单击【确定】按钮，如图 7-265 所示。

(39) 返回到【插入 Div】对话框，单击【确定】按钮，选择创建的 Div，在【属性】面板中将【左】、【上】、【宽】、【高】分别设为 353px、116px、292px、140px，完成后的效果如图 7-266 所示。

? 注意　上一步创建的 Div 的【左】、【上】、【宽】、【高】是在 ID 为 A5 的 Div 的基础上设定的。

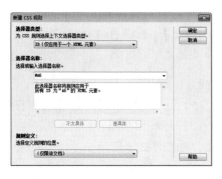

图 7-264　创建 CSS 规则

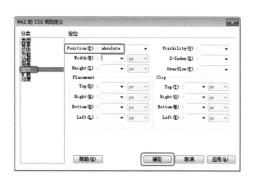

图 7-265　设置 CSS 规则

(40) 将光标置于上一步创建的 Div 中，将多余的文字删除，并在其内插入一个 3 行 1 列的单元格，将【表格宽度】设为 100 百分比，如图 7-267 所示。

图 7-266　插入 Div

图 7-267　插入表格

(41) 将光标置于第 1 行单元格中，在【属性】面板中将【水平】设为【居中对齐】，并在其内输入文字，将【字体】设为【微软雅黑】，将【大小】设为 18，将【字体颜色】设为 #770331，如图 7-268 所示。

(42) 将光标置于第 2 列单元格中，在【属性】面板中将【高】设为 30，并在其内输入文字，将【字体】设为【微软雅黑】，将【大小】设为 16，将【字体颜色】设为 #770331，如图 7-269 所示。

图 7-268　输入文字

图 7-269　设置文字属性

(43) 选择上一步创建的文字，右击，在弹出的快捷菜单中选择【样式】|【下划线】命令，完成后的效果如图 7-270 所示。

(44) 将光标置于第 3 行单元格中，在【属性】面板中将【高】设为 76，并在其内输入文字，将【字体】设为【微软雅黑】，将【大小】设为 14，将【字体颜色】设为白色，并对其添加下划线，如图 7-271 所示。

图 7-270　添加下划线

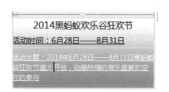

图 7-271　输入文字

技巧　下划线是在制作网页过程中常常用到的，用户可以利用 CSS 样式进行设定，也可以选择输入的文字，右击，在弹出的快捷菜单中选择【样式】|【下划线】命令，还可以在菜单栏中选择【格式】|【HTML 样式】|【下划线】命令设置下划线。

(45) 使用同样的方法，制作出另一个表格，完成后的效果如图 7-272 所示。

(46) 使用前面讲过的方法，插入一个可以活动的 Div，选择创建的 Div，在【属性】面板中将【左】、【上】、【宽】、【高】分别设为 56px、1124px、888px、178px，并在其内插入一个 2 行 1 列、【表格宽度】为 100 百分比的单元格，如图 7-273 所示。

图 7-272　制作另一个表格

图 7-273　插入 Div

(47) 将光标置于第 1 行单元格中，使用前面讲过的方法，将其拆分为 2 列，并将光标置于第 1 列单元格中，在【属性】面板中将其再次拆分为 6 行，如图 7-274 所示。

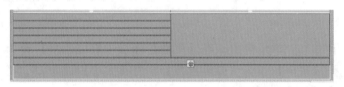

图 7-274　拆分单元格

(48) 选择拆分的 6 行的表格，在【属性】面板中，将【宽】和【高】分别设为 550、26，将【背景颜色】设为 #D8F4FF，如图 7-275 所示。

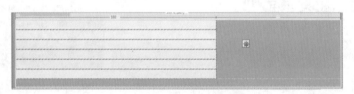

图 7-275　设置表格属性

(49) 在拆分的表格内输入文字，将【字体】设为【微软雅黑】，将【大小】设为 14，将【字体颜色】设为 #0294c3，并对文字添加下划线，完成后的效果如图 7-276 所示。

(50) 将光标置于第 2 列单元格中，在【属性】面板中将【水平】设为【居中对齐】，将【背景颜色】设为 #333333，并在其内插入素材图片，完成后的效果如图 7-277 所示。

图 7-276　输入文字

图 7-277　添加素材

(51) 选择第 2 行单元格，在【属性】面板中将【水平】设为【居中对齐】，并在其内输入文字，将【字体】设为【微软雅黑】，将【大小】设为 14，【字体颜色】设为白色，如图 7-278 所示。

图 7-278　输入文字

案例精讲 049　旅游网站（一）

> 案例文件：CDROM \ 场景 \ Cha07 \ 旅游网站（一）.html
> 视频文件：视频教学 \ Cha07 \ 旅游网站（一）.avi

制作概述

本案例将介绍如何制作旅游网站主页。该案例主要通过插入表格、图像，输入文字并应用 CSS 样式以及为表格添加不透明度效果等操作来完成网站主页的制作。完成后的效果如图 7-279 所示。

学习目标

掌握旅游网站主页的制作方法。

掌握如何为单元格添加不透明度效果。

操作步骤

图 7-279　旅游网站（一）

(1) 按 Ctrl+N 组合键，在弹出的对话框中选择【空白页】选项，在【页面类型】列表框中选择 HTML 选项，在【布局】列表框中选择【无】选项，将【文档类型】设置为 HTML 4.01Transitional，如图 7-280 所示。

(2) 设置完成后，单击【创建】按钮，在【属性】面板中单击【页面属性】按钮，在弹出的对话框中选择【外观 (HTML)】选项，将【左边距】设置为 0.5，如图 7-281 所示。

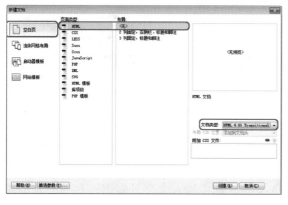

图 7-280　新建文档　　　　　　　　　　　　　　图 7-281　设置左边距

(3) 再在该对话框中选择【链接 (CSS)】选项，将字体粗细设置为 bold，将【大小】设置为

18px，将【链接颜色】设置为#FFF，将【变换图像链接】设置为#FC0，将【下划线样式】设置为【始终无下划线】，如图 7-282 所示。

（4）设置完成后，单击【确定】按钮，按 Ctrl+Alt+T 组合键，在弹出的对话框中将【行数】、【列】分别设置为 17、1，将【表格宽度】设置为 970 像素，如图 7-283 所示。

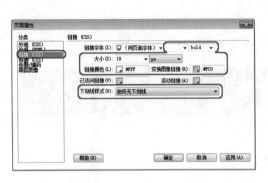

图 7-282　设置链接参数　　　　　　　　　图 7-283　设置表格参数

（5）设置完成后，单击【确定】按钮，将光标置于第 1 行单元格中，按 Ctrl+Alt+T 组合键，在弹出的对话框中将【行数】、【列】分别设置为 2、9，将【表格宽度】设置为 970 像素，如图 7-284 所示。

（6）设置完成后，单击【确定】按钮，选中第 1 行的第 1 列和第 2 列单元格，右击，在弹出的快捷菜单中选择【表格】|【合并单元格】命令，如图 7-285 所示。

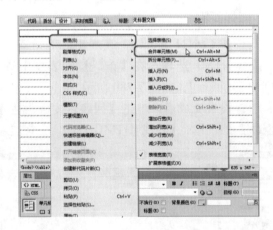

图 7-284　设置表格参数　　　　　　　　　图 7-285　选择【合并单元格】命令

合并单元格的快捷键是 Ctrl+Alt+M 组合键。

（7）继续将光标置于合并后的单元格中，输入文字，选中输入文字并右击，在弹出的快捷菜单中选择【CSS 样式】|【新建】命令，如图 7-286 所示。

（8）在弹出的对话框中将【选择器名称】设置为 wz1，如图 7-287 所示。

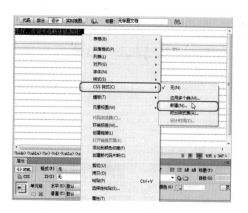

图 7-286　选择【新建】命令

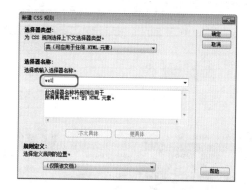

图 7-287　设置【选择器名称】

（9）设置完成后，单击【确定】按钮，在弹出的对话框中将 Font-size 设置为 12px，如图 7-288 所示。

（10）设置完成后，单击【确定】按钮，继续选中该文字，在【属性】面板中为其应用该样式，将【水平】、【垂直】分别设置为【左对齐】、【顶端】，将【高】设置为 20，如图 7-289 所示。

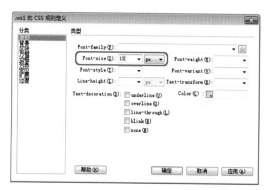

图 7-288　设置文字大小

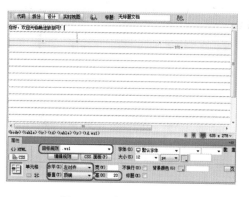

图 7-289　设置单元格属性

（11）继续在第 1 行的其他列单元格中输入文字，为其应用 .wz1 样式，并调整单元格宽度和属性，效果如图 7-290 所示。

注意　在对文字应用样式时，应单个选择每个单元格的文字应用样式，选择多个则无效。

（12）将光标置于第 2 行的第 1 列单元格中，在【属性】面板中将【宽】设置为 236，将第 2 列单元格的宽度设置为 278，效果如图 7-291 所示。

（13）将光标置于第 2 行的第 1 列单元格中，新建一个 bk1 CSS 样式，在弹出的对话框中选择【边框】选项，取消选中 Style、Width、Color 下的【全部相同】复选框，将 Top 右侧的 Style、Width、Color 分别设置为 solid、thin、#CCC，如图 7-292 所示。

（14）设置完成后，单击【确定】按钮，选中第 2 行的第 1 列单元格，为其应用 .bk1 CSS 样式，如图 7-293 所示。

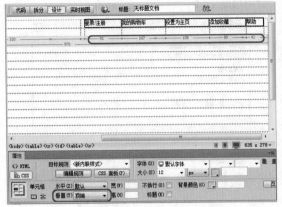

图 7-290　输入其他文字并设置后的效果

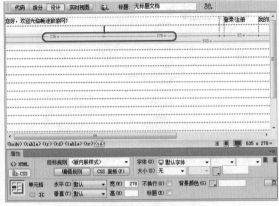

图 7-291　设置单元格宽度

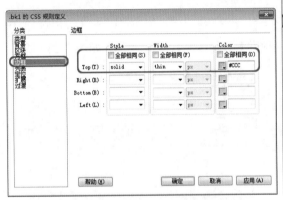

图 7-292　设置边框参数

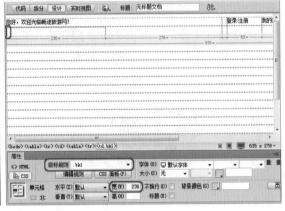

图 7-293　应用样式

　　(15) 继续将光标置于该单元格中，按 Ctrl+Alt+I 组合键，在弹出的对话框中选择随书附带光盘中的 CDROM＼素材＼Cha07＼旅游网站＼logo.png 素材文件，如图 7-294 所示。

　　(16) 单击【确定】按钮，选中插入的素材文件，在【属性】面板中将【宽】、【高】分别设置为 183、54，并将单元格的【水平】设置为【居中对齐】，如图 7-295 所示。

图 7-294　选择素材文件

图 7-295　设置素材文件

(17) 选中第 2 行的第 2 列单元格，为其应用 .bk1 CSS 样式，将光标置于该单元格中，输入文字，选中输入的文字并右击，在弹出的快捷菜单中选择【CSS 样式】|【新建】命令，如图 7-296 所示。

(18) 在弹出的对话框中将【选择器名称】设置为 ggy，如图 7-297 所示。

图 7-296　选择【新建】命令

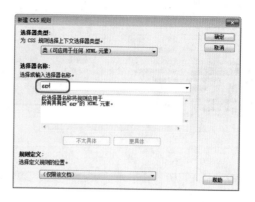

图 7-297　设置选择器名称

(19) 设置完成后，单击【确定】按钮，在弹出的对话框中将 Font-family 设置为【微软雅黑】，将 Font-size 设置为 16px，将 Color 设置为 #333，如图 7-298 所示。

(20) 设置完成后，单击【确定】按钮，在【属性】面板中为该文字应用新建的 CSS 样式，效果如图 7-299 所示。

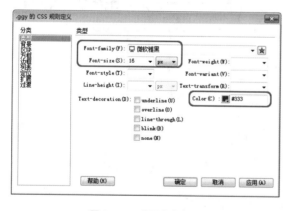

图 7-298　设置文字参数

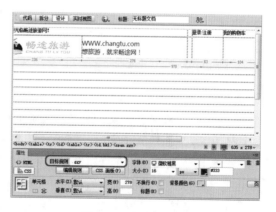

图 7-299　应用 CSS 样式

(21) 选中第 2 行的第 3~9 列单元格并右击，在弹出的快捷菜单栏中选择【表格】|【合并单元格】命令，如图 7-300 所示。

(22) 选中合并后的单元格，在【属性】面板中为其应用 .bk1 CSS 样式，将【水平】设置为【右对齐】，如图 7-301 所示。

(23) 将光标置于该单元格中，输入 24，新建一个 wz2 CSS 样式，在弹出的对话框中将 Font-family 设置为【微软雅黑】，将 Font-size 设置为 20px，将 Font-weight 设置为 bold，将 Color 设置为 #F90，如图 7-302 所示。

(24) 设置完成后，单击【确定】按钮，为该文字应用新建的 CSS 样式，效果如图 7-303 所示。

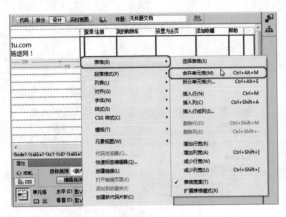

图 7-300 选择【合并单元格】命令

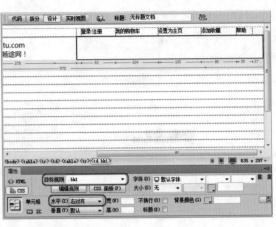

图 7-301 应用 CSS 样式并设置对齐方式

图 7-302 设置文字参数

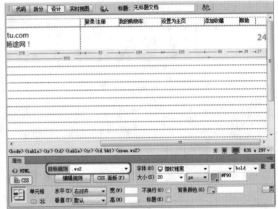

图 7-303 应用 CSS 样式后的效果

(25) 继续将光标置于该文字的后面，并输入文字，选中输入的文字，在【属性】面板中为其应用 .wz1 CSS 样式，效果如图 7-304 所示。

由于在 24 后面输入文字时，新输入的文字会应用前面文字的 CSS 样式，所以在应用 .wz1 之前，需要选中该文字，在【属性】面板中单击【目标规则】右侧的下三角按钮，在弹出的列表中选择【删除类】选项，然后再应用 .wz1 CSS 样式。

(26) 将光标置于"24 小时服务热线"的右侧，继续输入"(全年无休)"，选中该文字，新建一个 wz3 CSS 样式，在弹出的对话框中将 Font-size 设置为 12px，将 Color 设置为 #999，如图 7-305 所示。

(27) 设置完成后，单击【确定】按钮，继续选中该文字，为该文字应用新建的 CSS 样式，效果如图 7-306 所示。

(28) 将光标置于该文字的右侧，按 Shift+Enter 组合键，另起一行，输入文字，选中输入的文字，为其应用 .wz2CSS 样式，效果如图 7-307 所示。

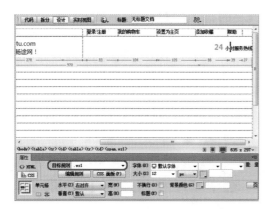

图 7-304　输入文字并应用样式

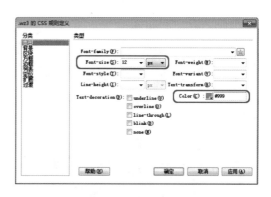

图 7-305　设置文字大小和颜色

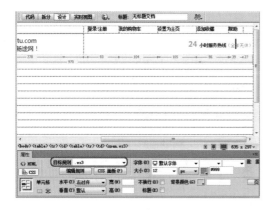

图 7-306　为输入的文字应用 CSS 样式

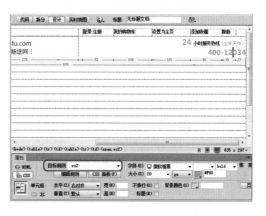

图 7-307　输入文字并应用样式

(29) 继续在该单元格中输入文字，并为输入的文字应用 .wz3CSS 样式，效果如图 7-308 所示。

(30) 将光标置于 17 行表格的第 2 行单元格中，按 Ctrl+Alt+T 组合键，在弹出的对话框中将【行数】、【列】分别设置为 1、17，将【表格宽度】设置为 970 像素，如图 7-309 所示。

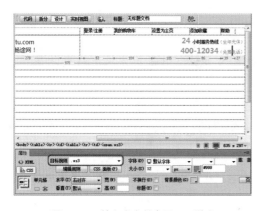

图 7-308　输入文字并应用 CSS 样式

图 7-309　设置表格参数

(31) 设置完成后，单击【确定】按钮，选中所有的单元格，在【属性】面板中将【高】设置为 40，将【背景颜色】设置为 #9ED034，如图 7-310 所示。

（32）在设置后的单元格中输入文字，并调整单元格的宽度，效果如图 7-311 所示。

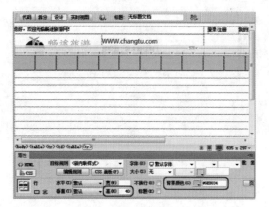

图 7-310　设置单元格高度和背景颜色　　　图 7-311　输入文字并调整单元格宽度后的效果

（33）选中输入的文字，新建一个 dhwz CSS 样式，在弹出的对话框中将 Font-size 设置为 18px，将 Font-weight 设置为 bold，将 Color 设置为 #FFF，如图 7-312 所示。

（34）再在该对话框中选择【区块】选项，将 Text-align 设置为 center，如图 7-313 所示。

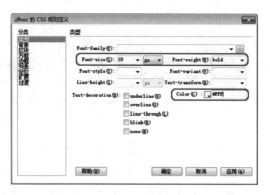

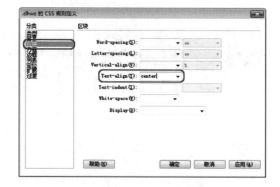

图 7-312　设置文字参数　　　　　　　　　图 7-313　设置对齐方式

知识链接

　　Word-spacing：用于设置单词的间距。可以指定为负值，但显示方式取决于浏览器。Dreamweaver 不在文档窗口中显示此属性。

　　Letter-spacing：增加或减小字母或字符的间距。输入正值增加，输入负值减小。字母间距设置覆盖对齐的文本设置。Internet Explorer 4 和更高版本以及 Netscape Navigator 6 支持 Letter-spacing 属性。

　　Vertical-align：指定应用此属性的元素的垂直对齐方式。Dreamweaver 仅在将该属性应用于 <img> 标签时，才在文档窗口中显示。

　　Text-align：设置文本在元素内的对齐方式。

　　Text-indent：指定第一行文本的缩进程度。可以使用负值创建凸出，但显示方式取决于浏览器。仅当标签应用于块级元素时，Dreamweaver 才在文档窗口中显示。

　　White-space：确定如何处理元素中的空白。Dreamweaver 不在文档窗口中显示此属性。在下拉列表中可以选择以下 3 个选项。normal：收缩空白。pre：其处理方式与文本被括在 pre 标签中一样（即保留所有空白，包括空格、制表符和回车）。nowrap：指定仅当遇到 br 标签时文本才换行。

　　Display：指定是否以及如何显示元素。none 选项表示禁用该元素的显示。

　　(35) 设置完成后，单击【确定】按钮，继续选中该文字，为其应用新建的 CSS 样式，效果如图 7-314 所示。

　　(36) 将光标置于 17 行表格的第 3 行单元格中，按 Ctrl+Alt+T 组合键，在弹出的对话框中将【行数】、【列】分别设置为 1、2，将【表格宽度】设置为 970 像素，如图 7-315 所示。

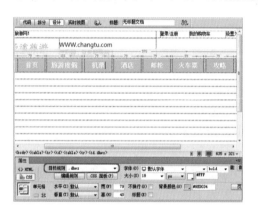

图 7-314　应用 CSS 样式

图 7-315　设置表格参数

　　(37) 设置完成后，单击【确定】按钮，将光标置于新表格的第 1 列单元格中，将【宽】设置为 670，按 Ctrl+Alt+I 组合键，在弹出的对话框中选择"图 0001.jpg"素材文件，单击【确定】按钮，如图 7-316 所示。

　　(38) 将光标置于第 2 列单元格中，在【属性】面板中将【宽】设置为 300，将【背景颜色】设置为 #dce0e2，如图 7-317 所示。

图 7-316　插入素材文件

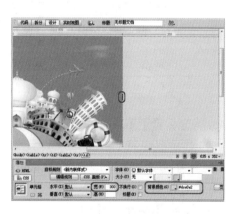

图 7-317　设置单元格宽度和背景颜色

(39) 继续将光标置于该单元格中，按 Ctrl+Alt+T 组合键，在弹出的对话框中将【行数】、【列】分别设置为 8、2，将【表格宽度】设置为 300 像素，如图 7-318 所示。

(40) 设置完成后，单击【确定】按钮，将光标置于第 1 行的第 1 列单元格中，在该单元格中输入"国内机票"，新建一个 wz4 CSS 样式，在弹出的对话框中将 Font-family 设置为【微软雅黑】，将 Font-size 设置为 18px，将 Font-weight 设置为 bold，将 Color 设置为 #e60012，如图 7-319 所示。

图 7-318 设置表格参数

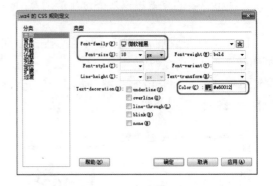

图 7-319 设置文字参数

(41) 再在该对话框中选择【边框】选项，取消选中 Style、Width、Color 下方的【全部相同】复选框，将 Bottom 右侧的 Style、Width、Color 分别设置为 solid、2px、#e60012，如图 7-320 所示。

(42) 设置完成后，单击【确定】按钮，为该文字应用新建的 CSS 样式，在【属性】面板中将【水平】设置为【居中对齐】，将【宽】、【高】分别设置为 104、40，效果如图 7-321 所示。

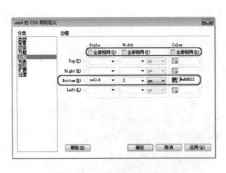

图 7-320 设置边框参数

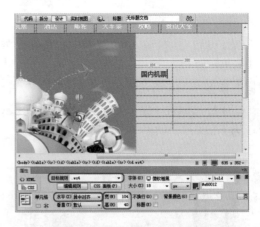

图 7-321 应用样式并设置单元格属性

(43) 将光标置于第 1 行的第 2 列单元格中，输入"国际机票"，新建一个 wz5 CSS 样式，在弹出的对话框中将 Font-family 设置为【微软雅黑】，将 Font-size 设置为 18px，将 Font-weight 设置为 bold，将 Color 设置为 #666，如图 7-322 所示。

(44) 再在该对话框中选择【边框】选项，取消选中 Style、Width、Color 下方的【全部相同】复选框，将 Bottom 右侧的 Style、Width、Color 分别设置为 solid、2px、#e6e9ed，如图 7-323 所示。

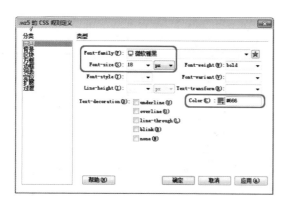

图 7-322　设置文字参数

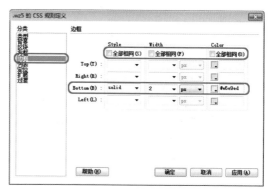

图 7-323　设置边框参数

(45)设置完成后,单击【确定】按钮,为该文字应用新建的CSS样式,在【属性】面板中将【宽】设置为196,如图 7-324 所示。

(46)选中第 2 行的两列单元格并右击,在弹出的快捷菜单中选择【表格】|【合并单元格】命令,将光标置于合并后的单元格中,在【属性】面板中将【高】设置为45,如图 7-325所示。

图 7-324　应用 CSS 样式并设置单元格宽度

图 7-325　设置单元格高度

(47)继续将光标置于该单元格中,输入 3 个空白格,在菜单栏中选择【插入】|【表单】|【单选按钮组】命令,在弹出的对话框中对标签进行修改,如图 7-326 所示。

(48)设置完成后,单击【确定】按钮,在状态栏中选择 <p> 标签并右击,在弹出的快捷菜单中选择【删除标签】命令,如图 7-327 所示。

(49)将光标置于"单程"文字的右侧,按 Delete 键即可将两个单选按钮调整至一行中,效果如图 7-328 所示。

(50)选中"单程"文字,新建一个wz6 CSS样式,在弹出的对话框中将Font-family 设置为【微软雅黑】,将 Font-size 设置为17px,将 Color 设置为 #666,如图 7-329 所示。

图 7-326　设置单选按钮组的标签

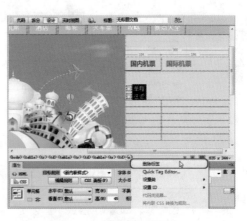

图 7-327　选择【删除标签】命令

图 7-328　将单选按钮调整至一行

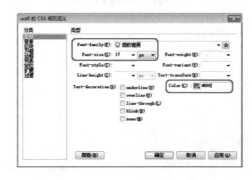

图 7-329　设置字体、大小和颜色

(51) 设置完成后，单击【确定】按钮，为"单程"和"往返"两个词组应用该 CSS 样式，效果如图 7-330 所示。

(52) 将光标置于第 3 行的第 1 列单元格中，输入文字，并为其应用 .wz6 CSS 样式，继续将光标置于该单元格中，将【水平】设置为【居中对齐】，将【高】设置为 45，如图 7-331 所示。

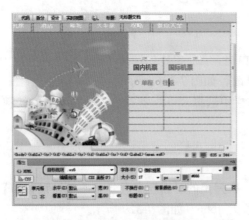

图 7-330　应用 CSS 样式后的效果

图 7-331　输入文字并应用样式

(53) 将光标置于第 3 行的第 2 列单元格中，在菜单栏中选择【插入】|【表单】|【文本】命令，将 Text Field: 删除，选中文本表单，在【属性】面板中为其应用 wz6 CSS 样式，将 Size 设置

为 20，如图 7-332 所示。

(54) 使用同样的方法在其他单元格中输入文字并插入文本表单，效果如图 7-333 所示。

图 7-332　插入文本表单并设置其属性

图 7-333　输入其他文字并插入文本表单

(55) 将光标置于第 7 行的第 2 列单元格中，在【属性】面板中将【高】设置为 32，如图 7-334 所示。

(56) 继续将光标置于该单元格中，按 Ctrl+Alt+T 组合键，在弹出的对话框中将【行数】、【列】分别设置为 1、3，将【表格宽度】设置为 100 百分比，如图 7-335 所示。

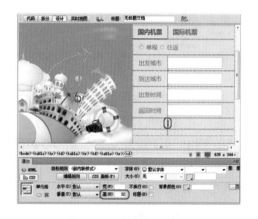

图 7-334　设置单元格高度

图 7-335　设置表格参数

(57) 设置完成后，单击【确定】按钮，调整单元格的宽度，选中 3 列单元格，在【属性】面板中将【高】设置为 32，如图 7-336 所示。

(58) 选中第 2 列单元格，新建一个 yjbk CSS 样式，在【CSS 设计器】面板中选择 .yjbk CSS 样式，单击【边框】按钮，将 border-radius 中的圆角都设置为 5px，如图 7-337 所示。

(59) 设置完成后，为第 2 列单元格应用该样式，将光标置于第 2 列单元格中，输入文字，并为其应用 .dhwz CSS 样式，在【属性】面板中将【水平】设置为【居中对齐】，将【背景颜色】设置为 #ffae04，在该单元格内输入文字，如图 7-338 所示。

(60) 选择第 8 行的两列单元格，右击，在弹出的快捷菜单中选择【表格】|【合并单元格】命令，将光标置于合并后的单元格中，在【属性】面板中将【水平】、【垂直】分别设置为【居中对齐】、【底部】，将【高】设置为 55，如图 7-339 所示。

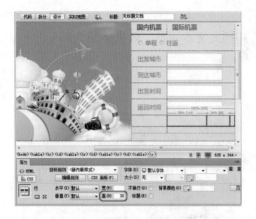

图 7-336　调整单元格的宽度和高度

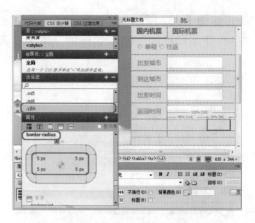

图 7-337　设置圆角参数

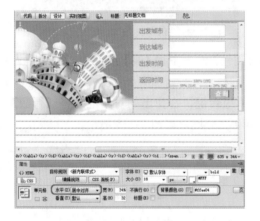

图 7-338　输入文字并设置单元格属性

图 7-339　设置单元格属性

(61) 继续将光标置于该单元格内，按 Ctrl+Alt+T 组合键，在弹出的对话框中将【行数】、【列】分别设置为 1、5，将【表格宽度】设置为 294 像素，将【单元格间距】设置为 2，如图 7-340 所示。

(62) 设置完成后，单击【确定】按钮，选中所有的单元格，在【属性】面板中将【水平】设置为【居中对齐】，将【高】设置为 46，将【背景颜色】设置为 #999999，如图 7-341 所示。

图 7-340　设置表格参数

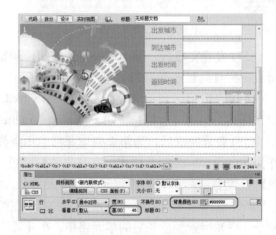

图 7-341　设置单元格属性

(63) 将光标置于第 1 列单元格中, 输入"机票", 新建一个 wz7 CSS 样式, 在弹出的对话框中将 Font-family 设置为【微软雅黑】, 将 Color 设置为 #FFF, 如图 7-342 所示。

(64) 设置完成后, 单击【确定】按钮, 为该文字应用新建的 CSS 样式, 并在其他列单元格中输入文字, 并调整单元格的宽度, 效果如图 7-343 所示。

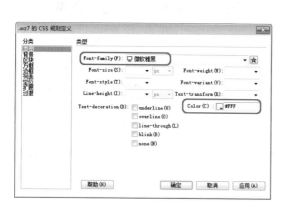

图 7-342　设置文字字体和颜色

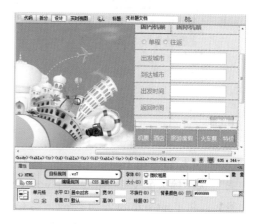

图 7-343　输入文字并调整单元格宽度

(65) 将光标置于 17 行表格的第 4 行单元格中, 在【拆分】窗口中对代码进行修改, 将该行单元格的高度设置为 10, 如图 7-344 所示。

 为了效果的美观, 在 17 行表格的第 2 行和第 3 行单元格之间插入一行单元格, 并将其高度设置为 6。

(66) 将光标置于第 5 行单元格中, 在【属性】面板中将【背景颜色】设置为 #b68ed5, 如图 7-345 所示。

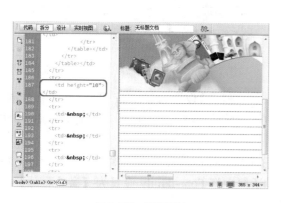

图 7-344　修改代码

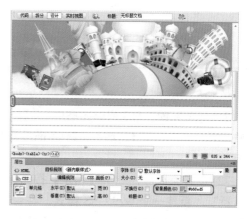

图 7-345　设置单元格背景颜色

(67) 继续将光标置于该单元格中, 按 Ctrl+Alt+T 组合键, 在弹出的对话框中将【行数】、【列】分别设置为 1、11, 将【表格宽度】设置为 970 像素, 将【单元格间距】设置为 0, 如图 7-346 所示。

(68) 设置完成后, 单击【确定】按钮, 选中所有的单元格, 在【属性】面板中将【高】设置为 50, 如图 7-347 所示。

图 7-346　设置表格参数

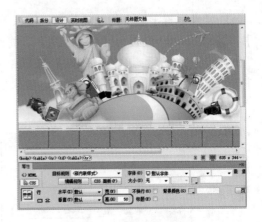

图 7-347　设置单元格高度

(69) 将光标置于第 1 列单元格中，将【宽】设置为 36，将光标置于第 2 列单元格中，输入"今日特惠"，选中输入的文字，新建一个 wz8 CSS 样式，在弹出的对话框中将 Font-family 设置为【微软雅黑】，将 Font-size 设置为 22px，将 Color 设置为 #FFF，如图 7-348 所示。

(70) 设置完成后，单击【确定】按钮，为该文字应用新建的 CSS 样式，在【属性】面板中将【宽】设置为 97，如图 7-349 所示。

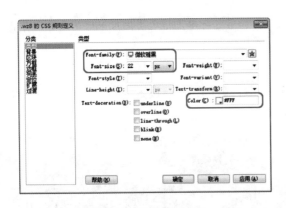

图 7-348　设置文字参数

图 7-349　应用 CSS 样式并设置单元格宽度

(71) 将光标置于第 3 列单元格中，在【属性】面板中将【宽】设置为 135，按 Ctrl+Alt+T 组合键，在弹出的对话框中将【行数】、【列】都设置为 1，将【表格宽度】设置为 100 百分比，如图 7-350 所示。

(72) 设置完成后，单击【确定】按钮，光标置于新表格的单元格中，输入"每日特惠，精彩不断"，新建一个 wz9 CSS 样式，在弹出的对话框中将 Font-family 设置为【微软雅黑】，将 Font-size 设置为 14px，将 Color 设置为 #FFF，如图 7-351 所示。

(73) 设置完成后，单击【确定】按钮，为该文字应用新建的 CSS 样式，在【属性】面板中将【水平】设置为【居中对齐】，将【背景颜色】设置为 #bf1b1b，如图 7-352 所示。

(74) 将第 4 列单元格的宽度设置为 218，选中第 5~10 列单元格，在【属性】面板中将【宽】设置为 65，如图 7-353 所示。

图 7-350　设置表格参数

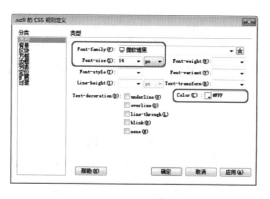

图 7-351　设置文字参数

图 7-352　应用 CSS 样式并设置单元格属性

图 7-353　设置单元格宽度

(75) 将光标置于第 5 列单元格中，输入"欧洲"，选中该文字，新建一个 wz10 CSS 样式，在弹出的对话框中将 Font-family 设置为【微软雅黑】，将 Font-size 设置为 18px，将 Color 设置为 #FFF，如图 7-354 所示。

(76) 设置完成后，单击【确定】按钮，为该文字应用新建的 CSS 样式，并使用同样的方法在其他单元格中输入文字，如图 7-355 所示。

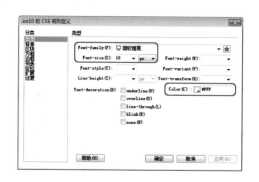

图 7-354　设置文字参数

图 7-355　应用 CSS 样式并在其他单元格中输入文字

(77) 将光标置于第 6 行单元格中，新建一个 yjbk2 CSS 样式，在【CSS 设计器】面板中选中该样式，单击【边框】按钮，将 border-radius 中下方的两个圆角参数都设置为 3px，为该单元格应用新建的 CSS 样式，将【背景颜色】设置为 #F6F6F6，如图 7-356 所示。

(78) 将光标置于该单元格中，按 Ctrl+Alt+T 组合键，在弹出的对话框中将【行数】、【列】分别设置为 1、4，将【表格宽度】设置为 970 像素，将【单元格间距】设置为 8，如图 7-357 所示。

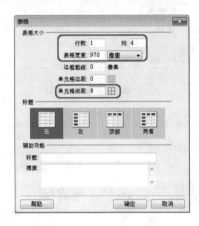

图 7-356　设置边框参数并应用该样式　　　　　　　图 7-357　设置表格参数

(79) 设置完成后，单击【确定】按钮，将光标置于第 1 列单元格中，在【属性】面板中将【垂直】设置为【底部】，将【宽】、【高】分别设置为 231、300，如图 7-358 所示。

(80) 继续将光标置于该单元格中，在【拆分】窗口中添加背景图像文件，效果如图 7-359 所示。

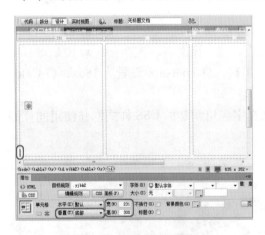

图 7-358　设置单元格属性　　　　　　　　　　　图 7-359　添加背景图像

(81) 继续将光标置于该单元格中，按 Ctrl+Alt+T 组合键，在弹出的对话框中将【行数】、【列】都设置为 1，将【表格宽度】设置为 231 像素，将【单元格间距】设置为 0，如图 7-360 所示。

(82) 设置完成后，单击【确定】按钮，将光标置于该单元格中，新建一个 btmd CSS 样式，在【CSS 设计器】面板中选中该样式，单击【布局】按钮，将 opacity 设置为 0.8，选中该单元格，为其应用新建的 CSS 样式，并在【属性】面板中将【水平】设置为【居中对齐】，将【高】设置为 40，将【背景颜色】设置为 #3A3A3A，如图 7-361 所示。

图 7-360　设置表格参数

图 7-361　应用 CSS 样式并设置单元格属性

(83) 继续将光标置于该单元格中，输入"悉尼 5 日自由行¥"，选中该文字，为其应用 .wz10 CSS 样式，如图 7-362 所示。

(84) 继续将光标置于该单元格中，输入 2996，选中该文字，新建一个 wz11 CSS 样式，在弹出的对话框中将 Font-size 设置为 24px，将 Font-weight 设置为 bold，将 Color 设置为 #fbea06，如图 7-363 所示。

图 7-362　输入文字并应用样式

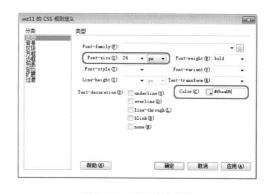

图 7-363　设置文字参数

(85) 设置完成后，单击【确定】按钮，为该文字应用新建的 CSS 样式，并在该文字右侧输入"元"，为其应用 .wz10 CSS 样式，效果如图 7-364 所示。

(86) 使用相同的方法在其他 3 列单元格中插入表格和图像，并输入文字，效果如图 7-365 所示。

(87) 将光标置于 17 行表格的第 7 行单元格中，在【拆分】视图中修改该单元格的代码，效果如图 7-366 所示。

由于前面在第 2 行和第 3 行单元格之间插入了一行单元格，所以，大表格由原来的 17 行变为 18 行。

(88) 将光标置于第 8 行单元格中，在【属性】面板中将【背景颜色】设置为 #fe7074，如图 7-367 所示。

图 7-364　输入文字并应用样式

图 7-365　插入其他对象后的效果

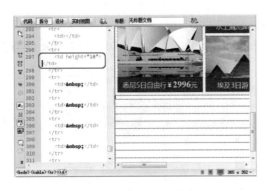

图 7-366　设置单元格高度

图 7-367　设置背景颜色

(89) 选中"今日特惠"所在的表格，将其复制至第 9 行单元格中，并修改其文字和单元格，效果如图 7-368 所示。

(90) 将光标置于第 9 行单元格中，为该单元格应用 .yjbk2 CSS 样式，将【背景颜色】设置为 #F6F6F6，如图 7-369 所示。

图 7-368　复制表格并修改文字和单元格

图 7-369　应用 CSS 样式并设置背景颜色

（91）继续将光标置于该单元格中，插入一个 1 行 4 列、单元格间距为 8、表格宽度为 970 的单元格，将光标置于第 1 列单元格中，将【宽】、【高】分别设置为 231、300，如图 7-370 所示。

（92）继续将光标置于该单元格中，按 Ctrl+Alt+T 组合键，在弹出的对话框中将【行数】、【列】分别设置为 6、1，将【表格宽度】设置为 231 像素，将【单元格间距】设置为 0，如图 7-371 所示。

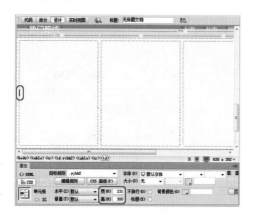

图 7-370　插入单元格并进行设置

图 7-371　设置表格参数

（93）设置完成后，单击【确定】按钮，将光标置于第 1 行单元格中，输入"国内游"，选中输入的文字，新建一个 wz12 CSS 样式，在弹出的对话框中将 Font-family 设置为【微软雅黑】，将 Font-size 设置为 18px，将 Color 设置为 #e34646，如图 7-372 所示。

（94）设置完成后，单击【确定】按钮，为该文字应用新建的 CSS 样式，在【属性】面板中将【高】设置为 35，如图 7-373 所示。

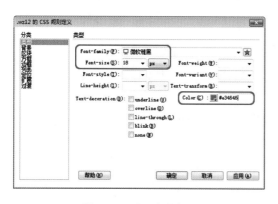

图 7-372　设置文字参数

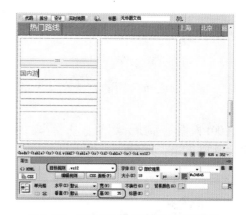

图 7-373　应用 CSS 样式并设置单元格高度

（95）将光标置于第 2 行单元格中，输入文字，选中输入的文字并右击，在弹出的快捷菜单中选择【CSS 样式】|【新建】命令，如图 7-374 所示。

（96）在弹出的对话框中将【选择器名称】设置为 wz13，单击【确定】按钮，将 Font-family 设置为【微软雅黑】，将 Font-size 设置为 14px，将 Line-height 设置为 25px，如图 7-375 所示。

图 7-374　选择【新建】命令

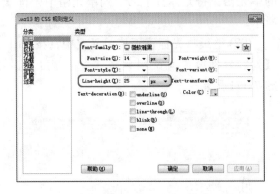

图 7-375　设置文字参数

(97) 设置完成后，再在该对话框中选择【区块】选项，将 Letter-spacing 设置为 1px，如图 7-376 所示。

(98) 设置完成后，为输入的文字应用新建的 CSS 样式，并根据相同的方法输入其他文字，并为其应用相应的 CSS 样式，效果如图 7-377 所示。

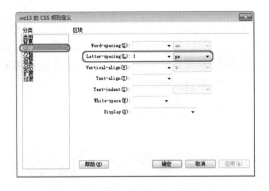

图 7-376　设置字母间距

图 7-377　输入其他文字并应用 CSS 样式

(99) 根据前面所介绍的方法在文字的右侧插入表格和图像，并输入文字，效果如图 7-378 所示。

(100) 根据前面所介绍的方法制作其他网页效果，并将表格底部多余的单元格删除，效果如图 7-379 所示。

图 7-378　插入表格和图像并输入文字

图 7-379　制作其他对象后的效果

案例精讲 050 旅游网站（二）

案例文件：CDROM \ 场景 \ Cha07 \ 旅游网站（二）.html

视频文件：视频教学 \ Cha07 \ 旅游网站（二）.avi

制作概述

本案例将介绍如何制作旅游网站第二页。该案例主要以上一个案例为框架，然后对其进行修改和调整，从而完成第二页的制作，效果如图 7-380 所示。

学习目标

掌握旅游网站（二）的制作过程。

操作步骤

图 7-380 旅游网站（二）

(1) 将上一个案例进行另存为，并指定其名称，在文档窗口中删除不必要的单元格和对象，如图 7-381 所示。

(2) 将光标置于第 4 行单元格中，右击鼠标，在弹出的快捷菜单中选择【表格】|【插入行或列】命令，如图 7-382 所示。

图 7-381 删除不必要的单元格

图 7-382 选择【插入行或列】命令

提示 插入表格的快捷方式是按 Ctrl+Alt+T 组合键。

(3) 在弹出的对话框中选中【行】单选按钮，将【行数】设置为 7，如图 7-383 所示。

(4) 设置完成后，单击【确定】按钮，将光标置于第 4 行单元格中，按 Ctrl+Alt+T 组合键，在弹出的对话框中将【行数】、【列】分别设置为 1、2，将【表格宽度】设置为 970 像素，如图 7-384 所示。

图 7-383 设置插入的行数　　　　　　　　　图 7-384 设置表格参数

(5) 设置完成后，单击【确定】按钮，将光标置于第 1 列单元格中，新建一个 bk3 CSS 样式，在弹出的对话框中选择【边框】选项，将 Style、Weight、Color 分别设置为 solid、5px、#9ED034，如图 7-385 所示。

(6) 设置完成后，单击【确定】按钮，选中第 1 列单元格，为其应用新建的 CSS 样式，在【属性】面板中将【宽】设置为 300，如图 7-386 所示。

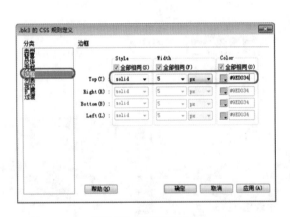

图 7-385 设置边框参数　　　　　　　　　图 7-386 应用样式并设置单元格宽度

(7) 将光标继续置于该单元格中，按 Ctrl+Alt+T 组合键，在弹出的对话框中将【行数】、【列】分别设置为 6、1，将【表格宽度】设置为 300 像素，将【单元格边距】设置为 5，如图 7-387 所示。

(8) 设置完成后，单击【确定】按钮，选中第 1 行单元格，为其应用 .bk2 CSS 样式，如图 7-388 所示。

(9) 继续将光标置于该单元格中，输入"出发港口"，选中输入的文字，新建一个 wz19 CSS 样式，在弹出的对话框中将 Font-size 设置为 15px，将 Font-weight 设置为 bold，将 Color 设置为 #333，如图 7-389 所示。

(10) 设置完成后，单击【确定】按钮，为该文字应用新建的 CSS 样式，效果如图 7-390 所示。

图 7-387　设置表格参数

图 7-388　应用 CSS 样式

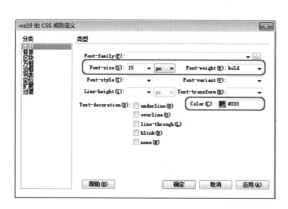

图 7-389　设置文字参数

图 7-390　应用样式后的效果

(11) 将光标置于第 2 行单元格中，输入文字，右击，在弹出的快捷菜单中选择【CSS 样式】|【新建】命令，如图 7-391 所示。

(12) 在弹出的对话框中将【选择器名称】设置为 wz20，单击【确定】按钮，在弹出的对话框中将 Font-size 设置为 15px，将 Line-height 设置为 23px，将 Color 设置为 #666，如图 7-392 所示。

图 7-391　选择【新建】命令

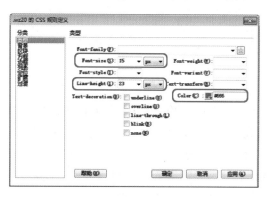

图 7-392　设置文字参数

(13) 设置完成后，单击【确定】按钮，为该文字应用新建的 CSS 样式，并根据相同的方法在其他单元格中输入文字，效果如图 7-393 所示。

(14) 将光标置于 1 行两列的第 2 列单元格中，在【属性】面板中将【水平】设置为【右对齐】，将【宽】设置为 660，如图 7-394 所示。

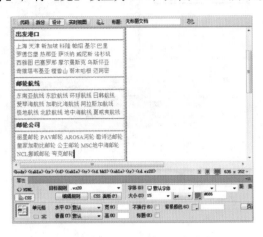

图 7-393 应用样式并输入其他文字

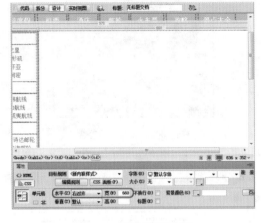

图 7-394 设置单元格属性

(15) 继续将光标置于该单元格中，按 Ctrl+Alt+I 组合键，在弹出的对话框中选择"邮轮 1.jpg"素材文件，单击【确定】按钮，选中该图像，在【属性】面板中将【宽】、【高】分别设置为 653、381，如图 7-395 所示。

(16) 将光标置于第 5 行单元格中，在【拆分】窗口中修改该单元格的代码，效果如图 7-396 所示。

图 7-395 插入素材文件并进行设置

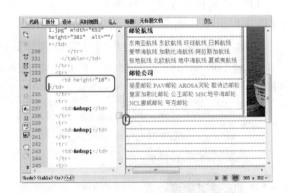

图 7-396 修改单元格代码

(17) 将光标置于第 6 行单元格中，在该单元格中输入"精选热门航线"，选中输入的文字，为其应用 .wz2 CSS 样式，将【高】设置为 35，如图 7-397 所示。

(18) 将光标置于第 7 行单元格中，按 Ctrl+Alt+T 组合键，在弹出的对话框中将【行数】、【列】分别设置为 2、3，将【表格宽度】设置为 970，将【单元格边距】、【单元格间距】分别设置为 0、1，如图 7-398 所示。

图 7-397　输入文字、应用样式并设置单元格高度

图 7-398　设置表格参数

(19) 设置完成后，单击【确定】按钮，选中第 1 列的两行单元格，按 Ctrl+Alt+M 组合键，对其进行合并，将光标置于合并后的单元格中，在【属性】面板中将【宽】设置为 282 像素，如图 7-399 所示。

(20) 继续将光标置于该单元格中，按 Ctrl+Alt+T 组合键，在弹出的对话框中将【行数】、【列】分别设置为 3、1，将【表格宽度】设置为 282 像素，将【单元格间距】设置为 0，如图 7-400 所示。

图 7-399　合并单元格并设置单元格宽度

图 7-400　设置表格参数

(21) 设置完成后，单击【确定】按钮，将光标置于第 1 行单元格中，在【属性】面板中将【垂直】设置为【底部】，将【宽】、【高】分别设置为 282、255，如图 7-401 所示。

(22) 设置完成后，在【拆分】窗口中为该单元格添加背景图像，效果如图 7-402 所示。

(23) 继续将光标置于该单元格中，在该单元格中插入一个 1 行 1 列、宽度为 282 像素的表格，选中该表格的单元格，在【属性】面板中为其应用 .btmd CSS 样式，将【水平】设置为【居中对齐】，将【高】设置为 35，将【背景颜色】设置为 #3A3A3A，如图 7-403 所示。

(24) 将光标置于该单元格中，在该单元格中输入文字，选中输入的文字，为其应用 .wz10 CSS 样式，效果如图 7-404 所示。

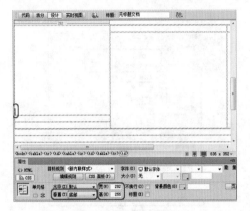

图 7-401　设置单元格属性

图 7-402　添加背景图像

图 7-403　插入表格并进行设置

图 7-404　应用 CSS 样式

(25) 将光标置于第 2 行单元格中，在该单元格中输入文字，选中输入的文字，为其应用 .wz10 CSS 样式，在【属性】面板中将【高】设置为 40，将【背景颜色】设置为 #ffa200，如图 7-405 所示。

(26) 将光标置于第 3 行单元格中，新建一个 bk4 CSS 样式，在弹出的对话框中选择【边框】选项，取消选中 Style、Width、Color 下的【全部相同】复选框，将 Top 右侧的 Style、Width、Color 分别设置为 dotted、thin、#FFF，如图 7-406 所示。

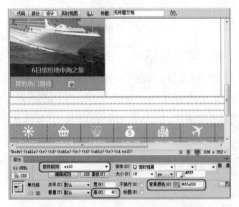

图 7-405　输入文字并设置单元格属性

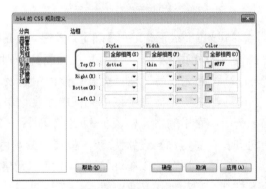

图 7-406　设置边框参数

(27) 设置完成后，单击【确定】按钮，选中第3行单元格，为其应用新建的CSS样式，在【属性】面板中将【高】设置为89，将【背景颜色】设置为#ffa200，如图7-407所示。

(28) 将光标置于该单元格中，输入文字，选中输入的文字，选中输入的文字，如图7-408所示。

图 7-407　应用样式并设置单元格属性

图 7-408　输入文字并选中

(29) 新建一个wz21 CSS样式，在弹出的对话框中将Font-size设置为13px，将Line-height设置为26px，将Color设置为#FFF，如图7-409所示。

(30) 设置完成后，单击【确定】按钮，为该文字应用新建的CSS样式，效果如图7-410所示。

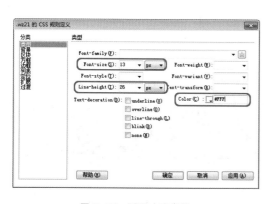

图 7-409　设置文字参数

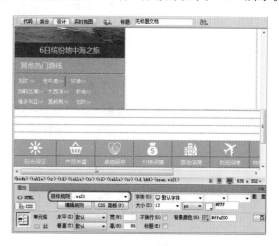

图 7-410　应用样式后的效果

(31) 使用相同的方法在其右侧的单元格中插入图像和表格，并输入相应的文字，效果如图7-411所示。

(32) 将光标置于第8行单元格中，在【拆分】窗口中修改单元格的代码，效果如图7-412所示。

(33) 将光标置于第9行单元格中，在该单元格中输入"常见问题"，选中该文字，新建一个wz22 CSS样式，在弹出的对话框中将Font-family设置为【微软雅黑】，将Font-size设置为20px，如图7-413所示。

(34) 设置完成后，单击【确定】按钮，为该文字应用新建的CSS样式，在【属性】面板中将【高】设置为35，如图7-414所示。

图 7-411　插入图像和表格并输入文字

图 7-412　修改单元格代码

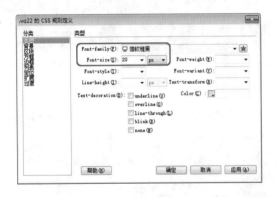

图 7-413　设置字体与大小

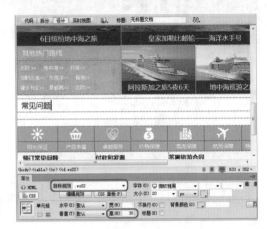

图 7-414　应用 CSS 样式并设置单元格高度

（35）将光标置于第 10 行单元格中，按 Ctrl+Alt+T 组合键，在弹出的对话框中将【行数】、【列】分别设置为 6、4，将【表格宽度】设置为 970 像素，如图 7-415 所示。

（36）设置完成后，单击【确定】按钮，选中第 1 列单元格，在【属性】面板中将【水平】、【垂直】分别设置为【右对齐】、【顶端】，将【宽】设置为 59，如图 7-416 所示。

图 7-415　设置表格参数

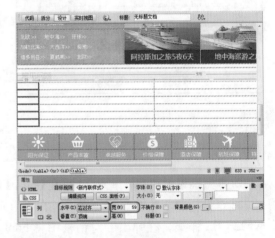

图 7-416　设置单元格属性

（37）将光标置于第 1 行的第 1 列单元格中，按 Ctrl+Alt+I 组合键，在弹出的对话框中选择 Q.png 素材文件，单击【确定】按钮，选中该素材文件，在【属性】面板中将【宽】、【高】

都设置为 35px，如图 7-417 所示。

(38) 将光标置于第 1 行的第 2 列单元格中，输入文字，并为其应用 .wz20 CSS 样式，并在【属性】面板中将【宽】设置为 425，效果如图 7-418 所示。

图 7-417　设置素材文件大小　　　　　　　图 7-418　输入文字并设置单元格宽度

(39) 使用同样的方法在其他单元格中输入文字并插入图像，效果如图 7-419 所示。

(40) 将光标置于第 11 行单元格中，在【属性】面板中将【高】设置为 35，如图 7-420 所示。

 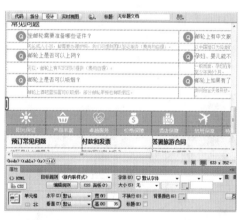

图 7-419　输入其他文字并插入图像　　　　　　　图 7-420　设置单元格高度

案例精讲 051　旅游网站（三）

案例文件：CDROM \ 场景 \ Cha07 \ 旅游网站（三）.html

视频文件：视频教学 \ Cha07 \ 旅游网站（三）.avi

制作概述

本案例将介绍如何制作旅游网站第三页。该案例主要以上一个案例为模板，然后进行修改和调整，从而完成第三页网站的制作，效果如图 7-421 所示。

学习目标

掌握旅游网站（三）的制作过程。

操作步骤

(1) 对"旅游网站（二）.html"场景文件进行另存为，指定其保存路径和名称，并将不必要的内容删除，效果如图 7-422 所示。

(2) 将光标置于第 4 行单元格中，按 Ctrl+Alt+I 组合键，弹出【选择图像源文件】对话框，选择素材文件夹中的 025.jpg 素材文件，完成后的效果如图 7-423 所示。

图 7-421 旅游网站（三）

图 7-422 删除多余的内容

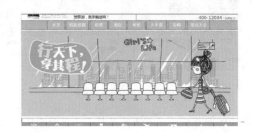

图 7-423 插入素材图片

(3) 将光标置于第 6 行单元格中并右击，在弹出的快捷菜单中选择【表格】|【插入行或列】命令，如图 7-424 所示。

(4) 在弹出的对话框中选中【行】单选按钮，将【行数】设置为 4，如图 7-425 所示。

图 7-424 选择【插入行或列】命令

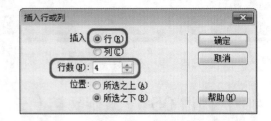

图 7-425 设置行数

(5) 设置完成后，单击【确定】按钮，继续将光标置于第 6 行单元格中，按 Ctrl+Alt+T 组合键，在弹出的对话框中将【行数】、【列】分别设置为 3、2，将【表格宽度】设置为 970 像素，将【单元格间距】设置为 13，如图 7-426 所示。

(6) 设置完成后，单击【确定】按钮，将光标置于第 1 行的第 1 列单元格中，输入"想去哪里？"，并为该文字应用 .wz22 CSS 样式，在【属性】面板中将【宽】设置为 268，如图 7-427 所示。

图 7-426 设置表格参数

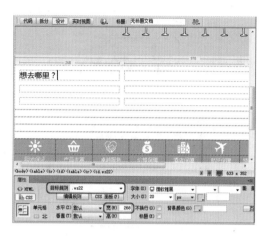

图 7-427 输入文字并设置单元格宽度

(7) 将光标置于第 1 列的第 2 行单元格中，新建一个 bk5 CSS 样式，在弹出的对话框中选择【边框】选项，将 Top 右侧的 Style、Width、Color 分别设置为 solid、thin，#b4dff5，如图 7-428 所示。

(8) 设置完成后，单击【确定】按钮，选中该单元格，为其应用新建的 CSS 样式，效果如图 7-429 所示。

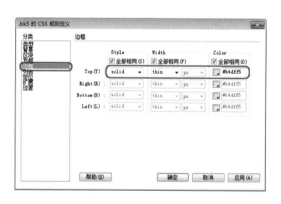

图 7-428 设置边框参数

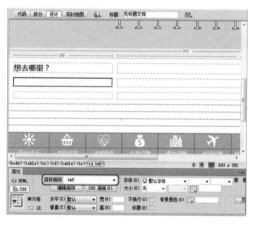

图 7-429 应用 CSS 样式

(9) 将光标置于该单元格中，按 Ctrl+Alt+T 组合键，在弹出的对话框中将【行数】、【列】分别设置为 4、3，将【表格宽度】设置为 100 百分比，将【单元格间距】设置为 0，如图 7-430 所示。

(10) 设置完成后，单击【确定】按钮，选中第 1 列的单元格，在【属性】面板中将【水平】设置为【居中对齐】，将【宽】、【高】分别设置为 72、50，如图 7-431 所示。

(11) 继续将光标置于该单元格中，新建 bk6 CSS 样式，在弹出的对话框中选择【边框】选项，取消选中 Style、Width、Color 下的【全部相同】复选框，将 Bottom 右侧的 Style、Width、Color 分别设置为 solid、thin、#EBEBEB，如图 7-432 所示。

(12) 设置完成后，单击【确定】按钮，为第 1 行的第 1 列至第 3 行的第 3 列单元格应用新建的 CSS 样式，效果如图 7-433 所示。

图 7-430　设置表格参数

图 7-431　设置单元格属性

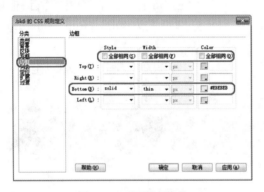

图 7-432　设置边框参数

图 7-433　应用 CSS 样式

(13) 将光标置于第 1 行的第 1 列单元格中，按 Ctrl+Alt+I 组合键，在弹出的对话框中选择"图标 01.png"素材文件，单击【确定】按钮，在【属性】面板中将该素材文件的【宽】、【高】都设置为 35px，如图 7-434 所示。

(14) 使用同样的方法将其他素材文件插入该图像下方的单元格中，并设置其大小，效果如图 7-435 所示。

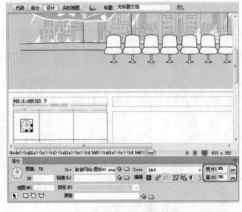

图 7-434　设置素材文件的宽高

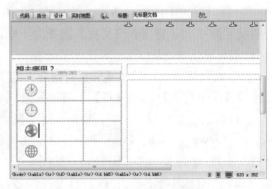

图 7-435　插入其他图像

(15) 将光标置于第 1 行的第 2 列单元格中，在该单元格中输入"当季推荐"，选中该文字，新建一个 wz23 CSS 样式，在弹出的对话框中将 Font-family 设置为【微软雅黑】，将 Font-size 设置为 14px，将 Color 设置为 #333，如图 7-436 所示。

(16) 设置完成后，单击【确定】按钮，为该文字应用新建的 CSS 样式，在【属性】面板中将【宽】设置为 158，效果如图 7-437 所示。

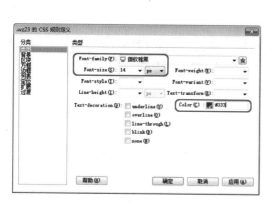

图 7-436　设置文字参数

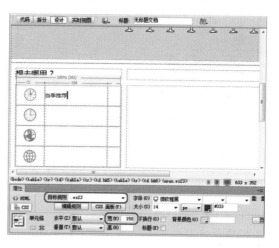

图 7-437　应用 CSS 样式并设置单元格宽度

(17) 将光标置于第 1 行的第 3 列单元格中，输入"＞"，选中输入的符号，新建 wz24 CSS 样式，在弹出的对话框中将 Font-family 设置为【方正琥珀简体】，将 Font-size 设置为 18px，将 Color 设置为 #CCC，如图 7-438 所示。

(18) 设置完成后，单击【确定】按钮，为输入的符号应用该 CSS 样式，将【宽】设置为 34，如图 7-439 所示。

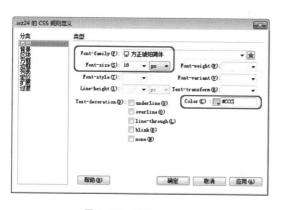

图 7-438　设置文字参数

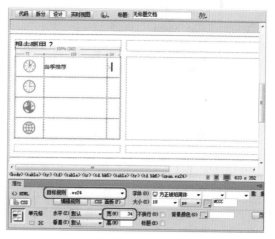

图 7-439　应用 CSS 样式并设置单元格宽度

(19) 使用同样的方法在其他单元格中输入文字，并应用相应的样式，效果如图 7-440 所示。

(20) 将光标置于第 1 行的第 2 列单元格中，输入"热点推荐"，为该文字应用 .wz22 CSS 样式，将【宽】设置为 663，效果如图 7-441 所示。

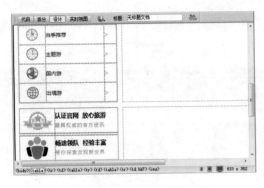

图 7-440 输入其他文字后的效果

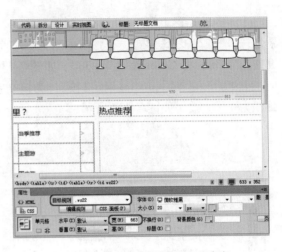

图 7-441 输入文字并设置单元格宽度

(21) 选中第 2 列的第 2 行与第 3 行单元格，按 Ctrl+Alt+M 组合键，对其进行合并，将光标置于合并后的单元格中，按 Ctrl+Alt+T 组合键，在弹出的对话框中将【行数】、【列】分别设置为 4、3，将【表格宽度】设置为 663，如图 7-442 所示。

(22) 设置完成后，单击【确定】按钮，选中第 1 列的 3 行单元格，按 Ctrl+Alt+M 组合键，进行合并，将光标置于合并后的单元格中，在【属性】面板中将【宽】、【高】分别设置为 221、300，如图 7-443 所示。

图 7-442 设置表格参数

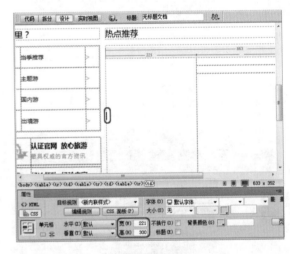

图 7-443 合并单元格并进行设置

(23) 继续将光标置于该单元格中，按 Ctrl+Alt+I 组合键，在弹出的对话框中选择 012.jpg 素材文件，单击【确定】按钮，在【属性】面板中将【宽】、【高】分别设置为 221、300px，如图 7-444 所示。

(24) 将光标置于第 1 列的第 2 行单元格中，输入"品味独具特色的非洲生活"文字，选中输入的文字，新建一个 wz26 CSS 样式，在弹出的对话框中将 Font-family 设置为【微软雅黑】，将 Font-size 设置为 14px，将 Color 设置为 #0066cc，如图 7-445 所示。

图 7-444　插入图像并设置其大小

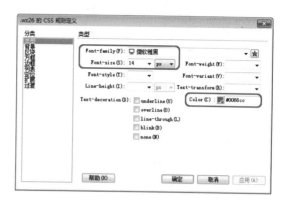

图 7-445　设置文字参数

(25) 再在该对话框中选择【区块】选项，将 Letter-spacing 设置为 3px，如图 7-446 所示。

(26) 设置完成后，单击【确定】按钮，为该文字应用新建的 CSS 样式，在【属性】面板中将【高】设置为 56，如图 7-447 所示。

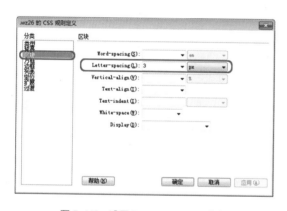

图 7-446　设置 Letter-spacing 参数

图 7-447　应用样式并设置单元格高度

(27) 使用同样的方法在该表格中继续输入文字并插入图像，效果如图 7-448 所示。

(28) 根据前面所介绍的知识继续制作网页中的其他内容，进行相应的设置，并根据前面所介绍的知识对三个网页进行链接，效果如图 7-449 所示。

图 7-448　输入文字并插入图像后的效果

图 7-449　制作网页中的其他内容

第8章
生活服务类
网站设计

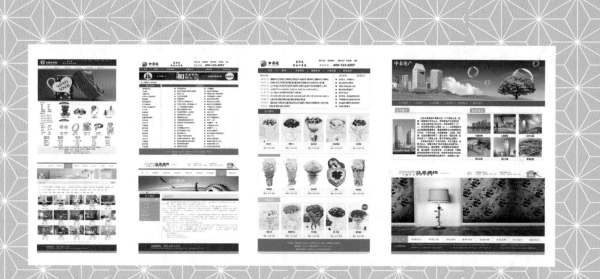

Dreamweaver CC 网页创意设计

案例课堂 ▶

本章将重点讲解日常生活中常用的网站，其中包括礼品网站、鲜花网站、房地产网站和装饰公司网站。通过本章的学习可以对生活中常用网站的设计有一定的了解。

案例精讲 052 礼品网网站

 案例文件：CDROM \ 场景 \ Cha08 \ 礼品网网站 .html

 视频文件：视频教学 \ Cha08 \ 礼品网网站 .avi

制作概述

本案例将介绍如何制作礼品网网站。在制作网站之前，首先要确定网页的版式，然后在文档窗口中插入表格，再在表格中输入文字并设置CSS样式，最后插入图像文件，效果如图 8-1 所示。

学习目标

学习如何制作礼品网网站。

操作步骤

图 8-1　礼品网网站

(1) 按 Ctrl+N 组合键，在弹出的对话框中选择【空白页】选项，在【页面类型】列表框中选择 HTML 选项，在【布局】列表框中选择【无】选项，如图 8-2 所示。

(2) 设置完成后，单击【创建】按钮，按 Ctrl+Alt+T 组合键，在弹出的对话框中将【行数】、【列】分别设置为 7、1，将【表格宽度】设置为 950 像素，将【单元格间距】设置为 2，如图 8-3 所示。

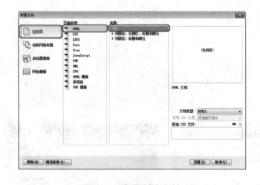

图 8-2　设置新建文档

图 8-3　设置表格参数

 提示　单元格间距用于设置单元格与单元格中间的距离，设置该参数后，整个表格中的单元格间距都是相同的。

知识链接

在【表格】对话框中各选项功能说明如下。

【行数】和【列】：设置插入表格的行数和列数。

【表格宽度】：设置插入表格的宽度。在文本框中设置表格宽度，在文本框右侧下拉列表中选择宽度单位，包括像素和百分比两种。

【边框粗细】：设置插入表格边框的粗细值。如果应用表格规划网页格式时，通常将【边框粗细】设置为0，在浏览网页时表格将不会被显示。

【单元格边距】：设置插入表格中单元格边界与单元格内容之间的距离。默认值为1像素。

【单元格间距】：设置插入表格中单元格与单元格之间的距离。默认值为4像素。

【标题】：设置插入表格内标题所在单元格的样式。共有4种样式可选，包括【无】、【左】、【顶部】和【两者】。

【辅助功能】：辅助功能包括【标题】和【摘要】两个选项。【标题】是指在表格上方居中显示表格外侧标题。【摘要】是指对表格的说明。【摘要】内容不会显示在【设计】视图中，只有在【代码】视图中才可以看到。

(3) 设置完成后，单击【确定】按钮，即可插入一个7行1列的单元格，将光标置入第一行单元格中，单击【拆分】按钮，将光标置于 td 的右侧，按空格键，在弹出的快捷菜单中选择 background 命令，如图 8-4 所示。

(4) 双击选中的命令，再在弹出的菜单中选择【浏览】命令，如图 8-5 所示。

图 8-4　选择 background 命令

图 8-5　选择【浏览】命令

(5) 在弹出的对话框中选择随书附带光盘中的 CDROM\素材\Cha08\礼品网网站\底纹.jpg 素材文件，如图 8-6 所示。

(6) 单击【确定】按钮，单击【设计】按钮，继续将光标置于第1行单元格中，在【属性】面板中将【高】设置为85，如图 8-7 所示。

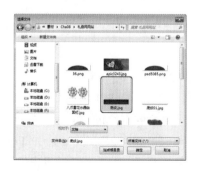

图 8-6　选择素材文件

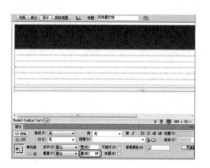

图 8-7　设置单元格高度

（7）按 Ctrl+Alt+T 组合键，在弹出的对话框中将【行数】、【列】分别设置为 2、9，将【表格宽度】设置为 950 像素，将【单元格间距】设置为 0，如图 8-8 所示。

（8）设置完成后，单击【确定】按钮，插入一个新的表格，选中第 1 列的两行单元格，右击鼠标，在弹出的快捷菜单中选择【表格】|【合并单元格】命令，如图 8-9 所示。

（9）合并完成后，将光标置于合并后的单元格中，在菜单栏中选择【插入】|【图像】|【图像】命令，如图 8-10 所示。

图 8-8　设置表格参数　　　　图 8-9　选择【合并单元格】命令　　　图 8-10　选择【图像】命令

（10）在弹出的对话框中选择随书附带光盘中的 CDROM \ 素材 \ Cha08 \ 礼品网网站 \ 礼品网 Logo.png 素材文件，如图 8-11 所示。

（11）单击【确定】按钮，选中插入的图像，在【属性】面板中将【宽】、【高】分别设置为 206、65px，如图 8-12 所示。

（12）将光标置于插入图像的单元格中，在【属性】面板中将【水平】设置为【居中对齐】，将【宽】设置为 255，如图 8-13 所示。

图 8-11　选择素材文件　　　　图 8-12　设置图像的宽高　　　图 8-13　设置对齐方式和单元格宽度

（13）选中第 2 列的两行单元格并右击，在弹出的快捷菜单中选择【表格】|【合并单元格】命令，如图 8-14 所示。

（14）合并完成后，在该单元格中输入文字，选中输入的文字并右击，在弹出的快捷菜单中选择【CSS 样式】|【新建】命令，如图 8-15 所示。

（15）在弹出的对话框中将【选择器名称】设置为 guanggaoyu，如图 8-16 所示。

（16）设置完成后，单击【确定】按钮，在弹出的对话框中选择【类型】选项，将 Font-family 设置为【方正行楷简体】，将 Font-size 设置为 24px，将 Color 设置为 #FFF，如图 8-17 所示。

如果需要的字体不在列表中，可以单击列表中的【管理字体】命令，打开【管理字体】对话框，在弹出的对话框中选择【自定义字体堆栈】选项卡，然后将【可用字体】列表框中的字体添加到【选择的字体】列表框中，然后单击【确定】按钮即可。

图 8-14　选择【合并单元格】命令

图 8-15　选择【新建】命令

图 8-16　设置选择器名称

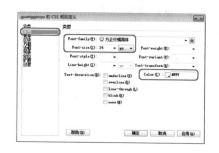

图 8-17　设置文字选项

（17）再在该对话框中选择【分类】列表框中的【区块】选项，将 Text-align 设置为 center，如图 8-18 所示。

（18）设置完成后，单击【确定】按钮，在【属性】面板中为其应用该样式，将【宽】设置为 254，如图 8-19 所示。

图 8-18　设置 Text-align

图 8-19　应用样式并设置单元格宽度

知识链接

其中各个选项的功能介绍如下。

Word-spacing：用于调整文字间的距离。如果要设定精确的值，可在该选项设置为【(值)】时输入相应的数值，并可在右侧的下拉列表中选择相应的度量单位。

Letter- spacing：用于增加或减小字母或字符的间距。

Vertical-align：用于指定应用此属性的元素的垂直对齐方式，用户可以在该下拉列表中选择不同的对齐方式。

Text-align：用于设置文本在元素内的对齐方式。在其下拉列表中，包括 4 个选项，left 是指左对齐，right 是指右对齐，center 是指居中对齐，justify 是指调整使全行排满，使每行排齐。用户可以根据需要选择不同的选项。

Text-indent：指定第一行文本的缩进程度。可以使用负值创建凸出，用户可根据需要进行设置，但显示方式取决于浏览器。仅当标签应用于块级元素时，Dreamweaver 才在文档窗口中显示。

White-space：确定如何处理元素中的空白。Dreamweaver 不在文档窗口中显示此属性。在下拉列表中可以选择以下 3 个选项。normal：收缩空白。pre：其处理方式与文本被括在 pre 标签中一样（即保留所有空白，包括空格、制表符和回车）。nowrap：指定仅当遇到 br 标签时文本才换行。

Display：指定是否显示以及如何显示元素。none 选项表示禁用该元素的显示。

(19) 调整第 3 列单元格的宽度，在第 1 行的第 4~8 列单元格中输入文字，并调整单元格的宽度，如图 8-20 所示。

(20) 选中新输入文字的单元格并右击，在弹出的快捷菜单中选择【CSS 样式】|【新建】命令，如图 8-21 所示。

图 8-20 输入文字并调整单元格宽度

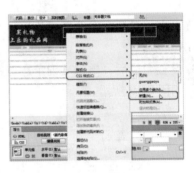

图 8-21 选择【新建】命令

(21) 在弹出的对话框中将【选择器名称】设置为 wz1，如图 8-22 所示。

(22) 设置完成后，单击【确定】按钮，在弹出的对话框中选择【类型】选项，将 Font-size 设置为 12px，将 Color 设置为 #FFF，如图 8-23 所示。

图 8-22 设置选择器名称

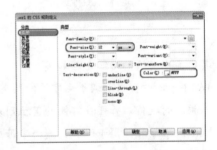

图 8-23 设置文字参数

(23) 再在该对话框中选择【分类】列表框中的【区块】选项，将 Text-align 设置为 center，如图 8-24 所示。

(24) 设置完成后，单击【确定】按钮，继续选中第 4~8 列单元格，在【属性】面板中为其应用新建样式，效果如图 8-25 所示。

图 8-24　设置 Text-align

图 8-25　应用样式

(25) 将光标置于 7 行表格中的第 2 行单元格中，单击【拆分】按钮，将光标置于 td 的右侧，按空格键，在弹出的快捷菜单中选择 background 命令，如图 8-26 所示。

(26) 双击选中的命令，再在弹出的菜单中选择【浏览】命令，如图 8-27 所示。

图 8-26　选择 background 命令

图 8-27　选择【浏览】命令

(27) 在弹出的对话框中选择随书附带光盘中的 CDROM \ 素材 \ Cha08 \ 底纹 01.jpg 素材文件，如图 8-28 所示。

(28) 单击【确定】按钮，单击【设计】按钮，继续将光标置于该单元格中，在【属性】面板中将【高】设置为 46，如图 8-29 所示。

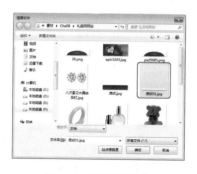

图 8-28　选择素材文件

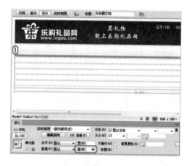

图 8-29　设置单元格高度

(29) 按 Ctrl+Alt+T 组合键，在弹出的对话框中将【行数】、【列】分别设置为 1、13，将【表格宽度】设置为 950 像素，如图 8-30 所示。

(30) 设置完成后，单击【确定】按钮，将光标置于第 1 列单元格中，在【属性】面板中将【高】设置为 45，如图 8-31 所示。

图 8-30　设置表格参数

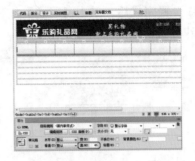

图 8-31　设置单元格高度

(31) 设置完成后，在文档窗口中调整单元格的宽度，调整后的效果如图 8-32 所示。

(32) 在调整后的单元格中输入文字，输入后的效果如图 8-33 所示。

图 8-32　调整单元格的宽度

图 8-33　输入文字

(33) 选中输入的文字并右击、在弹出的快捷菜单中选择【CSS 样式】|【新建】命令，如图 8-34 所示。

(34) 在弹出的对话框中将【选择器名称】设置为 dhwz，如图 8-35 所示。

图 8-34　选择【新建】命令

图 8-35　设置选择器名称

知识链接

　　若要创建一个可作为 Class 属性应用于任何 HTML 元素的自定义样式，请从【选择器类型】弹出菜单中选择【类】选项，然后在【选择器名称】文本框中输入样式的名称。

　　若要定义包含特定 ID 属性的标签的格式，请从【选择器类型】弹出菜单中选择 ID 选项，然后在【选择器名称】文本框中输入唯一 ID(例如 containerDIV)。

　　若要重新定义特定 HTML 标签的默认格式，请从【选择器类型】弹出菜单中选择【标签】

选项，然后在【选择器名称】文本框中输入 HTML 标签或从弹出菜单中选择一个标签。

若要定义同时影响两个或多个标签、类或 ID 的复合规则，请选择【复合内容】选项并输入用于复合规则的选择器。例如，如果您输入 div p，则 div 标签内的所有 p 元素都将受此规则影响。在说明文本区域准确说明您添加或删除选择器时该规则将影响哪些元素。

注意 类名称必须以句点开头，并且可以包含任何字母和数字组合（例如，.myhead1）。如果没有输入开头的句点，则 Dreamweaver 将自动为其输入句点。ID 必须以井号 (#) 开头，并且可以包含任何字母和数字组合（例如，#myID1）。如果没有输入开头的井号，则 Dreamweaver 将自动为其输入井号。

(35) 设置完成后，单击【确定】按钮，在弹出的对话框中选择【类型】选项，将 Font-size 设置为 18px，将 Color 设置为 #666，如图 8-36 所示。

(36) 再在该对话框中选择【分类】列表框中的【区块】选项，将 Text-align 设置为 center，如图 8-37 所示。

图 8-36 设置文字参数

图 8-37 设置文本对齐

(37) 设置完成后，单击【确定】按钮，继续选中该单元格，在【属性】面板中应用该样式，效果如图 8-38 所示。

(38) 将光标置于 7 行表格的第 3 行单元格中，按 Ctrl+Alt+I 组合键，在弹出的对话框中选择 a3243.jpg 素材文件，单击【确定】按钮，在【属性】面板中将图像的【宽】、【高】分别设置为 950、429px，如图 8-39 所示。

图 8-38 应用样式后的效果

图 8-39 插入图像文件并设置宽高

(39) 将光标置于 7 行表格中的第 4 行单元格中并右击，在弹出的快捷菜单中选择【表格】|【拆分单元格】命令，如图 8-40 所示。

(40) 在弹出的对话框中选中【列】单选按钮，将【列数】设置为 2，如图 8-41 所示。

图 8-40　选择【拆分单元格】命令

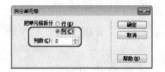

图 8-41　设置拆分列数

（41）设置完成后，单击【确定】按钮，使用同样的方法将第 5 行单元格进行拆分，拆分后的效果如图 8-42 所示。

（42）选中第 4 行、第 5 行的第 1 列单元格并右击，在弹出的快捷菜单中选择【表格】|【合并单元格】命令，如图 8-43 所示。

图 8-42　拆分单元格

图 8-43　选择【合并单元格】命令

（43）将鼠标置于合并后的单元格中，按 Ctrl+Alt+T 组合键，在弹出的对话框中将【行数】、【列】都设置为 1，将【表格宽度】设置为 238 像素，如图 8-44 所示。

（44）设置完成后，单击【确定】按钮，将光标置于新插入的表格中并右击，在弹出的快捷菜单中选择【CSS 样式】|【新建】命令，如图 8-45 所示。

图 8-44　设置表格参数

图 8-45　选择【新建】命令

（45）在弹出的对话框中将【选择器名称】设置为 bk，如图 8-46 所示。

（46）设置完成后，单击【确定】按钮，在弹出的对话框中选择【分类】列表框中的【边框】选项，将 Style 设置为 solid，将 Width 设置为 thin，将 Color 设置为 #CCC，如图 8-47 所示。

图 8-46　设置选择器名称

图 8-47　设置边框参数

(47) 设置完成后，单击【确定】按钮，选中该单元格，在【属性】面板中应用该样式，在【CSS 设计器】面板中选择 .bk，在【属性】选项组中单击【边框】按钮█，将 border-radius 都设置为 5px，如图 8-48 所示。

(48) 设置完成后，将光标继续置于该单元格中，按 Ctrl+Alt+T 组合键，在弹出的对话框中将【行数】、【列】分别设置为 6、1，将【表格宽度】设置为 100 百分比，如图 8-49 所示。

图 8-48　应用样式并设置边框半径

图 8-49　设置表格参数

(49) 设置完成后，单击【确定】按钮，将光标置于新插入表格的第 1 行单元格中，在【属性】面板中将【高】设置为 26，如图 8-50 所示。

(50) 设置完成后，输入文字，选中输入的文字并右击，在弹出的快捷菜单中选择【CSS 样式】|【新建】命令，如图 8-51 所示。

图 8-50　设置单元格高度

图 8-51　选择【新建】命令

(51) 在弹出的对话框中将【选择器名称】设置为 flwz，如图 8-52 所示。

(52) 设置完成后，单击【确定】按钮，在弹出的对话框中选择【分类】列表框中的

【类型】选项，将 Font-size 设置为 14px，将 Font-weight 设置为 Bold，将 Color 设置为 #CA0705，如图 8-53 所示。

(53) 设置完成后，单击【确定】按钮，继续选中该文字，在【属性】面板中应用该样式，效果如图 8-54 所示。

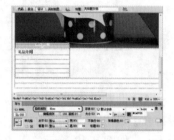

图 8-52　设置选择器名称　　　　图 8-53　设置文字参数　　　　图 8-54　应用样式后的效果

(54) 将光标置于该文字下方的单元格中，按 Ctrl+Alt+T 组合键，在弹出的对话框中将【行数】、【列】分别设置为 1、4，将【表格宽度】设置为 100 百分比，如图 8-55 所示。

(55) 设置完成后，单击【确定】按钮，在插入的表格中输入文字，如图 8-56 所示。

(56) 选中输入的文字并右击，在弹出的快捷菜单中选择【CSS 样式】|【新建】命令，如图 8-57 所示。

图 8-55　设置表格参数　　　　图 8-56　输入文字　　　　图 8-57　选择【新建】命令

(57) 在弹出的对话框中将【选择器名称】设置为 flxx，如图 8-58 所示。

(58) 设置完成后，单击【确定】按钮，在弹出的对话框中选择【分类】列表框中的【类型】，将 Font-size 设置为 12px，将 Line-height 设置为 23px，如图 8-59 所示。

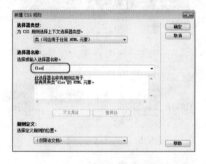
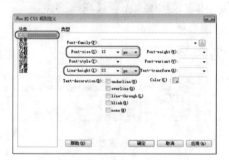

图 8-58　设置选择器名称　　　　　　　图 8-59　设置文字选项

(59) 再在该对话框中选择【分类】列表框中的【区块】选项，将 Text-align 设置为 left，如图 8-60 所示。

(60) 设置完成后，单击【确定】按钮，继续选中该文字，在【属性】面板中应用该样式，并在文档窗口中调整表格的宽度，效果如图 8-61 所示。

图 8-60 设置文字的对齐方式

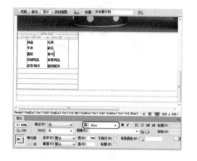

图 8-61 应用样式并调整表格宽度

(61) 使用同样的方法在其下方的单元格中插入其他表格并输入文字，效果如图 8-62 所示。

(62) 在文档窗口中调整单元格的宽度，将光标置于如图 8-63 所示的单元格中。

图 8-62 插入其他表格并输入文字

图 8-63 调整单元格宽度并置入光标

(63) 按 Ctrl+Alt+T 组合键，在弹出的对话框中将【行数】、【列】都设置为 2，将【表格宽度】设置为 100 百分比，如图 8-64 所示。

(64) 设置完成后，单击【确定】按钮，将光标置于新表格的第 1 行的第 1 列单元格中，在【属性】面板中将【宽】、【高】分别设置为 148、34，如图 8-65 所示。

图 8-64 设置表格参数

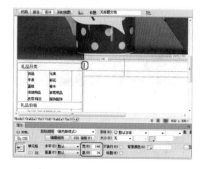

图 8-65 设置表格宽高

(65) 根据前面所介绍的方法将 36.png 素材文件作为背景添加至该表格中，效果如图 8-66 所示。

(66) 在该表格中输入文字，选中输入的文字并右击，在弹出的快捷菜单中选择【CSS 样式】|【新建】命令，如图 8-67 所示。

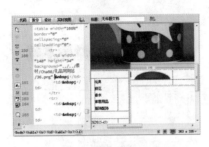

图 8-66　添加素材文件

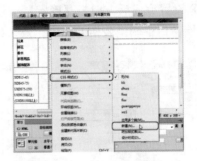

图 8-67　选择【新建】命令

(67) 在弹出的对话框中将【选择器名称】设置为 xpsd，如图 8-68 所示。

(68) 设置完成后，单击【确定】按钮，在弹出的对话框中选择【分类】列表框中的【类型】选项，将 Font-size 设置为 18px，将 Font-weight 设置为 bold，将 Color 设置为 #FFF，如图 8-69 所示。

图 8-68　设置【选择器名称】

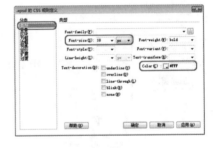

图 8-69　设置文字参数

(69) 设置完成后，单击【确定】按钮，继续选中该文字，在【属性】面板中应用该样式，将【垂直】设置为【底部】，效果如图 8-70 所示。

(70) 选中其下方的一行单元格并右击，在弹出的快捷菜单中选择【表格】|【合并单元格】命令，如图 8-71 所示。

图 8-70　应用样式并设置垂直对齐方式

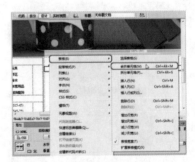

图 8-71　选择【合并单元格】命令

(71) 选中合并后的单元格，在【属性】面板中为其应用 .bk 样式，效果如图 8-72 所示。

(72) 将光标置于应用样式的单元格中，按 Ctrl+Alt+T 组合键，在弹出的对话框中将【行数】、

【列】分别设置为 3、4，将【表格宽度】设置为 100 百分比，如图 8-73 所示。

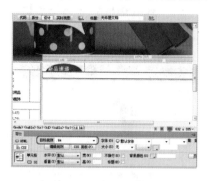

图 8-72　应用 .bk 样式

图 8-73　设置表格参数

(73) 将光标置于新表格的第 1 列单元格中，按 Ctrl+Alt+I 组合键，在弹出的对话框中选择"害羞熊毛绒玩具 .jpg"素材文件，如图 8-74 所示。

(74) 单击【确定】按钮，即可将选中的素材文件插入至表格中，选中该图像文件，将【宽】、【高】分别设置为 160、161px，如图 8-75 所示。

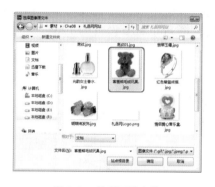

图 8-74　选择图像文件

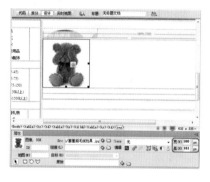

图 8-75　插入图像并设置宽高

(75) 将光标置于该单元格中，在【属性】面板中将【水平】设置为【居中对齐】，将光标置于其下方的单元格中，输入文字，选中输入的文字并右击，在弹出的快捷菜单中选择【CSS 样式】|【新建】命令，如图 8-76 所示。

(76) 在弹出的对话框中将【选择器名称】设置为 yindaowenzi1，单击【确定】按钮，在弹出的对话框中选择【分类】列表框中的【类型】选项，将 Font-size 设置为 12px，如图 8-77 所示。

图 8-76　选择【新建】命令

图 8-77　设置字体大小

CG设计案例课堂

(77) 再在【分类】列表框中选择【区块】选项，将 Text-align 设置为 center，如图 8-78 所示。

(78) 设置完成后，单击【确定】按钮，继续选中该文字，在【属性】面板中应用该样式，并调整单元格的宽度，效果如图 8-79 所示。

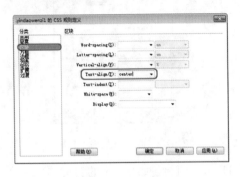

图 8-78　设置对齐方式

图 8-79　应用样式后的效果

(79) 再在其下方的单元格中输入文字，选中输入的文字并右击，在弹出的快捷菜单中选择【CSS 样式】|【新建】命令，如图 8-80 所示。

(80) 在弹出的对话框中将【选择器名称】设置为 yindaowenzi2，单击【确定】按钮，在弹出的对话框中选择【分类】列表框中的【类型】选项，将 Font-size 设置为 12px，将 Color 设置为 #900，如图 8-81 所示。

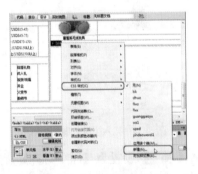

图 8-80　选择【新建】命令

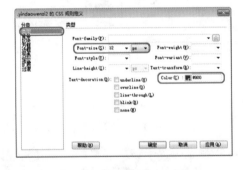

图 8-81　设置文字大小和颜色

(81) 再在【分类】列表框中选择【区块】选项，将 Text-align 设置为 center，如图 8-82 所示。

(82) 设置完成后，单击【确定】按钮，继续选中该文字，在【属性】面板中应用该样式，并根据前面所介绍的方法插入其他表格和图像，然后输入文字，效果如图 8-83 所示。

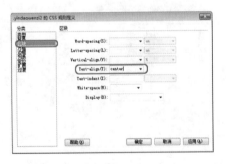

图 8-82　设置对齐方式

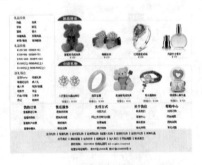

图 8-83　创建其他内容后的效果

案例精讲 053 鲜花网网站（一）

案例文件：CDROM \ 场景 \ Cha08 \ 鲜花网网站（一）.html

视频文件：视频教学 \ Cha08 \ 鲜花网网站（一）.avi

制作概述

本案例主要介绍如何制作鲜花网网站。该案例主要通过设置页面属性、插入表格、输入文字、创建 CSS 样式、插入图像等操作来完成最终效果，效果如图 8-84 所示。

学习目标

掌握鲜花网网站（一）的制作过程。

操作步骤

(1) 按 Ctrl+N 组合键，在弹出的对话框中单击【空白页】，在【页面类型】列表框中选择 HTML，在【布局】列表框中选择【无】，如图 8-85 所示。

(2) 设置完成后，单击【创建】按钮，按 Ctrl+Alt+T 组合键，在弹出的对话框中将【行数】、【列】分别设置为 10、1，将【表格宽度】设置为 956 像素，将【单元格间距】设置为 2，如图 8-86 所示。

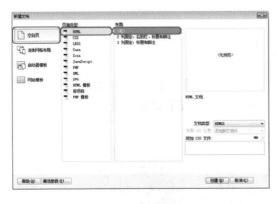

图 8-85 新建文档

图 8-86 设置表格参数

(3) 设置完成后，单击【确定】按钮，即可插入一个 10 行 1 列的表格，效果如图 8-87 所示。

(4) 在文档窗口中的空白处单击，在【属性】面板中单击【页面属性】按钮，在弹出的对话框中选择【分类】列表框中的【外观 (CSS)】选项，将【左边距】设置为 5px，如图 8-88 所示。

提示

如果在该选项中添加背景图像，则添加的图像会与浏览器一样，如果图像不能填满整个窗口，Dreamweaver 会平铺（重复）背景图像。

图 8-84 鲜花网网站（一）

第 8 章 生活服务类网站设计

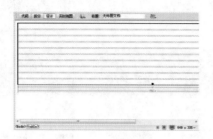

图 8-87　插入表格后的效果　　　　　　　　图 8-88　设置外观 (CSS) 属性

知识链接

【外观 (CSS)】选项中的其他选项的功能介绍如下。

【页面字体】：指定在网页面中使用的默认字体系列

【大小】：指定在网页面中使用的默认字体大小。

【文本颜色】：指定显示字体时使用的默认颜色。

【背景颜色】：设置页面的背景颜色。单击【背景颜色】框并从颜色选择器中选择一种颜色。

【背景图像】：用于设置背景图像。单击【浏览】按钮，然后浏览到图像并将其选中。或者，可以在【背景图像】文本框中输入背景图像的路径。

【重复】：指定背景图像在页面上的显示方式。

【左边距】和【右边距】：指定页面左边距和右边距的大小。

【上边距】和【下边距】：指定页面上边距和下边距的大小。

---

(5) 再在【分类】列表框中选择【外观 (HTML)】选项，将【背景】设置为 #f0f1f1，将【左边距】、【上边距】、【边距高度】都设置为 0，如图 8-89 所示。

(6) 设置完成后，再在【分类】列表框中选择【链接】选项，将【链接字体】设置为【微软雅黑】，将【大小】设置为 18px，将【链接颜色】设置为 #cc1122，将【下划线样式】设置为【始终无下划线】，如图 8-90 所示。

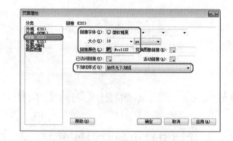

图 8-89　设置外观 (HTML) 参数　　　　　　图 8-90　设置链接参数

(7) 设置完成后，单击【确定】按钮，将光标置于第 1 行单元格中，按 Ctrl+Alt+T 组合键，在弹出的对话框中将【行数】、【列】分别设置为 2、9，将【表格宽度】设置为 956 像素，将【单元格间距】设置为 0，如图 8-91 所示。

(8) 设置完成后，单击【确定】按钮，选择第 1 行与第 2 行的第 1 列单元格，右击，在弹出的快捷菜单中选择【表格】|【合并单元格】命令，如图 8-92 所示。

图 8-91　设置表格参数

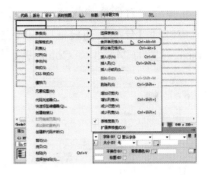

图 8-92　选择【合并单元格】命令

(9) 选中合并后的单元格，在【属性】面板中将【水平】设置为【居中对齐】，将【宽】设置为 206，如图 8-93 所示。

(10) 继续将光标置于该单元格中，按 Ctrl+Alt+I 组合键，在弹出的对话框中选择"鲜花网 logo.jpg"素材文件，如图 8-94 所示。

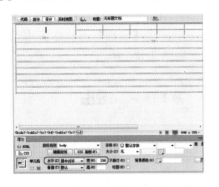

图 8-93　设置水平对齐方式和宽度

图 8-94　选择素材文件

(11) 单击【确定】按钮，选中插入的素材文件，在【属性】面板中将【宽】、【高】分别设置为 200、70px，如图 8-95 所示，将光标置于该单元格中，将【背景颜色】设置为 #FFFFFF。

(12) 在文档窗口中选择第 2 列的两行单元格并右击，在弹出的快捷菜单中选择【表格】|【合并单元格】命令，如图 8-96 所示。

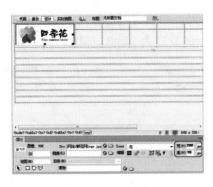

图 8-95　设置宽高

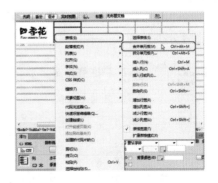

图 8-96　选择【合并单元格】命令

(13) 将光标置于合并后的单元格中，输入文字并右击，在弹出的快捷菜单中选择【CSS 样式】|【新建】命令，如图 8-97 所示。

(14) 在弹出的对话框中将【选择器名称】设置为 guanggaoyu，单击【确定】按钮，在弹出的对话框中选择【分类】列表框中的【类型】选项，将 Font-family 设置为【方正行楷简体】，将 Font-size 设置为 24px，将 Color 设置为 #000，如图 8-98 所示。

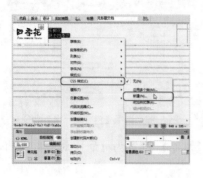

图 8-97　输入文字并选择【新建】命令

图 8-98　设置文字参数

(15) 再在该对话框中选择【分类】列表框中的【区块】选项，将 Text-align 设置为 center，如图 8-99 所示。

(16) 设置完成后，单击【确定】按钮，继续选中该文字，在【属性】面板中应用该样式，将【宽】设置为 301，将【背景颜色】设置为 #FFFFFF，如图 8-100 所示。

图 8-99　设置对齐方式

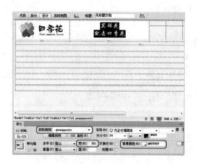

图 8-100　应用样式并设置单元格属性

(17) 设置完成后，在文档窗口中调整其他单元格的宽度，并输入文字，选中输入的文字并右击，在弹出的快捷菜单中选择【CSS 样式】|【新建】命令，如图 8-101 所示。

(18) 在弹出的对话框中将【选择器名称】设置为 wz1，单击【确定】按钮，在弹出的对话框中选择【分类】列表框中的【类型】选项，将 Font-size 设置为 12px，如图 8-102 所示。

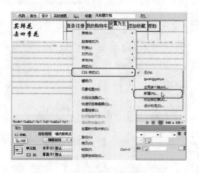

图 8-101　选择【新建】命令

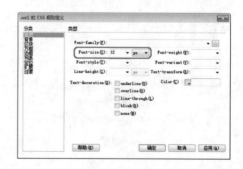

图 8-102　设置字体大小

(19) 设置完成后，单击【确定】按钮，选中第 1 行的 3~9 列单元格，在【属性】面板中为其应用新建的 CSS 样式，将【背景颜色】设置为 #FFFFFF，如图 8-103 所示。

(20) 选中第 2 行的第 3~9 列单元格，右击，在弹出的快捷菜单中选择【表格】|【合并单元格】命令，如图 8-104 所示。

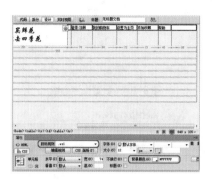
图 8-103　应用样式并设置背景颜色

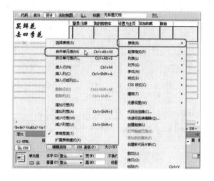
图 8-104　选择【合并单元格】命令

(21) 将光标置于合并后的单元格中，输入文字，选中输入的文字并右击，在弹出的快捷菜单中选择【CSS 样式】|【新建】命令，如图 8-105 所示。

(22) 在弹出的对话框中将【选择器名称】设置为 fwrx，单击【确定】按钮，在弹出的对话框中选择【分类】列表框中的【类型】选项，将 Font-family 设置为【长城新艺体】，将 Font-size 设置为 20px，将 Color 设置为 #900，如图 8-106 所示。

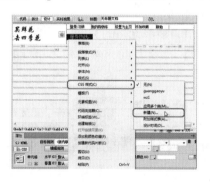
图 8-105　选择【新建】命令

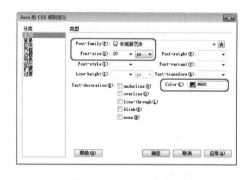
图 8-106　设置字体参数

(23) 设置完成后，单击【确定】按钮，为该文字应用新建的样式，然后再在其右侧输入文字，选中输入的文字并右击，在弹出的快捷菜单中选择【CSS 样式】|【新建】命令，如图 8-107 所示。

(24) 在弹出的对话框中将【选择器名称】设置为 fwrx2，单击【确定】按钮，在弹出的对话框中将 Font-family 设置为 Arial Black，将 Font-size 设置为 26px，将 Color 设置为 #900，如图 8-108 所示。

(25) 设置完成后，单击【确定】按钮，继续选中该文字，在【属性】面板中应用该样式，将【背景颜色】设置为 #FFFFFF，效果如图 8-109 所示。

(26) 将光标置于 10 行表格的第 2 行单元格中，在【属性】面板中将【背景颜色】设置为 #cc0033，如图 8-110 所示。

图 8-107　选择【新建】命令

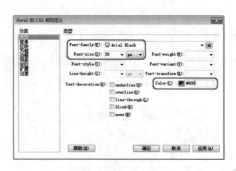

图 8-108　设置文字参数

图 8-109　应用样式并设置背景色后的效果

图 8-110　设置表格的背景颜色

(27) 设置完成后，按 Ctrl+Alt+T 组合键，在弹出的对话框中将【行数】、【列】分别设置为 1、13，将【表格宽度】设置为 956 像素，如图 8-111 所示。

(28) 设置完成后，单击【确定】按钮，在文档窗口中调整单元格的宽度，调整完成后，将光标置入任意 1 列单元格中，在【属性】面板中将【高】设置为 40，然后输入相应的文字，效果如图 8-112 所示。

图 8-111　设置表格参数

图 8-112　调整单元格高度并输入文字

(29) 选中输入的文字，新建一个 dhwz CSS 样式，在弹出的对话框中选择【分类】列表框中的【类型】选项，将 Font-size 设置为 18px，将 Font-weight 设置为 bold，将 Color 设置为 #FFF，如图 8-113 所示。

(30) 设置完成后，在【分类】列表框中选择【区块】选项，将 Text-align 设置为 center，单击【确定】按钮，继续选中该文字，在【属性】面板中为其应用该样式，效果如图 8-114 所示。

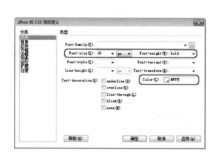

图 8-113　设置文字参数

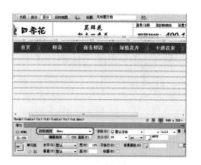

图 8-114　应用样式后的效果

(31) 将光标置于 10 行表格的第 3 行单元格中,按 Ctrl+Alt+T 组合键,在弹出的对话框中将【行数】、【列】分别设置为 1、3,将【表格宽度】设置为 956 像素,如图 8-115 所示。

(32) 设置完成后,单击【确定】按钮,在文档窗口中调整新表格的单元格宽度,效果如图 8-116 所示。

图 8-115　设置表格参数

图 8-116　调整单元格宽度

(33) 选中新表格的第 1 列单元格,新建一个 biankuang CSS 样式,在弹出的对话框中选择【分类】列表框中的【边框】选项,将 Style 设置为 solid,将 Width 设置为 thin,将 Color 设置为 #CCC,如图 8-117 所示。

(34) 设置完成后,单击【确定】按钮,继续选中该单元格,为其应用新建的 CSS 样式,将光标继续置于该单元格中,按 Ctrl+Alt+T 组合键,在弹出的对话框中将【行数】、【列】分别设置为 2、1,将【表格宽度】设置为 100 百分比,如图 8-118 所示。

图 8-117　设置边框参数

图 8-118　设置表格参数

(35) 设置完成后,单击【确定】按钮,将鼠标置于新表格的第 1 行单元格中,输入"商品分类"，选中输入的文字，新建一个fenlei CSS样式，在弹出的对话框中将Font-family设置为【微软雅黑】，将 Font-size 设置为18px，将 Color 设置为 #cc1122，如图 8-119 所示。

(36) 设置完成后，单击【确定】按钮，为输入的文字应用该样式，在【属性】面板中将【高】设置为 32，将【背景颜色】设置为 #FFFFFF，如图 8-120 所示。

图 8-119 设置文字参数   图 8-120 应用样式并设置单元格属性

为了网页的美观，在【商品分类】文字前面添加三个空白字符。

(37) 将光标置于其下方的单元格中，在【拆分】窗口中为其添加 6.jpg 素材文件作为背景，如图 8-121 所示。

(38) 继续将光标置于该单元格中，输入"按用途订花："，新建一个 flxx1 CSS 样式，在弹出的对话框中将 Font-size 设置为 14px，将 Line-height 设置为 28px，将 Color 设置为 #996600，如图 8-122 所示。

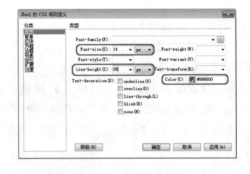

图 8-121 添加背景图像   图 8-122 设置文字参数

为了更好地查看效果，在此调整了单元格的高度，在后面的操作中会自动调整单元格的高度，所以读者不需要进行调整。

(39) 设置完成后，单击【确定】按钮，在【属性】面板中为其应用该样式，效果如图 8-123 所示。

(40) 应用完成后，在该文字后面继续输入文字，效果如图 8-124 所示。

图 8-123　应用样式后的效果

图 8-124　继续输入文字

(41) 选中新输入的文字，新建一个 flxx2 CSS 样式，在弹出的对话框中将 Font-size 设置为 14px，将 Line-height 设置为 28px，如图 8-125 所示。

(42) 设置完成后，单击【确定】按钮，选中新输入的文字，在【属性】面板中应用该样式，效果如图 8-126 所示。

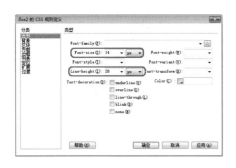

图 8-125　设置文字大小和行距

图 8-126　应用样式后的效果

(43) 使用同样的方法继续在该单元格中输入其他文字，并为输入的文字应用相应的 CSS 样式，效果如图 8-127 所示。

(44) 使用同样的方法在其右侧的单元格中插入表格，进行相应的设置并输入文字，效果如图 8-128 所示。

图 8-127　输入其他文字后的效果

图 8-128　插入其他单元格并输入文字后的效果

(45) 将光标置于 10 行表格的第 4 行单元格中，单击【拆分】按钮，将该行的代码修改为"<td height="6"></td>"，效果如图 8-129 所示。

(46) 将光标置于 10 行表格的第 5 行单元格中，选中该单元格，在【属性】面板中为其应用 biankuang CSS 样式，将【背景颜色】设置为 #FFFFFF，如图 8-130 所示。

图 8-129　修改代码后的效果　　　　　　　　图 8-130　应用 CSS 样式并设置背景颜色

(47) 继续将光标置于该单元格中，按 Ctrl+Alt+T 组合键，在弹出的对话框中将【行数】、【列】分别设置为 3、5，将【表格宽度】设置为 956 像素，如图 8-131 所示。

(48) 设置完成后，单击【确定】按钮，将光标置于第一行单元格中，输入"恋人鲜花"，选中输入的文字，新建一个 bqwz CSS 样式，在弹出的对话框中将 Font-family 设置为【微软雅黑】，将 Font-size 设置为 20px，将 Color 设置为 #FFF，如图 8-132 所示。

图 8-131　设置表格参数　　　　　　　　　　图 8-132　设置文字参数

(49) 再在该对话框中选择【分类】列表框中的【区块】选项，将 Text-align 设置为 center，单击【确定】按钮，继续选中该文字，为其应用该样式，在【属性】面板中将【高】设置为 40，将【背景颜色】设置为 #d0163b，并调整单元格的宽度，效果如图 8-133 所示。

(50) 选中第 1 行的第 2~5 列单元格并右击，在弹出的快捷菜单中选择【表格】|【合并单元格】命令，如图 8-134 所示。

图 8-133　应用样式并设置单元格属性　　　　图 8-134　选择【合并单元格】命令

(51) 选中合并后的单元格，新建一个 hszxCSS 样式，在弹出的对话框中选择【分类】列表框中选择【边框】选项，将 Style 设置为 solid，取消选中 Width、Color 选项组中的【全部相同】复选框，将 Bottom 右侧的 Width 设置为 thin，然后将其右侧的 Color 设置为 #d0163b，如图 8-135 所示。

(52) 设置完成后，单击【确定】按钮，继续选中该单元格，为其应用新建的 CSS 样式，效果如图 8-136 所示。

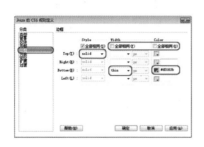

图 8-135　设置边框参数

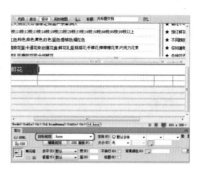

图 8-136　应用 CSS 样式

(53) 将光标置于"恋人鲜花"下方的单元格中，在【属性】面板中将【水平】、【垂直】分别设置为【居中对齐】、【底部】，将【高】设置为 238，如图 8-137 所示。

(54) 按 Ctrl+Alt+I 组合键，在弹出的对话框中选择"花 1.jpg"素材文件，单击【确定】按钮，将其插入到单元格中，如图 8-138 所示。

图 8-137　设置对齐方式和单元格高度

图 8-138　插入素材文件

(55) 将光标置于素材图像下方的单元格中，在【属性】面板中将【水平】、【垂直】分别设置为【居中对齐】、【顶端】，将【高】设置为 65，如图 8-139 所示。

(56) 继续将光标置于该单元格中，按 Ctrl+Alt+T 组合键，将【行数】、【列】都设置为 3，将【表格宽度】设置为 100 百分比，如图 8-140 所示。

(57) 设置完成后，单击【确定】按钮，即可插入一个 3 行 3 列的单元格，在文档窗口中调整单元格的宽度，效果如图 8-141 所示。

(58) 将光标置于第 1 行的第 2 列单元格中，输入"粉红恋人"，选中该文字，新建一个 ydwz1 CSS 样式，在弹出的对话框中将 Font-size 设置为 12px，将 Color 设置为 #000，如图 8-142 所示。

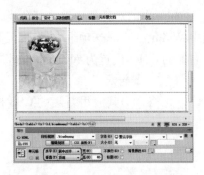

图 8-139 设置单元格的对齐方式和高度

图 8-140 设置表格参数

图 8-141 调整单元格宽度后的效果

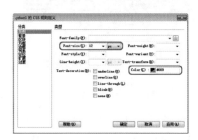

图 8-142 设置文字参数

(59) 再在该对话框中选择【分类】列表框中的【区块】选项，将 Text-align 设置为 Center，设置完成后，单击【确定】按钮，选中该文字，为其应用该样式，在【属性】面板中将【背景颜色】设置为 #f4f5f0，如图 8-143 所示。

(60) 将光标置于该单元格的下方，输入"原价：¥198.00 元"，选中输入的文字，新建一个 ydwz2 CSS 样式，在弹出的对话框中将 Font-size 设置为 12px，将 Color 设置为 #CCC，选中 line-through 复选框，如图 8-144 所示。

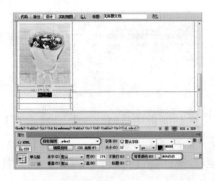

图 8-143 应用样式并设置背景颜色

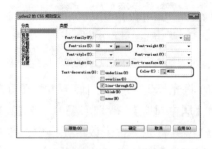

图 8-144 设置文字参数

提示

line-through 复选框：选中该复选框后，将会在应用样式的对象上添加删除线。

(61) 在【分类】列表框中选择【区块】选项，将 Text-align 设置为 center，单击【确定】按钮，选中输入的文字，应用新建的样式，将【背景颜色】设置为 #f4f5f0，如图 8-145 所示。

(62) 根据相同的方法，再在其下方的单元格中输入其他文字，并进行相应的设置，效果如图 8-146 所示。

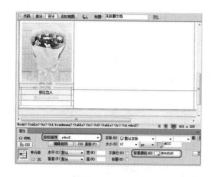

图 8-145　应用样式并设置背景颜色

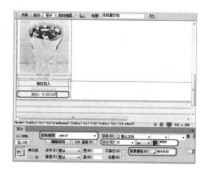

图 8-146　输入文字并进行设置后的效果

(63) 根据相同的方法在其右侧的单元格中插入图像和表格，并输入文字，效果如图 8-147 所示。

(64) 根据前面所介绍的方法制作网页中的其他内容，效果如图 8-148 所示。

图 8-147　插入图像和表格并输入文字

图 8-148　制作其他内容后的效果

案例精讲 054　鲜花网网站（二）

案例文件：CDROM \ 场景 \ Cha08 \ 鲜花网网站（二）

视频文件：视频教学 \ Cha08 \ 鲜花网网站（二）.avi

制作概述

本例将介绍如何制作鲜花网网站，主要利用表格为网页进行布局，然后在表格内输入文字，为单元格设置背景颜色，插入图像来丰富网页内容，完成后的效果如图 8-149 所示。

学习目标

掌握鲜花网网站（二）的制作过程。

图 8-149　鲜花网网站（二）

操作步骤

(1) 按 Ctrl+N 组合键，在打开的对话框中选择【空白页】选项，然后在【页面类型】列表中选择 HTML 选项，将【布局】设置为【无】，单击【创建】按钮，如图 8-150 所示。

(2) 单击【页面属性】按钮，弹出【页面属性】对话框，在该对话框中选择【外观 (CSS)】选项，将【左边距】设置为 5，选择【外观 (HTML)】选项，将【背景】设置为 #f0f1f1。将【左边距】、【上边距】、【边距高度】都设置为 0，如图 8-151 所示。

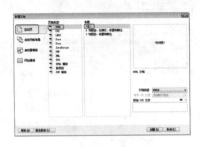

图 8-150　新建文档

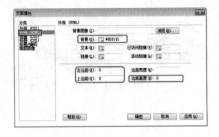

图 8-151　设置页面属性

(3) 选择【标题 / 编码】选项，将【文档类型】设置为 XHTML1.0Transitional，将【编码】设置为 Unicode(UTF-8)，设置完成后单击【确定】按钮，如图 8-152 所示。

(4) 按 Ctrl+Alt+T 组合键打开【表格】对话框，在该对话框中将【行数】、【列】分别设置为 9、1，将【表格宽度】设置为 956，将【单元格间距】设置为 2，其他均设置为 0，如图 8-153 所示。

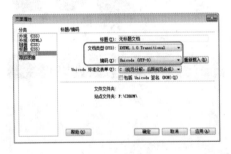

图 8-152　【页面属性】对话框

图 8-153　【表格】对话框

知识链接

【标题 / 编码】类别中的各个设置选项介绍如下。

【标题】：指定在"文档"窗口和大多数浏览器窗口的标题栏中出现的页面标题。

【文档类型 (DTD)】：指定一种文档类型定义。例如，可从弹出菜单中选择 XHTML 1.0 Transitional 或 XHTML 1.0 Strict，使 HTML 文档与 XHTML 兼容。

【编码】：指定文档中字符所用的编码。如果选择 Unicode (UTF-8) 作为文档编码，则不需要实体编码，因为 UTF-8 可以安全地表示所有字符。如果选择其他文档编码，则可能需要用实体编码才能表示某些字符。

【重新加载】：转换现有文档或者使用新编码重新打开它。

【Unicode 标准化表单】：仅在您选择 UTF-8 作为文档编码时才启用。其中包括 4 种 Unicode 范式。最重要的是范式 C，因为它是用于万维网的字符模型的最常用范式。Adobe 提供其他 3 种 Unicode 范式作为补充。

【包括 Unicode 签名 (BOM)】：在文档中包括一个字节顺序标记 (BOM)。BOM 是位于文本文件开头的 2 到 4 个字节，可将文件标识为 Unicode，如果是这样，还标识后面字节的字节顺序。由于 UTF-8 没有字节顺序，添加 UTF-8 BOM 是可选的，而对于 UTF-16 和 UTF-32，则必须添加 BOM。

(5) 由于此网页的导航部分与前文网页的导航部分相同，在此将"鲜花网网站（一）"中的导航部分粘贴到此文档中即可。完成后的效果如图 8-154 所示。

图 8-154　完成后的效果

(6) 将光标置入第 3 行单元格内，在【属性】面板中将【高】设置为 5，单击【拆分】按钮，将第 96 命令行中的" "删除，如图 8-155 所示。

(7) 将光标置入第 4 行单元格内，将【高】设置为 76，按 Ctrl+Alt+I 组合键打开【选择图像源文件】对话框，在该对话框中选择随书附带光盘中的 CDROM \ 素材 \ Cha08 \ 鲜花网网站 \ 1.jpg 素材图片，单击【确定】按钮，如图 8-156 所示。

图 8-155　设置命令

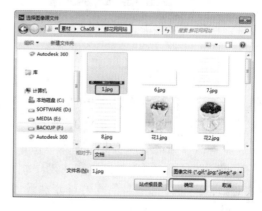

图 8-156　选择素材图片

(8) 将光标置入第 5 行单元格内，在【属性】面板中将【高】设置为 4，单击【拆分】按钮，将第 102 的命令行中的" "删除。将光标置入的第 6 行单元格内，在【属性】面板中将【高】设置为 32，如图 8-157 所示。

(9) 将【背景颜色】设置为 #FFFFFF，右击，在弹出的快捷菜单中选择【CSS 样式】|【新建】命令，在弹出的对话框中将【选择器名称】设置为 biankuang，单击【确定】按钮。在弹出的对话框中选择【边框】选项，然后进行如图 8-158 所示的设置。

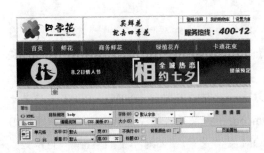

图 8-157　进行设置

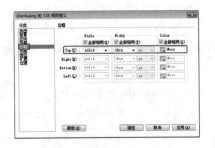

图 8-158　设置边框参数

　　(10) 单击【确定】按钮，然后选择第 6 行单元格，将此单元格的【目标规则】设置为 biankuang，在该单元格内输入文字"首页 > 帮助中心 > 花材知识"，选择输入的文字并新建 fenleixuanxiang 样式，在【属性】面板中将【目标规则】设置为 fenleixuanxiang，如图 8-159 所示。

　　(11) 选择【首页】文字，在【属性】面板中单击 HTML 按钮，单击【链接】右侧的【浏览文件】按钮，弹出【选择文件】对话框，在该对话框中选择随书附带光盘中的 CDROM\ 场景 \ Cha08 \ 鲜花网网站（一），如图 8-160 所示。

图 8-159　设置文字

图 8-160　【选择文件】对话框

　　(12) 单击【确定】按钮即可为文字添加链接。将光标置入第 7 行单元格内，按 Ctrl+Alt+T 组合键打开【表格】对话框，在该对话框中将【行数】、【列】分别设置为 1、3，将【表格宽度】设置为 956 像素，其他均设置为 0，如图 8-161 所示。

　　(13) 单击【确定】按钮即可插入表格，将第 1 列单元格的宽度设置为 206，将第 3 列单元格的宽设置为 730，将光标置入第 1 列单元格内，按 Ctrl+Alt+T 组合键打开【表格】对话框，在该对话框中将【行数】、【列】分别设置为 2、1，将【表格宽度】设置为 100 百分比，其他保持默认设置，如图 8-162 所示。

　　(14) 单击【确定】按钮即可插入表格，将光标置入第 1 行的单元格内，将【宽】设置为 50%，将【高】设置为 32，将【背景颜色】设置为 #d0163b，如图 8-163 所示。

　　(15) 在单元格内输入文字"新手指南"，将【目标规则】设置为 biaoqianwenzi。将光标置入第 2 行单元格内，将【高】设置为 186，单击【拆分】按钮，在第 118 命令行中的 td 后按空格键，在弹出的下拉列表中双击 background 选项，然后再单击【浏览】按钮，弹出【选择文件】对话框，在该对话框中选择随书附带光盘中的 CDROM \ 素材 \ Cha08 \ 鲜花网网站 \ 8.jpg 素材图片，如图 8-164 所示。

图 8-161　设置表格参数

图 8-162　设置表格参数

图 8-163　设置单元格

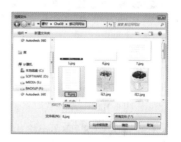

图 8-164　【选择文件】对话框

(16) 单击【确定】按钮即可为选择单元格设置背景图片。在单元格内输入文字，选择输入的文字，将【目标规则】设置为 fenleixuanxiang。选择插入的表格，在【属性】面板中将 Class 设置为 biankuang，单击【实时视图】按钮，观看效果，如图 8-165 所示。

(17) 将光标置入大表格的第 2 列单元格内，将【宽】设置为 8，将光标置入第 3 列单元格内，在【属性】面板中将【目标规则】设置为 biankuang，按 Ctrl+Alt+T 组合键打开【表格】对话框，在该对话框中将【行数】、【列】分别设置为 2、4，将【表格宽度】设置为 100 百分比，其他保持默认设置，如图 8-166 所示。

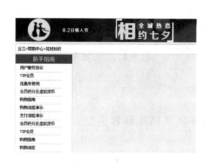

图 8-165　设置完成后的效果

图 8-166　【表格】对话框

(18) 然后选择第一行单元格，将【背景颜色】设置为 #d0163b，单击【合并所选单元格，使用跨度】按钮，选择第二行单元格，将【背景颜色】设置为 #FFFFFF。将第 1 列和第 4 列单元格的宽度设置为 123，将第 2 列单元格宽度设置为 289，将第 3 列单元格宽度设置为 205，如图 8-167 所示。

图 8-167 设置表格

(19) 在第 1 行单元格内输入文字"花材知识"，将【目标规则】设置为 biaoqianwenzi。根据前面介绍的方法插入随书附带光盘中的 CDROM＼素材＼Cha08＼鲜花网网站＼7.jpg 素材图片作为单元格的背景，完成后的效果如图 8-168 所示。

(20) 在单元格内输入文字，选择输入的文字，将【目标规则】设置为 fenleixuanxiang，单击【实时视图】按钮，观看效果，如图 8-169 所示。

图 8-168 设置背景

图 8-169 输入文字并进行设置

(21) 将光标置入第 8 行单元格内，将【高】设置为 3，然后单击【拆分】按钮，将命令行中的" "删除。将光标置入第 9 行单元格内，将【背景颜色】设置为 #666666，在单元格内输入文字，右击，在弹出的快捷菜单中选择【CSS 样式】|【新建】命令，在弹出的对话框中将【选择器名称】设置为 xgbl1，如图 8-170 所示。

(22) 单击【确定】按钮，在弹出的对话框中将 Font-size 设置为 12，将 Color 设置为 #FFF，单击【确定】按钮，如图 8-171 所示。

图 8-170 【新建 CSS 规则】对话框

图 8-171 设置规则

知识链接

用户还可以在【新建 CSS 规则】对话框中选择 CSS 规则的选择器类型，其中各个类型的功能介绍如下。

【类 (可应用于任何 HTML 元素)】：可以创建一个作为 class 属性应用于任何 HTML 元素的自定义样式。类名称必须以英文字母或句点开头，不可包含空格或其他符号。

【ID(仅应用于一个 HTML 元素)】：用于定义包含特定 ID 属性的标签的格式。ID 名称必须以英文字母开头，Dreamweaver 将自动在名称前添加 #，不可包含空格或其他符号。

【标签 (重新定义 HTML 元素)】：重新定义特定 HTML 标签的默认格式。

【复合内容 (基于选择的内容)】：定义同时影响两个或多个标签、类或 ID 的复合规则。

(23) 单击【确定】按钮，选择刚刚创建的文字，在【属性】面板中将【目标规则】设置为 xglb1，将【水平】设置为【居中对齐】，完成后的效果如图 8-172 所示。

(24) 将该文件保存为"鲜花网网站（二）"，打开"鲜花网网站（一）"，选择"花材知识"文字，单击【属性】面板中的 HTML 按钮，然后单击【链接】右侧的【浏览文件】按钮，弹出【选择文件】对话框，在该对话框中选择"鲜花网网站（二）"，单击【确定】按钮，如图 8-173 所示。

图 8-172　设置完成后的效果

图 8-173　【选择文件】对话框

案例精讲 055　房地产网站

 案例文件：CDROM \ 场景 \ Cha08 \ 房地产网站 .html

 视频文件：视频教学 \ Cha08 \ 房地产网站 .avi

制作概述

本案例将介绍如何制作房地产网站。该案例主要通过插入表格，然后在表格中插入 Flash 动画、输入文字、插入图像等，从而完成最终效果，如图 8-174 所示。

学习目标

学习如何插入视频文件。

掌握房地产网站的制作过程。

图 8-174　房地产网站

操作步骤

(1) 按 Ctrl+N 组合键，在弹出的对话框中单击【空白页】，在【页面类型】列表框中选择 HTML，在【布局】列表框中选择【无】，如图 8-175 所示。

(2) 设置完成后，单击【创建】按钮，按 Ctrl+Alt+T 组合键，在弹出的对话框中将【行数】、【列】分别设置为 3、1，将【表格宽度】设置为 1004 像素，如图 8-176 所示。

(3) 设置完成后，单击【确定】按钮，将光标置于第 1 行单元格中，在菜单栏中选择【插入】|【媒体】|【插件】命令，如图 8-177 所示。

(4) 在弹出的对话框中选择随书附带光盘中的 CDROM \ 素材 \ Cha08 \ 房地产网站 \ 动画 .swf 素材文件，如图 8-178 所示。

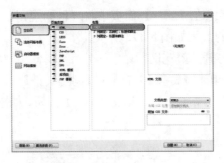

图 8-175　新建文档

图 8-176　设置表格参数

图 8-177　选择【插件】命令

图 8-178　选择素材文件

(5) 单击【确定】按钮，即可将选中的素材文件插入至单元格中，保持其默认参数即可，效果如图 8-179 所示。

(6) 将光标置于第 2 行单元格中并右击，在弹出的快捷菜单中选择【表格】|【拆分单元格】命令，如图 8-180 所示。

图 8-179　插入素材文件

图 8-180　选择【拆分单元格】命令

知识链接

　　【文本框】：为 SWF 文件指定唯一 ID。在【属性】面板最左侧的未标记文本框中输入 ID。

　　【宽】和【高】：以像素为单位指定影片的宽度和高度。

　　【文件】：指定 SWF 文件或 Shockwave 文件的路径。单击文件夹图标以浏览到某一文件，或者输入文件所在路径即可。

　　【源文件】：指定源文档 (FLA 文件) 的路径 (如果计算机上同时安装了 Dreamweaver 和

Flash)。若要编辑 SWF 文件，请更新影片的源文档。

　　【背景颜色】：指定影片区域的背景颜色。在不播放影片时（在加载时和在播放后）也显示此颜色。

　　【编辑】：单击该按钮后，将会启动 Flash 以更新 FLA 文件（使用 Flash 创作工具创建的文件）。如果计算机上没有安装 Flash，则会禁用此选项。

　　Class：可用于对影片应用 CSS 类。

　　【循环】：使影片连续播放。如果没有选择循环，则影片将播放一次，然后停止。

　　【自动播放】：在加载页面时自动播放影片。

　　【垂直边距】和【水平边距】：指定影片上、下、左、右空白的像素数。

　　【品质】：在影片播放期间控制抗失真。

　　【比例】：确定影片如何适合在宽度和高度文本框中设置的尺寸。【默认】设置为显示整个影片。

　　【对齐】：确定影片在页面上的对齐方式。

　　Wmode：为 SWF 文件设置 Wmode 参数以避免与 DHTML 元素（例如 Spry Widget）相冲突。默认值是不透明，这样在浏览器中，DHTML 元素就可以显示在 SWF 文件的上面。

　　【播放】：在【文档】窗口中播放影片。

　　【参数】：单击该按钮后，将会打开一个对话框，可在其中输入传递给影片的附加参数。影片必须已设计好，可以接收这些附加参数。

提示　　　　DHTML 元素 = CSS + JavaScript，就是通过 JavaScript 来动态改变页面上 HTML 元素的属性。比如，元素的移动、图片的消失等。

　　(7) 在弹出的对话框中选中【列】单选按钮，将【列数】设置为 13，如图 8-181 所示。

　　(8) 设置完成后，单击【确定】按钮，在拆分后的单元格中输入文字，效果如图 8-182 所示。

图 8-181　设置列数

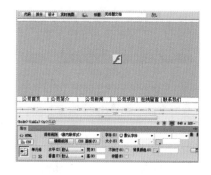

图 8-182　输入文字

　　(9) 选中输入的文字并右击，在弹出的快捷菜单中选择【CSS 样式】|【新建】命令，如图 8-183 所示。

　　(10) 在弹出的对话框中将【选择器名称】设置为 dhwz，如图 8-184 所示。

　　(11) 设置完成后，单击【确定】按钮，在弹出的对话框中将 Color 设置为 #FFF，如图 8-185 所示。

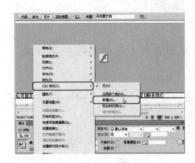

图 8-183　选择【新建】命令

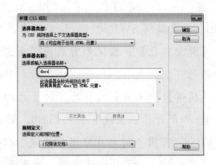

图 8-184　设置选择器名称

(12) 再在该对话框中选择【分类】列表框中的【区块】选项，将 Text-align 设置为 center，如图 8-186 所示。

图 8-185　设置字体颜色

图 8-186　设置文字对齐方式

(13) 设置完成后，单击【确定】按钮，为选中的文字应用该样式，并调整单元格的宽度，将第 2 行单元格的【高】设置为 35，将背景颜色设置为 #006633，效果如图 8-187 所示。

(14) 将光标置于第 3 行单元格中，单击【拆分】按钮，将光标置于 td 的右侧，按空格键，在弹出的快捷菜单中选择 background 选项，如图 8-188 所示。

图 8-187　设置单元格后的效果

图 8-188　选择 background 选项

(15) 双击该选项，再在弹出的快捷菜单中选择【浏览】选项，如图 8-189 所示。

(16) 在弹出的对话框中选择随书附带光盘中的 CDROM \ 素材 \ Cha08 \ 房地产网站 \ 图像 .jpg 素材文件，如图 8-190 所示。

(17) 单击【确定】按钮，单击【设计】按钮，继续将光标置于该单元格中，在【属性】面板中将【高】设置为 379，如图 8-191 所示。

(18) 按 Ctrl+Alt+T 组合键，在弹出的对话框中将【行数】、【列】分别设置为 3、4，将【表格宽度】设置为 1004 像素，如图 8-192 所示。

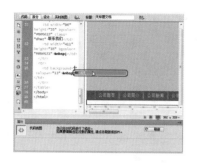
图 8-189　选择【浏览】选项

图 8-190　选择素材文件

图 8-191　设置单元格高度

(19) 设置完成后，单击【确定】按钮，将光标置于第 1 行的第 1 列单元格中，在【属性】面板中将【高】设置为 40，如图 8-193 所示。

(20) 设置完成后，在文档窗口中调整单元格的宽度，调整后的效果如图 8-194 所示。

图 8-192　设置表格参数

图 8-193　设置单元格高度

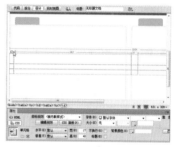
图 8-194　调整单元格宽度

(21) 在第 1 行的第 2 列和第 4 列单元格中输入文字，选中输入的文字并右击，在弹出的快捷菜单中选择【CSS 样式】|【新建】命令，如图 8-195 所示。

(22) 在弹出的对话框中将【选择器名称】设置为 wz1，单击【确定】按钮，在弹出的对话框中将 Font-size 设置为 18px，将 Font-weight 设置为 bold，将 Color 设置为 #FFF，如图 8-196 所示。

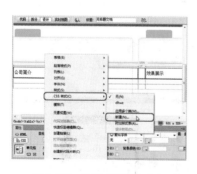
图 8-195　选择【新建】命令

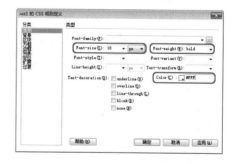
图 8-196　设置文字参数

(23) 设置完成后，单击【确定】按钮，为输入的文字应用该样式，并将其【垂直】设置为【底部】，然后将该表格的第 2 行和第 3 行单元格的高度分别设置为 300、39，效果如图 8-197 所示。

(24) 选中第 2 行的第 1 列和第 2 列单元格并右击，在弹出的快捷菜单中选择【表格】|【合并单元格】命令，如图 8-198 所示。

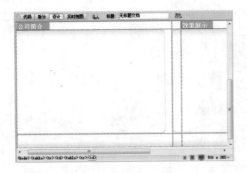

图 8-197 应用样式并进行设置后的效果

图 8-198 选择【合并单元格】命令

(25) 将光标置于合并后的单元格中，按 Ctrl+Alt+T 组合键，在弹出的对话框中将【行数】、【列】分别设置为 1、2，将【表格宽度】设置为 460 像素，将【单元格边距】设置为 5，如图 8-199 所示。

(26) 设置完成后，单击【确定】按钮，将光标置于第 1 列单元格中，按 Ctrl+Alt+I 组合键，在弹出的对话框中选择"效果 1.jpg"素材文件，单击【确定】按钮，将其插入至单元格中，在【属性】面板中将【宽】、【高】分别设置为 151、218px，如图 8-200 所示。

图 8-199 设置表格参数

图 8-200 插入素材文件并设置宽高

(27) 在文档窗口中调整单元格的宽度，将光标置于第 2 列单元格中，在【属性】面板中将【高】设置为 300，如图 8-201 所示。

(28) 在第 2 列单元格中输入文字，选中输入的文字并右击，在弹出的快捷菜单中选择【CSS 样式】|【新建】命令，如图 8-202 所示。

图 8-201 设置单元格

图 8-202 选择【新建】命令

(29) 在弹出的对话框中将【选择器名称】设置为 wz2，单击【确定】按钮，在弹出的对话框中将 Font-size 设置为 13px，将 Line-height 设置为 18px，如图 8-203 所示。

(30) 设置完成后，单击【确定】按钮，继续选中该文字，为其应用该样式，效果如图 8-204 所示。

(31) 选中其右侧的两列单元格并右击，在弹出的快捷菜单中选择【表格】|【合并单元格】命令，如图 8-205 所示。

图 8-203　设置文字参数

图 8-204　应用样式后的效果

图 8-205　选择【合并单元格】命令

(32) 将光标置于合并后的单元格中，按 Ctrl+Alt+T 组合键，在弹出的对话框中将【行数】、【列】分别设置为 4、3，将【表格宽度】设置为 510，将【单元格边距】设置为 0，如图 8-206 所示。

(33) 设置完成后，单击【确定】按钮，选中新表格的所有单元格，在【属性】面板中将【水平】设置为【居中对齐】，如图 8-207 所示。

(34) 将光标置于第 1 行的第 1 列单元格中，按 Ctrl+Alt+I 组合键，在弹出的对话框中选择"效果 2.jpg"素材文件，单击【确定】按钮，在【属性】面板中将【宽】、【高】分别设置为 150、123px，如图 8-208 所示。

图 8-206　设置表格参数

图 8-207　设置对齐方式

图 8-208　插入图像并设置宽高

(35) 将光标置于其下方的单元格中，输入"中建华府"，选中输入的文字，新建一个 wz3 的 CSS 样式，在弹出的对话框中将 Font-size 设置为 12，如图 8-209 所示。

(36) 设置完成后，单击【确定】按钮，继续选中该文字，为其应用新建的 CSS 样式，使用同样的方法插入其他图像，输入文字并调整单元格高度，效果如图 8-210 所示。

(37) 选中最下方的一行单元格并右击，在弹出的快捷菜单中选择【表格】|【合并单元格】命令，如图 8-211 所示。

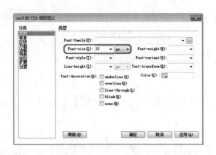

图 8-209　设置字体大小

图 8-210　插入其他对象并调整后的效果

(38) 将光标继续置于合并后的单元格中，将单元格水平对齐方式设置为【居中对齐】，输入文字，并为其应用 .wz3 CSS 样式，效果如图 8-212 所示。

图 8-211　选择【合并单元格】命令

图 8-212　设置对齐方式并输入文字

案例精讲 056　装饰公司网站（一）

✏ 案例文件：CDROM \ 场景 \ Cha08 \ 装饰公司网站（一）.html

💿 视频文件：视频教学 \ Cha08 \ 装饰公司网站（一）.avi

制作概述

本案例将介绍如何制作装饰公司网站主页。该案例主要通过插入表格、插入鼠标经过图像，以及为单元格添加阴影等操作来完成装饰公司网站主页的制作，效果如图 8-213 所示。

学习目标

掌握装饰公司网站（一）的制作方法。

学会如何插入鼠标经过图像。

掌握如何为单元格添加阴影。

图 8-213　装饰公司网站（一）

操作步骤

(1) 按 Ctrl+N 组合键，在弹出的对话框中单击【空白页】，在【页面类型】列表框中选择 HTML，在【布局】列表框中选择【无】，将【文档类型】设置为 HTML 4.01 Transitional，如图 8-214 所示。

(2) 设置完成后，单击【创建】按钮，在【页面属性】对话框中将【外观 (HTML)】中的【左边距】设置为 0.5，单击【确定】按钮，然后按 Ctrl+Alt+T 组合键，在弹出的对话框中将【行数】、【列】分别设置为 5、1，将【表格宽度】设置为 972 像素，如图 8-215 所示。

图 8-214　新建文档

图 8-215　设置表格参数

(3) 设置完成后，单击【确定】按钮，将光标置于第 1 行单元格中，按 Ctrl+Alt+T 组合键，在弹出的对话框中将【行数】、【列】分别设置为 3、6，将【表格宽度】设置为 972 像素，如图 8-216 所示。

(4) 设置完成后，单击【确定】按钮，选中第 1 列的 3 行单元格并右击，在弹出的快捷菜单中选择【表格】|【合并单元格】命令，如图 8-217 所示。

图 8-216　设置表格参数

图 8-217　选择【合并单元格】命令

(5) 将光标置于合并后的单元格中，在【属性】面板中将【宽】设置为 39，如图 8-218 所示。

(6) 设置完成后，将光标置于第 2 列的第 2 行单元格中，按 Ctrl+Alt+I 组合键，在弹出的对话框中选择随书附带光盘中的 CDROM \ 素材 \ Cha08 \ 装饰公司网站 \ 装饰公司 Logo.png 文件，如图 8-219 所示。

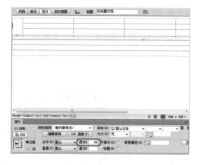

图 8-218　设置单元格宽度

图 8-219　选择素材文件

(7) 单击【确定】按钮，在【属性】面板中将该图像的【宽】、【高】分别设置为 245、33px，如图 8-220 所示。

(8) 设置完成后，将光标置于该图像的右侧，按 Shift+Enter 组合键另起一行，输入文字，选中输入的文字并右击，在弹出的快捷菜单中选择【CSS 样式】|【新建】命令，如图 8-221 所示。

(9) 在弹出的对话框中将【选择器名称】设置为 wz1，单击【确定】按钮，在弹出的对话框中将 Font-family 设置为【微软雅黑】，将 Font-size 设置为 12，如图 8-222 所示。

图 8-220　设置图像的宽高　　　　图 8-221　选择【新建】命令　　　　图 8-222　设置字体和大小

(10) 再在该对话框中选择【分类】列表框中的【区块】选项，将 Letter-spacing 设置为 10px，如图 8-223 所示。

(11) 设置完成后，单击【确定】按钮，继续选中该文字，为其应用新建的 CSS 样式，将光标置于该单元格中，在【属性】面板中将【水平】、【垂直】分别设置为【居中对齐】、【顶端】，将【宽】设置为 271，如图 8-224 所示。

(12) 将光标置于第 3 列的第 2 行单元格中，输入"[选择城市]"，选中该文字，新建一个 jhwz CSS 样式，在弹出的对话框中将 Font-size 设置为 12px，将 Color 设置为 #F57921，如图 8-225 所示。

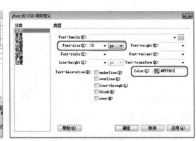

图 8-223　设置字母间距　　　　图 8-224　应用样式并设置后的效果　　　　图 8-225　设置字体大小和颜色

(13) 设置完成后，单击【确定】按钮，为该文字应用新建的样式，在【属性】面板中将【宽】设置为 146，如图 8-226 所示。

(14) 选中第 4 列的 3 行单元格并右击，在弹出的快捷菜单中选择【表格】|【合并单元格】命令，如图 8-227 所示。

(15) 将光标置于合并后的单元格中，在【属性】面板中将【水平】、【垂直】分别设置为【居中对齐】、【居中】，将【宽】设置为 77，如图 8-228 所示。

(16) 按 Ctrl+Alt+I 组合键，在弹出的对话框中选择"电话 .png"素材文件，单击【确定】按钮，将其插入至合并的单元格中，将光标置于第 5 列的第 2 行单元格中，输入文字，选中输入的文字并右击，在弹出的快捷菜单中选择【CSS 样式】|【新建】命令，如图 8-229 所示。

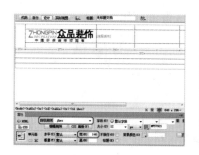
图 8-226　应用样式并设置单元格宽度

图 8-227　选择【合并单元格】命令

图 8-228　设置对齐方式和单元格宽度

(17) 在弹出的对话框中将【选择器名称】设置为 wz2，单击【确定】按钮，在弹出的对话框中将 Font-size 设置为 12px，将 Color 设置为 #666，如图 8-230 所示。

(18) 设置完成后，为该文字应用新建的 CSS 样式，再在该单元格中输入 400-100-1234 400-100-5678，选中输入的文字，新建一个 wz3 CSS 样式，在弹出的对话框中将 Font-size 设置为 20px，将 Font-weight 设置为 bold，将 Color 设置为 #F57921，如图 8-231 所示。

图 8-229　选择【新建】命令

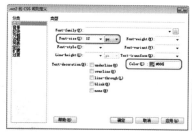
图 8-230　设置文字大小和颜色

图 8-231　设置文字参数

(19) 设置完成后，单击【确定】按钮，为该文字应用新建的 CSS 样式，在【属性】面板中将【宽】设置为 317，如图 8-232 所示。

(20) 选中第 6 列的 3 行单元格，将其进行合并，将光标置于合并后的单元格中，插入 logo157.jpg 素材文件，将其【宽】、【高】分别设置为 100px、79px，如图 8-233 所示。

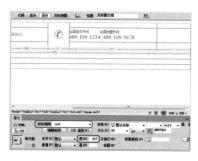
图 8-232　应用样式并设置单元格宽度

图 8-233　合并单元格并插入图像

(21) 将光标置于 5 行表格的第 2 行单元格中，按 Ctrl+Alt+I 组合键，在弹出的对话框中选择"效果图 .jpg"素材文件，单击【确定】按钮，将其【宽】、【高】分别设置为 972、566px，如图 8-234 所示。

(22) 将光标置于 5 行表格的第 3 行单元格中，按 Ctrl+Alt+T 组合键，在弹出的对话框中将

【行数】、【列】分别设置为 1、11，将【表格宽度】设置为 972 像素，如图 8-235 所示。

图 8-234　插入图像并设置宽高　　　　　　　图 8-235　设置表格参数

(23) 设置完成后，单击【确定】按钮，选中该表格的第 3 列至第 10 列单元格，新建一个 bk1 CSS 样式，在弹出的对话框中选择【边框】选项，取消选中 Style、Width、Color 下方的【全部相同】复选框，将 Left 的 Style、Width、Color 分别设置为 solid、thin、#CCC，如图 8-236 所示。

(24) 设置完成后，单击【确定】按钮，为第 3 列至第 10 列单元格应用该样式，将光标置于第 2 列单元格中，按 Ctrl+Alt+I 组合键，在弹出的对话框中选择"首页 2.png"素材文件，单击【确定】按钮，在【属性】面板中将【宽】、【高】分别设置为 104、69，如图 8-237 所示。

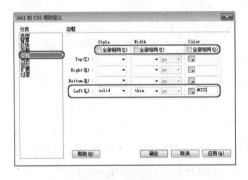

图 8-236　设置边框参数　　　　　　　图 8-237　插入图像并设置宽高

(25) 将光标置于第 3 列单元格中，在菜单栏中选择【插入】|【图像】|【鼠标经过图像】命令，如图 8-238 所示。

(26) 在弹出的对话框中单击【原始图像】右侧的【浏览】按钮，在弹出的对话框中选择"环保设计 1.png"素材文件，如图 8-239 所示。

鼠标经过图像是一种在浏览器中查看并使用鼠标指针移过它时发生变化的图像。该操作必须用两个图像来创建鼠标经过图像。

(27) 单击【确定】按钮，单击【鼠标经过图像】右侧的【浏览】按钮，在弹出的对话框中选择"环保设计 2.png"素材文件，单击【确定】按钮，如图 8-240 所示。

(28) 单击【确定】按钮，选中该图像，在【属性】面板中将【宽】、【高】分别设置为 104、69，如图 8-241 所示。

图 8-238　选择【鼠标经过图像】命令

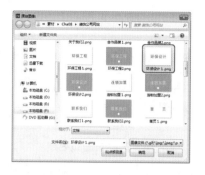

图 8-239　选择素材文件

图 8-240　添加鼠标经过图像

图 8-241　设置图像尺寸

(29) 使用同样的方法插入其他鼠标经过图像，并调整单元格的宽度，效果如图 8-242 所示。

(30) 将光标置于 5 行表格的第 4 行单元格中，在【属性】面板中将【高】设置为 80，将【背景颜色】设置为 #333333，如图 8-243 所示。

图 8-242　插入其他图像后的效果

图 8-243　设置单元格高度和背景颜色

(31) 在菜单栏中选择【插入】| Div 命令，在弹出的对话框中将 ID 设置为 div，如图 8-244 所示。

(32) 设置完成后，单击【新建 CSS 规则】按钮，在弹出的对话框中单击【确定】按钮，再在弹出的对话框中选择【分类】列表框中的【定位】选项，将 Position 设置为 absolute，将 Width、Height 分别设置为 972、80，如图 8-245 所示。

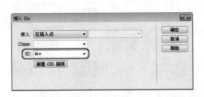

图 8-244 设置 ID 名称

图 8-245 设置定位参数

(33) 设置完成后，单击【确定】按钮，在【插入 Div】对话框中单击【确定】按钮，将 Div 中的文字删除，将光标置于 Div 中，按 Ctrl+Alt+T 组合键，在弹出的对话框中将【行数】、【列】分别设置为 3、7，将【表格宽度】设置为 972 像素，如图 8-246 所示。

(34) 设置完成后，单击【确定】按钮，选中第 1 列的两行单元格并右击，在弹出的快捷菜单中选择【表格】|【合并单元格】命令，如图 8-247 所示。

图 8-246 设置表格参数

图 8-247 选择【合并单元格】命令

(35) 将光标置于合并后的单元格中，输入"公司新闻"，新建一个 gsxw CSS 样式，在弹出的对话框中将 Font-family 设置为【微软雅黑】，将 Font-size 设置为 18px，将 Color 设置为 #FFF，如图 8-248 所示。

(36) 设置完成后，单击【确定】按钮，为该文字应用新建的样式，在【属性】面板中将【水平】设置为【居中对齐】，将【宽】设置为 118，如图 8-249 所示。

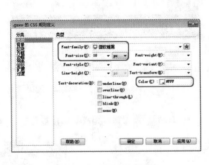

图 8-248 设置文字参数

图 8-249 应用样式并设置对齐方式和单元格宽度

(37) 选择第 2 列的两行单元格，将其进行合并，在【属性】面板中将【宽】设置为 14，如图 8-250 所示。

(38) 将光标置于该单元格中，新建一个 bk2 CSS 样式，在弹出的对话框中选择【分类】列表框中的【边框】选项，取消选中 Style、Width、Color 下方的【全部相同】复选框，将 Left

的 Style、Width、Color 分别设置为 dotted、thin、#CCC，如图 8-251 所示。

图 8-250　合并单元格并设置宽度

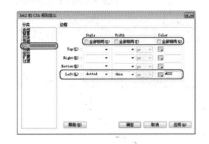

图 8-251　设置边框参数

(39) 设置完成后，单击【确定】按钮，为该单元格应用新建的 CSS 样式，将光标置于第 3 列的第 1 行单元格中，输入"# 看完风景看实景 # 实景体验文化节样板房汇总"，新建一个 wz4 CSS 样式，在弹出的对话框中将 Font-size 设置为 12px，将 Color 设置为 #CCC，如图 8-252 所示。

(40) 设置完成后，单击【确定】按钮，为该文字应用新建的 CSS 样式，在【属性】面板中将【宽】、【高】分别设置为 247、30，如图 8-253 所示。

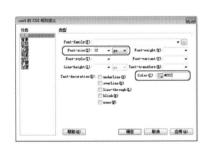

图 8-252　设置文字大小和颜色

图 8-253　应用样式并设置单元格的宽高

(41) 设置完成后，使用同样的方法在其他单元格中输入文字，并应用样式，效果如图 8-254 所示。

(42) 选中该表格第 3 行的所有单元格，按 Ctrl+Alt+M 组合键，将光标置于合并后的单元格中，新建一个 yinying CSS 样式，在【CSS 设计器】面板中选中该样式，单击【背景】按钮，将 box-shadow 选项组中的 h-shadow、v-shadow、blur、spread 分别设置为 0、3、9、0px，将 color 设置为 #333333，为合并后的单元格应用该样式，并调整 Div 的位置，如图 8-255 所示 。

(43) 将光标置于 5 行表格的第 5 行单元格中，在【属性】面板中将【水平】设置【居中对齐】，将【高】设置为 30，将【背景颜色】设置为 #60B029，如图 8-256 所示。

(44) 在该单元格中输入文字，新建一个 wz5 CSS 样式，将 Font-size 设置为 12px，将 Color 设置为 #FFF，为输入的文字应用该样式，效果如图 8-257 所示。

图 8-254　输入其他文字并应用样式后的效果

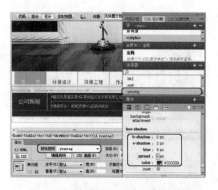

图 8-255　新建 CSS 样式并进行设置

图 8-256　设置单元格属性

图 8-257　应用样式后的效果

案例精讲 057　装饰公司网站（二）

案例文件：CDROM \ 场景 \ Cha08 \ 装饰公司网站（二）.html

视频文件：视频教学 \ Cha08 \ 装饰公司网站（二）.avi

制作概述

本案例将介绍如何制作装饰公司网站子页。该案例主要以上一个案例为框架，然后对其进行修改和调整，从而完成子页的制作，效果如图 8-258 所示。

学习目标

学会如何制作装饰公司网站子页。

操作步骤

(1) 打开"装饰公司网站（一）.html"场景文件，在菜单栏中选择 图 8-258　装饰公司网站（二）
【文件】|【另存为】命令，在弹出的对话框中指定其保存路径和名称，在文档窗口中将导航栏上方的图像文件删除，将光标置于该单元格中，在【拆分】窗口中对代码进行修改，效果如图 8-259 所示。

(2) 继续将光标置于该单元格中, 在【属性】面板中将【背景颜色】设置为#333333, 如图 8-260 所示。

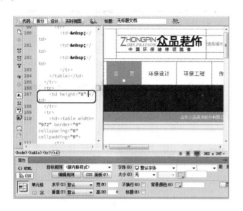

图 8-259　删除图像并修改代码

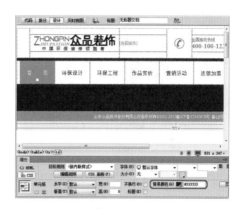

图 8-260　设置单元格的背景颜色

 提示　　　　为了方便后面的操作, 先将 Div 调整至一边, 在此就不进行叙述。

(3) 将 Logo 所在的表格的背景颜色设置为白色, 根据上个案例所介绍的方法对导航栏进行修改, 修改后的效果如图 8-261 所示。

(4) 将光标置于导航栏所在的单元格中并右击, 在弹出的快捷菜单中选择【表格】|【插入行或列】命令, 如图 8-262 所示。

图 8-261　修改导航栏后的效果

图 8-262　选择【插入行或列】命令

(5) 在弹出的对话框中选中【行】单选按钮, 将【行数】设置为8, 选中【所选之下】单选按钮, 如图 8-263 所示。

(6) 单击 【确定】按钮, 即可插入 8 行单元格, 效果如图 8-264 所示。

(7) 在【属性】面板中单击【页面属性】按钮, 在弹出的对话框中选择【外观 (HTML)】选项, 将【背景】设置为#FAFAFA, 将【左边距】、【上边距】分别设置为0.5、1, 如图 8-265 所示。

(8) 设置完成后, 单击【确定】按钮, 将光标置于 13 行表格的第 4 行单元格中, 按 Ctrl+Alt+I 组合键, 在弹出的对话框中选择 000.jpg 素材文件, 如图 8-266 所示。

图 8-263 【插入行或列】对话框

图 8-264 插入 8 行单元格

图 8-265 设置页面属性

图 8-266 选择素材文件

(9) 单击【确定】按钮，继续选中该图像，在【属性】面板中将【宽】、【高】分别设置为 972、145，如图 8-267 所示。

(10) 将光标置于 13 行表格的第 5 行单元格中，在该单元格中输入文字，选中输入的文字并右击，在弹出的快捷菜单中选择【CSS 样式】|【新建】命令，如图 8-268 所示。

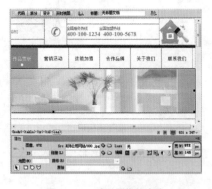

图 8-267 设置图像的宽高

图 8-268 选择【新建】命令

(11) 在弹出的对话框中将【选择器名称】设置为 wz6，单击【确定】按钮，在弹出的对话框中将 Font-size 设置为 12px，将 Color 设置为 #6F7983，如图 8-269 所示。

(12) 设置完成后，单击【确定】按钮，为该文字应用新建的 CSS 样式，在【属性】面板中将【高】设置为 28，效果如图 8-270 所示。

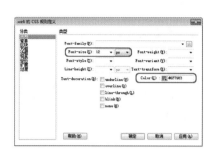

图 8-269　设置文字大小和颜色　　　　　　　图 8-270　应用样式并设置单元格高度后的效果

(13) 将光标置于其下方的单元格中，在【属性】面板中将【高】设置为 40，将【背景颜色】设置为 #E4E4E4，如图 8-271 所示。

(14) 继续将光标置于该单元格中，按 Ctrl+Alt+T 组合键，在弹出的对话框中将【行数】、【列】分别设置为 1、4，将【表格宽度】设置为 972 像素，如图 8-272 所示。

图 8-271　设置单元格高度和背景颜色　　　　　　图 8-272　设置表格参数

(15) 将光标置于第 1 列单元格中，输入"作品赏析"，新建一个 wz7 CSS 样式，在弹出的对话框中将 Font-family 设置为【微软雅黑】，将 Font-size 设置为 22px，将 Color 设置为 #60B029，如图 8-273 所示。

(16) 设置完成后，单击【确定】按钮，为其应用该样式，继续将光标置于该单元格中，将【宽】、【高】分别设置为 737、40，如图 8-274 所示。

图 8-273　设置文字参数　　　　　　　　　图 8-274　设置单元格的宽高

(17) 将光标置于第 2 列单元格中，将其宽设置为 156，在菜单栏中选择【插入】|【表单】|【搜索】命令，如图 8-275 所示。

(18) 插入搜索表单后，将文字删除，选中该表单，在【属性】面板中将 Class 设置为 wz2，将 Size 设置为 25，如图 8-276 所示。

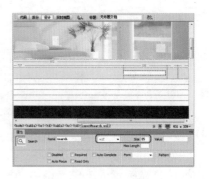

图 8-275　选择【搜索】命令　　　　　　　　图 8-276　设置表单属性

(19) 将光标置于第 3 列单元格中，在【属性】面板中将【宽】设置为 53，如图 8-277 所示。

(20) 继续将光标置于该单元格中并右击，在弹出的快捷菜单中选择【表格】|【拆分单元格】命令，如图 8-278 所示。

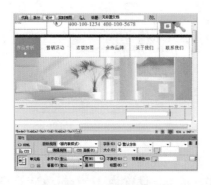
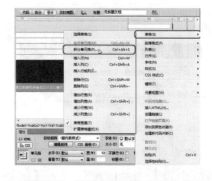

图 8-277　设置单元格宽度　　　　　　　　图 8-278　选择【拆分单元格】命令

(21) 在弹出的对话框中选中【行】单选按钮，将【行数】设置为 3，如图 8-279 所示。

(22) 设置完成后，单击【确定】按钮，将光标置于拆分后的第 1 行单元格中，在【拆分】窗口中修改代码，效果如图 8-280 所示。

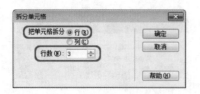
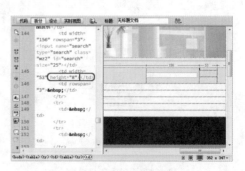

图 8-279　设置行数　　　　　　　　图 8-280　修改代码

(23) 使用同样的方法将第 3 行单元格的高度设置为 8，将光标置于第 2 行单元格中，输入文字，在【属性】面板中为其应用 .wz2 CSS 样式，将【水平】设置为【居中对齐】，将【高】设置为 24，将【背景颜色】设置为 #FFCC33，如图 8-281 所示。

(24) 将光标置于 13 行表格的第 8 行单元格中，新建一个 bk3 CSS 样式，在弹出的对话框中选择【分类】列表框中的【边框】选项，将 Style、Width、Color 分别设置为 solid、thin、#7ED345，如图 8-282 所示。

图 8-281　输入文字并设置单元格属性

图 8-282　设置边框参数

(25) 为该单元格应用新建的 CSS 样式，在【属性】面板中将【高】设置为 120，将【背景颜色】设置为 #FFFFFF，如图 8-283 所示。

(26) 继续将光标置于该单元格中，按 Ctrl+Alt+T 组合键，在弹出的对话框中将【行数】、【列】分别设置为 3、1，将【表格宽度】设置为 972 像素，如图 8-284 所示。

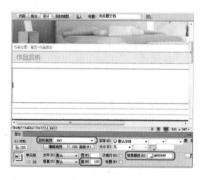

图 8-283　设置单元格的高和背景颜色

图 8-284　设置表格参数

(27) 设置完成后，单击【确定】按钮，选中 3 行单元格，在【属性】面板中将【高】设置为 35，如图 8-285 所示。

(28) 将光标置于第 1 行单元格中，输入"风格："，选中输入的文字，新建一个 wz8 CSS 样式，在弹出的对话框中将 Font-size 设置为 14px，将 Color 设置为 #666，如图 8-286 所示。

(29) 设置完成后，单击【确定】按钮，为该文字应用新建的 CSS 样式，再在该文字的右侧输入"全部"，新建一个 wz9 CSS 样式，在弹出的对话框中将 Font-size 设置为 14px，将 Font-weight 设置为 bold，将 Color 设置为 #F93，如图 8-287 所示。

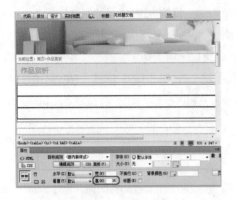

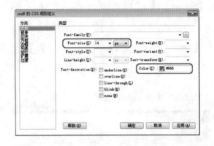

图 8-285　设置单元格高度　　　　　　　　　　　图 8-286　设置文字大小和颜色

　　(30) 设置完成后，单击【确定】按钮，为该文字应用新建的 CSS 样式，继续在该单元格中输入其他文字，新建一个 wz10 CSS 样式，在弹出的对话框中将 Font-size 设置为 14px，将 Font-weight 设置为 bold，将 Color 设置为 #666，如图 8-288 所示。

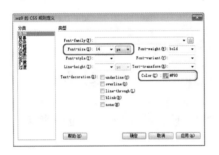

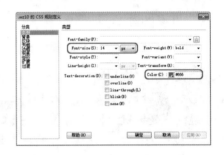

图 8-287　设置文字参数　　　　　　　　　　图 8-288　设置文字大小、粗细和颜色

　　(31) 设置完成后，单击【确定】按钮，为其应用该样式，效果如图 8-289 所示。

　　(32) 根据相同的方法输入其他文字，并为输入的文字应用相应的样式，效果如图 8-290 所示。

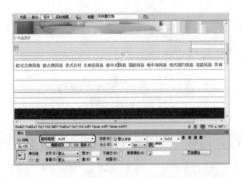

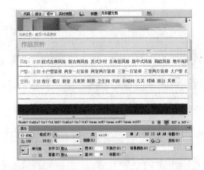

图 8-289　应用样式后的效果　　　　　　　　　　图 8-290　输入其他文字后的效果

　　(33) 选中该表格的第 2 行和第 3 行单元格，新建一个 bk4 CSS 样式，在弹出的对话框中选择【边框】选项，取消选中 Style、Width、Color 下方的【全部相同】复选框，将 Top 的 Style、Width、Color 分别设置为 dotted、thin、#CCC，如图 8-291 所示。

　　(34) 设置完成后，单击【确定】按钮，为第 2 行和第 3 行单元格应用该样式，将光标置于 13 行表格中的第 9 行单元格中，按 Ctrl+Alt+T 组合键，在弹出的对话框中将【行数】、

【列】分别设置为 3、5，将【表格宽度】设置为 972 像素，将【单元格间距】设置为 8，如图 8-292 所示。

图 8-291　设置边框参数

图 8-292　设置表格参数

(35) 设置完成后，单击【确定】按钮，新建一个 bk5 CSS 样式，在弹出的对话框中选择【分类】列表框中的【边框】选项，将 Style、Width、Color 分别设置为 Solid、thin、#CCC，如图 8-293 所示。

(36) 设置完成后，单击【确定】按钮，为 3 行 5 列单元格应用新建的 CSS 样式，效果如图 8-294 所示。

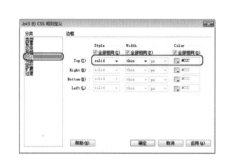

图 8-293　设置边框参数

图 8-294　应用 CSS 样式后的效果

(37) 将光标置于第 1 行的第 1 列单元格中，按 Ctrl+Alt+T 组合键，在弹出的对话框中将【行数】、【列】分别设置为 4、1，将【表格宽度】设置为 181 像素，将【单元格间距】设置为 0，如图 8-295 所示。

(38) 设置完成后，单击【确定】按钮，将光标置于第 1 行单元格中，按 Ctrl+Alt+I 组合键，在弹出的对话框中选择"效果 1.jpg"素材文件，单击【确定】按钮，在【属性】面板中将【宽】、【高】分别设置为 181、130，如图 8-296 所示。

(39) 选中该表格的第 2~4 行单元格，在【属性】面板中将【水平】设置为【居中对齐】，将【高】设置为 22，将【背景颜色】设置为 #FFFFFF，如图 8-297 所示。

(40) 将光标置于第 2 行单元格中，输入"品味优质生活"，选中该文字，新建一个 A1 CSS 样式，在弹出的对话框中将 Font-size 设置为 13px，如图 8-298 所示。

图 8-295　设置表格参数

图 8-296　插入素材并设置其宽高

图 8-297　设置单元格属性

图 8-298　设置字体大小

(41) 设置完成后，单击【确定】按钮，为该文字应用新建的 CSS 样式，在第 3 行单元格中输入"简欧风格"，选中该文字，新建一个 A2 CSS 样式，在弹出的对话框中将 Font-size 设置为 13px，将 Color 设置为 #CA2B53，如图 8-299 所示。

(42) 设置完成后，单击【确定】按钮，为该文字应用新建的 CSS 样式，在第 4 行单元格中输入"浏览：1235 次"，并为其应用 .A1 CSS 样式，效果如图 8-300 所示。

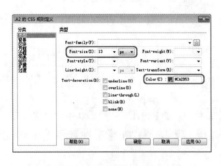

图 8-299　设置文字大小和颜色

图 8-300　输入文字并应用样式后的效果

(43) 使用同样的方法在其他单元格中插入表格、图片，并输入文字，效果如图 8-301 所示。

(44) 将光标置于 13 行表格中的第 10 行单元格中，按 Ctrl+Alt+T 组合键，在弹出的对话框中将【行数】、【列】分别设置为 1、13，将【表格宽度】设置为 972 像素，将【单元格间距】设置 8，如图 8-302 所示。

图 8-301 插入其他表格、图片并输入文字后的效果

图 8-302 设置表格参数

(45) 设置完成后，单击【确定】按钮，选中第 2~12 列单元格，在【属性】面板中将【水平】设置为【居中对齐】，将【宽】、【高】分别设置为 25、20，如图 8-303 所示。

(46) 在调整后的单元格中输入文字，并为第 2~12 列单元格应用 .bk5 CSS 样式，效果如图 8-304 所示。

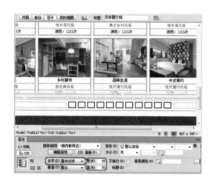

图 8-303 设置单元格的对齐方式和宽高

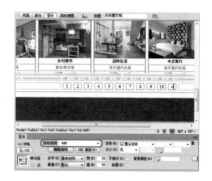

图 8-304 输入文字并应用 CSS 样式后的效果

(47) 选中第 2 列单元格中的文字，为其新建一个 hswz CSS 样式，在弹出的对话框中将 Color 设置为 #CCC，如图 8-305 所示。

(48) 设置完成后，为该文字应用新建的 CSS 样式，并根据前面所介绍的方法对 Div 和最后一行单元格进行调整，效果如图 8-306 所示。

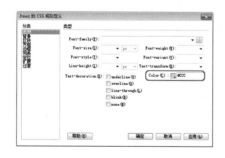

图 8-305 设置文字颜色

图 8-306 修改后的效果

案例精讲 058　装饰公司网站（三）

✏️ 案例文件：CDROM \ 场景 \ Cha08 \ 装饰公司网站（三）.html

🎬 视频文件：视频教学 \ Cha08 \ 装饰公司网站（三）.avi

制作概述

本案例将介绍如何制作装饰公司网站第三页。该案例主要以上一个案例为模板，然后进行修改和调整，从而完成网站第三页的制作，效果如图 8-307 所示。

学习目标

掌握如何制作选项栏。

掌握如何制作公司简介文字栏。

操作步骤

图 8-307　装饰公司网站（三）

(1) 对"装饰公司网站（二）.html"场景文件进行另存为，指定其保存路径和名称，在文档窗口中对导航栏进行修改，效果如图 8-308 所示。

(2) 选中导航栏下方的图像并双击，在弹出的对话框中选择 001.jpg 素材文件，如图 8-309 所示。

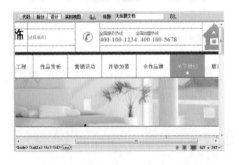

图 8-308　修改导航栏后的效果

图 8-309　选择素材文件

(3) 单击【确定】按钮，在【属性】面板中将【宽】、【高】分别设置为 972、160，如图 8-310 所示。

(4) 在文档窗口中对图像下方单元格中的文字进行修改，效果如图 8-311 所示。

(5) 在文档窗口中将不需要的单元格删除，效果如图 8-312 所示。

(6) 将光标置于 9 行表格的第 6 行单元格中并右击，在弹出的快捷菜单中选择【表格】|【拆分单元格】命令，如图 8-313 所示。

提示

将不需要的单元格删除后，大框架表格实际为 9 行单元格。

图 8-310　设置图像的宽高

图 8-311　修改文字后的效果

图 8-312　删除单元格后的效果

图 8-313　选择【拆分单元格】命令

(7) 在弹出的对话框中选中【列】单选按钮，将【列数】设置为 3，如图 8-314 所示。

(8) 设置完成后，单击【确定】按钮，将光标置于第 1 列单元格中，在【属性】面板中将【水平】、【垂直】分别设置为【居中对齐】、【顶端】，将【宽】设置为 216，如图 8-315 所示。

图 8-314　设置拆分参数

图 8-315　设置单元格属性

(9) 继续将光标置于该单元格中，按 Ctrl+Alt+T 组合键，在弹出的对话框中将【行数】、【列】分别设置为 7、1，将【表格宽度】设置为 200，将【单元格间距】设置为 1，如图 8-316 所示。

(10) 设置完成后，单击【确定】按钮，选中新插入的 7 行单元格，在【属性】面板中将【高】设置为 40，如图 8-317 所示。

图 8-316 设置表格参数

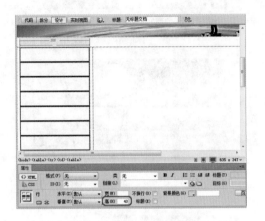

图 8-317 设置单元格高度

（11）设置完成后，将光标置于第1行单元格中，输入"关于我们"，为其应用 .wz11 CSS 样式，在【属性】面板中将【水平】设置为【居中对齐】，将【背景颜色】设置为#333333，如图 8-318 所示。

（12）将光标置于第2行单元格中，输入"公司新闻"，为其应用 .gsxw CSS 样式，在【属性】面板中将【背景颜色】设置为#7ED345，如图 8-319 所示。

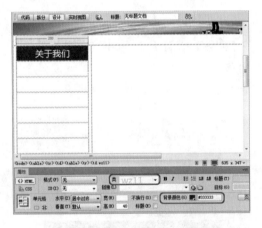

图 8-318 输入文字并进行设置

图 8-319 输入文字并进行设置

（13）继续在该单元格中插入"符号 .png"素材文件，在【属性】面板中将【宽】、【高】都设置为18px，如图 8-320 所示。

（14）将光标置于第3行的单元格中，输入文字，为该文字应用 .gsxw CSS 样式，将【背景颜色】设置为#60B029，如图 8-321 所示。

（15）使用同样的方法在其他单元格中输入文字，并进行相应的设置，效果如图 8-322 所示。

（16）将光标置于第2列单元格中，在【属性】面板中将【宽】设置为10，如图 8-323 所示。

图 8-320　插入图像文件并设置宽高

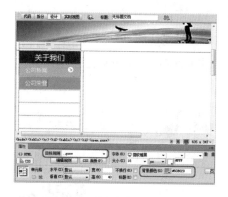

图 8-321　输入文字并进行设置

图 8-322　输入文字并进行设置

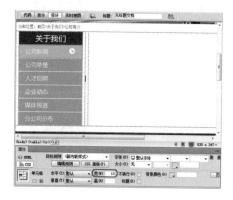

图 8-323　设置单元格宽度

(17) 将光标置于第 3 列单元格中，按 Ctrl+Alt+T 组合键，在弹出的对话框中将【行数】、【列】分别设置为 3、1，将【表格宽度】设置为 746 像素，将【单元格边距】、【单元格间距】分别设置为 6、0，如图 8-324 所示。

(18) 设置完成后，单击【确定】按钮，根据前面所介绍的方法输入文字并为其应用样式，效果如图 8-325 所示。

图 8-324　设置表格参数

图 8-325　输入其他文字后的效果

(19) 在文档窗口中调整 Div 的位置，在文档窗口中选择导航栏中的"首页"素材图片，在【属性】面板中单击【链接】右侧的【浏览文件】按钮，如图 8-326 所示。

(20) 在弹出的对话框中选择"装饰公司网站（一）.html"场景文件，单击【确定】按钮，如图 8-327 所示。使用相同的方法对其他场景中的其他对象添加链接，并对完成后的场景进行保存即可。

图 8-326　单击【浏览文件】按钮

图 8-327　添加链接

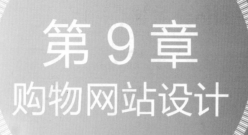

第9章
购物网站设计

购物网站就是为买卖双方交易提供的互联网平台。卖家可以在网站上登出其想出售商品的信息，买家可以从中选择并购买自己需要的物品。本章将介绍一下购物网站的设计。

案例精讲 059 shoes 社区（一）

 案例文件： CDROM \ 场景 \ Cha09 \ shoes 社区（一）.html

视频文件： 视频教学 \ Cha09 \ shoes 社区（一）.avi

制作概述

本例将介绍如何制作 shoes 社区（一）网页。首先使用【表格】命令插入表格，然后在表格内插入图片并输入文字，为输入的文字设置 CSS 样式，完成后的效果如图 9-1 所示。

学习目标

学会如何制作 shoes 社区（一）网页。

掌握 CSS 目标规则的设置。

图 9-1 shoes 社区（一）

操作步骤

(1) 启动软件后，在打开的界面中选择【新建】列表下的 HTML 选项，即可新建空白的文件。按 Ctrl+Alt+T 组合键打开【表格】对话框，在该对话框中将【行数】、【列】分别设置为 7、4，将【表格宽度】设置为 800 像素，将【边框粗细】、【单元格边距】、【单元格间距】都设置为 0，单击【确定】按钮，如图 9-2 所示。

 提示　表格是网页中最常用的排版方式之一，它可以将数据、文本、图片、表单等元素有序地显示在页面上，从而便于阅读信息。

(2) 选择插入表格的第 1 行所有单元格，在【属性】面板中单击【合并所选单元格，使用跨度】按钮。将光标置入合并后的单元格，按 Ctrl+Alt+I 组合键打开【选择图像源文件】对话框，在该对话框中选择随书附带光盘中的 CDROM \ 素材 \ Cha09 \ shoes 社区（一）\ 横条幅 .jpg 素材文件，如图 9-3 所示。

图 9-2 【表格】对话框

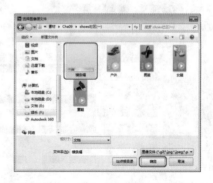

图 9-3 【选择图像源文件】对话框

(3) 选择插入的图片，在【属性】面板中将【宽】和【高】进行锁定，然后将【宽】设置为 800，效果如图 9-4 所示。

(4) 将【光标】置入第 2 行的第 1 列单元格内，按 Ctrl+ Alt+I 组合键打开【选择图像源文件】对话框，在该对话框中选择随书附带光盘中的 CDROM\素材\Cha09\shoes 社区(一)\户外.jpg 素材图片，如图 9-5 所示。

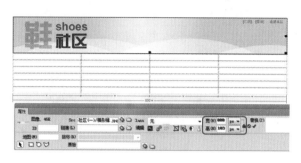

图 9-4　设置图片

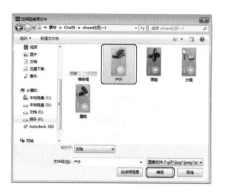

图 9-5　选择素材图片

(5) 选择插入的图片，在【属性】面板中将【宽】设置为 200，使用同样的方法插入其他图片，并设置图片的大小，完成后的效果如图 9-6 所示。

(6) 选择第 4 行中所有的单元格，在【属性】面板中将【背景颜色】设置为 #E8E8E8，效果如图 9-7 所示。

图 9-6　插入图片后的效果

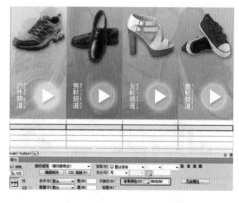

图 9-7　设置表格的背景颜色

(7) 单击【页面属性】按钮，弹出【页面属性】对话框，在该对话框中选择【外观(HTML)】选项，将【背景】设置为 #CCCCCC，将【左边距】、【上边距】都设置为 0，如图 9-8 所示。

(8) 单击【确定】按钮，这样即可为创建的文档设置背景颜色，选择创建的表格，在属性栏中将 Align 设置为【居中对齐】，完成后的效果如图 9-9 所示。

(9) 选择第 4 行所有单元格，在【属性】面板中将【水平】设置为【居中对齐】，然后在第 1 列单元格内输入文字"购物指南"，效果如图 9-10 所示。

(10) 使用同样的方法输入文字，完成后的效果如图 9-11 所示。

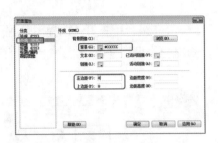

图 9-8 【页面属性】对话框

图 9-9 设置表格对齐方式

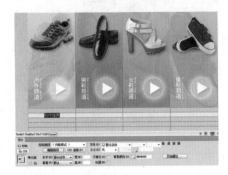

图 9-10 输入文字

图 9-11 输入文字后的效果

(11) 选择第 5 行所有单元格，在【属性】面板中将【水平】设置为【居中对齐】。然后在第 1 列单元格内输入文字，将【字体】设置为默认字体，将【大小】设置为 13，完成后的效果如图 9-12 所示。

(12) 选择输入的文字并右击，在弹出的快捷菜单中选择【CSS 样式】|【新建】命令，弹出【新建 CSS 规则】对话框，在该对话框中将【选择器类型】设置为【类 (可应用于任何 HTML 元素)】，将【选择器名称】设置为 L1，将【规则定义】设为【(仅限该文档)】，如图 9-13 所示。

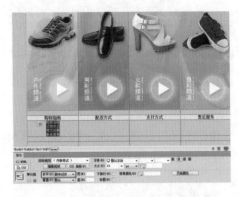

图 9-12 输入文字

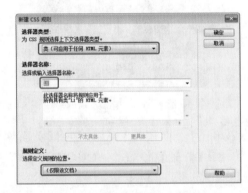

图 9-13 【新建 CSS 规则】对话框

(13) 单击【确定】按钮，弹出【.L1 的 CSS 规则定义】对话框，在该对话框中选择【类型】选项，将 Font-size 设置为 13px，如图 9-14 所示。

(14) 输入其他文字，然后将输入的文字的【目标规则】设置为 L1，效果如图 9-15 所示。

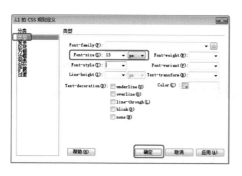

图 9-14　【.L1 的 CSS 规则定义】对话框

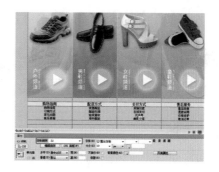

图 9-15　为输入的文字设置目标规则

(15) 选择第 6 行所有单元格，按 Ctrl+Alt+M 组合键将所选的单元格合并，将合并单元格的【高】设置为 20。将光标置入合并后的单元格内，选择【插入】|【水平线】命令，插入水平线，完成后的效果如图 9-16 所示。

(16) 选择插入的水平线，单击【拆分】按钮，在 hr 后按空格键，然后输入代码，如图 9-17 所示。

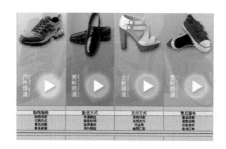

图 9-16　插入水平线

图 9-17　输入代码

提示　　在 Dreamweaver 的设计视图中无法看到设置的水平线的颜色，可以将文件保存后在浏览器中查看。或者直接单击【实时视图】按钮，在实时视图中观看效果。

(17) 单击【设计】按钮，选择最后一行单元格，按 Ctrl+Alt+M 组合键进行合并单元格，然后在【属性】面板中将【水平】设置为【居中对齐】，效果如图 9-18 所示。

(18) 在最后一行输入文字，选择输入的文字，将文字的【目标规则】设置为 L1，效果如图 9-19 所示。

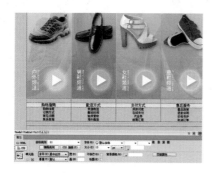

图 9-18　设置单元格

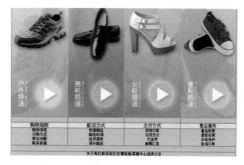

图 9-19　输入文字并设置目标规则

CG设计案例课堂

案例精讲 060　shoes 社区（二）

✎ **案例文件：** CDROM \ 场景 \ Cha09 \ shoes 社区（二）.html

🎬 **视频文件：** 视频教学 \ Cha09 \ shoes 社区（二）.avi

制作概述

本例将介绍如何制作 shoes 社区（二）网页。上一实例中制作的是网站首页，本实例中将制作女鞋网页，主要是插入表格和素材图片，完成后的效果如图 9-20 所示。

学习目标

学会如何制作 shoes 社区（二）网页。

掌握设置表格颜色的方法。

操作步骤

图 9-20　shoes 社区（二）

(1) 启动软件后，在打开的界面中选择【新建】列表下的 HTML 选项，新建一个空白文档。在【属性】面板中单击【页面属性】按钮，弹出【页面属性】对话框，在该对话框中选择【外观 (HTML)】选项，在该面板中将【左边距】、【上边距】都设置为 0，效果如图 9-21 所示。

(2) 按 Ctrl+Alt+T 组合键打开【表格】对话框，在该对话框中将【行数】、【列】都设置为 1，将【宽】设置为 800 像素，将【边框粗细】、【单元格边距】、【单元格间距】都设置为 0，如图 9-22 所示。

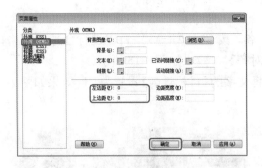

图 9-21　【页面属性】对话框

图 9-22　【表格】对话框

(3) 将光标置于插入的表格内，按 Ctrl+Alt+I 组合键，打开【选择图像源文件】对话框，在该对话框中选择随书附带光盘中的 CDROM \ 素材 \ Cha09 \ shoes 社区（二）\ 女鞋标题 .jpg 素材文件，如图 9-23 所示。

(4) 单击【确定】按钮，即可置入图片。将图片的宽高比锁定，将【宽】设置为 800，然后选择表格，将 Align 设置为【居中对齐】，完成后的效果如图 9-24 所示。

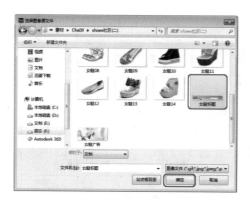

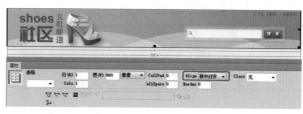

图 9-23　选择素材图片　　　　　　　　　　图 9-24　设置对齐方式

(5) 将光标置入表格的右侧，选择【插入】|【表格】命令，弹出【表格】对话框，在该对话框中，将【行数】、【列】分别设置为 1、15，将【表格宽度】设置为 800 像素，其他保持默认设置，单击【确定】按钮即可插入表格。选择插入的表格，将 Align 设置为【居中对齐】，完成后的效果如图 9-25 所示。

图 9-25　插入表格

(6) 选择插入表格的第 1 列和第 15 列单元格，在【属性】面板中将【宽】设置为 90，选择第 3、5、7、9、11、13 列单元格，将【宽】设置为 80，选择剩余的单元格，将【宽】设置为 20，完成后的效果如图 9-26 所示。

图 9-26　设置单元格宽度后的效果

(7) 选择所有的单元格，在【属性】面板中将【水平】设置为【居中对齐】，将光标置入第 1 列单元格内，将【背景颜色】设置为 #FF6699。然后在表格内输入文字【首页】，选择输入的文字，右击，在弹出的快捷菜单中选择【CSS 样式】|【新建】命令，弹出【新建 CSS 规则】对话框，在该对话框中将【选择器类型】设置为【类 (可应用于任务 HTML 元素)】，将【选择器名称】设置为 L1，将【规则定义】设为【(仅限该文档)】，如图 9-27 所示。

(8) 单击【确定】按钮，弹出【.L1 的 CSS 规则定义】对话框，在该对话框中选择【分类】列表下的【类型】选项，将 Font-size 设置为 15，如图 9-28 所示。

(9) 输入剩余的文字，并将输入文字的【目标规则】设置为 L1，然后在【宽】为 20px 的单元格内输入 "|"，将其颜色设置为 #F69，完成后的效果如图 9-29 所示。

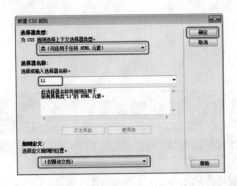
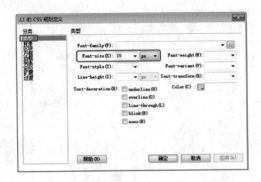

图 9-27　【新建 CSS 规则】对话框　　　　　图 9-28　设置 CSS 规则

图 9-29　完成后的效果

　　(10) 将光标置入表格的右侧，选择【插入】|【表格】命令，弹出表格对话框，在该对话框中，将【行数】、【列】都设置为 1，将【表格宽度】设置为 800 像素，其他保持默认设置，单击【确定】按钮，如图 9-30 所示。

　　(11) 单击【确定】按钮即可插入表格，选择插入的表格，在【属性】面板中将 Align 设置为【居中对齐】，将光标置入刚刚插入的表格内，按 Ctrl+Alt+I 组合键打开【选择图像源文件】对话框，在该对话框中选择"女鞋广告.jpg"素材图片，单击【确定】按钮，如图 9-31 所示。

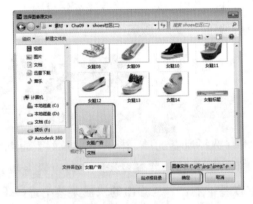

图 9-30　设置表格参数　　　　　　　　图 9-31　选择素材图片

　　(12) 选择插入的图片，将【宽】设置为 800 像素，完成后的效果如图 9-32 所示。

　　(13) 继续插入表格，将【行数】、【列】都设置为 4，将【表格宽度】设置为 800 像素，将【边框粗细】设置为 0，将【单元格边距】、【单元格间距】分别设置为 0、8，选择插入的表格，将 Align 设置为【居中对齐】，完成后的效果如图 9-33 所示。

　　(14) 选择插入的表格，单击【拆分】按钮，在命令行中按空格键，在弹出的快捷菜单中双击 bgcolor 选项，然后输入命令，如图 9-34 所示。

　　(15) 单击【设计】按钮，选择刚刚插入表格内的所有单元格，在【属性】面板中将【宽】、【高】分别设置为 190、195，将【水平】设置为【居中对齐】，完成后的效果如图 9-35 所示。

图 9-32　设置图片后的效果

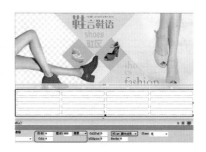

图 9-33　插入表格

图 9-34　输入命令

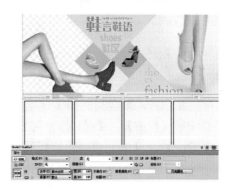

图 9-35　设置表格

(16) 将光标置入表格的第 1 列的第 1 行单元格，在【属性】面板中将【背景颜色】设置为 #FF6699，完成后的效果如图 9-36 所示。

(17) 在该单元格内输入文字，选择输入的文字并右击，在弹出的快捷菜单中选择【CSS 样式】|【新建】命令，弹出【新建 CSS 规则】对话框，在该对话框中将【选择器名称】设置为 L2，单击【确定】按钮，如图 9-37 所示。

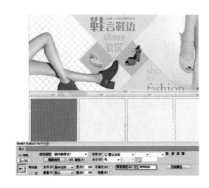

图 9-36　设置单元格背景颜色

图 9-37　【新建 CSS 规则】对话框

(18) 在弹出的对话框中选择【分类】下的【类型】选项，将 Font-family 设置为 "Impact, Haettenschweiler, Franklin Gothic Bold, Arial Black, sans-serif"，将 Font-size 设置为 36，将 Font-weignt 设置为 400，将 Color 设置为 #FFF，完成后的效果如图 9-38 所示。

(19) 单击【确定】按钮，然后为输入的文字应用该规则，选择【属性】面板中的 HTML 选项，单击【粗体】按钮，完成后的效果如图 9-39 所示。

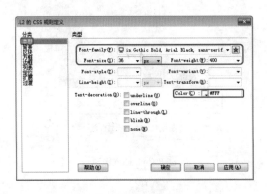

图 9-38　设置规则　　　　　　　　　　图 9-39　输入设文字

(20) 继续在该单元格内输入英文，并为输入的英文应用 L2 规则，完成后的效果如图 9-40 所示。

(21) 将光标置入第 2 列的第 1 行单元格内，按 Ctrl+Alt+T 组合键打开【表格】对话框，在该对话框中将【行数】、【列】都设置为 2，将【表格宽度】设置为 190 像素，将【边框粗细】、【单元格边距】、【单元格间距】都设置为 0，如图 9-41 所示。

(22) 单击【确定】按钮即可插入表格，然后选择所插入表格第 1 行单元格内的所有单元格，然后按 Ctrl+Alt+M 组合键进行合并，将第 2 行第 1 列、第 2 列单元格【宽】、【高】分别设置为 122、53 和 68、53，完成后的效果如图 9-42 所示。

图 9-40　输入英文　　　　　　图 9-41　【表格】对话框　　　　　图 9-42　插入表格后的效果

(23) 将光标置入刚刚插入表格的第 1 行单元格内，按 Ctrl+Alt+I 组合键打开【选择图像源文件】对话框，在该对话框中选择随书附带光盘中的 CDROM \ 素材 \ Cha09 \ shoes 社区 (二) \ 女鞋 01.jpg 素材图片，如图 9-43 所示。

(24) 单击【确定】按钮，选择插入的图片，在【属性】面板中将【宽】设置为 190，完成后的效果如图 9-44 所示。

(25) 选择刚刚插入表格的第 2 行所有单元格，在【属性】面板中将【背景颜色】设置为 #242424，完成后的效果如图 9-45 所示。

(26) 在单元格内输入文字"小清新高跟鞋"，右击，在弹出的快捷菜单中选择【CSS 样式】|【新建】命令，在弹出的对话框中将【选择器名称】设置为 L3，单击【确定】按钮，如图 9-46 所示。

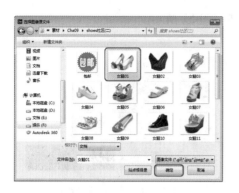

图 9-43　选择素材图片

图 9-44　插入图片

图 9-45　设置单元格背景

图 9-46　【新建 CSS 规则】对话框

(27) 单击【确定】按钮，将 Font-size 设置为 15px，将 Color 设置为 #FFF，如图 9-47 所示。

(28) 单击【确定】按钮，然后为输入的文字应用该样式，完成后的效果如图 9-48 所示。

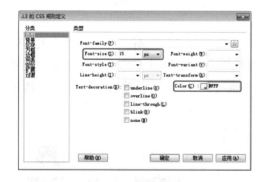

图 9-47　设置规则

图 9-48　输入文字并应用样式

(29) 继续输入文字"¥108.00"，右击，在弹出的快捷菜单中选择【CSS 样式】|【新建】命令，在弹出的对话框中将【选择器名称】设置为 L4，单击【确定】按钮，在弹出的对话框中将 Font-family 设置为 Impact, Haettenschweiler, Franklin Gothic Bold, Arial Black, sans-serif，将 Font-size 设置为 18，将 Color 设置为 #F69，如图 9-49 所示。

(30) 单击【确定】按钮，为刚刚输入的文字应用 L4 样式，完成后的效果如图 9-50 所示。

(31) 将光标置入第 2 行第 2 列的单元格内，按 Ctrl+Alt+I 组合键打开【选择图像源文件】对话框，在该对话框内选择"包邮 .jpg"素材图片，单击【确定】按钮。然后调整图片的高度，将其高度设置为 53。将第 2 行第 1 列单元格水平对齐方式设置为左对齐，将第 2 行第 2 列单元格水平对齐方式设置为居中对齐，完成后的效果如图 9-51 所示。

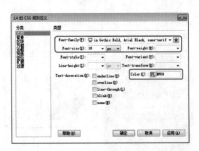

图 9-49　设置规则　　　　　　　　　　图 9-50　为输入的文字应用规则

(32) 使用同样的方法插入图片和输入文字，完成后的效果如图 9-52 所示。

图 9-51　设置完成后的效果　　　　　　图 9-52　插入图片并输入文字

(33) 按 Ctrl+Alt+T 组合键打开【表格】对话框，在该对话框中将【行数】、【列】分别设置为 2、1，将【表格宽度】设置为 800 像素，其他保持默认设置，单击【确定】按钮，如图 9-53 所示。

(34) 选择插入的表格，在【属性】面板中将 Align 设置为【居中对齐】，选择该表格的所有单元格，将【水平】设置为【居中对齐】。将光标置入第 1 行单元格内，将【高】设置为 20，选择【插入】|【水平线】命令，即可在单元格内插入表格，完成后的效果如图 9-54 所示。

图 9-53　【表格】对话框　　　　　　　图 9-54　插入水平线

(35) 选择插入的水平线，单击【拆分】按钮，在光标所在行中的 <hr> 中输入命令"<hr color="#E8E8E8">"，如图 9-55 所示。

(36) 单击【设计】按钮，然后在第 2 行单元格内输入文字，将字体【大小】设置为 13，效果如图 9-56 所示。

图 9-55 输入命令

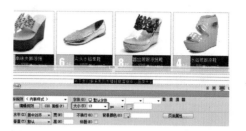

图 9-56 输入文字并进行设置

案例精讲 061 shoes 社区（三）

 案例文件：CDROM \ 场景 \ Cha09 \ shoes 社区（三）.html

 视频文件：视频教学 \ Cha09 \ shoes 社区（三）.avi

制作概述

本例将介绍如何制作 shoes 社区（三）网页。该网页的内容主要是男女户外运动鞋，然后通过设置链接，将制作的首页、女鞋网页和该网页链接起来，完成后的效果如图 9-57 所示。

学习目标

学会如何制作 shoes 社区（三）网页。

掌握插入鼠标经过图像的方法。

图 9-57 shoes 社区（三）

操作步骤

(1) 在"shoes 社区（二）"场景文件中，选择菜单栏中的【文件】|【另存为】命令，如图 9-58 所示。

 提示　　保存网页的时候，使用者可以在【保存类型】下拉列表框中根据制作网页的要求选择不同文件类型，区别文件的类型主要是文件后面的后缀名称不同。设置文件名的时候，不要使用特殊符号。

(2) 弹出【另存为】对话框，在该对话框中选择场景文件的保存位置，并输入文件名为"shoes 社区（三）"，单击【保存】按钮，如图 9-59 所示。

图 9-58 选择【另存为】命令

图 9-59 保存场景文件

(3) 在"shoes 社区（三）"场景文件中选择图片"女鞋标题 .jpg"，并右击，在弹出的快捷菜单中选择【源文件】命令，如图 9-60 所示。

(4) 弹出【选择图像源文件】对话框，在该对话框中选择素材图片"户外标题 .jpg"，单击【确定】按钮，如图 9-61 所示。

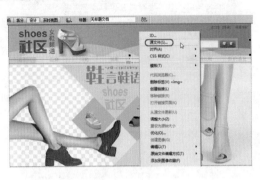

图 9-60　选择【源文件】命令

图 9-61　选择素材图片

提示

选择素材图片后，在属性面板中单击 Src 文本框右侧的【浏览文件】按钮，也可以弹出【选择图像源文件】对话框。或者是单击并拖动 Src 文本框右侧的【指向文件】按钮，将其拖曳至【文件】面板中的文件上即可。

(5) 即可替换"女鞋标题 .jpg"素材图片，并在【属性】面板中将图片的【宽】和【高】分别设置为 800 和 103，使用同样的方法将"女鞋广告 .jpg"图片替换为"户外广告 .jpg"，效果如图 9-62 所示。

(6) 然后修改导航栏中的内容，并将"首页"单元格的背景颜色设置为 #00CCFF，将竖线的颜色更改为 #0CF，效果如图 9-63 所示。

图 9-62　替换图片

图 9-63　修改导航栏

(7) 然后在文档中选择如图 9-64 所示的大表格，按 Delete 键将其删除。

(8) 在菜单栏中选择【插入】|【表格】命令，弹出【表格】对话框，将【行数】设置为 1，将【列】设置为 2，将【表格宽度】设置为 800 像素，将【边框粗细】、【单元格边距】都设置为 0，将【单元格间距】设置为 8，单击【确定】按钮，如图 9-65 所示。

(9) 即可插入表格，在【属性】面板中将 Align 设置为【居中对齐】，然后结合前面介绍的方法，为表格填充颜色，并将光标置入第 1 个单元格中，在【属性】面板中将【宽】设置为 388，如图 9-66 所示。

(10) 然后在菜单栏中选择【插入】|【图像】|【鼠标经过图像】命令，弹出【插入鼠标经过图像】对话框，单击【原始图像】文本框右侧的【浏览】按钮，如图 9-67 所示。

图 9-64　删除表格

图 9-65　【表格】对话框

图 9-66　设置表格

图 9-67　单击【浏览】按钮

知识链接

【插入鼠标经过图像】对话框中各选项功能介绍如下。

【图像名称】：鼠标经过图像的名称。

【原始图像】：页面加载时要显示的图像。在文本框中输入路径，或单击【浏览】并选择该图像。

【鼠标经过图像】：鼠标指针滑过原始图像时要显示的图像。

【预载鼠标经过图像】：将图像预先加载到浏览器的缓存中，以便用户将鼠标指针滑过图像时不会发生延迟。

【替换文本】：这是一种（可选）文本，为使用只显示文本的浏览器的访问者描述图像。

【按下时，前往的 URL】：用户单击鼠标经过图像时要打开的文件。

（11）弹出【原始图像】对话框，在该对话框中选择素材图片"女士户外 01.jpg"，单击【确定】按钮，如图 9-68 所示。

（12）使用同样的方法，添加【鼠标经过图像】，添加完成后，单击【确定】按钮即可。然后将光标置入第 2 个单元格中，按 Ctrl+Alt+T 组合键弹出【表格】对话框，将【行数】和【列】都设置为 2，将【表格宽度】设置为 388 像素，将【边框粗细】、【单元格边距】和【单元格间距】都设置为 0，单击【确定】按钮，如图 9-69 所示。

图 9-68 选择素材图片

图 9-69 设置表格参数

(13) 即可插入表格，然后将光标置入新插入表格的左侧上方单元格中，并在菜单栏中选择【插入】|【表格】命令，如图 9-70 所示。

(14) 弹出【表格】对话框，将【行数】设置为 2，将【列】设置为 1，将【表格宽度】设置为 190 像素，单击【确定】按钮，如图 9-71 所示。

图 9-70 选择【表格】命令

图 9-71 设置表格参数

(15) 即可插入表格，然后在【属性】面板中将 Align 设置为【居中对齐】，如图 9-72 所示。

(16) 将光标置入新插入表格的上方单元格中，按 Ctrl+Alt+I 组合键，在弹出的对话框中选择素材图片"户外 01.jpg"，单击【确定】按钮，即可插入素材图片，然后在【属性】面板中将素材图片的【宽】和【高】分别设置为 190、142，如图 9-73 所示。

图 9-72 设置表格

图 9-73 插入素材图片并进行设置

(17) 然后将光标置入下方单元格中，在【属性】面板中将【高】设置为 53，并单击【拆分单元格为行或列】按钮，如图 9-74 所示。

(18) 弹出【拆分单元格】对话框，选中【列】单选按钮，将【列数】设置为2，单击【确定】按钮，如图9-75所示。

图9-74 设置单元格　　　　　　　　　　　　图9-75 拆分单元格

(19) 将光标置入拆分后的第1个单元格中，在【属性】面板中将【宽】设置为130，将【背景颜色】设置为#242424，如图9-76所示。

(20) 然后在单元格中输入文字，并选择输入的文字，在【目标规则】列表框中选择样式L3，即可为输入的文字应用该样式，效果如图9-77所示。

图9-76 设置单元格属性　　　　　　　　　　图9-77 输入文字并应用样式

(21) 使用同样的方法，继续输入文字并应用样式L4，效果如图9-78所示。

(22) 然后单击【.L4的CSS规则定义】对话框，将Color设置为#2CBDFF，单击【确定】按钮，如图9-79所示。

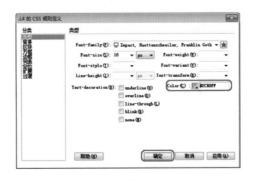

图9-78 输入文字并应用样式　　　　　　　　图9-79 设置样式L4

(23) 即可更改文字颜色，然后将光标置入第 2 个单元格中，将【背景颜色】设置为 #2DBCFE，将【水平】设置为【居中对齐】，【宽】设置为 60，并在单元格中输入文字，如图 9-80 所示。

(24) 然后选择输入的文字并右击，在弹出的快捷菜单中选择【CSS样式】|【新建】命令，弹出【新建 CSS 规则】对话框，在该对话框中将【选择器类型】设置为【类（可应用于任何 HTML 元素）】，将【选择器名称】设置为 L9，将【规则定义】设置为【（仅限该文档）】，单击【确定】按钮，如图 9-81 所示。

图 9-80 设置单元格

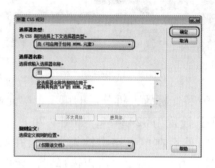

图 9-81 新建 CSS 规则

(25) 弹出【.L9 的 CSS 规则定义】对话框，在该对话框中选择【分类】列表下的【类型】选项，将 Font-size 设置为 14，将 Color 设置为 #FFF，单击【确定】按钮，如图 9-82 所示。

(26) 然后再次选择文字，在【目标规则】列表框中选择样式 L9，即可为文字应用该样式，效果如图 9-83 所示。

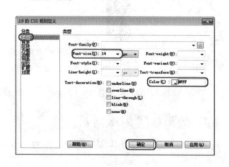

图 9-82 设置规则

图 9-83 应用样式

(27) 使用同样的方法，在其他单元格中插入表格，然后在表格中插入图片并输入文字，效果如图 9-84 所示。

(28) 将光标置入单元格间距为 8 的表格的右侧，然后按 Ctrl+Alt+T 组合键弹出【表格】对话框，将【行数】和【列】都设置为 1，将【表格宽度】设置为 800 像素，将【边框粗细】、【单元格边距】和【单元格间距】都设置为 0，单击【确定】按钮，如图 9-85 所示。

(29) 即可插入表格，然后在【属性】面板中将 Align 设置为【居中对齐】，将光标置入单元格中，在【属性】面板中将【水平】设置为【居中对齐】，将【背景颜色】设置为 #F3F5F4，如图 9-86 所示。

(30) 然后在新创建的表格中插入鼠标经过图像，并结合前面介绍的方法，插入一个 1 行 4 列、宽度为 800 像素、单元格间距为 8 的表格，并在单元格中添加内容，效果如图 9-87 所示。

图 9-84　插入图片并输入文字

图 9-85　设置表格参数

图 9-86　设置单元格

图 9-87　插入表格并添加内容

(31) 下面来添加一个链接，返回到"shoes 社区（一）"场景文件中，选择图片"户外 .jpg"，然后单击【链接】文本框右侧的【浏览文件】按钮，如图 9-88 所示。

(32) 弹出【选择文件】对话框，在该对话框中选择场景文件"shoes 社区（三）.html"，单击【确定】按钮，如图 9-89 所示。

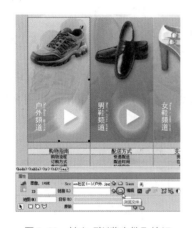

图 9-88　单击【浏览文件】按钮

图 9-89　选择文件

(33) 即可为图片添加链接，添加链接后，会在【属性】面板的【链接】文本框中显示链接的文件名称，如图 9-90 所示。

(34) 使用同样的方法，为图片"女鞋 .jpg"添加链接，效果如图 9-91 所示。

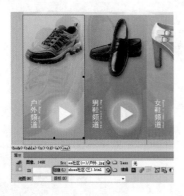

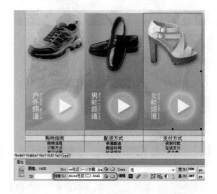

图 9-90　添加链接　　　　　　　　　图 9-91　为图片"女鞋.jpg"添加链接

案例精讲 062　女人天女装（一）

案例文件：CDROM \ 场景 \ Cha09 \ 女人天女装（一）.html

视频文件：视频教学 \ Cha09 \ 女人天女装（一）.avi

制作概述

本例将介绍女人天女装（一）网页的制作。该网页是网站的首页，主要是输入文字然后插入图片，完成后的效果如图 9-92 所示。

学习目标

学会如何制作女人天女装（一）网页。

操作步骤

（1）按 Ctrl+N 组合键，在弹出的【新建文档】对话框中单击【空白页】按钮，将【页面类型】设置为 HTML，将【布局】设置为【无】，将【文档类型】设置为 HTML5，单击【创建】按钮，如图 9-93 所示。

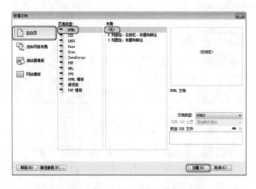

（2）即可新建文档，在【属性】面板中单击【页面属性】按钮，在【分类】列表框中选择【外观 (HTML)】选项，将【左边距】和【上边距】都设置为 0，单击【确定】按钮，如图 9-94 所示。

图 9-92　女人天女装（一）

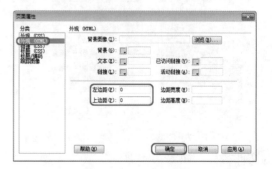

图 9-93　新建文档　　　　　　　　　图 9-94　设置页面属性

(3) 按 Ctrl+Alt+T 组合键弹出【表格】对话框，将【行数】设置为1，将【列】设置为7，将【表格宽度】设置为800像素，将【边框粗细】、【单元格边距】、【单元格间距】都设置为0，单击【确定】按钮，如图 9-95 所示。

(4) 即可插入表格，在【属性】面板中将 Align 设置为【居中对齐】，如图 9-96 所示。

图 9-95　【表格】对话框

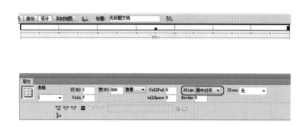

图 9-96　设置表格对齐方式

(5) 然后选中所有的单元格，在【属性】面板中将【水平】设置为【居中对齐】，将【背景颜色】设置为 #E3E3E3，如图 9-97 所示。

知识链接

在 Dreamweaver 中可以使用以下方法来选择单元格。

按住 Ctrl 键，单击选择单元格。可以通过按住 Ctrl 键对多个单元格进行选择。

按住鼠标左键并拖动，可以选择单个单元格，也可以选择连续单元格。

将光标放置在要选择的单元格中，在文档窗口状态栏的标签选择器中单击 td 标签，选定该单元格。

---

(6) 然后将第 1 个和第 2 个单元格的宽设置为 80，将第 3 个单元格的宽设置为 340，将其他单元格的宽设置为 75，如图 9-98 所示。

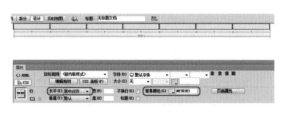

图 9-97　设置单元格属性

图 9-98　设置单元格宽度

(7) 在第 1 个单元格中输入文字【请登录】，并选择输入的文字，然后右击，在弹出的快捷菜单中选择【CSS 样式】|【新建】命令，如图 9-99 所示。

(8) 弹出【新建 CSS 规则】对话框，在该对话框中将【选择器类型】设置为【类 (可应用于任何 HTML 元素)】，将【选择器名称】设置为 A1，将【规则定义】设置为【(仅限该文档)】，单击【确定】按钮，如图 9-100 所示。

(9) 弹出【.A1 的 CSS 规则定义】对话框，在该对话框中选择【分类】列表下的【类型】选项，将 Font-size 设置为 12，将 Color 设置为 #FF669A，单击【确定】按钮，如图 9-101 所示。

图 9-99　选择【新建】命令

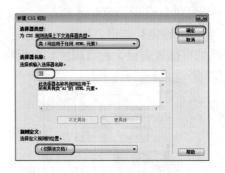

图 9-100　新建 CSS 规则

(10) 然后再次选择文字，在【目标规则】列表框中选择样式 A1，即可为文字应用该样式，效果如图 9-102 所示。

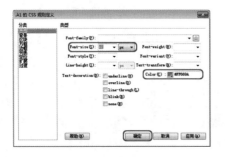

图 9-101　设置 CSS 样式

图 9-102　应用样式

(11) 在第 2 个单元格中输入文字【免费注册】，并选择输入的文字，然后右击，在弹出的快捷菜单中选择【CSS 样式】|【新建】命令，弹出【新建 CSS 规则】对话框，在该对话框中将【选择器类型】设置为类，将【选择器名称】设置为 A2，将【规则定义】设置为【(仅限该文档)】，单击【确定】按钮，弹出【.A2 的 CSS 规则定义】对话框，在该对话框中选择【分类】列表下的【类型】选项，将 Font-size 设置为 12，将 Color 设置为 #999，单击【确定】按钮，如图 9-103 所示。

(12) 再次选择文字，在【目标规则】列表框中选择样式 A2，即可为文字应用该样式，效果如图 9-104 所示。

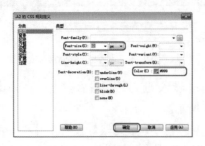

图 9-103　输入文字并设置 CSS 样式

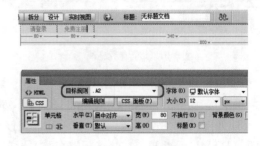

图 9-104　应用样式

(13) 使用同样的方法，在其他单元格中输入文字，并为输入的文字应用样式，效果如图 9-105 所示。

图 9-105　输入文字并应用样式

(14) 将光标置入表格的右侧，按 Ctrl+Alt+T 组合键弹出【表格】对话框，将【行数】和【列】都设置为 1，将【表格宽度】设置为 800 像素，单击【确定】按钮，如图 9-106 所示。

(15) 即可插入表格，在【属性】面板中将 Align 设置为【居中对齐】，然后将光标置入单元格中，按 Ctrl+Alt+I 组合键弹出【选择图像源文件】对话框，在该对话框中选择素材图片"标题 .jpg"，单击【确定】按钮，如图 9-107 所示。

图 9-106　【表格】对话框

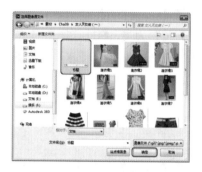

图 9-107　选择素材文件

(16) 即可将素材图片插入至单元格中，效果如图 9-108 所示。

(17) 将光标置入新插入表格的右侧，按 Ctrl+Alt+T 组合键弹出【表格】对话框，将【行数】设置为 2，将【列】设置为 1，将【表格宽度】设置为 800 像素，单击【确定】按钮，如图 9-109 所示。

图 9-109　设置表格参数

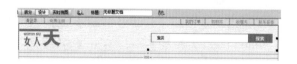

图 9-108　插入素材图片

(18) 即可插入表格，在【属性】面板中将 Align 设置为【居中对齐】，将光标置入第 1 行单元格中，在【属性】面板中将【水平】设置为【居中对齐】，并单击【拆分单元格为行或列】按钮 ，如图 9-110 所示。

(19) 弹出【拆分单元格】对话框，选中【列】单选按钮，将【列数】设置为 5，单击【确定】按钮，如图 9-111 所示。

(20) 即可拆分单元格，然后将前 4 个单元格的宽设置为 70，将最后一个单元格的宽设置为 520，并将第 1 个单元格的【背景颜色】设置为 #FF6699，如图 9-112 所示。

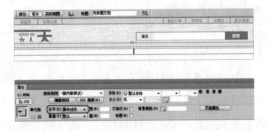

图 9-110　设置单元格　　　　　　　　　　　　图 9-111　拆分单元格

(21) 在第 1 个单元格中输入文字【首页】，并选择输入的文字，然后右击，在弹出的快捷菜单中选择【CSS 样式】|【新建】命令，弹出【新建 CSS 规则】对话框，在该对话框中将【选择器类型】设置为类，将【选择器名称】设置为 A3，将【规则定义】设置为【(仅限该文档)】，单击【确定】按钮，弹出【.A3 的 CSS 规则定义】对话框，在该对话框中选择【分类】列表下的【类型】选项，将 Font-size 设置为 14，将 Font-weight 设置为 bold，将 Color 设置为 #FFF，单击【确定】按钮，如图 9-113 所示。

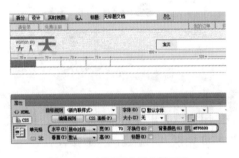

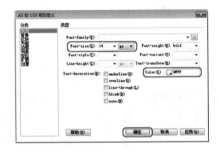

图 9-112　设置拆分后的单元格　　　　　　　　图 9-113　设置 CSS 样式

(22) 再次选择文字，在【目标规则】列表框中选择样式 A3，即可为文字应用该样式，效果如图 9-114 所示。

(23) 在第 2 个单元格中输入文字【新品】，并选择输入的文字，然后右击，在弹出的快捷菜单中选择【CSS 样式】|【新建】命令，弹出【新建 CSS 规则】对话框，在该对话框中将【选择器类型】设置为类，将【选择器名称】设置为 A4，将【规则定义】设置为【(仅限该文档)】，单击【确定】按钮，弹出【.A4 的 CSS 规则定义】对话框，在该对话框中选择【分类】列表下的【类型】选项，将 Font-size 设置为 14，将 Font-weight 设置为 bold，单击【确定】按钮，如图 9-115 所示。

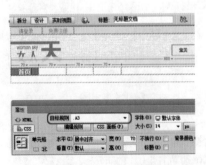

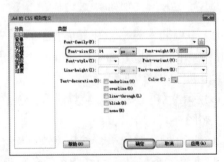

图 9-114　应用样式　　　　　　　　　　　　　图 9-115　设置 CSS 样式

(24) 再次选择文字，在【目标规则】列表框中选择样式 A4，即可为文字应用该样式，使用同样的方法，在其他单元格中输入文字，并应用样式，效果如图 9-116 所示。

(25) 将光标置入第 2 行单元格中，在菜单栏中选择【插入】|【水平线】命令，即可在单元格中插入水平线，然后单击【拆分】按钮，在视图中输入代码，用于更改水平线颜色，如图 9-117 所示。

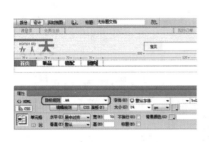

图 9-116　输入文字并应用样式　　　　　　　　图 9-117　更改水平线颜色

(26) 单击【设计】按钮，切换到【设计】视图，将光标置入表格的右侧，按 Ctrl+Alt+T 组合键弹出【表格】对话框，将【行数】设置为 1，将【列】设置为 2，将【表格宽度】设置为 800 像素，将【边框粗细】、【单元格边距】和【单元格间距】设置为 0，单击【确定】按钮，如图 9-118 所示。

(27) 即可插入表格，在【属性】面板中将 Align 设置为【居中对齐】，将光标置入第 1 个单元格中，在【属性】面板中将【宽】设置为 220，如图 9-119 所示。

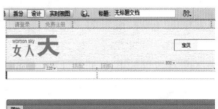

图 9-118　【表格】对话框　　　　　　　　　图 9-119　设置单元格属性

(28) 确认光标位于第 1 个单元格中，按 Ctrl+Alt+T 组合键弹出【表格】对话框，将【行数】设置为 10，将【列】设置为 1，将【表格宽度】设置为 220 像素，将【边框粗细】和【单元格边距】都设置为 0，将【单元格间距】设置为 3，单击【确定】按钮，如图 9-120 所示。

(29) 即可插入表格，并在第 1 个单元格中输入文字，然后为输入的文字应用样式 A4，效果如图 9-121 所示。

(30) 将光标置入第 2 个单元格中，在单元格中输入文字，并选择输入的文字，然后右击，在弹出的快捷菜单中选择【CSS 样式】|【新建】命令，如图 9-122 所示。

(31) 弹出【新建 CSS 规则】对话框，在该对话框中将【选择器类型】设置为类，将【选择器名称】设置为 A5，将【规则定义】设置为【(仅限该文档)】，单击【确定】按钮，弹出【.A5 的 CSS 规则定义】对话框，在该对话框中选择【分类】列表下的【类型】选项，将 Font-size

445

设置为 12，将 Color 设置为 #666，单击【确定】按钮，如图 9-123 所示。

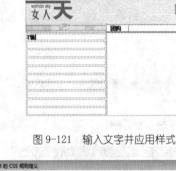

图 9-120 【表格】对话框

图 9-121 输入文字并应用样式

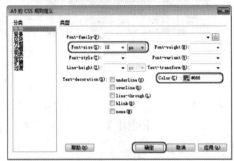

图 9-122 选择【新建】命令

图 9-123 设置 CSS 样式

(32) 再次选择文字，在【目标规则】列表框中选择样式 A5，即可为文字应用该样式，然后将单元格的【高】设置为 40，如图 9-124 所示。

(33) 使用同样的方法，在其他单元格中输入文字，并为输入的文字应用样式，然后设置单元格的高度，效果如图 9-125 所示。

图 9-124 应用样式并设置单元格高度

图 9-125 输入文字并设置单元格

(34) 将光标置入大表格第 2 个单元格中，按 Ctrl+Alt+T 组合键弹出【表格】对话框，将【行数】设置为 3，将【列】设置为 4，将【表格宽度】设置为 580 像素，将【边框粗细】、【单元格边距】和【单元格间距】都设置为 0，单击【确定】按钮，如图 9-126 所示。

(35) 即可插入表格，然后选择第 1 行中的所有单元格，在【属性】面板中单击【合并所选单元格，使用跨度】按钮 ，如图 9-127 所示，即可将选择的单元格合并。

图 9-126 【表格】对话框

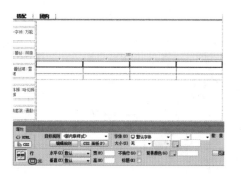

图 9-127 合并单元格

(36) 然后在合并后的单元格中插入素材图片"女装广告 .jpg"，并在【属性】面板中将素材图片的【宽】和【高】设置为 580 和 275，如图 9-128 所示。

(37) 选择第 2 行和第 3 行中的第 1 个单元格，在【属性】面板中将【水平】设置为【居中对齐】，将【宽】设置为 145，将【背景颜色】设置为 #90cabc，效果如图 9-129 所示。

图 9-128 插入素材图片

图 9-129 设置单元格

(38) 使用同样的方法，将其他单元格的【背景颜色】依次设置为 #e5a8b4、#e9daca 和 #a994c2，然后设置【水平】为【居中对齐】，设置【宽】为 145，效果如图 9-130 所示。

(39) 在第 2 行的单元格中分别插入素材图片"热销榜 .png、流行榜 .png、上新榜 .png、专题榜 .png"，并在【属性】面板中调整图片的宽和高，效果如图 9-131 所示。

图 9-130 设置其他单元格

图 9-131 插入图片

(40) 然后在第 3 行的第 1 个单元格中输入文字"热销榜"，并选择输入的文字，然后右击，在弹出的快捷菜单中选择【CSS 样式】|【新建】命令，弹出【新建 CSS 规则】对话框，在该对话框中将【选择器类型】设置为【类 (可应用于任何 HTML 元素)】，将【选择器名称】设

置为 A6，将【规则定义】设置为【(仅限该文档)】，单击【确定】按钮，如图 9-132 所示。

(41) 弹出【.A6 的 CSS 规则定义】对话框，在该对话框中选择【分类】列表下的【类型】
选项，将 Font-size 设置为 14，单击【确定】按钮，如图 9-133 所示。

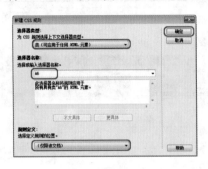

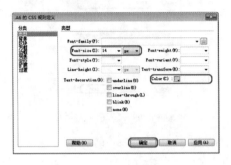

图 9-132　新建 CSS 规则　　　　　　　　　　　　图 9-133　设置 CSS 样式

(42) 再次选择文字，在【目标规则】列表框中选择样式 A6，即可为文字应用该样式，使
用同样的方法，在其他单元格中输入文字，并为输入的文字应用样式，如图 9-134 所示。

(43) 将光标置入大表格的右侧，按 Ctrl+Alt+T 组合键弹出【表格】对话框，将【行数】设
置为 2，将【列】设置为 1，将【表格宽度】设置为 800 像素，将【边框粗细】、【单元格边距】
和【单元格间距】都设置为 0，单击【确定】按钮，即可插入表格，然后在【属性】面板中将
Align 设置为【居中对齐】，如图 9-135 所示。

图 9-134　输入文字并应用样式　　　　　　　　　　图 9-135　插入表格

(44) 在上方单元格中输入文字"连衣裙季"，并选择输入的文字，然后右击，在弹出的快
捷菜单中选择【CSS 样式】|【新建】命令，弹出【新建 CSS 规则】对话框，在该对话框中将【选
择器类型】设置为类，将【选择器名称】设置为 A7，将【规则定义】设置为【(仅限该文档)】，
单击【确定】按钮，弹出【.A7 的 CSS 规则定义】对话框，在该对话框中选择【分类】列表下
的【类型】选项，将 Font-size 设置为 16，将 Font-weight 设置为 bold，将 Color 设置为 #F69，
单击【确定】按钮，如图 9-136 所示。

(45) 再次选择文字，在【目标规则】列表框中选择样式 A7，即可为文字应用该样式，效
果如图 9-137 所示。

(46) 然后结合前面介绍的方法，在下方的单元格中插入水平线，并设置水平线的颜色，如
图 9-138 所示。

(47) 将光标置入表格的右侧，按 Ctrl+Alt+T 组合键弹出【表格】对话框，将【行数】设置

为1，将【列】设置为2，将【表格宽度】设置为800像素，将【边框粗细】、【单元格边距】和【单元格间距】都设置为0，单击【确定】按钮，即可插入表格，然后在【属性】面板中将Align设置为【居中对齐】，如图9-139所示。

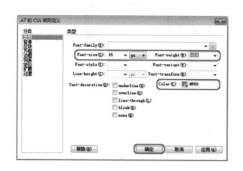

图 9-136　设置 CSS 样式

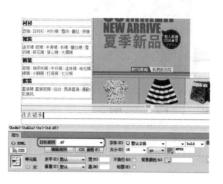

图 9-137　应用样式

图 9-138　插入水平线

图 9-139　插入表格

(48) 将光标置入左侧单元格中，按 Ctrl+Alt+T 组合键弹出【表格】对话框，将【行数】设置为2，将【列】设置为2，将【表格宽度】设置为400像素，单击【确定】按钮，即可插入表格，效果如图 9-140 所示。

(49) 选择新插入表格的第1行中的所有单元格，在【属性】面板中单击【合并所选单元格，使用跨度】按钮▢，即可将选择的单元格合并，效果如图 9-141 所示。

图 9-140　插入表格

图 9-141　合并单元格

(50) 然后在合并后的单元格中插入素材图片"连衣裙1.jpg"，如图9-142所示。

(51) 使用同样的方法,在下方的两个单元格中插入素材图片"连衣裙2.jpg"和"连衣裙3.jpg",如图9-143所示。

图 9-142　插入素材图片　　　　　　　　　　　图 9-143　在其他单元格中插入图片

(52) 将光标置入右侧的单元格中，按 Ctrl+Alt+T 组合键弹出【表格】对话框，将【行数】设置为 2，将【列】设置为 2，将【表格宽度】设置为 400 像素，单击【确定】按钮，即可插入表格，效果如图 9-144 所示。

(53) 然后在新插入的表格中插入素材图片，效果如图 9-145 所示。

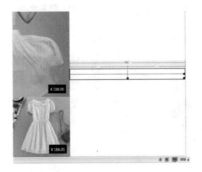

图 9-144　插入表格　　　　　　　　　　　　　图 9-145　插入素材图片

(54) 在文档中选择如图 9-146 所示的表格，按 Ctrl+C 组合键进行复制，如图 9-146 所示。

(55) 将光标置入下方大表格的右侧，按 Ctrl+V 组合键进行粘贴，然后更改单元格中的文字，效果如图 9-147 所示。

图 9-146　复制表格　　　　　　　　　　　　　图 9-147　更改复制后的表格内容

(56) 将光标置入复制后的表格的右侧，然后插入一个 1 行 1 列、宽度为 800 像素的表格，设置表格的对齐方式为【居中对齐】，并在表格中插入素材图片"时尚潮搭 .jpg"，效果如图 9-148 所示。

(57) 将光标置入新插入表格的右侧，按 Ctrl+Alt+T 组合键弹出【表格】对话框，将【行数】

设置为 6，将【列】设置为 4，将【宽】设置为 800 像素，单击【确定】按钮，即可插入表格，并在【属性】面板中将 Align 设置为【居中对齐】，效果如图 9-149 所示。

图 9-148　插入表格并添加图片

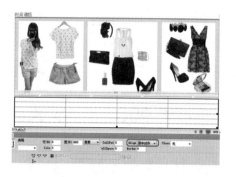

图 9-149　插入表格

(58) 选择第 1 行中的所有单元格，在【属性】面板中单击【合并所选单元格，使用跨度】按钮■，即可将选择的单元格合并，然后结合前面介绍的方法，在合并后的单元格中插入水平线，并设置水平线颜色，如图 9-150 所示。

(59) 然后在表格中选择如图 9-151 所示的单元格，在【属性】面板中将【水平】设置为【居中对齐】，将【宽】设置为 200，将【高】设置为 25，如图 9-151 所示。

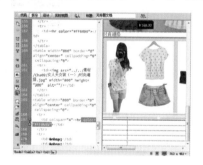

图 9-150　合并单元格并插入水平线

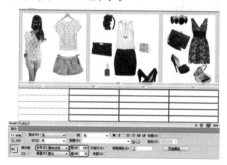

图 9-151　设置单元格属性

(60) 在第 3 行的第 1 个单元格中输入文字，并为输入的文字应用样式 A4，效果如图 9-152 所示。

(61) 然后在第 4 行和第 5 行的第 1 个单元格中输入文字，并为输入的文字应用样式 A5，效果如图 9-153 所示。

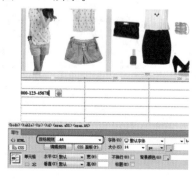

图 9-152　输入文字并应用样式 A4

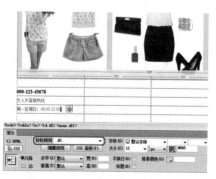

图 9-153　输入文字并应用样式 A5

(62) 使用同样的方法, 在其他单元格中输入文字, 并为输入的文字应用样式, 效果如图 9-154 所示。

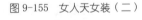

	新手指南	支付方式	关于我们
000-123-45678	购物流程	到到付款	关于女人天
女人天客服热线	订购方式	在线支付	联系我们
周一至周日:08:00-22:00	常见问题	代金券	加入女人天
		邮购汇款	

图 9-154　输入文字并应用样式

案例精讲 063　女人天女装（二）

案例文件：CDROM \ 场景 \ Cha09 \ 女人天女装（二）.html

视频文件：视频教学 \ Cha09 \ 女人天女装（二）.avi

制作概述

本例将介绍女人天女装（二）网页的制作。该网页的主要内容是女士 T 恤, 完成后的效果如图 9-155 所示。

学习目标

学会如何制作女人天女装（二）网页。

掌握设置 CSS 样式的方法。

操作步骤

(1) 在 "女人天女装（一）" 场景文件中, 选择菜单栏中的【文件】|【另存为】命令, 弹出【另存为】对话框, 在该对话框中选择场景文件的保存位置, 并输入文件名为 "女人天女装（二）", 单击【保存】按钮, 如图 9-156 所示。

(2) 在 "女人天女装（二）" 场景文件中将不需要的表格删除, 删除表格后的效果如图 9-157 所示。

图 9-156　另存为文件

图 9-157　删除表格后的效果

提示　按 Ctrl+Shift+S 组合键也可以弹出【另存为】对话框。

(3) 将光标置入第 2 个表格的右侧，按 Ctrl+Alt+T 组合键弹出【表格】对话框，将【行数】设置为 1，将【列】设置为 13，将【表格宽度】设置为 800 像素，将【边框粗细】、【单元格边距】、【单元格间距】都设置为 0，单击【确定】按钮，如图 9-158 所示。

(4) 即可插入表格，在【属性】面板中将 Align 设置为【居中对齐】，然后将第 1 个单元格的【宽】设置为 104，将第 2 个、第 4 个、第 6 个、第 8 个、第 10 个、第 12 个单元格的【宽】设置为 15，将其他单元格的【宽】设置为 101，如图 9-159 所示。

图 9-158　【表格】对话框

图 9-159　设置单元格宽度

(5) 然后选择所有单元格，在【属性】面板中将【水平】设置为【居中对齐】，如图 9-160 所示。

(6) 在第 1 个单元格中输入文字【首页】，选择输入的文字并右击，在弹出的快捷菜单中选择【CSS 样式】|【新建】命令，弹出【新建 CSS 规则】对话框，将【选择器类型】设置为【类 (可应用于任何 HTML 元素)】，将【选择器名称】设置为 B1，将【规则定义】设置为【(仅限该文档)】，单击【确定】按钮，如图 9-161 所示。

图 9-160　设置对齐方式

图 9-161　新建 CSS 样式

(7) 弹出【.B1 的 CSS 规则定义】对话框，在该对话框中选择【分类】列表下的【类型】选项，将 Font-size 设置为 14，将 Font-weight 设置为 bold，将 Color 设置为 #666，单击【确定】按钮，如图 9-162 所示。

(8) 然后再次选择文字，在【目标规则】列表框中选择样式 B1，即可为文字应用该样式，效果如图 9-163 所示。

(9) 在第 2 个单元格内输入"|"，将其颜色设置为 #FF6699，效果如图 9-164 所示。

(10) 在第 3 个单元格中输入文字"T 恤"，并选择输入的文字，然后右击，在弹出的快捷菜单中选择【CSS 样式】|【新建】命令，弹出【新建 CSS 规则】对话框，在该对话框中将【选择器类型】设置为【类 (可应用于任何 HTML 元素)】，将【选择器名称】设置为 B2，将【规则定义】设置为【(仅限该文档)】，单击【确定】按钮，弹出【.B2 的 CSS 规则定义】对话框，

在该对话框中选择【分类】列表下的【类型】选项，将 Font-size 设置为 14，将 Font-weight 设置为 bold，将 Color 设置为 #FF6699，单击【确定】按钮，如图 9-165 所示。

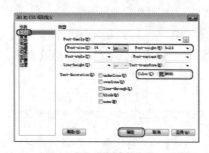

图 9-162　设置 CSS 样式

图 9-163　应用样式

图 9-164　输入并设置"|"

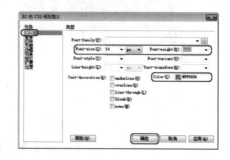

图 9-165　输入文字并设置 CSS 样式

(11) 再次选择文字，在【目标规则】列表框中选择样式 B2，即可为文字应用该样式，使用同样的方法，在其他单元格中输入文字并应用样式，效果如图 9-166 所示。

(12) 然后选择所有的单元格，在【属性】面板中将【高】设置为 25，如图 9-167 所示。

图 9-166　输入文字并应用样式

图 9-167　设置单元格高度

(13) 将光标置入新插入表格的右侧，按 Ctrl+Alt+T 组合键弹出【表格】对话框，将【行数】和【列】都设置为 1，将【表格宽度】设置为 800 像素，将【边框粗细】、【单元格边距】、【单元格间距】都设置为 0，单击【确定】按钮，如图 9-168 所示。

(14) 即可插入表格，在【属性】面板中将 Align 设置为【居中对齐】，然后在表格中插入素材图片"广告 .jpg"，如图 9-169 所示。

(15) 将光标置入新插入表格的右侧，按 Ctrl+Alt+T 组合键弹出【表格】对话框，将【行数】设置为 2，将【列】设置为 1，将【宽】设置为 800 像素，单击【确定】按钮，即可插入表格，在【属性】面板中将 Align 设置为【居中对齐】，如图 9-170 所示。

图 9-168　设置表格参数

图 9-169　插入素材图片

（16）在第一个单元格中输入文字"纯色百搭"，然后为输入的文字应用样式 A7，效果如图 9-171 所示。

图 9-170　插入表格

图 9-171　输入文字并应用样式

（17）将光标置入第 2 个单元格中，在菜单栏中选择【插入】|【水平线】命令，即可在单元格中插入水平线，然后单击【拆分】按钮，在视图中输入代码，用于更改水平线颜色，如图 9-172 所示。

（18）单击【设计】按钮，切换到【设计】视图，将光标置入新插入表格的右侧，按 Ctrl+Alt+T 组合键弹出【表格】对话框，将【行数】设置为 1，将【列】设置为 4，将【宽】设置为 800 像素，单击【确定】按钮，即可插入表格，在【属性】面板中将 Align 设置为【居中对齐】，如图 9-173 所示。

图 9-172　插入水平线并更改颜色

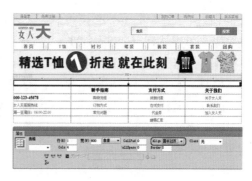

图 9-173　插入表格

（19）选择所有单元格，在【属性】面板中将【水平】设置为【居中对齐】，将【宽】设置为 200，如图 9-174 所示。

(20) 然后在 4 个单元格中分别插入素材图片"纯色百搭 1.jpg"、"纯色百搭 2.jpg"、"纯色百搭 3.jpg"和"纯色百搭 4.jpg",如图 9-175 所示。

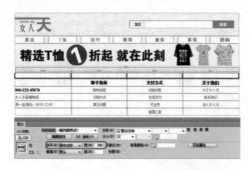

图 9-174　设置单元格属性

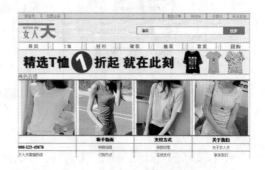

图 9-175　插入素材图片

(21) 将光标置入新插入表格的右侧,按 Ctrl+Alt+T 组合键弹出【表格】对话框,将【行数】设置为 2,将【列】设置为 4,将【宽】设置为 788 像素,单击【确定】按钮,即可插入表格,在【属性】面板中将 Align 设置为【居中对齐】,如图 9-176 所示。

(22) 然后将第 1 列单元格的【宽】设置为 203,将第 2 列单元格的【宽】设置为 201,将第 3 列单元格的【宽】设置为 199,将第 4 列单元格的【宽】设置为 185,如图 9-177 所示。

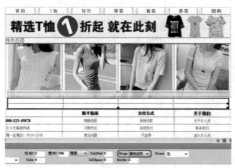

图 9-176　插入表格

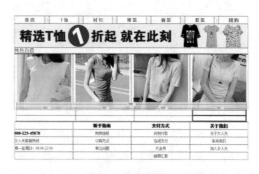

图 9-177　设置单元格宽度

(23) 然后在第 1 行的单元格中输入文字,并为输入的文字应用样式 A5,效果如图 9-178 所示。

(24) 在第 2 行的第 1 个单元格中输入内容"¥65.00",然后选择输入的内容并右击,在弹出的快捷菜单中选择【CSS 样式】|【新建】命令,弹出【新建 CSS 规则】对话框,在该对话框中将【选择器类型】设置为类,将【选择器名称】设置为 B3,将【规则定义】设置为【(仅限该文档)】,单击【确定】按钮,弹出【.B3 的 CSS 规则定义】对话框,在该对话框中选择【分类】列表下的【类型】选项,将 Font-family 设置为 "Impact, Haettenschweiler, Franklin Gothic Bold, Arial Black, sans-serif",将 Font-size 设置为 14,将 Color 设置为 #FF6699,单击【确定】按钮,如图 9-179 所示。

(25) 再次选择新输入的内容,在【目标规则】列表框中选择样式 B3,即可为文字应用该样式,使用同样的方法,在其他单元格中输入文字并应用该样式,效果如图 9-180 所示。

(26) 结合前面介绍的方法,制作其他板块内容,效果如图 9-181 所示。

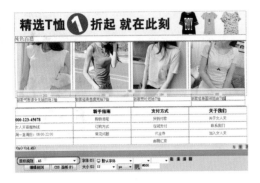

图 9-178 输入文字并应用样式

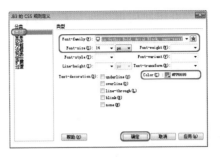

图 9-179 设置 CSS 样式

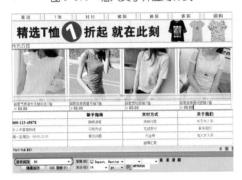

图 9-180 输入文字并应用样式

图 9-181 制作其他板块内容

(27) 制作完成后，按 F12 键预览效果，此时可以看到，最后一个水平线颜色与其他水平线颜色不同，如图 9-182 所示。

(28) 因此，返回到 Dreamweaver 中，结合前面介绍的方法，更改水平线颜色，效果如图 9-183 所示。

图 9-182 预览效果

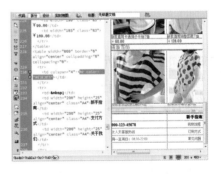

图 9-183 更改水平线颜色

案例精讲 064 女人天女装（三）

案例文件：CDROM \ 场景 \ Cha09 \ 女人天女装（三）.html

视频文件：视频教学 \ Cha09 \ 女人天女装（三）.avi

制作概述

本例将介绍如何制作女人天女装(三)网页。该网页的内容主要是女士裤装,然后通过设置链接,将制作的首页、T恤网页和该网页链接起来,完成后的效果如图 9-184 所示。

学习目标

学会如何制作女人天女装(三)网页。
掌握链接网页的方法。

操作步骤

图 9-184　女人天女装(三)

(1)在"女人天女装(二)"场景文件中,选择菜单栏中的【文件】|【另存为】命令,弹出【另存为】对话框,在该对话框中选择场景文件的保存位置,并输入文件名为"女人天女装(三)",单击【保存】按钮,如图 9-185 所示。

(2)在"女人天女装(三)"场景文件中将不需要的表格删除,删除表格后的效果如图 9-186 所示。

图 9-185　另存为文件

图 9-186　删除表格后的效果

(3)然后在导航栏中,为文字"T恤"应用样式 B1,为文字"裤装"应用样式 B2,更改样式后的效果如图 9-187 所示。

(4)在下方表格中选择素材图片"广告.jpg",然后在【属性】面板中单击 Src 文本框右侧的【浏览文件】按钮，如图 9-188 所示。

图 9-187　更改样式

图 9-188　单击【浏览文件】按钮

(5)弹出【选择图像源文件】对话框,在该对话框中选择素材图片"休闲裤广告.jpg",单击【确定】按钮，如图 9-189 所示。

(6) 即可在表格中插入选择的素材图片，然后将下方表格中的文字"纯色百搭"更改为"裤子新品"，如图 9-190 所示。

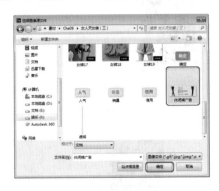

图 9-189　选择素材图片

图 9-190　更改文字内容

(7) 然后将光标置入"裤子新品"所在的表格的右侧，按 Ctrl+Alt+T 组合键弹出【表格】对话框，将【行数】设置为 1，将【列】设置为 7，将【宽】设置为 800 像素，将【边框粗细】、【单元格边距】和【单元格间距】都设置为 0，单击【确定】按钮，即可插入表格，在【属性】面板中将 Align 设置为【居中对齐】，如图 9-191 所示。

(8) 将第 1 个、第 3 个、第 5 个和第 7 个单元格的【宽】设置为 185，将其他单元格的【宽】设置为 20，如图 9-192 所示。

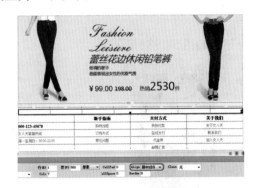

图 9-191　插入表格

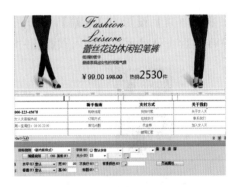

图 9-192　设置单元格宽度

(9) 将光标置入第 1 个单元格中，按 Ctrl+Alt+T 组合键弹出【表格】对话框，将【行数】设置为 3，将【列】设置为 1，将【表格宽度】设置为 185 像素，单击【确定】按钮，即可插入表格，如图 9-193 所示。

(10) 将光标置入新插入表格的第 1 行单元格中，并在该单元格中插入素材图片"女裤 01.jpg"，如图 9-194 所示。

(11) 然后在第 2 行和第 3 行的单元格中输入文字，并分别应用样式 A5 和 B3，如图 9-195所示。

(12) 然后选择第 2 行和第 3 行单元格，在【属性】面板中将【水平】设置为【居中对齐】，如图 9-196 所示。

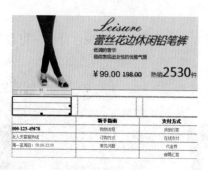

图 9-193　插入表格

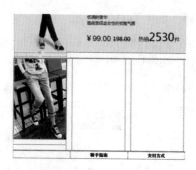

图 9-194　插入素材图片

图 9-195　输入文字并应用样式

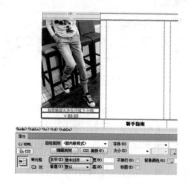

图 9-196　设置单元格对齐方式

(13) 将光标置入大表格的第 2 个单元格中，在【属性】面板中将【水平】设置为【居中对齐】，将【垂直】设置为【顶端】，如图 9-197 所示。

(14) 然后在该单元格中插入素材图片"虚线 .png"，如图 9-198 所示。

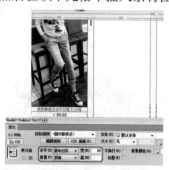

图 9-197　设置对齐方式

图 9-198　插入素材图片

(15) 使用同样的方法，在大表格的其他单元格中添加内容，效果如图 9-199 所示。

(16) 将光标置入大表格的右侧，按 Ctrl+Alt+T 组合键弹出【表格】对话框，将【行数】设置为 1，将【列】设置为 3，将【宽】设置为 800 像素，单击【确定】按钮，即可插入表格，在【属性】面板中将 Align 设置为【居中对齐】，如图 9-200 所示。

(17) 然后将第 1 个单元格的【宽】设置为 200，将第 2 个单元格的【宽】设置为 190，将第 3 个单元格的【宽】设置为 410，将三个单元格的【高】都设置为 70，如图 9-201 所示。

(18) 将光标置入第 1 个单元格中，在菜单栏中选择【插入】|【表单】|【图像按钮】命令，如图 9-202 所示。

图 9-199　添加其他内容

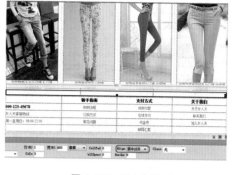

图 9-200　插入表格

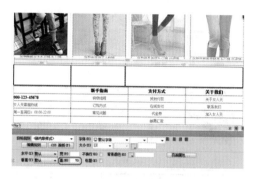

图 9-201　设置单元格的宽和高

图 9-202　选择【图像按钮】命令

(19) 弹出【选择图像源文件】对话框，在该对话框中选择素材图片"销量.png"，单击【确定】按钮，如图 9-203 所示。

(20) 即可插入图像按钮，使用同样的方法，插入其他两个图像按钮，如图 9-204 所示。

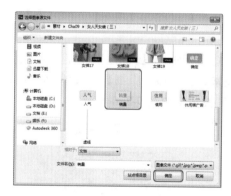

图 9-203　选择素材图片

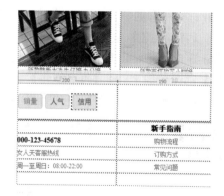

图 9-204　插入的图像按钮

(21) 将光标置入第 2 个单元格中，在菜单栏中选择【插入】|【表单】|【文本】命令，即可插入文本表单，然后将英文 Text Field 更改为"总价"，选择文本表单，在【属性】面板中将 Class 设置为 A5，将 Size 设置为 4，在 Value 文本框中输入"￥"，如图 9-205 所示。

(22) 在文本表单的右侧输入"-"，并继续插入文本表单，将英文删除，然后在【属性】面板中设置文本表单，效果如图 9-206 所示。

图 9-205　插入并设置文本表单　　　　　图 9-206　插入文本表单

(23) 结合前面介绍的方法，在第 3 个单元格中插入图像按钮【确定】，如图 9-207 所示。

(24) 将光标置入表格的右侧，按 Ctrl+Alt+T 组合键弹出【表格】对话框，将【行数】设置为 1，将【列】设置为 4，将【宽】设置为 800 像素，单击【确定】按钮，即可插入表格，在【属性】面板中将 Align 设置为【居中对齐】，如图 9-208 所示。

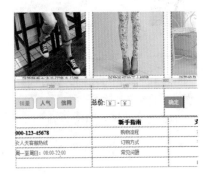

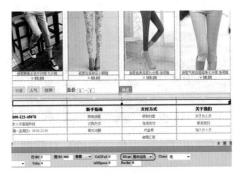

图 9-207　插入图像按钮　　　　　　　　图 9-208　插入表格

(25) 选择所有的单元格，在【属性】面板中将【垂直】设置为【顶端】，将【宽】设置为 200，将【背景颜色】设置为 #E3E3E3，如图 9-209 所示。

(26) 将光标置入第 1 个单元格中，按 Ctrl+Alt+T 组合键弹出【表格】对话框，将【行数】和【列】都设置为 1，将【表格宽度】设置为 200 像素，将【边框粗细】和【单元格边距】都设置为 0，将【单元格间距】设置为 8，单击【确定】按钮，如图 9-210 所示。

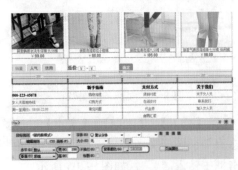

图 9-209　设置单元格属性　　　　　　　图 9-210　【表格】对话框

(27) 即可在单元格中插入表格，然后将光标置入新插入的表格中，并在表格中插入素材图片"女裤05.jpg",如图9-211所示。

(28) 然后将光标置入素材图片的右侧,按Ctrl+Alt+T组合键弹出【表格】对话框,将【行数】设置为2,将【列】设置为1,将【表格宽度】设置为184像素,将【边框粗细】设置为0,将【单元格边距】设置为5,将【单元格间距】设置为0,单击【确定】按钮,即可插入表格,如图9-212所示。

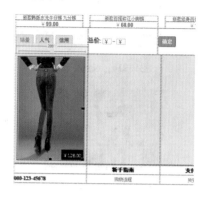

图9-211 插入素材图片

图9-212 插入表格

(29) 然后选择所有单元格,在【属性】面板中将【背景颜色】设置为#FFFFFF,效果如图9-213所示。

(30) 在第1个单元格中输入文字,并选择输入的文字,然后右击,在弹出的快捷菜单中选择【CSS样式】|【新建】命令,如图9-214所示。

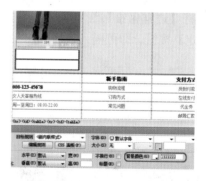

图9-213 设置单元格背景颜色

图9-214 选择【新建】命令

(31) 弹出【新建CSS规则】对话框,在该对话框中将【选择器类型】设置为【类(可应用于任何HTML元素)】,将【选择器名称】设置为C1,将【规则定义】设置为【(仅限该文档)】,单击【确定】按钮,如图9-215所示。

(32) 弹出【.C1的CSS规则定义】对话框,在该对话框中选择【分类】列表下的【类型】选项,将Font-size设置为12,单击【确定】按钮,如图9-216所示。

(33) 再次选择新输入的内容,在【目标规则】列表框中选择样式C1,即可为文字应用该样式,然后在第2行单元格中输入内容,并分别为输入的内容应用样式A5和A1,效果如图9-217所示。

(34) 结合前面介绍的方法,继续在单元格中插入表格并添加内容,完成后的效果如图9-218所示。

图 9-215　新建 CSS 规则

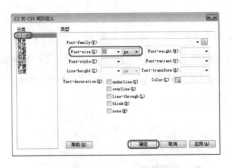

图 9-216　设置样式

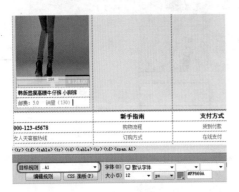

图 9-217　输入文字并应用样式

图 9-218　插入表格并添加内容

(35) 将光标置入 1 行 4 列大表格的右侧，按 Ctrl+Alt+T 组合键弹出【表格】对话框，将【行数】和【列】都设置为 1，将【宽】设置为 800 像素，将【边框粗细】设置为 0，将【单元格边距】设置为 8，将【单元格间距】设置为 0，单击【确定】按钮，即可插入表格，并在【属性】面板中将 Align 设置为【居中对齐】，如图 9-219 所示。

(36) 将光标置入单元格中，在【属性】面板中将【水平】设置为【右对齐】，将【背景颜色】设置为 #E3E3E3，然后在单元格中输入文字，并为输入的文字应用样式 A1，效果如图 9-220 所示。

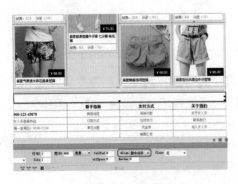

图 9-219　插入表格

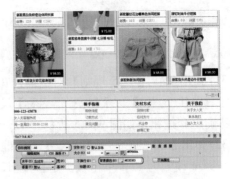

图 9-220　设置单元格属性并输入文字

(37) 返回到"女人天女装（一）"场景文件中，在【属性】面板中单击【页面属性】按钮，弹出【页面属性】对话框，在左侧【分类】列表框中选择【链接 (CSS)】选项，然后将【链接颜色】设置为 #000，将【变换图像链接】设置为 #FF6699，将【下划线样式】设置为【始终无下划线】，单击【确定】按钮，如图 9-221 所示。

在【链接颜色】中设置应用了链接的文本的颜色；设置【变换图像链接】颜色，当鼠标指针移至链接上时颜色会发生变化；设置【已访问链接】的色彩，当文字链接被访问后就会呈现设置的颜色；在【活动链接】中设置鼠标指针在链接上单击时应用的颜色。

(38) 在场景文件中选择文字"T 恤"，在【属性】面板中单击 HTML 按钮，然后单击【链接】文本框右侧的【浏览文件】按钮 📁，如图 9-222 所示。

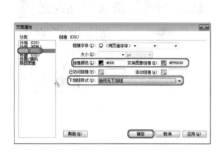

图 9-221　设置链接

图 9-222　单击【浏览文件】按钮

(39) 弹出【选择文件】对话框，在该对话框中选择场景文件"女人天女装（二）"，单击【确定】按钮，如图 9-223 所示。

(40) 即可为选择的文件链接该场景文件，使用同样的方法，为文字【裤装】链接场景文件"女人天女装（三）"，如图 9-224 所示。

图 9-223　选择文件

图 9-224　链接场景文件

知识链接

在 Dreamweaver 中还可以使用以下方法创建链接。

选择需要链接的对象，在【属性】面板中单击【链接】文本框右侧的【指向文件】按钮，并将其拖曳至【文件】面板中需要链接的文件上即可。

选择需要链接的对象，在菜单栏中选择【修改】|【创建链接】命令。

选择需要链接的对象并右击，在弹出的快捷菜单中选择【创建链接】命令。

(41) 返回到"女人天女装(二)"场景文件中，在【属性】面板中单击【页面属性】按钮，弹出【页面属性】对话框，在左侧【分类】列表框中选择【链接(CSS)】选项，然后将【链接颜色】设置为#666666，将【变换图像链接】设置为#FF6699，将【下划线样式】设置为【始终无下划线】，单击【确定】按钮，如图9-225所示。

(42) 然后在导航栏中选择文字"首页"，为其链接"女人天女装(一)"场景文件，如图9-226所示。

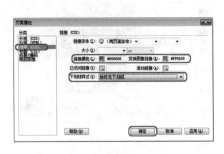

图 9-225 设置链接样式

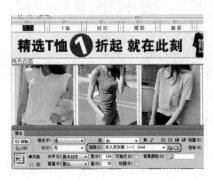

图 9-226 链接文件

(43) 选择文字"裤装"，为其链接场景文件"女人天女装(三)"，如图9-227所示。

(44) 使用同样的方法，在"女人天女装(三)"场景文件中，为导航栏中的文字"首页"和"T恤"分别链接场景文件"女人天女装(一)"和"女人天女装(二)"，链接完成后，按F12键预览效果即可，如图9-228所示。

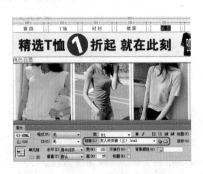

图 9-227 链接文件

图 9-228 预览效果

案例精讲 065 魅包网

✎ **案例文件**：CDROM \ 场景 \ Cha09 \ 魅包网 .html

🎬 **视频文件**：视频教学 \ Cha09 \ 魅包网 .avi

制作概述

本例将介绍魅包网网页的制作。该例的制作比较复杂，主要是插入多个嵌套表格，然后输入文字并插入图片，完成后的效果如图9-229所示。

学习目标

学会如何制作魅包网网页。

操作步骤

(1) 按 Ctrl+N 组合键，在弹出的【新建文档】对话框中单击【空白页】按钮，将【页面类型】设置为 HTML，将【布局】设置为【无】，将【文档类型】设置为 HTML5，单击【创建】按钮，如图 9-230 所示。

(2) 即可新建文档，在【属性】面板中单击【页面属性】按钮，在【分类】列表框中选择【外观 (HTML)】选项，将【左边距】和【上边距】都设置为 0，单击【确定】按钮，如图 9-231 所示。

图 9-229　魅包网

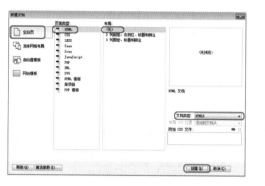

图 9-230　新建文档

图 9-231　设置页面属性

(3) 按 Ctrl+Alt+T 组合键弹出【表格】对话框，将【行数】设置为 3，将【列】设置为 1，将【表格宽度】设置为 800 像素，将【边框粗细】、【单元格边距】、【单元格间距】都设置为 0，单击【确定】按钮，如图 9-232 所示。

(4) 即可插入表格，在【属性】面板中将 Align 设置为【居中对齐】，如图 9-233 所示。

图 9-232　设置表格参数

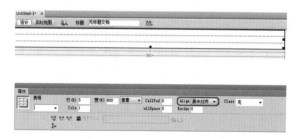

图 9-233　设置表格对齐方式

(5) 然后在第 1 行单元格和第 3 行单元格中分别插入素材图片"广告 .jpg"和"标题 .jpg"，如图 9-234 所示。

(6) 将光标置入第 2 行单元格中并右击，在弹出的快捷菜单中选择【CSS 样式】|【新建】命令，如图 9-235 所示。

图 9-234　插入素材图片　　　　　　　　　图 9-235　选择【新建】命令

　　(7) 弹出【新建 CSS 规则】对话框，在该对话框中将【选择器类型】设置为【类 (可应用于任何 HTML 元素)】，将【选择器名称】设置为 ge1，将【规则定义】设置为【(仅限该文档)】，单击【确定】按钮，如图 9-236 所示。

　　(8) 弹出【.ge1 的 CSS 规则定义】对话框，在该对话框中选择【分类】列表下的【边框】选项，然后对边框参数进行设置，设置完成后单击【确定】按钮即可，如图 9-237 所示。

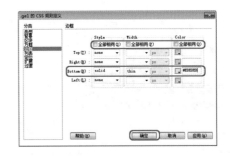

图 9-236　新建 CSS 样式　　　　　　　　　图 9-237　设置边框参数

　　(9) 再次将光标置入第 2 行单元格中，在【属性】面板中的【目标规则】列表框中选择样式 ge1，即可为单元格应用该样式，并单击【拆分单元格为行或列】按钮 ，弹出【拆分单元格】对话框，选中【列】单选按钮，将【列数】设置为 4，单击【确定】按钮，如图 9-238 所示。

　　(10) 然后将拆分后的第 1 个单元格的【宽】设置为 580，将【水平】设置为【右对齐】，将第 2 个和第 3 个单元格的【宽】设置为 70，将【水平】设置为【居中对齐】，将第 4 个单元格的【宽】设置为 80，将【水平】设置为【居中对齐】，如图 9-239 所示。

图 9-238　拆分单元格　　　　　　　　　图 9-239　设置单元格属性

　　(11) 选择拆分后的所有单元格，在【属性】面板中将【高】设置为 25，将【背景颜色】设置为 #FAFAFA，如图 9-240 所示。

(12) 在拆分后的第 1 个单元格中输入文字，并选择输入的文字，然后右击，在弹出的快捷菜单中选择【CSS 样式】|【新建】命令，如图 9-241 所示。

图 9-240 设置单元格高度和颜色

图 9-241 选择【新建】命令

(13) 弹出【新建 CSS 规则】对话框，在该对话框中将【选择器类型】设置为【类 (可应用于任何 HTML 元素)】，将【选择器名称】设置为 A1，将【规则定义】设置为【(仅限该文档)】，单击【确定】按钮，如图 9-242 所示。

(14) 弹出【.A1 的 CSS 规则定义】对话框，在该对话框中选择【分类】列表下的【类型】选项，将 Font-size 设置为 12，将 Color 设置为 #666，单击【确定】按钮，如图 9-243 所示。

图 9-242 新建 CSS 样式

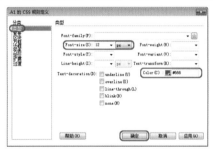

图 9-243 设置样式

(15) 再次选择文字，在【目标规则】列表框中选择样式 A1，即可为文字应用该样式，使用同样的方法，在其他单元格中输入文字并应用样式，效果如图 9-244 所示。

(16) 将光标置入表格的右侧，按 Ctrl+Alt+T 组合键弹出【表格】对话框，将【行数】和【列】都设置为 1，将【宽】设置为 800 像素，单击【确定】按钮，即可插入表格，在【属性】面板中将 Align 设置为【居中对齐】，如图 9-245 所示。

图 9-244 输入文字并应用样式

图 9-245 插入表格

（17）将光标置入新插入的表格中并右击，在弹出的快捷菜单中选择【CSS 样式】|【新建】命令，弹出【新建 CSS 规则】对话框，在该对话框中将【选择器类型】设置为类，将【选择器名称】设置为 ge2，将【规则定义】设置为【(仅限该文档)】，单击【确定】按钮，弹出【.ge2 的 CSS 规则定义】对话框，在该对话框中选择【分类】列表下的【边框】选项，然后对边框参数进行设置，设置完成后单击【确定】按钮即可，如图 9-246 所示。

（18）再次将光标置入表格中，在【属性】面板中的【目标规则】列表框中选择样式 ge2，即可为单元格应用该样式，然后将【水平】设置为【居中对齐】，将【高】设置为 30，将【背景颜色】设置为 #CA2B53，如图 9-247 所示。

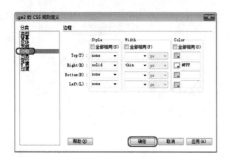

图 9-246　设置边框参数

图 9-247　设置表格

（19）然后在【属性】面板中单击【拆分单元格为行或列】按钮 北，弹出【拆分单元格】对话框，选中【列】单选按钮，将【列数】设置为 8，单击【确定】按钮，如图 9-248 所示。

（20）选择拆分后的所有单元格，在【属性】面板中将【宽】设置为 97，如图 9-249 所示。

图 9-249　设置单元格宽度

图 9-248　拆分单元格

（21）然后在拆分后的第 1 个单元格中输入文字【首页】，选择文本并右击，在弹出的快捷菜单中选择【CSS 样式】|【新建】命令，弹出【新建 CSS 规则】对话框，在该对话框中将【选择器类型】设置为类，将【选择器名称】设置为 A2，将【规则定义】设置为【(仅限该文档)】，单击【确定】按钮，弹出【.A2 的 CSS 规则定义】对话框，在该对话框中选择【分类】列表下的【类型】选项，将 Font-size 设置为 14，将 Color 设置为 #FFF，单击【确定】按钮，如图 9-250 所示。

（22）再次选择文字，在【目标规则】列表框中选择样式 A2，即可为文字应用该样式，使用同样的方法，在其他单元格中输入文字并应用样式，效果如图 9-251 所示。

（23）将光标置入表格的右侧，按 Ctrl+Alt+T 组合键弹出【表格】对话框，将【行数】设置为 1，将【列】设置为 2，将【宽】设置为 800 像素，单击【确定】按钮，即可插入表格，在【属性】面板中将 Align 设置为【居中对齐】，如图 9-252 所示。

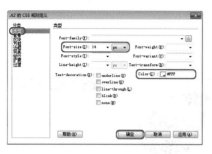

图 9-250 设置样式

图 9-251 输入文字并应用样式

(24) 然后将第 1 个单元格的【宽】设置为 249，将第 2 个单元格的【宽】设置为 551，将光标置入第 1 个单元格中，在【属性】面板中将【垂直】设置为【顶端】，如图 9-253 所示。

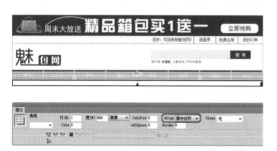

图 9-252 插入表格

图 9-253 设置单元格属性

(25) 按 Ctrl+Alt+T 组合键弹出【表格】对话框，将【行数】设置为 7，将【列】设置为 3，将【表格宽度】设置为 249 像素，将【边框粗细】和【单元格边距】都设置为 0，将【单元格间距】设置为 8，单击【确定】按钮，即可插入表格，如图 9-254 所示。

(26) 选择第 1 行中的所有单元格，在【属性】面板中单击【合并所选单元格，使用跨度】按钮 ，即可将选择的单元格合并，如图 9-255 所示。

图 9-254 插入表格

图 9-255 合并单元格

知识链接

在 Dreamweaver 中还可以使用以下方法合并单元格。

在所选单元格中右击，在弹出的快捷菜单中选择【表格】|【合并单元格】命令。

在菜单栏中选择【修改】|【表格】|【合并单元格】命令。

(27) 使用同样的方法，合并第 2 行和最后一行中的单元格，效果如图 9-256 所示。

(28) 然后在合并后的第 1 行单元格中插入素材图片"女包 .jpg"，并在【属性】面板中将素材图片的【宽】和【高】分别设置为 233、209，效果如图 9-257 所示。

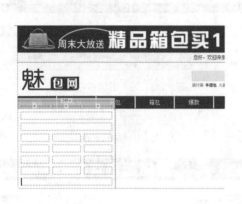

图 9-256　合并其他单元格

图 9-257　插入素材图片

(29) 在合并后的第 2 行单元格中输入文字"潮流女包"，选择输入的文字并右击，在弹出的快捷菜单中选择【CSS 样式】|【新建】命令，弹出【新建 CSS 规则】对话框，在该对话框中将【选择器类型】设置为类，将【选择器名称】设置为 A3，将【规则定义】设置为【(仅限该文档)】，单击【确定】按钮，弹出【.A3 的 CSS 规则定义】对话框，在该对话框中选择【分类】列表下的【类型】选项，将 Font-size 设置为 16，将 Font-weight 设置为 bold，将 Color 设置为 #CA2B53，单击【确定】按钮，如图 9-258 所示。

(30) 再次选择文字，在【目标规则】列表框中选择样式 A3，即可为文字应用该样式，然后将单元格的【高】设置为 35，如图 9-259 所示。

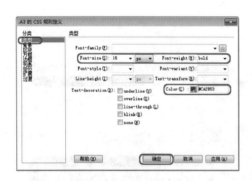

图 9-258　设置 CSS 样式

图 9-259　应用样式并设置单元格高度

(31) 选择第 3 行、第 4 行、第 5 行和第 6 行中的所有单元格，在【属性】面板中将【水平】设置为【居中对齐】，将【高】设置为 25，将【背景颜色】设置为 #fafafa，如图 9-260 所示。

(32) 将光标置入最后一行单元格中，在【属性】面板中将【水平】设置为【居中对齐】，将【高】设置为 32，将【背景颜色】设置为 #fafafa，如图 9-261 所示。

(33) 然后将光标置入第 3 行中的第 1 个单元格中，并右击，在弹出的快捷菜单中选择【CSS 样式】|【新建】命令，弹出【新建 CSS 规则】对话框，在该对话框中将【选择器类型】设置为类，将【选择器名称】设置为 ge3，将【规则定义】设置为【(仅限该文档)】，单击【确定】按钮，

弹出【.ge3 的 CSS 规则定义】对话框，在该对话框中选择【分类】列表下的【边框】选项，然后对边框参数进行设置，设置完成后单击【确定】按钮即可，如图 9-262 所示。

图 9-260　设置单元格属性

图 9-261　设置最后一行单元格属性

(34) 再次将光标置入该单元格中，在【属性】面板中的【目标规则】列表框中选择样式 ge3，即可为单元格应用该样式，使用同样的方法，为其他单元格应用该样式，效果如图 9-263 所示。

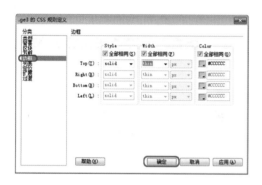

图 9-262　设置边框参数

图 9-263　应用样式

(35) 将光标置入第 3 行的第 1 个单元格中，在该单元格中输入文字"双肩包"，选择输入的文字并右击，在弹出的快捷菜单中选择【CSS 样式】|【新建】命令，弹出【新建 CSS 规则】对话框，在该对话框中将【选择器类型】设置为类，将【选择器名称】设置为 A4，将【规则定义】设置为【(仅限该文档)】，单击【确定】按钮，弹出【.A4 的 CSS 规则定义】对话框，在该对话框中选择【分类】列表下的【类型】选项，将 Font-size 设置为 13，将 Color 设置为 #333，单击【确定】按钮，如图 9-264 所示。

(36) 再次选择文字，在【目标规则】列表框中选择样式 A4，即可为文字应用该样式，然后在第 3 行的第 2 个单元格中输入文字"单肩包"，选择输入的文字并右击，在弹出的快捷菜单中选择【CSS 样式】|【新建】命令，弹出【新建 CSS 规则】对话框，在该对话框中将【选择器类型】设置为类，将【选择器名称】设置为 A5，将【规则定义】设置为【(仅限该文档)】，单击【确定】按钮，弹出【.A5 的 CSS 规则定义】对话框，在该对话框中选择【分类】列表下的【类型】选项，将 Font-size 设置为 13，将 Color 设置为 #CA2B53，单击【确定】按钮，如图 9-265 所示。

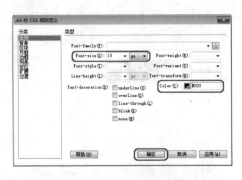

图 9-264　设置样式

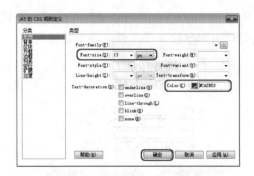

图 9-265　应用样式并设置样式

　　(37) 再次选择文字，在【目标规则】列表框中选择样式 A5，即可为文字应用该样式，使用同样的方法，在其他单元格中输入文字并应用样式，效果如图 9-266 所示。

　　(38) 将光标置入大表格的第 2 个单元格中，按 Ctrl+Alt+T 组合键弹出【表格】对话框，将【行数】设置为 2，将【列】设置为 3，将【表格宽度】设置为 551 像素，将【边框粗细】和【单元格边距】都设置为 0，将【单元格间距】设置为 8，单击【确定】按钮，即可插入表格，如图 9-267 所示。

图 9-266　输入文字并应用样式

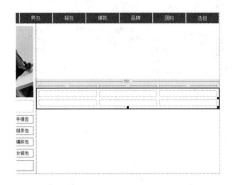

图 9-267　插入表格

> **知识链接**
>
> 　　在表格中的某个单元格中插入的另一个表格称为嵌套表格。当单个表格不能满足布局需求时，我们可以创建嵌套表格。如果嵌套表格宽度单位为百分比，将是它所在单元格宽度的限制；如果单位为像素时，当嵌套表格的宽度大于所在单元格的宽度时，单元格宽度将变大。

　　(39) 然后为新插入表格中的所有单元格应用样式 ge3，并选择所有的单元格，在【属性】面板中将【水平】设置为【居中对齐】，将【宽】设置为 169，如图 9-268 所示。

　　(40) 将光标置入第 1 个单元格中，按 Ctrl+Alt+T 组合键弹出【表格】对话框，将【行数】设置为 3，将【列】设置为 1，将【表格宽度】设置为 169 像素，将【边框粗细】、【单元格边距】和【单元格间距】都设置为 0，单击【确定】按钮，即可插入表格，如图 9-269 所示。

　　(41) 然后选择所有单元格，在【属性】面板中将【水平】设置为【居中对齐】，如图 9-270 所示。

　　(42) 将光标置入第 1 个单元格中，并插入素材图片"女包 01.jpg"，然后在【属性】面板中将【宽】和【高】都设置为 165，如图 9-271 所示。

图 9-268　设置单元格属性

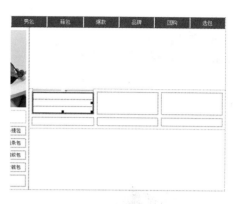

图 9-269　插入表格

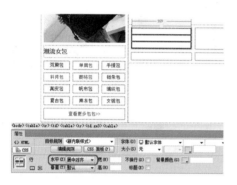

图 9-270　设置单元格属性

图 9-271　插入素材图片

(43) 然后在第 2 个单元格中输入文字"韩版小清新潮流双肩包"，选择输入的文字并右击，在弹出的快捷菜单中选择【CSS 样式】|【新建】命令，弹出【新建 CSS 规则】对话框，在该对话框中将【选择器类型】设置为类，将【选择器名称】设置为 A6，将【规则定义】设置为【(仅限该文档)】，单击【确定】按钮，弹出【.A6 的 CSS 规则定义】对话框，在该对话框中选择【分类】列表下的【类型】选项，将 Font-size 设置为 13，单击【确定】按钮，如图 9-272 所示。

(44) 再次选择文字，在【目标规则】列表框中选择样式 A6，即可为文字应用该样式，然后将单元格【高】设置为 22，如图 9-273 所示。

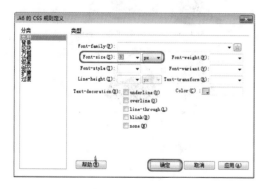

图 9-272　设置 CSS 样式

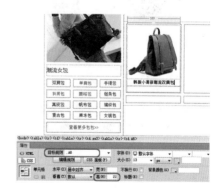

图 9-273　应用样式并设置高度

(45) 将光标置入第 3 个单元格中，在【属性】面板中将【高】设置为 22，然后在该单元格中输入内容"¥128"，并为其应用样式 A5，效果如图 9-274 所示。

(46) 继续在第 3 个单元格中输入内容"¥169"，选择输入的文字并右击，在弹出的快捷菜单中选择【CSS 样式】|【新建】命令，弹出【新建 CSS 规则】对话框，在该对话框中将【选择器类型】设置为类，将【选择器名称】设置为 A7，将【规则定义】设置为【(仅限该文档)】，单击【确定】按钮，弹出【.A7 的 CSS 规则定义】对话框，在该对话框中选择【分类】列表下的【类型】选项，将 Font-size 设置为 13，将 Color 设置为 #333，选中 line-through 复选框，单击【确定】按钮，如图 9-275 所示。

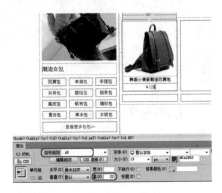

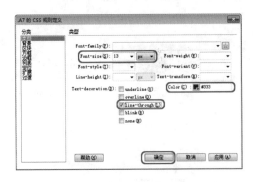

图 9-274　设置单元格并输入文字　　　　　图 9-275　设置 CSS 样式

 提示

在输入的两个内容之间，敲一个空格。

(47) 再次选择文字，在【目标规则】列表框中选择样式 A7，即可为文字应用该样式，如图 9-276 所示。

(48) 结合前面介绍的方法，在其他单元格中插入表格，并在插入的表格中添加内容，效果如图 9-277 所示。

图 9-276　应用样式　　　　　　　　图 9-277　制作其他内容

(49) 将光标置入大表格的右侧，按 Ctrl+Alt+T 组合键弹出【表格】对话框，将【行数】和【列】都设置为 1，将【宽】设置为 800 像素，将【边框粗细】、【单元格边距】和【单元格间距】都设置为 0，单击【确定】按钮，即可插入表格，在【属性】面板中将 Align 设置为【居中对齐】，如图 9-278 所示。

(50) 将光标置入新插入的表格中，在【属性】面板中将【高】设置为 40，然后在菜单栏中选择【插入】|【水平线】命令，即可在单元格中插入水平线，并单击【拆分】按钮，在视图中输入代码，用于更改水平线颜色，如图 9-279 所示。

图 9-278　插入表格

图 9-279　插入水平线

(51) 单击【设计】按钮，切换到【设计】视图，然后结合前面介绍的方法，制作男包区，效果如图 9-280 所示。

(52) 将光标置入大表格的右侧，按 Ctrl+Alt+T 组合键弹出【表格】对话框，将【行数】和【列】都设置为 1，将【宽】设置为 800 像素，将【边框粗细】设置为 0，将【单元格边距】设置为 8，将【单元格间距】设置为 0，单击【确定】按钮，即可插入表格，在【属性】面板中将 Align 设置为【居中对齐】，如图 9-281 所示。

图 9-280　制作男包区

图 9-281　插入表格

(53) 将光标置入新插入的表格中，在该表格中输入文字，并为输入的文字应用样式 A3，如图 9-282 所示。

(54) 将光标置入新插入表格的右侧，按 Ctrl+Alt+T 组合键弹出【表格】对话框，将【行数】设置为 1，将【列】设置为 3，将【宽】设置为 800 像素，将【边框粗细】和【单元格边距】都设置为 0，将【单元格间距】设置为 8，单击【确定】按钮，即可插入表格，在【属性】面板中将 Align 设置为【居中对齐】，如图 9-283 所示。

(55) 然后在新插入的表格中插入素材图片，效果如图 9-284 所示。

(56) 将光标置入新插入的表格的右侧，按 Ctrl+Alt+T 组合键弹出【表格】对话框，将【行数】设置为 5，将【列】设置为 4，将【宽】设置为 800 像素，将【边框粗细】、【单元格边距】和【单元格间距】都设置为0，单击【确定】按钮，即可插入表格，在【属性】面板中将Align设置为【居中对齐】，如图9-285所示。

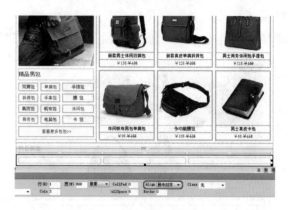

图 9-282　输入文字并应用样式　　　　　　　　　图 9-283　插入表格

图 9-284　插入素材图片　　　　　　　　　图 9-285　插入表格

(57) 选择第1行中的所有单元格，在【属性】面板中将【宽】设置为200，将【高】设置为40，将【背景颜色】设置为#f1f1f1，如图9-286所示。

(58) 然后选择除第1行以外的所有单元格，在【属性】面板中将【水平】设置为【居中对齐】，将【高】设置为25，将【背景颜色】设置为#f1f1f1，如图9-287所示。

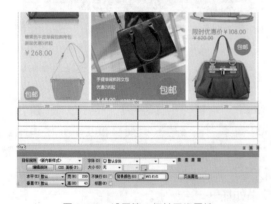

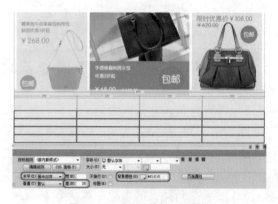

图 9-286　设置第1行单元格属性　　　　　　　　图 9-287　设置其他单元格属性

(59) 将光标置入第1行的第1个单元格中，在【属性】面板中单击【拆分单元格为行或列】

按钮 ，弹出【拆分单元格】对话框，选中【列】单选按钮，将【列数】设置为2，单击【确定】按钮，如图9-288所示。

(60) 即可拆分单元格，然后将拆分后的第1个单元格的【宽】设置为80，将【水平】设置为【右对齐】，将拆分后的第2个单元格的【宽】设置为120，如图9-289所示。

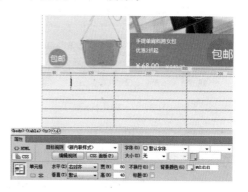

图9-288　拆分单元格

图9-289　设置单元格属性

(61) 然后在拆分后的第1个单元格中插入素材图片"潮流女包.png"，在【属性】面板中将素材图片的【宽】和【高】都设置为30，如图9-290所示。

(62) 在拆分后的第2个单元格中输入文字"潮流女包"，选择输入的文字并右击，在弹出的快捷菜单中选择【CSS样式】|【新建】命令，弹出【新建CSS规则】对话框，在该对话框中将【选择器类型】设置为类，将【选择器名称】设置为A8，将【规则定义】设置为【(仅限该文档)】，单击【确定】按钮，弹出【.A8的CSS规则定义】对话框，在该对话框中选择【分类】列表下的【类型】选项，将Font-size设置为14，将Font-weight设置为bold，单击【确定】按钮，如图9-291所示。

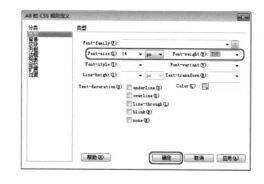

图9-290　插入素材图片

图9-291　设置CSS样式

> 提示
>
> 在输入文字之前先敲一个空格。

(63) 再次选择文字，在【目标规则】列表框中选择样式A8，即可为文字应用该样式，如图9-292所示。

(64) 然后在第2行的第1个单元格中输入文字，并为输入的文字应用样式A4，效果如图9-293所示。

图 9-292　应用样式

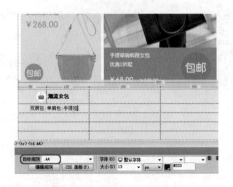

图 9-293　输入文字并应用样式

(65)结合前面介绍的方法，拆分第1行中的其他单元格，然后插入素材图片，最后输入文字，并为输入的文字应用样式，效果如图 9-294 所示。

图 9-294　制作其他内容